U0301487

# 短临预测
## 全球大地震探索

### 磁暴月相二倍法50年成果汇编

沈宗丕　徐道一　编著

人民东方出版传媒
People's Oriental Publishing & Media

东方出版社
The Oriental Press

图书在版编目（CIP）数据

短临预测全球大地震探索：磁暴月相二倍法 50 年成果汇编 / 沈宗丕，徐道一编著 . —北京：东方出版社，2025.3

ISBN 978-7-5207-3884-2

Ⅰ .①短… Ⅱ .①沈… ②徐… Ⅲ .①地震预测—文集 Ⅳ .① P315.7-53

中国国家版本馆 CIP 数据核字（2024）第 051874 号

**短临预测全球大地震探索：磁暴月相二倍法 50 年成果汇编**

（ DUANLIN YUCE QUANQIU DADIZHEN TANSUO: CIBAO YUEXIANG ERBEIFA 50NIAN CHENGGUO HUIBIAN ）

作　　者：沈宗丕　徐道一
责任编辑：辛春来
出　　版：东方出版社
发　　行：人民东方出版传媒有限公司
地　　址：北京市东城区朝阳门内大街 166 号
邮　　编：100010
印　　刷：鸿博昊天科技有限公司
版　　次：2025 年 3 月第 1 版
印　　次：2025 年 3 月第 1 次印刷
开　　本：710 毫米 ×1000 毫米　1/16
印　　张：30.5
字　　数：420 千字
书　　号：ISBN 978-7-5207-3884-2
定　　价：99.00 元
发行电话：（010）85924663　85924644　85924641

沈宗丕头像照

沈宗丕

宋瑞祥为佘山地震台题词

沈宗丕（左）与张铁铮（右）合影

沈宗丕（左）与汪成民（右）合影

沈宗丕（右）与徐道一（左）合影

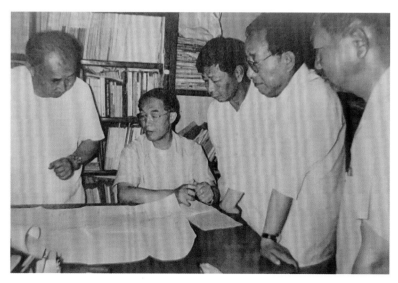

沈宗丕（右一）与张铁铮（左一）、汪成民（左二）、徐道一（右三）、
耿庆国（右二）一起研讨震情

沈宗丕（右）与徐道一（左）合影

佘山地震台 120 周年台庆的合影照片，前排右二是时任国家地震局局长方樟顺

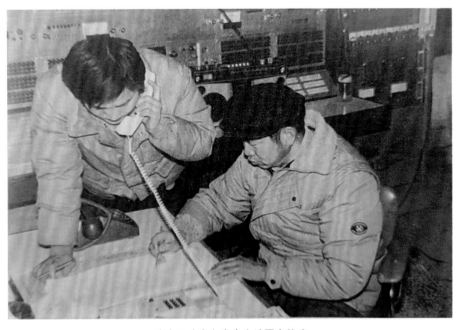

沈宗丕（右）在佘山地震台值班

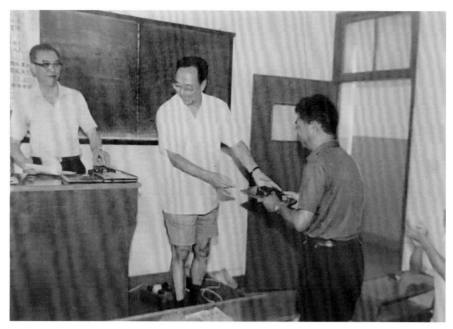

上海地震局王明球局长（中）向沈宗丕（右一）转交国家地震局颁发的先进个人荣誉证书

沈宗丕获荣誉证书

2005 年 4 月 20 日，中国地震预测咨询委员会于北京开会时的合影，沈宗丕（右三）

中国地震局 2007 年度老专家基金课题交流会参会人员合影，后排左六是沈宗丕

2003 年 10 月 26 日，沈宗丕（右）与耿庆国（左）合影

1992 年，国家地震局召开地震国际会议期间沈宗丕（左一）、耿庆国（中）、丁鉴海（右）合影

1992 年沈宗丕在北京参加会议时留影

沈宗丕（中）与黄相宁（右）合影

沈宗丕（右）与刘长发（左）合影

# 目　录

# 序 一

新冠疫情后，5月27日我参加了2023年中国科普专家沙龙"习近平防灾思想与实践——第九届全国防灾减灾之路研讨会"，感触很深。

一是有一大批白发苍苍的老专家，还在地震预测预报探索之路上默默无闻地努力着、探寻着，在每一件大震前为政府、为社会公众提供科学可靠的信息，起到减灾的功效。

二是有一群社会志愿者踏上地震预报的探索之路，并迈出了可喜的一步。

三是出现一批志愿团体，投入地震事件发生后的救援工作，取得非凡的战果。

这次会上，徐道一先生，已是八十九岁高龄的地震地学专家，仍抱着腿病一瘸一拐地冒着大雨参会，又在5月29日到中国地震局机关，详细讲解《短临预测全球大地震探索：磁暴月相二倍法50年成果汇编》书稿，介绍了第一作者沈宗丕先生。我认真学习了沈先生《回顾地震预测预报往事》这篇讲话，从20世纪70年代起，他就在不断探索地震预报之路。1970年7月6日第一次内部试报，成功报出牛家桥ML=4.0级地震。以后直至唐山大地震前后，世界以及我国西部、华北等地的震例预报成功或接近成功均运用"磁暴二倍法""磁偏角二倍法"。我知道沈宗丕先生长期在上海佘山台工作。这是一座1872年建台，1874年开始地球物理观测，世界上最有名望的地磁台。他毕生观测观象研究的成果都源于此处。

对于地震预测预报，我认为中国地震局及其地学工作者必须以此作为防灾减灾事业的第一要务。

　　2023 年 2 月 6 日土耳其大地震，人员伤亡、财产损失巨大。荷兰地震学家于 2 月 3 日作出预报，但灾情依旧发生了。这就告诉政府、社会公众对地震预报的信息，必须适时作出科学应对，让预报成果发挥社会效益。

　　对于地震预报的精准性，我们还有较长的路要走，全球强震带多发区、太平洋岛弧地震火山链、赤道地震多发带、中国大陆陆块内地震带及多发区等等，全球地质、地球物理、地震学家都积累了不少的经验，我们理应科学地总结。沈宗丕、徐道一撰写的《短临预测全球大地震探索：磁暴月相二倍法 50 年成果汇编》，是最好的佐证。让地震预测预报科学探索之路走向成功。

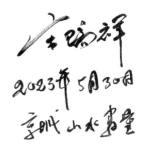

　　注：宋瑞祥曾任中国地震局局长（2002—2004 年）

# 给徐道一先生的信

宋瑞祥

徐先生：

　　你九月四日来信悉。沈宗丕、张铁铮等一批从事地震工作的同志，默默无闻、孜孜不倦探索地震发生前的预测、预报，为人类社会生命财产安全，为减灾防灾做努力，实属不易。

　　我建议书稿改为《磁暴月相二倍法预测地震事件五十年成果汇编》（预测全球大地震探索）。

　　地震事件的发生，给人类造成的生命财产损失是毁灭性、灾难性的，尤其在当今世界，高度现代化生活、财富往城市往经济带聚集，地块的稳定性和安全性，是人们应当极为关注的大局。

　　现代地质工作者应当从地球系统科学理念出发，地震工作者探索地块的稳定性，算是秉要执本。

　　这本《汇编》展示给我们的一种预测预报地震事件的方法，可以研讨，可以借鉴，可以试试。

　　人类对科学的探索，永无止境，一步一步走向科学真理的彼岸。

二〇一八年九月十一日

于山水书屋

# 序 二

汪成民

《短临预测全球大地震探索：磁暴月相二倍法 50 年成果汇编》一书即将出版，这是中国地震科学界的一件幸事，是中国地震工作贯彻周恩来总理两条腿走路方针的一项重要成果，是中国地震工作者另辟蹊径攀登地震预测高峰的一份成功记录。

这一成果虽然从西方传统观念上不容易被理解，但它用长达五十年数百次地震的成功预测的事实令人信服地破解了大地震发生时间的某些内在规律，这本书必然在人类与地震灾害斗争史中占有一定地位，多年以后必定有人会认识到这是中国地震预测的一颗明珠。

地震预测是项世界科学难题，目前尚未过关，这一点毋庸置疑，是大家的共识。但在科学没有过关的前提下如何对待随时可能发生危害极大的灾难的态度，各国科学家却大相径庭：是坐以待毙还是积极应对，是鉴别是否是一个有良心、有担当的真正科学家的试金石。一部分人采取消极等待的态度，等到科学技术成熟到一定高度时，水到渠成，难题就迎刃而解；另一部分人却勇敢地挑起重担迎着困难上，明知山有虎偏向虎山行。

1966 年邢台地震后，周恩来总理召集科学家讨论如何解决地震预测问题，会上一些科学家强调这是世界科学难题，有畏难情绪，一些科学家沉默不语，唯独李四光表示应该立即开展地震预测研究。周恩来当即表态比较欣赏李老独排众议坚持地震可以预测的态度，他鼓励大家勇攀高峰，毅然提出："外国没有解决的问题，难道我们不可以提前解决吗？"后来，在周总理提议下成立世界上第一个国家级的地震管理部门（中央地震工作小组），并点名由李四光来负责。

毛主席多次告诫我们，我们党克服任何困难主要依靠两件法宝：一、加强领导，二、依靠群众。周总理在指挥攻克地震预报难关的战役中把这两点发挥到了极致，一方面在各级政府中成立地震工作管理部门，把地震从过去单纯的科学研究性质的工作改变为国家重点攻关执行机构的任务。另一方面充分发动群众，调动各方面积极因素，制定"专群结合、土洋结合，两条腿走路""广泛实践、多路探索，多兵种联合作战"的方针，地震预测的群测群防工作像雨后春笋般蓬勃发展。短短几年，在中华大地上形成几万人的地震群测群防大军，在此基础上取得海城地震、松潘地震预测预防成功，唐山地震时青龙奇迹，这是周恩来总理亲自指挥中国地震战线取得的伟大的三大战役胜利，创造了人类历史上首次对破坏性地震的防震减灾的成功，受到中央的表彰，被联合国树为世界防震减灾的样板。取得这些辉煌成绩的背后，大量群众性的发明创造起了重要作用，其中就有磁暴月相二倍法预测地震的贡献。

1969年渤海7.4级地震以后，中央地震工作小组办公室收到一封电报，内容是"经研究下一次大地震将发生在1970年1月4日左右，希望提高警惕，此意见供领导参考"，电报署名华北石油管理局XXX厂石油工人张铁铮。当时主持中央地震工作小组办公室日常工作的刘西尧同志要求我打电话找到张铁铮，并希望他提供具体的预测地点。在电话中张铁铮告诉我，对发震时间的预测已经积累较多震例，有一定把握，但对发震地点他正在研究，有结果立即报告。果然，1970年1月5日在云南通海发生7.8级大地震，与张铁铮预测仅差一天。刘西尧第一时间想起张铁铮的预测，邀请他来北京向地震专家汇报他的预测依据，专家们对他利用奇异磁暴的间隔时间的两倍作为预测发生时间的基本原则持否定态度，认为这种预测发震时间的方法纯粹是数学游戏，毫无理论根据。

听会的刘西尧很生气，他说："首先要承认他事先有过预测的事实，理论上解释不了，说明理论有缺陷，等他多报准几次，新的理论就出来了！"

由刘西尧推荐张铁铮进中南海向周总理汇报他的预测方法，并建议将张铁铮从石油部借调到中央地震工作小组办公室专门进行地震预测研究。

张铁铮来地震局后做了大量创新性工作，在短临预测中取得较好效果的地磁"红绿灯"法、地磁"低点位移"法等都是张铁铮的科学思路的衍生。后来，随着周总理、李四光、刘西尧、董铁城、胡克实等领导离去，张铁铮也被退回石油部，幸亏张铁铮的一套思路已经被上海地震台的沈宗丕全面继承下来了，由他接过张铁铮的接力棒，一干就是整整一辈子。

沈宗丕文化程度不高，但他具有顽强探索科学的勇气及执着不懈的精神，许多张铁铮的追随者或因受不了周围舆论的讽刺挖苦，或因耐不住专家们不看好、领导不重视而半途而废，而沈宗丕不但五十年如一日地反复枯燥地重复烦琐的计算，而且不断总结、完善、充实、提高这种预测方法，取得更高的成功率，对数百次大地震的预测获得成功。其中影响最大的是对 1972 年 1 月 25 日台湾海域 8.0 级地震的成功预测，当时中央的几位领导都有亲笔批示，我曾亲眼看见过他们在国务院的地震简报上指示上海市革命委员会要重视上海本土科学家。

1988 年我担任国家 863 项目"地震预测智能决策系统"课题的负责人时，根据钱学森的指示："你们要面对的是一个十分开放、复杂的巨大系统（地震预测），不要奢望找到一个治百病的灵丹妙药、一把简单的钥匙去开这把锁。争取掌握方方面面的信息，多找几把钥匙，开展综合分析、智能决策才有可能打开这把锁。"于是我筛选出十六种预测效果比较好的方法开展综合分析进行智能决策，将地震短临预测成功率由当时的 10%~20% 提高到 40%~60%，受到国家科委与国家地震局的表扬，"地震预测智能决策系统"课题获得 A 级评分，被推荐为 863 项目向党中央、国务院汇报的重点成果。这十六种预测方法（十六把钥匙）中就有沈宗丕的"磁暴月相二倍法"，他在承担国家 863 项目"地震预测智能决策系统"课题期间，每年年底向课题组提出第二年 10~15 个可能发生大地震的时间点，结果连续五年 60% 以上都对应上世界最强的地震，令863项目评审专家大为惊奇。

2004年中国地震局党组决定成立"中国地震预测咨询委员会"，我被任命为常务副主任。领导要求在全国范围内聘用最有地震预测经验、曾经取得过多次预测成功的专家参加，我毫不犹豫地把沈宗丕同志列入推荐名单。当然，磁暴月相二倍法仅仅是取得初步的成功，离最终解决地震预测问题还很远，须再接再厉，不断完善提高。

地震预测毕竟是项世界科学难题，无数科学家为此付出了毕生精力，在失败中爬起，从挫折中奋进，艰苦卓绝、不屈不挠地一步步向目标靠拢，每一次预测实践都是铺设地震预测之路的石砾，每一次成功都是探索中的成功，每一次失败都是探索中的失败，都为最终战胜人类最凶恶的地震灾害这个"敌人"积累宝贵经验与教训。

向中国无数默默无闻、任劳任怨的地震工作者致敬！

# 前　言

1966 年邢台发生破坏性地震后，为了开展我国地震预测研究工作，石油战线上的高级工程师张铁铮创新地提出了预测地震的"磁暴二倍法"。他应用两个磁暴日期的间隔的一倍时间，测算未来可能发生大地震的时间。如在 1969 年他预测 1970 年 1 月 4 日 ±1 天，在我国境内可能发生一次大地震，结果于 1 月 5 日在云南省通海发生了一次 7.8 级的破坏性大地震。通海 7.8 级地震后，他受到当时国务院总理周恩来的接见。

1970 年沈宗丕向张铁铮同志学习了"磁暴二倍法"，起先使用华北地磁台的磁偏角资料，应用类似的方法来预测华北的地震，称为"磁偏角异常二倍法"。后来发现这些异常都与发生磁暴的日期有关，就把名称修改为"磁暴偏角二倍法"（后又简称为"磁偏角二倍法"）。在日常的预测过程中，沈宗丕发现，当两个磁暴日期的间隔时间符合 29.6 天的倍数时，方可有更好的预测效果，才能较好对应全球 8 级左右的大地震，否则，对大地震的虚报会较多。29.6 天是与地球、月亮及太阳有关的朔望周期。后来，沈宗丕就取名为"磁暴月相二倍法"，在选用磁暴时就筛去了一部分不在月相中发生的磁暴日。

以上三类方法的共同点是都与磁暴及二倍法密切相关，它们的主要优点是能提供大地震发震时间的较好预测（可以达到"天"的尺度）。它们对发震位置的预测提供的信息很少，需要与其他手段相配合，才能做出较好的三要素的地震预测。

在前言中，用方括号中的信息表示有关文章在本书的目录中所列的编号，以方便读者查看。

## 一、本书的基本内容

本书主要介绍 50 多年来应用磁暴二倍法、磁偏角二倍法和磁暴月相二倍法预测地震的成果。它由三大部分及附录组成，共收集了已公开发表（及内部预测会议上报告）的文章及有关资料近 80 篇，其中大部分是应用磁暴月相二倍法的成果。

第一编首先介绍磁暴二倍法与磁偏角二倍法及其预测成果，其中收集了张铁铮关于磁暴二倍法的三篇已发表的文章［见 A1、A2 及 A3］，沈宗丕有关磁偏角二倍法的四篇文章［见 A4~A7］，以及有关的几篇评论。张铁铮对 50 多年前即 1970 年发生的通海地震的发震时间有较为准确的预测，李四光在震前对此地震的发震地点也有较为准确的预测［见 A10］。这为当时及以后在我国刚开始的大规模的地震预测、预报工作打下了良好的基础。

后来由于许多记录磁偏角台站被取消，无法应用磁偏角二倍法进行预测，沈宗丕创新地提出磁暴月相二倍法，继续对全球大地震进行预测。

在此收集了有关磁暴月相二倍法等方法在近 30 年来所作出的研究和预测成果（18 篇），其中大多数已正式出版（11 篇），其他都发表在内部预测会议的论文集中（例外的仅［B8］）。

第二编介绍对大地震的预测震例（C1—C50），论述了对每个地震在震前的预测意见、预测依据、地震实际发生情况、预测与实际地震的对应情况等。如有对该次地震的震后评估则作为该地震的附件列入。

第三编中介绍了在 21 世纪初，国家 863 计划建立了一个有关"地震预报智能决策支持系统课题"（2001AA115012）。该项目中一个子课题是有关应用磁暴二倍法、磁暴月相二倍法对地震预测的效果作出系统评价的。在第三编中收集了有关软件的研制报告，简要地介绍了 1995 年以来所有预报点及与地震的对应关系。

## 二、大地震预测的一些较好的实际震例

### 1. 应用磁偏角二倍法预测大地震

应用"磁偏角二倍法"，沈宗丕在地震发生前对部分 7 级以上大地震有较好的预测。以下列出其中突出的 5 个震例（发震时间的预测误差一般为±2 天）：

（1）1972 年 1 月 25 日我国台湾省海域发生 8.0 级巨大地震。预测发震日期是 1972 年 1 月 26 日，两者相差 1 天［见 C1］。国家地震局 1972 年 1 月 25 日印发的第六期《地震简报》对这次成功预测作了报道［见 C1 附件］。

（2）1973 年 9 月 29 日日本海发生 8.0 级深震。预测发震日期是 1973 年 9 月 27 日，两者相差 2 天［见 A6 中表 1］。日本海 8.0 级深震发生时，我国的长春、沈阳、丹东等地的部分人有感，北京、天津等地人也有感。

（3）1974 年 11 月 9 日秘鲁发生 7.5 级大地震。预测发震日期是 1974 年 11 月 11 日，两者相差 2 天。国家地震局 1974 年 11 月 11 日印发的第 35 期《震情》对这次预测成功向中央作了报道［见 C2］。

（4）1975 年 5 月 10 日智利南部发生 7.8 级大地震。预测发震日期是 1975 年 5 月 8 日，两者相差 2 天。国家地震局 1975 年 5 月 11 日印发的第 30 期《震情》对这次预测成功向中央作了报道［见 C2］。

（5）1976 年 8 月 16 日四川省松潘、平武发生 7.2 级大地震。预测发震日期是 1976 年 8 月 17 日，两者相差 1 天。1976 年 8 月 23 日松潘、平武再次发生 7.2 级大地震。预测发震日期是 1976 年 8 月 22 日，两者差 1 天［见 C3］。因为沈宗丕在此两次地震前都作过短临预测，所以沈宗丕在 1987 年补获了国家地震局科学技术进步一等奖［见 C4］。

### 2. 应用磁暴月相二倍法预测 8 级大地震

沈宗丕和同事应用"磁暴月相二倍法"在全球大地震发生前预测到了众多 8 级巨大地震，以下列出其中突出的 11 个震例（与预测发震日期相差在±8 天以内）：

（1）1992 年 6 月 28 日美国加州南 8.0 级，预测发震日期是 1992 年 6 月

24 日，两者相差 4 天［见 B4 中表 1］；

（2）1993 年 8 月 8 日马里亚纳群岛 8.0 级，预测发震日期是 1993 年 8 月 8 日，两者相差 0 天［见 B4 中表 1］；

（3）1999 年 8 月 17 日土耳其西部 8.0 级，预测发震日期是 1999 年 8 月 17 日，两者相差 0 天［见 B12 中表 3］；

（4）2001 年 11 月 14 日我国青海西 8.1 级，预测发震日期是 2001 年 11 月 22 日，两者相差 8 天［见 C6、C7］；

（5）2004 年 12 月 23 日澳大利亚西南 8.1 级和 12 月 26 日印尼苏门答腊西北 8.7 级，预测发震日期是 2004 年 12 月 20 日，相差 3 天与 6 天［见 C12、C13］；

（6）2006 年 11 月 15 日千岛群岛 8.1 级，预测发震日期是 2006 年 11 月 18 日，两者相差 3 天［见 C16、C17］；

（7）2007 年 9 月 12 日印尼苏门答腊 8.5 级、9 月 13 日印尼苏门答腊 8.3 级，预测发震日期是 2007 年 9 月 10 日，两者相差 2 天与 3 天［见 C18］；

（8）2009 年 9 月 30 日萨摩亚群岛 8.0 级，预测发震日期是 2009 年 9 月 25 日，两者相差 5 天［见 C24］；

（9）2010 年 2 月 27 日智利 8.8 级，预测发震日期是 2010 年 2 月 22 日，两者相差 5 天［见 C26］；

（10）2015 年 5 月 30 日日本小笠原群岛 8.0 级，预测发震日期是 2015 年 5 月 24 日，两者相差 6 天［见 C42］；

（11）2016 年 11 月 13 日新西兰 8.0 级，预测发震日期是 2016 年 11 月 5 日，两者相差 8 天［见 C45］。

### 3. 21 世纪国内 7 级左右大地震

在震前有较好预测的震例有 3 个（与预测日期相差在 ±6 天以内）：

（1）2010 年 4 月 14 日青海玉树 7.1 级地震，预测发震日期是 2010 年 4 月 13 日，两者相差 1 天［见 C27］；

（2）2014 年 2 月 12 日新疆和田地区 7.3 级地震，预测发震日期是 2014

年 2 月 18 日，两者相差 6 天［见 C38］；

（3）2017 年 8 月 8 日四川九寨沟 7.0 级地震，预测发震日期是 2017 年 8 月 14 日，两者相差 6 天［见 C48］。

**4. 成功预测大地震三要素的震例**

50 年来对这些大地震的短临预测的特点是：特别在大地震的发震时间（可预测到天的尺度）和震级的预测有较好对应。其中有些地震可结合其他预测手段和预测方法能够做到三要素的准确预测：如 1972 年 1 月 25 日我国台湾省海域 8.0 级巨大地震［见 A8、C1］、1975 年 5 月 10 日智利南部 7.8 级大地震［见 C2］、1976 年 8 月 16 日和 8 月 23 日我国四川省松潘、平武两次 7.2 级破坏性地震［见 C3］、2001 年 11 月 14 日我国青海西 8.1 级巨大地震［见 C6］以及 2003 年 9 月 26 日日本北海道 8.2 级巨大地震［见 C10］等，基本上都是通过结合地震迁移的方法来预测未来可能发生的地区。


## 三、预测能力的检验

### 1. 1991—2017 年全球 8 级特大地震

对 1991 年 1 月 1 日—2017 年 12 月 31 日期间发生的 34 次全球 $M_S \geq 8.0$ 地震（其中有一天发生 2 次），震前做过正式预测的有 18 次，震前未做正式预测的有 15 次，共有 33 次预测意见。

在震前做出的 18 次正式预测中，预测日期与实际发生地震的日期相差为 0 天的震例有 2 次，相差 1~3 天的有 5 次，相差 4~7 天的有 6 次，相差 8~12 天的有 2 次，相差 13~16 天的有 3 次。

在震前得出的 15 次预测日期（但未做正式预测）中，预测日期与实际发生地震的日期相差为 0 天的震例有 2 次，相差 1~3 天的有 8 次，相差 4~7 天的有 4 次，相差 8 天的有 1 次［见 B18］。

### 2. 1991—2001 年全球 7.5 级大地震

对 1991—2001 年期间发生的全球 $M_S \geq 7.5$ 大地震 (61 个)，通过反推可找到与 1986—2001 年间共发生 48 个 $K \geq 7$ 的大磁暴（其中有 6 个磁暴为

$K$=6~7) 存在着磁暴月相二倍的关系。当发震时间与计算预测时间的误差在 ±10 天时，可以有 57 个大地震存在对应。当误差在 ±5 天时，则有 39 个大地震有对应 [见 B1]。

## 四、几点体会

1. 经过近 50 多年的地震预测的实践，磁暴月相二倍法等已对十几个 8 级（或以上）特大地震及四十几个 7.0~7.9 级大地震有较好的两要素（发震时间和震级）的短临预测，在发震时间的预测方面可达到几天的精度，是特别难能可贵的。该方法的地震预测的成功和基本成功的命中率大致在 40%~50%。在大地震短临预测的领域中这是一个很重要的突破性进展。

2. 在 20 世纪末，国外兴起一股"地震不能预测"的思潮，也深刻地影响到国内。沈宗丕同志也受到很大的压力。但是，他坚持应用磁暴月相二倍法预测大地震，不断地改进和发展这一方法。如他对 2008 年我国四川汶川特大地震没有预测。通过对原方法的改进，用多个起倍磁暴与一个被倍磁暴进行组合运算，得出较好的结果（见 C21）。这进一步表明磁暴与地震存在一定程度的关联。

3. 本书中的大量事实表明，通过多种思路及方法的配合、协作，是有可能做出较好的三要素的地震预测的。如沈宗丕对 1976 年 8 月松潘 7.2 级地震的发震时间的预测很好，但是，对发震地区的预测范围大（见 C3），然而耿庆国应用旱震关系的研究对发震地区有很好的预测（C3 附件）。两者结合就能做出较好的三要素的预测。因此，说地震不能预测是不符合客观实际的。

4. 应用磁暴月相二倍法预测地震，目前还在研究探索中，还有不少虚报和漏报，特别是不能较好地解决发震地区预测的问题，因此需要将其他预测手段和预测方法相互配合，才能较好地预测大地震的三要素。

5. 半个世纪以来中国学者应用二倍法的思路在大地震的发震时间方面取得了中国式地震预测的开创性成果，这是与中华优秀传统文化有关的。

北宋邵雍（公元 1011—1077 年）在《观物外篇》中提出"一分为二，二

分为四"。程颢（公元 1032—1085 年）在《二程外书·传闻杂记》记载：尧
夫之数，只是加一倍法。这一认识得到邵雍（字尧夫）的认可。由此可以认
为，时间域的二倍法的起因可能潜在地扎根于邵雍的论述中。正如 2022 年
10 月 28 日习近平总书记在安阳殷墟考察时指出的："中华优秀传统文化是我
们党创新理论的'根'。"

# 感　谢

　　首先特别感谢中国地震局前局长宋瑞祥同志、中国地震局地震预测研究所汪成民同志为本书写了序言。

　　沈宗丕在此特别表示感谢：在50年预测地震的工作过程中，磁暴月相二倍法等工作及研究得到许多单位（中国地震局、地球物理研究所、中国科学院上海天文台、佘山地震台等）长期以来的热忱支持、关心等；同时，得到许多同事、学者及地震预测工作者的帮助，特别是张铁铮、郭增建、耿庆国、林命周、赵伦、许绍燮、陈一文等的肯定、鼓励。

　　需要特别感谢的是许多领导、学者和同事在得知我的地震预测意见得到验证以后，向我多次表示支持。趁这一机会在这里再一次向他们表示衷心的感谢。

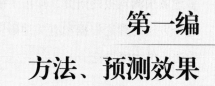

# 第一编
## 方法、预测效果

# 第一部分　磁暴二倍法、磁偏角二倍法

## A1　磁暴二倍法预报地震 [①]

张铁铮

**编者按**：张铁铮同志是大港油田的一位工人工程师，他利用业余时间从事地震预测预报的研究，提出了磁暴二倍法，并在总结实践经验的基础上对这个方法的理论根据和有关地磁资料、地磁场变化的性质问题提出了自己的看法，供大家讨论。

磁暴是一种强烈的磁扰动现象，是由太阳的黑子、耀斑、日珥等的活动引起的地球磁场的畸变。而地震是由地球的地壳构造运动、火山爆发、地层陷落等原因造成的。为什么硬要把这两种看来是不相干的自然现象拉扯在一起呢？

一

1966 年 3 月邢台强烈地震发生后，我们在参加地震预报的研究工作中，发现在地震之前地磁场往往出现大幅度的异常变化，一般认为是磁暴引起的。这就提出了一个问题：磁暴同地震有没有联系？

我们以北京某地磁台的磁暴资料与同期的地震资料对照分析，在 168 个磁暴中，与地震同时发生的有 90 个，占总数的 54%；震前一天出现的有 21

---

① 见：《自然科学争鸣》1975 年第 2 期，第 35—40 页。

个，占总数的 12%；震后一天出现的有 16 个，占总数的 10%。也就是说有 127 个磁暴，占总数的 76%，是在地震发生的同时或前后一天内出现的。没有发生地震的磁暴 41 个，占 24%。上面的统计分析表明，磁暴的出现与地震发生有一定的联系。

但是，为什么有时有磁暴却不发生地震，或有地震却并不出现磁暴呢？根据"外因是变化的条件，内因是变化的根据，外因通过内因而起作用"的原理，我们认为地震固然是以地球内部矛盾运动为根据而发生的，但也不能忽视外界条件的激发作用。太阳是对地球最有影响的天体，在一定条件下磁暴可能成为激发地震发生的重要条件。如果地球内部能量积聚没有达到可以发生质变的程度，即使有磁暴激发，地震也发生不了。反过来，磁暴没有达到一定强度，也起不了触发的作用。更何况激发地震发生的外因条件并不止磁暴一种。因此，磁暴与地震之间的对应关系是有条件的，不是绝对的。

既然磁暴同地震有一定的关系，究竟是什么样的关系，能不能利用这种关系来预报地震的发生呢？对已经发生过的磁暴和地震进行对比分析，我们发现两个先后发生磁暴的时间 $T_1$ 和 $T_2$，其间隔的天数延长一倍，加上 $T_1$ 的日期，与它们所对应的地震发生日期 $MT$ 相近。用公式表示即：

$$MT = T_1 + 2（T_2 - T_1）= 2T_2 - T_1$$

例如两个磁暴分别在 1 月 5 日和 10 日出现，它们间隔的天数的二倍，即 $2 ×（10-5）= 10$ 天，那么地震可能发生的日期是 1 月 5 日以后的 10 天，即 1 月 15 日。我们把这种方法叫作"磁暴二倍法"。

这种方法能不能在实际中应用，还需要检验。我们对 1966 年至 1970 年的大磁暴和已经发生的地震做了验算。从磁暴推算出的地震发生日期，与华北同期 4 级以上地震，以及全国部分较大地震的实际发生日期基本相符，一般误差为 ±1 天，个别的误差达 2 天。接着，我们进行未来地震的预报试验，选择了 1968 年 6 月 11 日和 1969 年 3 月 24 日两个较大磁暴，推算 1970 年 1 月 4 日将有大地震发生。结果，1 月 5 日云南省通海地区发生了 7.7 级强烈地震，推算的日期比实际发震日期早一天。这次预报没有报发震地区，不能起到预防作用。我们吸取了经验和教训，增加了多台对比同一天的同一个磁暴幅度的变化来确定发震地区，选择 1968 年 6 月 11 日和 1969 年 4 月 13 日两个磁暴，推算 1970 年 2 月 13 日，华北地区要有 5 级左右的地震。2 月 12 日渤海湾发生了 4.8 级地震，比推算的早了一天，预报的地区范围大了。尽管方法还不完善，但是初步验证的结果说明磁暴是可以用来预报地震的。

## 二

用磁暴预报地震，国内外都没有人搞过，困难不少，只能在实践中摸索前进。

我们在试验预报中，出现了虚报、漏报或错报的现象。这是因为磁暴与地震的关系不是无条件的，同时，方法也还有问题，需要改进。我们发现正确地选择磁暴是一个很重要的环节。

选用磁暴必须注意排除各种干扰。因为每个地磁台记录到的地磁场数值，基本上包括来自地球内部的内源磁场和来自地球外部的外源磁场两大部分，两者是叠加在一起的。外源磁场发生变化的因素很多。同一地区，在不同季节、不同日期，甚至同一天不同时间的日照条件下，地磁场的变化都是不同的。而同一时间内，不同地区由于经纬度、温度的不同，地磁场变化也是有差别的。为了取得磁暴的准确数据，通常是以两个地磁台数据相减的方法来排除干扰的。我们则采用一个台的本身资料求出近似正常值作为校正数据。考虑到太阳自转的周期和地球公转的周期，我们采用 31 天滑动平均方法求近似正常值，对每小时的地磁场值进行校正处理，其计算公式为：

$$\overline{\Delta M_i}(n) = \frac{1}{31} \sum_{i=j-15}^{j+15} \Delta M_i(n)$$

其中 $\overline{\Delta M_i}(n)$ 是滑动时序平均值，$\Delta M_i(n)$ 是 $i$ 天 $n$ 小时的变化值，$n$ 是从 0 时到 23 时的整数参变量。$j$ 是 31 天数中的中间天。这样，日照、温度、季节的影响，经纬度差异等因素的干扰是可能排除的。

开始用磁暴二倍法预报地震发生日期，出现的虚报率比较高。采用任意两个磁暴组合推算，主要是考虑两个磁暴之间的相互作用力引起的激发作用。但是这一作用力随着时间的增长而逐渐减弱或消失，不会无限延续发生作用。经过反复试验，我们使用了一个经验公式：$F = \dfrac{m_1 m_2}{\Delta T} \geqslant f$ 作为选择磁暴的标准（$m_1$ 和 $m_2$ 是两个磁暴的强度，$F$ 为两个磁暴的相互作用力，$\Delta T$ 为两个磁暴间隔的天数，$f$ 是个常数）。$F$ 必须大于或等于 $f$，这样的磁暴组合才能用。按这个标准选择磁暴，每个磁暴发生作用的延续时间为 1~2 年，解决了一部分磁暴作用无限延续问题，从而缩小了虚报率。

经过处理后仍然有虚报现象，主要的原因是有些磁暴强度太小，起不到激发作用。所以，又增加了一个选择磁暴的条件，要求磁暴的平均值 $\sqrt{m_1 m_2}$ 要大于或等于一定的常数 $s$，即 $\sqrt{m_1 m_2} \geqslant s$。这就排除了大量的小磁暴的干涉作用。

根据以上两个条件对 1966—1970 年五年中的 168 个磁暴组合验算，共推算发生地震次数 700 次，平均每年 140 次，基本上与全球每年发生的破坏性地震的次数相近。

为了验证大磁暴与大地震的关系，我们挑选 1967 年 5 月 26 日发生的十年来最大的一个磁暴，同它以后的磁暴组合推算出 69 个地震，实际发生了的有 57 次（其中 6 级以上的地震 45 次），占推算总数的 81%。可见大磁暴与大地震有更密切的关系。至于出现虚报 12 次的原因，通过分析认为与 $f$ 和 $s$ 的确定偏小有关。

预报地震发生的地区，我们用的是多台地磁对比的方法。与地震对应的磁暴变化幅度，一般是随地磁台离震中区的距离成反比关系，距离越大，变幅越小；距离越小，变幅越大。根据这个规律来确定震中位置的范围比较好。这一方法在 1970 年开始试用，预报了一些地震。由于台站少，地磁资料不全，确定的范围仍然较大。对 1975 年 2 月 4 日海城 7.3 级地震，我们在震前半个月，即 1 月 20 日打过招呼。震后总结验算，震中附近虽然台站较少，可是周围台站较多，基本上可以确定震中区在河北昌黎和吉林长春之间；同实际发震的位置大致相符。对 1974 年 8 月 19 日和 1974 年 12 月 12 日的两个磁暴综合分析，发现两次磁暴的磁强度异常分布的走向都是北东方向，最大强度在昌黎至长春之间，向西南逐渐减弱。我们还根据两个磁暴组合计算它们的合力 $F=\sqrt{m_1 m_2}$ 并绘制了等磁线平面图，以确定震中位置，结果 $F$ 最大区也是集中在昌黎至长春间。这说明有可能利用多台磁暴资料对比的方法预报震中位置。地磁台越多，确定震中的位置越准确。

最后，关于震级的确定关键在于看地震释放能量的多少。磁暴能否对每个大小地震起激发作用，主要决定于磁暴强度。震级（$M_S$）大小与磁暴强度成正比关系，但是每个地磁台记录的磁暴强度同该台与震中的距离（$D$）成反比关系。因此采用的推算公式是：$M_S=a \cdot \sqrt{m_1 m_2 D}$。$a$ 是一个系数，$D$ 的确定是根据各台站的实测数字分别求出相应的震中距 $D'$，在平面图上用交切方法求出震中位置。

我们对磁暴同地震三要素的关系，初步摸索到一些规律。安徽省舒城地震台曾对应用磁暴二倍法预报地震三要素的公式做过检验，试报也有一定的效果。几年来上海天文台地震研究室的同志应用磁偏角中磁暴引起的变化，用二倍法预报地震，也取得了较好的结果。他们采用 1972 年 8 月 5 日一个大磁暴同以后几个磁暴分别组合，预报秘鲁、智利中部和南部几次破坏性地震，基本报准了。磁暴二倍法预报时间的误差较小，对震级与震中的确定，由于许多条件的限制，同时间的预报比较，相对要差些。

我们的方法带有经验的成分，还不完善，原理也还不大清楚。但是通过实践，经过长期资料的积累和分析，我们认为，这个方法是有一定理论根据的。由于地球运动，深部能量向某一部位集中，使上面的地壳增加了压应力。这种压应力在地壳底部是大面积均衡分布的，因而引起缓慢的造山运动。但是在漫长的岁月中，能量的释放不可能以单一的造山运动来完成。其他外部因素，如太阳的活动和潮汐力等的作用都会影响地球上各个部位力的变化。为了力的平衡，随时可以引起能量的局部释放，发生地震。由于太阳黑子、耀斑、日珥的活动发射出高能量的电磁波与粒子流，它们所产生的一些力作用到地球上来（第一次磁暴），增添在已经受到很大压应力的地壳上，就会立即引起岩石的破裂，深部能量随着岩石裂隙向地壳内部运移，这就使周围岩石受到压力，引起压缩，出现位移。太阳上来的力越强，地壳上出现的裂隙越宽，运移时间越长，能量聚积越多，发生地震的震级就越大。这种能量运移的结束，必须等到太阳上第二次力传递到地球上来（第二次磁暴），这次力必须大于或等于第一次，使地壳再次受力出现新的裂隙，能量往新裂隙部位运移集中。而前次能量运移再次受到外力干扰，破坏了运移中力的平衡，能量运移就告结束，周围岩石上的压力逐步减弱到消失，岩石恢复正常力的平衡，使能量压缩集中到一个点上，达到极限便引起地震爆发。震中周围岩石从压缩到恢复，一往一返，一个周期正好二倍关系。这是我们对磁暴与地震在时间上的二倍关系的初步看法。

## 三

对于应用磁暴二倍法预报地震的研究，从开始到现在一直有人持怀疑和否定态度。他们认为方法本身缺乏理论根据，对这种方法所依据的地磁资料，即地磁场变化的性质问题也有不同看法。我们认为有不同意见是正常的现象，通过讨论和进一步实践，是可以把认识向前推进一步的。

1. 关于地磁仪不稳定引起的漂移问题

有人说地磁场的长趋势变化是很缓慢的，几年时间还很难看出。在观测时记录到的地磁场大幅度的变化，是仪器不稳定引起的漂移，必须有基线值校正，否则资料是不可信的。仪器不稳定产生记录数据的漂移现象是存在的，也是必须充分注意排除的。但不能由此得出相反的结论，凡是出现大幅度的变化，都是漂移的结果。比如，北京某地磁台从 1966 年至 1972 年底七年内地磁的相对值下降了 181 伽马，经基线值校正下降的绝对值为 186 伽马，两者只差 5 伽马。这种长期的连续下降，我们认为是内源磁场变化的反映。又如云南宜良台的地磁场 1970 年曾经出现过连续三个月平均月变化值达 60

伽马。有人认为这更是仪器不稳定，引起漂移的结果。我们却认为这和云南地区及四川地区发生的 5 级以上破坏性地震有关，因为这些地震都发生在地磁场变化的最高点和最低点。

温度、湿度等因素都会使仪器不稳定，造成记录数据的漂移，但是只要采取适当措施，是可以防止的。同时经过适当校正，掌握格值或标度值的变化，是能够判断是否出现漂移现象的。如果各方面的干扰都排除了，虽然没有基线值校正，所取得的相对值仍然是可用的。否则，我国现有的地磁台除个别的外，大多数都没有绝对值观测设备来做基线值校正，它们观测的地磁资料就都不能用了。对具体情况要具体分析，不能简单地用漂移把问题绝对化了。

2. 关于地球内源磁场的性质

在地球表面记录到的地磁场是各种磁场变化的总和，基本上包括外源磁场和内源磁场两个部分。从定点观测的地磁资料中可以看出在一天或一年里都存在着有规律的周期变化，这是受太阳日照等的影响。当太阳出现黑子、耀斑、日珥活动时，地球上就出现磁扰动、磁暴等地磁场的畸变。这些变化都是由外源磁场，即高空电离层的电流体系引起的。除此以外，地磁场还反映了内源磁场的变化。

有人认为：由于地球也是磁导体，外部电流体系所产生的磁场还会对地球内部产生电磁感应作用，从而形成一个内部电流体系，这是内源磁场产生的原因。由此可见，变化磁场的内源磁场并非有一个独立的起源，它只是外源磁场所产生的感应磁场。因此变化磁场就是起源于地球外部而叠加在稳定磁场之上的地磁场的各种短期变化。

这一论点所主张的是所有地磁场的变化都由外因引起。我们认为地球本身在不断运动着，内源磁场不会静止不变，而且也不是只被动地受外界的影响。对地磁资料的分析说明，基本磁场的形成主要是由地球深部因素决定的，而变化磁场则是外部磁场和地壳内部含高磁性的结晶基岩的剩余磁场的综合反映。在排除了外源磁场的干扰后，我们可以看到地磁场的日变幅也会出现忽大忽小的变化。为了避免日照等因素对地磁场长趋势分析研究的干扰，我们从夜间 0 时的地磁场值曲线中看到，如果出现中期大幅度升降变化，形成一个完整的地磁场异常，随后往往有地震发生，而且变幅越大，时间越长，范围越广，对应地震的震级也越大。1969 年 7 月渤海 7.4 级地震和 1975 年 2 月海城 7.3 级地震都是如此。

通过对许多震例的分析，我们认为排除了外源磁场的影响后，地磁场的变化主要是反映了内源磁场的变化，也就是从一个侧面反映地球内部的矛盾运动。

3. 地磁场变化与地壳构造运动的相关性

照有些同志的说法，地磁场的变化都是由外源磁场感应作用引起的。既然如此，那么由日珥、黑子、耀斑等引起的地磁场变化，就应该在大区域范围内出现同步现象。实际并非如此。有时在同一时间里，不同地区的地磁场强度一个长期上升，一个长期下降，如 1967 年至 1972 年的武昌台和北京台。有时，一些台则出现跷跷板活动形式的呼应关系，如吉林长春和新疆喀什，一个上升，另一个则下降；当上升的开始下降，另一个则变下降为上升。有人说这是地区相隔远造成的差异。但是，有的台站距离不远，如北京、宝坻、巨鹿等台，有时出现的变化是同步的，有时却不同步。例如 1969 年 7 月渤海 7.4 级地震前，宝坻台和巨鹿台出现同步负异常；1975 年 2 月海城 7.3 级地震，北京台、宝坻台出现正异常，而巨鹿台出现负异常。这种变化很难用台址的岩性不同来解释，除非是构造运动引起的，否则不可能产生突变。

我们研究了华北地区三十多个台站的地磁资料，从夜间 0 时地磁场的月平均值看，显示出 1~2 年内异常变化随着时间推移，反映出与华北地区构造形态相一致的趋势。在隆起部位上的鲁西、太行山和燕山褶皱带等地区磁场强度大幅度增加，在沉降部位上的渤海、冀中、大同盆地等地区磁场强度则大幅度减弱。但在有地震发生时，震前往往有反常现象。例如海城 7.3 级地震前，华北地区从 1974 年 1 月至 7 月，在石家庄—德州以北地区磁场强度逐步上升，尤其是东北地区，上升更快；而在石家庄—德州以南地区磁场强度则逐步下降。1974 年 7—10 月，上述地区磁场强度则出现原来上升的转为下降，下降的转为上升。当各台的磁场强度恢复到零线时就发生了海城地震。我们认为华北地区地磁场变化与区域构造的吻合不是偶然的。它反映了地壳内部构造中磁性物质发生的变动。这种变动是由构造的新活动引起的。

地震的发生是以构造运动这一内因为根据的，在一定情况下也以外因为变化的条件。它在量变到质变的转化过程中所产生的变化会以各种现象暴露到地球外部来。人们观测记录到的地磁场的变化既包括这种内源磁场变化的影响，也包括外源磁场的变化，如磁暴，等等。有的同志把这些变化全部归结为外部的干扰或仪器漂移的结果而加以否定。这样，就势必造成一些前兆现象因被忽视而不能用来预测预报地震，使地磁资料得不到充分的利用。

我在旧社会十岁起就给资本家当童工，在死亡线上挣扎。新中国成立后，才翻了身。党把我培养成一名石油工人和石油技术干部。1966 年邢台地震时，我在现场看到许多阶级兄弟伤亡，心里非常难过。为了在事前能够预报和预防地震，减少或避免地震灾害造成的损失，我参加了地震预测预报的研究，在实践中摸索出磁暴二倍法来。现在，我在完成石油本职工作后的业余时间，还继续坚持研究。说实在的，像我这样只上过三年小学，文化水平低，科学知识贫乏的人，研究这样的问题，困难是很多的。我是新中国工人阶级的一员，是一个共产党员，应该有勇气、有胆量敢于走前人、洋人没有走过的道路，为社会主义革命和社会主义建设出力，发挥自己的创造性。我随时准备坚持真理、修正错误，诚挚地希望大家批评和帮助。

# A2 磁暴二倍法预报唐山 7.8 级地震[①]

张铁铮

**摘要** 磁暴二倍法预报地震的依据是，应变能在运移过程中导致地壳膨胀和压缩形成一个周期，在时间上呈二倍关系。唐山 7.8 级地震是我国 20 世纪 70 年代最大地震，用磁暴二倍法推出有 4 组磁暴能对应这次地震。每组磁暴前后都发生了地震，由于这些地震释放的剩余能量在聚积过程中，地壳发生膨胀和压缩，地磁场就受到影响形成了磁暴。因此磁暴与地震能量变化有相关性。可见，磁暴二倍法可以预报地震。

**主题词** 地壳 地震预报 磁暴二倍法

## 一、前言

磁暴是太阳黑子、耀斑等活动引起的地磁场扰动，而地震则是由地球的地壳构造运动等因素造成的。究竟为什么把这两种看来不相干的自然现象联系在一起了呢？在大地震前后往往有磁暴出现，这就提出一个问题：两者之间有无内在联系？

## 二、磁暴二倍法预报地震

根据北京白家疃地磁台磁暴资料与同期的地震资料对照分析，在 168 个磁暴中，与地震同时或在地震前后 1 天发生的有 127 个，占总数的 76%，没

---

[①] 见：《西北地震学报》1998 年第 20 卷第 2 期，第 29—35 页。

有相应地震发生的磁暴有 41 个，占 24%。按照上面的统计，磁暴的出现与地震发生有一定关系。为什么有时候有磁暴却不发生地震，或有地震却并不发生磁暴呢？我们发现两个先后发生的磁暴时间 $T_1$ 和 $T_2$（$T_1 < T_2$），其间隔的天数延长一倍，加上 $T_1$ 的日期，与它们所对应的地震发生日期相近。若用 $T_P$ 表示预测发震日期，则可用公式表示为

$$T_P = T_1 + 2（T_2 - T_1）= 2T_2 - T_1$$

我们把这种方法叫作"磁暴二倍法"，并用来预报地震。起倍的磁暴越大，对应大地震越多，因此正确选择磁暴是一个重要环节。

1972 年 8 月 2 日—12 日有两个特大磁暴，其中 5 日和 10 日为两个极大值。用 5 日极大值与以后的磁暴组合，可推算出 9 个地震，都是对应东太平洋地震带上 7 级以上大地震。按时序由北往南迁移，向太平洋中心推进，而且随着时间的推移，震级由大变小。

由 1972 年 8 月 10 日磁暴极大值推算出的地震都发生在我国滇西到下辽河的西南—东北向地磁变动负异常带上，所处的空间位置恰与美国宇航局等单位卫星磁场提供的北东向磁性上地壳破裂带大体一致，表明磁变动负异常带可能是一条活动裂谷。因而其中发生的地震出现南北两头来回跳动，震级中间大，两头小，这是一组唐山震群（表 1）。

表 1　1972 年 8 月 10 日磁暴组合对应地震

| 序号 | 起倍磁暴日期 | 被倍磁暴日期 | 相隔天数 | 预测发震日期 | 实际发震日期 | 误差天数 | 震级（$M_S$） | 震中位置 |
|---|---|---|---|---|---|---|---|---|
| 1 |  | 1973-4-22 | 255 | 1974-1-1 | 1973-12-31 | -1 | 5.3 | 河北河间 |
| 2 |  | 1973-6-25 | 319 | 1974-5-10 | 1974-5-11 | 1 | 7.1 | 云南大关 |
| 3 | 1972-8-10 | 1974-6-10 | 669 | 1976-4-9 | 1976-4-6 | -3 | 6.2 | 内蒙古和林格尔 |
| 4 |  | 1974-7-5 | 694 | 1976-5-29 | 1976-5-29 | 0 | 7.3 | 云南龙陵 |
| 5 |  | 1974-7-23 | 712 | 1976-7-4 | 1976-7-4 | 0 | 6.0 | 云南潞西 |
| 6 |  | 1974-8-4 | 724 | 1976-7-28 | 1976-7-28 | 0 | 7.8 | 河北唐山 |

| 序号 | 起倍磁暴日期 | 被倍磁暴日期 | 相隔天数 | 预测发震日期 | 实际发震日期 | 误差天数 | 震级（$M_S$） | 震中位置 |
|---|---|---|---|---|---|---|---|---|
| 7 | | 1974-8-14 | 734 | 1976-8-17 | 1976-8-16 | -1 | 7.2 | 四川平武 |
| 8 | 1972-8-10 | 1974-8-16 | 736 | 1976-8-21 | 1976-8-23 | 2 | 7.2 | 四川平武 |
| 9 | | 1974-8-20 | 740 | 1976-8-29 | 1976-8-3l | 2 | 5.6 | 河北滦县 |

我们发现唐山7.8级地震在地磁场变化中曾出现多次前兆反应，因此对其三要素进行了预报研究。

1. 地震发生时间的分析

唐山7.8级地震，从孕育到发震整个过程，在地磁场变化中有明显的规律性反应。河北蔚县地磁台，从建台以后到1972年8月1日地磁0时（Z）值下降到最低点；8月2日—12日发生磁暴后磁强度直线上升，到1976年4月6日内蒙古和林格尔发生6.2级地震前，约4年时间上升500 nT；震后开始下降，变化平稳。我们用磁暴二倍法将这段时间中发生的磁暴进行组合计算，结果显示，其中有4组发震时间是1976年7月28日同一天。

第一组：1972年8月10日和1974年8月4日组合，推算出的发震时期为1976年7月28日；第二组：1975年3月10日和同年11月18日组合，推算出的仍为1976年7月28日；第三组：1975年11月23日和1976年3月26日组合，结果也是1976年7月28日；第四组：1976年4月1日和同年5月20日组合，结果还是1976年7月28日。根据这4组磁暴推算出的1976年7月28日为发震日期。这次地震经多次磁暴激发，引起地震能量的多次演变，震级一定很大。然而，仅推算出正确发震日期，而不能确定震中位置，仍无法部署防震工作。因此，我们要根据磁暴激发引起的地震能量集中地区来确定震中位置以达到预报目的。

2. 磁暴激发地震能量的空间分布

根据预测地震发生时间的两个磁暴组合，用以下公式计算出各地磁暴强度 $H_z$：

$$H_z = \sqrt{m_1 m_2}$$

式中 $m_1$ 为起倍磁暴强度，$m_2$ 为被倍磁暴强度。我们采用各地组合的磁暴强度编成地震能量分布图作为确定震中位置的依据。

1976 年 7 月 28 日唐山 7.8 级地震磁暴激发形成的能量分布特征如下：

第一组：唐山地震能量分布图（图 1）中，在我国东部和南北带上显示两个南北向磁正异常。东部华北最高点磁强度 13 nT，南北带上松潘高点磁强度 10 nT，表明两地有地震能量在聚积。因为磁异常面积很大，说明地震能量聚积范围很广，这次地震可能发生在能量最集中的华北磁高点上。

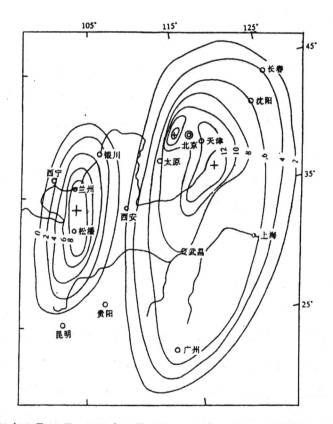

图 1　1972 年 8 月 10 日~1974 年 8 月 4 日~1976 年 7 月 28 日磁暴激发应变能量分布
Fig.1　Distribution of strain energy excited by magnetic storm from Aug. 10,1972 to Aug. 4,1974 to Jul.28,1976.

第二组：唐山地震能量分布图（图 2）上显示有 3 个磁正异常，走向转变为北东—南西方向。西部新疆磁正异常，乌什高点磁强度为 22nT，这说明

1974 年 8 月 11 日乌什 7.3 级地震后有剩余能量存在，因而在该区发生一系列余震，例如 1975 年 4 月 28 日和 6 月 4 日和田发生 2 次 6.1 级地震。东部地区出现 2 正 1 负磁异常。因 1975 年 3 月 8 日云南盐津 5.2 级地震的激发，地壳底部应变能发生了变化，使长江沿线的应变能向南北两侧分移，形成 1 个磁负异常。广州磁正异常强度为 9.3nT，这是 1975 年 3 月 23 日台湾绿岛 7.0 级地震的部分能量反映。

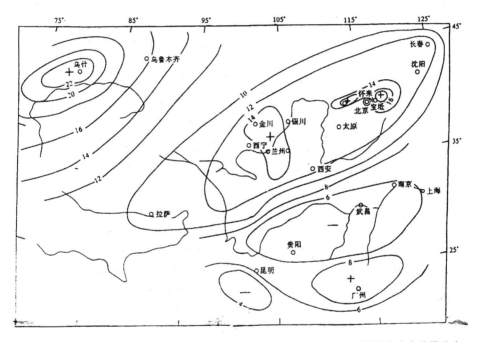

图 2  1975 年 3 月 10 日~1975 年 11 月 18 日~1976 年 7 月 28 日磁暴激发应变能量分布
Fig.2  Distribution of strain energy excited by magnetic storm from Mar. 10,1975 to Nov.18,1975 to Jul. 28,1976.

秦岭以北有一条拉萨至长春的北东—南西方向磁正异常，其中有 3 个高点，宝坻高点磁强度 18 nT，怀来高点 17 nT，金川高点 16nT，这条磁正异常是东部裂谷的反映。因为盐津 5.2 级地震的激发，裂谷底部积累的地应力与高磁性物质结合转化为应变能并沿裂谷运移，通过 3 个断裂点向地壳内部上涌集中。由于高磁性物质向浅层侵入，则表现出磁正异常特征，其中 3 个高点可能是 3 个地震的震中位置。

第三组：唐山地震能量分布图（图 3）中，西部新疆乌什磁正异常继续存在，磁强度为 24 nT。这是 1976 年 4 月 8 日乌兹别克斯坦 7.1 级地震能量的反映，有震例证明，不作详细叙述。

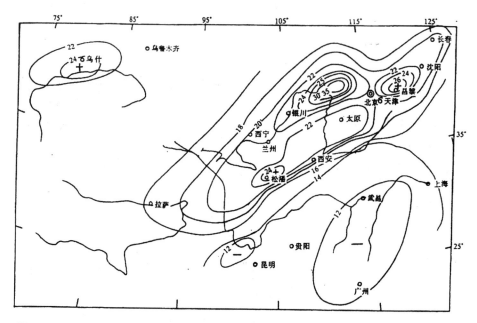

图 3　1975 年 11 月 23 日~1976 年 3 月 26 日~1976 年 7 月 28 日磁暴激发应变能量分布
Fig.3　Distribution of strain energy excited by magnetic storm from Nov.23,1975 to Mar.26,1976 to Jul. 28,1976.

拉萨—长春磁正异常的强度不断增大，其中呼和浩特高点磁强度 36 nT，昌黎高点 27nT，松潘高点 25nT。按照磁强度变化，7 月 28 日地震应该发生在呼和浩特一带，但根据 1975 年 7 月 9 日和 11 月 22 日 2 个磁暴组合推测，1976 年 4 月 6 日可能在呼和浩特附近发生强震，结果确实在和林格尔发生了一次 6.2 级地震。因此，7 月 28 日的地震就应该发生在唐山一带。

第四组：唐山地震能量分布图（图 4）上，西部新疆喀什磁正异常强度为 20 nT，磁强度的下降是 1976 年 5 月 17 日乌兹别克斯坦 7.2 级地震后剩余能量的反映。

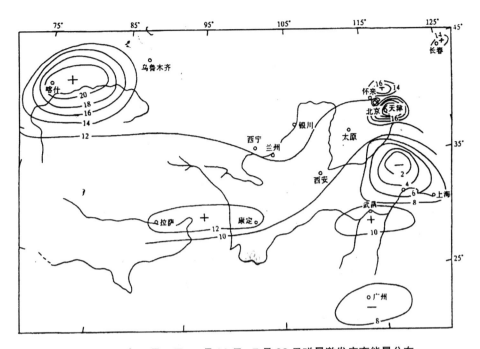

图 4　1976 年 4 月 1 日~5 月 30 日~7 月 28 日磁暴激发应变能量分布

Fig.4　Distribution of strain energy excited by magnetic storm from Apr.1 to May 30 to Jul.28,1976.

　　拉萨—长春磁正异常的消失是东部裂谷中发生大关、和林格尔一系列强震能量释放的反映，1976 年 5 月 29 日云南龙陵发生 7.3 级和 7.4 级地震以后，只在康定与拉萨之间显示出一个微弱磁高点。在天津、唐山地区出现一磁高点，面积小，幅度大，磁强度为 22nT。这是裂谷中剩余能量在龙陵地震激发下向天津、唐山地区集中的反映。因此 1976 年 7 月 28 日唐山发生了一次 7.8 级大地震。

　　唐山 7.8 级地震是从 1972 年 7 月 31 日阿拉斯加湾 8 级地震的激发而开始孕育的，到 1976 年 7 月 28 日发震共历时 4 年时间。前两年是地震能量的聚积过程。由于阿拉斯加湾 8 级地震释放的能量沿东、西太平洋地震带边移边释放，西太平洋地震带上发生的地震所释放的能量向我国东部裂谷中运移聚积，从而为一系列地震的孕育提供能量。后两年，在裂谷中聚积的能量最终形成一系列地震。在边积累边释放的情况下剩余能量逐步向唐山主震集中，这表明一个强震需要经过多次的演化达到极点才能发震。唐山地震前出现过 4 次前兆反映，所以是可以预报的。

3. 震级的预测

震级 $M$ 的确定，关键在于地震能量的多少，震级 $M$ 与磁暴强度 $nT$ 成正比关系，与震中距 $S$ 成反比关系。因为地震受构造的控制，因此采用"近似体积法"，可以求出震级。推算公式是：

$$M = a\sqrt{S_1 S_2 \cdot DnT}$$

式中 $a$ 是一个系数，$S_1$ 是磁正异常区的长轴半径距离，$S_2$ 是短轴半径距离，$DnT$ 是震中磁暴强度。地震可通过三要素计算结果进行预报。

### 三、磁暴与唐山地震

磁暴成因比较复杂，它出现在地磁场变化中，与地球有密切关系。有人认为磁暴是黑子、耀斑等引起的，因此对地球的触发引起的磁暴强度应该一致。但实际上并非如此，我国几十个地磁台的磁暴强度都不一样。1976 年的 3 月 26 日—4 月 3 日发生的磁暴，北京怀柔与天津宝坻两个台相距约 90 km，而磁暴强度 Z 值却相差 20 nT。

我们认为，磁暴是地球内部某些部位磁性物质在地应力作用下受到地震激发后而转化成大量应变能的聚积在地磁中的反映。

1972 年 7 月 31 日阿拉斯加湾发生 8 级地震后，8 月 2 日—12 日出现一组磁暴，由其中两个高点和以后的磁暴推算出的地震都发生在东、西太平洋地震带上。这说明，唐山 7.8 级震群的能量也是通过阿拉斯加湾 8 级地震的激发以放射性形式沿着多条断裂带往地壳内部运移聚积而形成的。

唐山 7.8 级地震：第一个磁暴由阿拉斯加湾 8 级地震激发引起的地幔内部地应力带着磁性岩浆转化为应变能，通过日本海沟向西沿着我国东部裂谷运动[2]，经过沧东断裂破碎点向地壳内部运移集中，使地壳破裂扩大。高磁性火成岩浆不断侵入形成的地磁正异常是唐山 7.8 级地震能量积累过程的反映。第二个磁暴是 1974 年 7 月 30 日兴都库什在 209 km 深部发生一个 7 级地震后于 8 月 2 日—4 日出现的一个磁暴。由于兴都库什地震的激发，向地壳内部运移的应变能被切断，不再向地壳内部输送，地壳开始收缩，应变能因受到挤压而向中心集中。地壳一张一缩，来往时间相等，形成一个周期，出现"二倍关系"。

一个地震形成的过程决定于能量的来源，能量积累越多震级越大，演化的次数越多。唐山 7.8 级地震出现 4 次演化。

第一次演化：通过阿拉斯加湾 8 级地震的激发，应变能由东往西向我国大陆地壳内部运移聚积，后来经过兴都库什 7 级地震切割，应变能自西向东收缩，由于应变能分布面广，未能形成震源中心。

第二次演化：经过 1975 年 3 月 8 日云南盐津 5.2 级地震的激发，应变能由秦岭以南往北收缩迁移，沿着东部裂谷分布聚积。由于 1975 年 11 月 14 日台湾 5.2 级地震的切割，应变能进一步收缩，显示出震源区雏形。

第三次演化：从 1975 年 11 月 23 日磁暴到 1976 年 3 月 26 日磁暴，在这段时间内东部裂谷西端的新疆、西藏、云南不断发生 5 级以上地震，东端的台湾、海城继续发生余震。在这些地震的激发下裂谷中应变能向中间华北地区收缩，并出现唐山、呼和浩特和松潘 3 个磁高点，其中呼和浩特磁强度最大，为 36 nT，结果于 1976 年 4 月 6 日在内蒙古和林格尔发生一个 6.2 级地震，表明 3 个磁高点是 3 个震源中心的反映。

第四次演化：1976 年 3 月 26 日—4 月 3 日磁暴和 5 月 30 日磁暴是 1976 年 4 月 6 日和林格尔 6.2 级地震和 1976 年 5 月 29 日龙陵 7.4 级地震的反映，这两个地震发生以后，东部裂谷中磁正异常消失，只在唐山地区出现一个磁高点。这说明经过一系列地震能量释放以后，东部裂谷中大部分应变能消失，剩余的能量往唐山地区集中，形成唐山 7.8 级主震。许多震例表明，磁暴是地球内部应变能的反映。

如果磁暴是太阳活动引起的，那么太阳系其他天体的磁场也应该有磁暴出现。由于各天体之间距离的差异，磁暴强度可能会不一样，而对同一天体地球上磁暴强度应该一致。因为太阳活动过程中形成的各种频率的电磁波发射到地球首先要通过电离层，并对无线电通信造成干扰。然而，事实并非如此，地球上各个地磁台测得的磁强度都不一样，而且在磁暴出现前后还有地震发生。

## 四、小结

自 20 世纪 60 年代末提出用"磁暴二倍法"预报地震以来，一直存在不同看法。有些人认为磁暴是太阳活动引起的，地震是地球构造运动中的产物，两者之间没有联系。按照"外因是变化的条件，内因是变化的根据，外因通过内因而起作用"的理论，我们认为地球是太阳系中的一颗行星，为太阳引力所控制，在地球上发生的自然事件，有些必然与太阳活动有相关性，但是，地球是一个运动的天体，地磁场是地球上反映的一种物理现象，地磁变化是地球物质感应磁化形成的高磁性地壳活动的反映，磁暴是地球内部应变能变化引起地幔内部高磁性岩浆上涌向地壳侵入形成的产物，所以磁暴是地震能量的反映。

20 多年实践证明，用磁暴二倍法预报地震的效果是比较好的，该法对地震预防能起到一定的作用。本文介绍此方法旨在供同人们参考。

### 参考文献

［1］高名修：《东亚北东向块断构造与现代地裂运动》，地震出版社 1995 年版，第 155—156 页。

［2］张铁铮：《地磁场变化与现代构造活动的相关关系》《天地生综合研究进展——第三届全国天地生相互关系学术讨论会论文集》，中国科学技术出版社 1989 年版，第 403—407 页。

## DOUBLE MAGNETIC STORM TIME METHOD TO PREDICT THE TANGSHAN $M_S$7.8 EARTHQUAKE IN 1976

Zhang Tiezheng

（North China Petroleum Prospecting Exploitation Research Institute, Renqiu 062552）

**Abstract**

The basis to predict earthquakes by the double magnetic storm time method is that the crustal expansion and contraction caused by the migration of strain energy present a cycle with a double time relation. The Tangshan $M_S$ 7.8 earthquake was the strongest one in 1970s in our country, it had a relation to four groups of magnetic storm energy based on the double magnetic storm time method.  Every group of magnetic storm was headed or followed by earthquakes. When the residual energy accumulating after these earthquakes, the crust expanded and contracted, the geomagnetic field was affected and the magnetic storm formed. So the magnetic storm has a relation to variation of earthquake energy and earthquakes can be predicted by the double magnetic storm time method.

**Key words**——Crust, Earthquake prediction, Double magnetic storm time method

# A3　磁暴二倍法与地震三要素预测[①]

张铁铮

**摘要**　扼要介绍了发现磁暴二倍法的过程及其用于预测地震三要素的具体做法。

**关键词**　磁暴二倍法　地磁垂直分量　地震三要素预测

## 一、前言

1969 年笔者提出了预测地震的磁暴二倍法：选定一组磁暴，用其间隔的时间加倍后作为未来地震发生的日期和震级的预测意见[1]。1972 年后又做了改进，增加了预测发震地点的方法。从笔者和一些地震预测研究者的长期实践来看，磁暴二倍法确是预测地震三要素的一种较为有效的方法。笔者使用的磁暴和数据，均以地磁台按统一标准报给国家地震局的为准。但我们选用的参数与一般的不同，均选用磁暴日北京时间零时的地磁垂直分量（Z）。

一般认为，磁暴是全球同时发生的强烈磁扰，它是由太阳活动引起的。但有时地磁扰动可能具有地方性特点[2]。地磁在北京时间零时，一般认为其变化比较平静。笔者为了寻找地磁变化的地方性特点和避免太阳日变化的影响，在实践中采用了地磁在零时的 Z 值（起初使用日变幅）。由此发现地磁在零时的垂直分量，在长趋势变化上实际是不平静的，经常出现峰、谷，并

---

① 见：《北京香山科学 133 次学术会议文集》，科学出版社 2002 年版，第 104—110 页。

且具有明显的地区性。同一天发生的磁暴，各个地磁台的反映并不一样。有时有的地磁台发生磁暴，有的地磁台不发生磁暴。这与地震活动有无内在联系，值得深入探讨。

## 二、由河间地震的地磁 Z 分量日变幅谈起

1967 年 3 月 27 日河北省河间发生 6.3 级地震之前，3 月 26 日地磁垂直（Z）分量的日变幅，在河北省百尺口地磁台为 29.3 nT，徐水地磁台为 40.9 nT，北京地磁台为 40.6 nT，而平时的变化在 25 nT 左右。此种异常的日变幅，理应由磁暴引起。可是该年 3 月份并没有发生全球性磁暴，为无磁暴月。这表明它不能证明是全球性磁暴所引起。地磁 Z 分量的日变幅在正常情况下，由南往北逐渐变小。3 月 26 日的异常日变幅，处在南面的百尺口地磁台反而比北面的北京地磁台小。此种反向变化，是否与此前邢台地震（1966 年 3 月）释放的应变能出现由南向北迁移，成为河间 6.3 级地震的前兆反映，值得加以重视。

地磁场 Z 分量的变化，其中包含着各种不同的周期变化，一般认为它是外空磁场变化的反映。河间地震地磁 Z 分量的异常变化，我们认为它可能与地球内部磁场变化也有一定联系。后来发现，地震发生前地磁场出现的大幅度变化，一般与地区性的磁暴有关，并且可能与地区性的孕震活动有关。

在地磁 Z 分量的日变幅中，包含着由各种外因引起的周期变化，如地球公转和自转产生的年变化、季节变化和日变化等各种不同变化；由于各地磁台所处的经纬度不同，地磁场变化也有差别。为了寻找磁暴与地震之间的可能联系，排除非地震因素，本文均采用夜间零时的地磁 Z 分量（比日变幅要好）进行分析。我们看到，在磁暴发生时经常有地震伴生，这些地震在空间上可以分布于全球各地。但是，有的地震发生时并未出现磁暴，而是在震前较长时间内出现不止一个磁暴。进而发现：先后出现的两个磁暴，用其间隔的天数，加上后一磁暴出现的日期，即延长一倍后，与它们所对应的地震发生日期（te）相接近。我们把这个方法叫作"磁暴二倍法"，用以预测地

表 1　磁暴组合的二倍与地震的对应关系（1967-5-26—1968-9-23）

| 序号 | 起倍磁暴 | | 被倍磁暴 | | | 间隔天数 /d | 应震日期 | 实际地震 | | | 天数误差 |
| | 日期 | 异常值 nT | 日期 | 异常值 nT | $(m_1 \cdot m_2)^{1/2}$ | | | 日期 | 震级 $M_S$ | 地点 | |
|---|---|---|---|---|---|---|---|---|---|---|---|
| 1 | 1967-5-26 | 86.1 | 1967-6-6 | 28.0 | 49.1 | 11 | 1967-6-17 | 1967-6-17 | 6.8 | 南桑威奇 | 0 |
| 2 | | | 1967-6-26 | 53.8 | 68.0 | 31 | 1967-7-27 | 1967-7-27 | 6.0 | 土耳其 | 0 |
| 3 | | | 1967-8-11 | 26.1 | 47.4 | 77 | 1967-10-27 | 1967-10-25 | 6.5 | 中国台湾 | -2 |
| 4 | | | 1967-9-13 | 21.1 | 42.6 | 110 | 1968-1-1 | 1968-1-1 | 6.5 | 智利 | 0 |
| 5 | | | 1967-9-20 | 29.4 | 50.3 | 117 | 1968-1-15 | 1968-1-15 | 6.3 | 阿留申 | 0 |
| 6 | | | 1967-9-28 | 34.0 | 54.1 | 125 | 1968-1-31 | 1968-1-30 | 6.1 | 日本 | -1 |
| 7 | | | 1967-10-8 | 25.4 | 47.8 | 135 | 1968-2-20 | 1968-2-20 | 7.5 | 爱琴海 | 0 |
| 8 | | | 1967-10-29 | 42.6 | 60.6 | 156 | 1968-4-2 | 1968-4-1 | 7.7 | 日本 | -1 |
| 9 | | | 1967-11-3 | 16.5 | 37.7 | 161 | 1968-4-12 | 1968-4-9 | 7.0 | 美国 | -3 |
| 10 | | | 1967-11-9 | 19.1 | 40.6 | 167 | 1968-4-24 | 1968-4-24 | 6.3 | 阿拉斯加 | 0 |
| 11 | | | 1967-11-11 | 19.8 | 41.3 | 169 | 1968-4-28 | 1968-4-27 | 6.0 | 老挝、越南交界 | -1 |
| 12 | | | 1967-11-24 | 14.2 | 35.0 | 182 | 1968-5-24 | 1968-5-24 | 6.5 | 日本 | 0 |
| 13 | | | 1967-12-1 | 13.0 | 33.5 | 189 | 1968-6-7 | 1968-6-7 | 6.8 | 印度尼西亚 | 0 |
| 14 | | | 1967-12-6 | 18.0 | 39.4 | 194 | 1968-6-17 | 1968-6-17 | 6.7 | 日本 | 0 |
| 15 | | | 1967-12-18 | 20.0 | 41.5 | 206 | 1968-7-11 | 1968-7-11 | 6.0 | 日本 | 0 |
| 16 | | | 1968-1-2 | 30.0 | 50.8 | 211 | 1968-8-10 | 1968-8-10 | 7.5 | 马鲁古 | 0 |
| 17 | | | 1968-1-11 | 9.6 | 28.7 | 230 | 1968-8-28 | 1968-8-28 | 6.2 | 斐济 | 0 |
| 18 | | | 1968-1-16 | 23.7 | 45.2 | 235 | 1968-9-7 | 1968-9-7 | 6.2 | 日本 | 0 |
| 19 | | | 1968-1-26 | 17.3 | 38.6 | 245 | 1968-9-27 | 1968-9-27 | 7.0 | 克马德克 | 0 |
| 20 | | | 1968-2-11 | 29.4 | 50.3 | 261 | 1968-10-29 | 1968-10-30 | 6.8 | 阿拉斯加 | +1 |

（续表1）

| 序号 | 起倍磁暴 | | 被倍磁暴 | | $(m_1 \cdot m_2)^{1/2}$ | 间隔天数/d | 应震日期 | 实际地震 | | | 天数误差 |
|---|---|---|---|---|---|---|---|---|---|---|---|
| | 日期 | 异常值 nT | 日期 | 异常值 nT | | | | 日期 | 震级 $M_S$ | 地点 | |
| 21 | | | 1968-2-15 | 22.0 | 43.5 | 265 | 1968-11-6 | 1968-11-4 | 6.8 | 新赫布里底 | -2 |
| 22 | | | 1968-2-18 | 15.0 | 35.9 | 268 | 1968-11-12 | 1968-11-11 | 6.5 | 日本 | -1 |
| 23 | | | 1968-2-20 | 20.0 | 41.5 | 270 | 1968-11-16 | 1968-11-16 | 6.0 | 斐济 | 0 |
| 24 | | | 1968-2-28 | 27.0 | 48.2 | 278 | 1968-12-2 | 1968-12-2 | 6.6 | 劳比亚 | 0 |
| 25 | | | 1968-3-14 | 30.0 | 50.8 | 293 | 1969-1-1 | 1969-1-3 | 6.0 | 苏联 | +2 |
| 26 | | | 1968-3-30 | 26.0 | 47.3 | 309 | 1969-2-2 | 1969-2-2 | 6.0 | 菲律宾 | 0 |
| 27 | | | 1968-4-5 | 24.2 | 45.6 | 315 | 1969-2-14 | 1969-2-12 | 6.3 | 乌什 | -2 |
| 28 | | | 1968-4-14 | 28.1 | 49.2 | 324 | 1969-3-4 | 1969-3-5 | 6.0 | 菲律宾 | +1 |
| 29 | | | 1968-4-27 | 32.3 | 52.7 | 337 | 1969-3-30 | 1969-4-1 | 7.5 | 日本 | +2 |
| 30 | | | 1968-5-7 | 58.3 | 70.8 | 347 | 1969-4-19 | 1969-4-21 | 7.0 | 日本 | +2 |
| 31 | | | 1968-6-11 | 65.7 | 75.2 | 382 | 1969-6-28 | 1969-6-28 | 6.0 | 新西兰 | 0 |
| 32 | | | 1968-7-10 | 33.2 | 53.4 | 411 | 1969-8-25 | 1969-8-28 | 6.0 | 克马德克 | +3 |
| 33 | | | 1968-7-13 | 31.9 | 52.4 | 414 | 1969-8-31 | 1969-8-30 | 6.5 | 日本 | -1 |
| 34 | | | 1968-8-3 | 37.0 | 56.4 | 435 | 1969-10-12 | 1969-10-13 | 6.5 | 新赫布里底 | +1 |
| 35 | | | 1968-8-13 | 40.2 | 58.8 | 445 | 1969-11-1 | 1969-10-31 | 6.8 | 阿留申 | -1 |
| 36 | | | 1968-8-24 | 24.8 | 46.2 | 456 | 1969-11-23 | 1969-11-22 | 7.6 | 堪察加 | -1 |
| 37 | | | 1968-8-31 | 32.4 | 52.8 | 463 | 1969-12-7 | 1969-12-7 | 6.0 | 新赫布里底 | 0 |
| 38 | | | 1968-9-6 | 37.0 | 56.4 | 469 | 1969-12-19 | 1969-12-18 | 6.5 | 萨哈林 | -1 |
| 39 | | | 1968-9-13 | 29.4 | 50.3 | 476 | 1970-1-2 | 1970-1-1 | 6.5 | 日本 | -1 |
| 40 | | | 1968-9-23 | 22.8 | 44.3 | 486 | 1970-1-22 | 1970-1-21 | 6.7 | 北海道 | -1 |

注：$m_1$、$m_2$ 分别为起倍磁暴日和被倍磁暴日的磁异常值。

震。如何正确选择磁暴是使用磁暴二倍法的一个重要环节。由表 1 可见，利用 1967 年 5 月 26 日这个特大磁暴日作为起倍磁暴，其后各个磁暴作为被倍磁暴（有的为磁扰），它们的间隔天数加上一倍时间后，均有大地震与之相对应；并且加倍的日期，与相应出现的大地震发震日期相比较，两者大部分误差为 0d（19 个）和 ±1d（13 个），其余误差为 ±2d（6 个）和 ±3d（仅 2 个）。可见，特大磁暴与其后磁暴的间隔天数加倍后，与大地震的发震日期有着相当好的对应关系。

有些特大地震，往往在震前有多对磁暴组合，它们的间隔时间加倍后，均与未来发震日期相对应。例如唐山 7.8 级地震。震前有 4 组磁暴[3]：1972 年 8 月 10 日和 1974 年 8 月 4 日；1975 年 3 月 10 日和 1975 年 11 月 18 日；1975 年 11 月 23 日和 1976 年 3 月 26 日；1976 年 4 月 1 日和 1976 年 5 月 20 日。它们的间隔天数加倍后的日期，全都对应 1976 年 7 月 28 日唐山 7.8 级地震的发生日期。并且，磁暴的间隔天数加倍后与发震日期的误差，只有 0~2d。2001 年 1 月 26 日印度 $M_S$7.8 地震，有 5 对磁暴组合（1998-5-3 和 1999-9-4；1998-8-28 和 1999-11-8；1999-3-2 和 2000-2-13；1999-10-23 和 2000-6-9 以及 2000-10-6 和 2000-11-30），它们的间隔天数加倍后，也都对应此次地震发生的日期；其磁暴的间隔天数加倍后与发震日期的误差除 1 次外，也大多只有 0~2d。看来，这很难是一种偶然巧合。

我们用磁暴二倍法开始在震前做预测试验时，选择了 1968 年 6 月 11 日和 1969 年 3 月 24 日两个较大磁暴的组合，加上一倍时间后，推算出 1970 年 1 月 4 日有可能发生大震，并向当时的中央地震办公室做了汇报。结果于 1970 年 1 月 5 日在云南省通海发生了 7.7 级地震，造成较大损失。推算的日期比实际发生日期提前半天。但由于未预测出震中位置，不能起到预防作用。

为了吸取通海地震的经验教训，我们尝试用多台对比的方法来确定发震地区。选择 1968 年 6 月 11 日和 1969 年 4 月 13 日两个磁暴的组合，推算出 1970 年 2 月 13 日将发生地震。为了确定震中位置，计算了两个磁暴 Z 分量的异常值的乘积开方值（$m_1 m_2$）$^{1/2}$（$m_1$ 为起倍磁暴日值，$m_2$ 为被倍磁暴日值）作为绘制震中位置平面图的数据。发现 1969 年 4 月 13 日北京地磁台发生磁暴，而长春、兰州、上海、武昌 4 个台均未发生磁暴。为了落实其可靠性，在中央地办领导和地球物理所同志的帮助下，连夜收集了天津、红山两个台的地磁资料，得知这两个台也有磁暴存在。我们猜测其他 4 个地磁台未定为磁暴，是否有可能与磁暴强度较小或地磁台离震中的距离较远有关。由此，根据天津和北京地磁台的磁暴强度和间隔天数，预测 2 月 13 日在天津以东的渤海地区将发生地震。结果是，1970 年 2 月 12 日渤海发生了 $M_S 4.6$（$M_l 5.2$）地震。这次初步成功，为以后用磁暴二倍法预测地震三要素创造了条件。为何异常的地区性磁暴与未来地震的发震地点有一定联系呢？我们猜想：此种地区性磁暴有可能是未来发震区在已聚积应变能的条件下，其地球内部的高磁性物质受到外力的激发而引起，或者在外力激发下，它对全球性磁暴的响应，要比其他没有孕震条件、没有外力激发的地区来得更加显著。而此种外力的激发，在时间上具有某种周期性。因而那些异常的地区性磁暴有可能是地震发生前此种耦合的前兆反映。

为了捕捉和简化与发震地区有关的地磁信息，我们又用两台相减的方法进行处理，发现此种磁差曲线，仍能显示较大异常的地磁台与未来地震发生的地点有一定的对应关系。

## 三、应用磁暴二倍法预测地震三要素的具体方法

### 1. 发震日期的预测

选择某一个磁暴的日期 $T_1$，及其后一个磁暴的日期 $T_2$，其间隔天数的 2 倍加上 $T_1$ 日期，就是预测的未来地震发生的日期 $T_p$。称 $T_1$ 为起倍磁暴，$T_2$ 为被倍磁暴。其经验公式是：$T_p = T_1 + 2（T_2 - T_1）= 2T_2 - T_1$。

起倍磁暴越大，对应未来地震越多、震级越大。推算的与实际发生的日期一般误差为 ±3d。

### 2.用等磁异常线图解法判定震中位置

由于地震受构造控制，震前位置 $D$ 与台的距离和振幅成反比关系。我们试验用地方磁暴的差异值绘制成平面图，进行震中位置的确定。以图 1 为例：

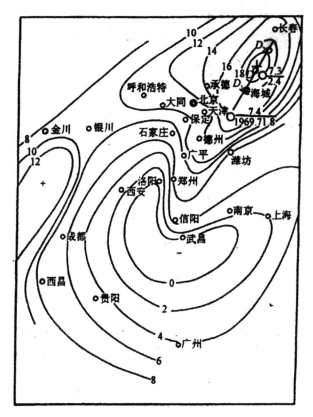

图 1　海城 7.3 级地震震前起倍磁暴日和被倍日的地磁 Z 分量的差值图

（1）首先，在图 1 中最大磁正异常的长轴上画一条直线，再在线上找出 $d_0$、$d_1$、$d_2$ 三个点，$d_0$ 为磁异常高点，$d_1$ 和 $d_2$ 为长轴上任意两个点；并从图中查出它们的 Z 值（单位为 nT）。$Z_0$、$Z_1$、$Z_2$ 分别是当天零时 $d_0$、$d_1$、$d_2$ 时的 Z 值。要求：$Z_0$ 值大于 $Z_1$ 值，且 $Z_0$ 值大于 $Z_2$ 值。

（2）在磁异常高点 $d_0$ 的两翼，计算出 $D_1$ 和 $D_2$ 及 $Z_{D_1}$ 和 $Z_{D_2}$ 值。$D_1$ 是长轴一翼的未来震中距 $d_1$ 的相对距离；$D_2$ 是另一翼的未来震中距 $d_2$ 的相对距离。$Z_{D_1}$ 是 $D_1$ 的纳特［斯拉］Z 值，$Z_{D_2}$ 是 $D_2$ 的 Z 值。并设 $S_{D_1}$ 是 $d_0$ 到 $d_1$ 的

距离，$S_{D_2}$ 是 $d_0$ 到 $d_2$ 的距离。其经验公式为：

$$D_1 = Z_1 \times S_{D1} / (Z_0 + Z_1)$$

$$Z_{D_1} = Z_0 - D_1 \times (Z_0 - Z_1) / S_{D_1}$$

$$D_2 = Z_2 \times S_{D_2} / (Z_0 + Z_2)$$

$$Z_{D_2} = Z_0 - D_2 \times (Z_0 - Z_2) / S_{D_2}$$

（3）确定震中位置 D

$$D = (D_1 \times Z_{D_1} + D_2 \times Z_{D_2}) / (Z_{D_1} + Z_{D_2})$$

D 是震中位置距 $d_0$ 的相对距离。$Z_D$ 是 D 的相对变化纳特［斯拉］值；$S_d$ 是 $S_{D_1}$ 或 $S_{D_2}$，是 D 所在象限决定的。

3. 用近似面积法预测震级

震级 M 的确定关键在于地震能量的多少，我们的体会是震级 M 在地磁场中的反映与磁强度成正比关系。每个地磁台的强度与该台到震中位置的距离 S 成反比关系。这是因为地震受构造控制，它们的关系不是绝对的，因而需要用近似面积法进行计算。我们采用的经验公式是：

$$M = a + b (S_1 S_2)^{1/2} \times Z_D$$

式中 a、b 是系数，$S_1$ 是磁正异常的长轴半径距离，$S_2$ 是磁正异常的短轴半径距离（一般以次大的等值线即图 1 中的 18nT 等值闭合线为准），系数 a、b 的计算结果是：

$$a = 4.5；b = 0.0014$$

通过以上"三要素"的计算，就可以提出地震三要素的预测意见。

4. 实例分析

以海城地震为例。1975 年 2 月 4 日辽宁海城发生一个 7.3 级地震。在震前地磁场变化中已有明显的前兆反映。在长春地磁台地磁变化曲线中，出现一个趋势正异常，在磁异常顶部变化段内发生两个磁暴，使异常顶部出现一个微弱负异常，这两个磁暴正发生在负异常的开始和结束。开始的磁暴（起倍磁暴）发生于 1974 年 8 月 20 日，结束的磁暴发生于 1974 年 11 月 12 日，根据这两个磁暴，用磁暴二倍法进行推算：运用上述方法，我们对 1975 年 2

月 4 日海城 7.3 级地震，根据起倍磁暴日期 $T_1$（1974 年 8 月 20 日）和被倍磁暴日期 $T_2$（1974 年 11 月 12 日）及其异常值，预计 1975 年 2 月 4 日，在河北和吉林之间将发生较大地震，并在震前半个月向地震部门做过口头预测，认为 2 月上旬可能在渤海湾北部发生大震。结果是，预测与实况基本一致。但是，当时方法还不成熟，尚无具体推算方法。

根据我们事后的改进，认为可以进行具体计算，有可能做出地震三要素的进一步预测：

震中位置的确定：为了确定震中位置，采用全国 28 个地磁台，经过处理的磁暴日零时地磁 Z 分量的 $(m_1 m_2)^{1/2}$ 值，编制出平面图（见图 1）。在图 1 中，显示了在长春至昌黎一带有一个北北东—南南西走向的磁正异常区，幅度达 18nT，最外层的闭合圈幅度为 8nT。磁异常长轴向南一直延伸到信阳一带，并向西南出现一个分支，经呼和浩特向西南延伸。在南部有一个较大的磁负异常，闭合幅度为 4nT。我们对磁正异常，按照等磁线面积法的计算公式，进行震中位置的计算：

设：$d_0$=18nT，$d_1$=16nT，$d_2$=16nT

$S_{D_1}$=450km，$S_{D_2}$=450km

则 $D_1 = Z_1 \times S_{D_1} / (Z_0 + Z_1) = 16 \times (450/34) = 211.8$km

$D_2 = Z_2 \times S_{D_2} / (Z_0 + Z_2) = 16 \times (450/34) = 211.8$km

$Z_{D_1} = Z_0 - D_1 \times (Z_0 - Z_1) / S_{D_1} = 18 - 211.8 \times (18-16)/450 = 17.1$nT

$Z_{D_2} = Z_0 - D_2 \times (Z_0 - Z_2) / S_{D_2} = 18 - 211.8 \times (18-16)/450 = 17.1$nT

$D = (D_1 Z_{D_1} + D_2 Z_{D_2}) / (Z_{D_1} + Z_{D_2})$

$= (211.8 \times 17.1 + 211.8 \times 17.1)/34.2 = 211.8$km

$Z_D = Z_0 + D (Z_d / S_d) = 18 + 211.8 \times (18-16)$

$= 18 - 211.8 \times 0.0044 = 18.9$nT

通过计算确定出震中位置 $D$ 在河北和吉林之间，其磁强度为 18.9nT，与实况的发震地点（海城）相接近。

震级的确定：震级计算采用近似面积法：

设：$S_1=140km$，$S_2=70km$，$Z_D=18.9nT$，

则 $M=a+b\left(S_1S_2\right)^{1/2}\times Z_D=4.5+0.0014\times\left(140\times70\right)^{1/2}\times18.9$

$=4.5+0.0014\times99\times18.9=4.5+2.6196=7.1195$

根据以上"三要素"计算的综合结果，可以进一步推断：1975年2月4日，在沈阳以南地区将发生7级左右地震。这与实际发生的1975年2月4日辽宁海城 $M_S7.3$ 级地震，在地震三要素上大体均相符合。

## 四、结语

用磁暴二倍法预报地震，自20世纪60年代末提出以来，一直存在着不同的看法。这是正常的，不足为奇的。多年以来，上海市地震局沈宗丕，中国地震局分析预报中心张敏厚、耿庆国等一些地震工作者，利用磁暴二倍法预测大地震取得了成效。笔者近30年来由于受到条件限制，特别是20多年来仅得到一个地磁台的资料，因而只能预测发震日期，无法对震中位置进行具体计算预测，震级的确定也难以定量，只能进行估算。但是，如果在震前不能做出地震三要素的全面预测，就无法进行有效的震前预防。经过震后总结，我们在此介绍了应用磁暴二倍法预测地震三要素的具体做法。不妥之处，请予指正、批评。我们相信，本方法如能得到主管部门的支持，提供国内各地磁台的资料，经过进一步的改进，并与其他确有实效的临震预报手段相结合，预期在不久的将来，地震三要素的预测是可以争取实现突破的。其中复杂的物理机理，也是可以探索的。

### 参考文献

［1］张铁铮：《磁暴二倍法预报地震》，《自然科学争鸣》1975年2期，第35~40页。

［2］杨诺夫斯基：《地磁学》，地质出版社，1982年版。

［3］张铁铮：《磁暴二倍法预报唐山7.8级地震》，《西北地震学报》1989年20（2）期，第29~35页。

# A4  磁偏角异常二倍法预报地震工作小结 [①]

沈宗丕

毛主席教导我们："人的正确思想，只能从社会实践中来，只能从社会的生产斗争、阶级斗争和科学实验这三项实践中来。"

我们学习了河北地震队等兄弟单位搞地震预报的一些经验后，在实际工作过程中发现并采用了磁偏角异常二倍法预报地震。从 1970 年 9 月到 1971 年 3 月的七个月中用这个方法预报以邢台为中心 300 公里范围和在阴山、燕山的东西断裂带上的地震（时间是 ±1 天或 ±2 天）共 22 次，基本报准 $M_S \geqslant 3.5$ 的有 16 次。其中基本报准 $M_S \geqslant 4.0$ 的有 11 次；漏报 4 次。

目前还存在着很多问题：如磁偏角异常二倍法是否能真正反映出地震发生前地磁场变化的规律；预报的地点（方向、距离）范围太大；震级的大小还很不确切；漏报和虚报等问题。现在将我们工作情况小结如下。

## 一、异常的选择

毛主席教导我们："唯物辩证法认为外因是变化的条件，内因是变化的根据，外因通过内因而起作用。"在地球表面观测到的地磁场由两个基本部分组成：一部分来源于地球内部称内磁场；另一部分来源于地球外部，称外磁场。问题在于外磁场和内磁场是叠加在一起的，难于分开，而外磁场要比由地震引起的磁场变化强得多，只要我们还未曾排除外磁场的干扰，就不容易从地磁场中区分出震磁效应，这种情况对预报地震非常不利。

---

① 见：《地震战线》1971 年第 4 期，第 55—59 页。

为了尽可能消除外磁场的影响，根据地磁台所取得的磁偏角变化曲线分别测量出一天内的最大值和最小值（单位为分）并计算出一天内的最大变幅。

求得的变幅值主要还是反映了高空磁场的变化，为了得到震磁效应部分，我们就将白家疃台与红山台的资料进行比较，认为这二台所受到的外磁场影响基本上是一致的。因此就把二台的变幅相减，这样就基本上消除了外场的影响，所得之差称为幅差值。经过统计白家疃台磁偏角的变幅大于（或小于）红山台磁偏角的变幅为 1.0′ 者，多与地震有对应关系，因此认为是异常，在 ±1.0′ 范围内均作为正常。利用 >±1.0′ 的异常进行日期的二倍来预报地震，一般能预报 ≥ 4.0 级的地震。

## 二、二倍法的选定

毛主席教导我们："一个正确的认识，往往需要经过由物质到精神，由精神到物质，即由实践到认识，由认识到实践这样多次的反复，才能够完成。"经过多次的反复的实践和认真的总结经验，从 1970 年 1 月 1 日—1971 年 3 月 31 日这 15 个月中，>±1.0′ 异常共有 25 个，并且把它们进行分组。

| 日期 | 异常数值 | 组号 | 日期 | 异常数值 | 组号 | 日期 | 异常数值 | 组号 |
|------|------|------|------|------|------|------|------|------|
| 1970–3–9 | +4.6 | 第一组 | 1970–8–17 | +1.8 | | 1970–12–29 | +1.1 | |
| 1970–4–16 | +1.3 | | 1970–10–11 | +1.1 | | 1971–1–2 | +1.2 | |
| 1970–4–21 | +1.1 | 第二组 | 1970–10–17 | +1.5 | 第五组 | 1971–1–27 | +1.3 | 第六组 |
| 1970–4–22 | +1.5 | | 1970–10–18 | +2.1 | | 1971–1–28 | +2.1 | |
| 1970–5–13 | +1.6 | | 1970–10–23 | +1.4 | | 1971–1–29 | +2.1 | |
| 1970–7–4 | +1.1 | 第三组 | 1970–10–24 | +1.5 | | 1971–2–25 | +1.7 | |
| 1970–7–5 | +1.5 | | 1970–11–7 | +2.4 | | 1971–2–26 | +2.0 | |
| 1970–7–9 | +1.6 | | 1970–11–21 | +1.4 | | | | |
| 1970–7–25 | +2.1 | 第四组 | 1970–12–5 | +1.1 | | | | |

白家疃台大于红山台的变幅取"＋"值，反之取"－"值，但到目前为止还没有出现小于 −1.0′ 的异常，所以都是"＋"。以上 25 个异常分别组成六组进行预报：

1. 白家疃台的变幅大于红山台 2.0′ 以上者作为该组的起倍日期，其他都是被倍日期，如第一组和第四组。

第一组起倍日期 1970 年 3 月 9 日 +4.6′。

| 被倍日期 | 异常数 | 相差天数 | 预报日期 | 实际发生时间、地点、震级和所属范围 |
|---|---|---|---|---|
| 1970−4−16 | +1.3′ | 38 天 | 1970−5−24 | 5 月 25 日丰南 5.2 级（燕山断裂带） |
| 1970−4−21 | +1.1 | 43 天 | 1970−6−3 | 6 月 3 日吉兰泰 4.0 级（阴山断裂带） |
| 1970−4−22 | +1.5 | 44 天 | 1970−6−5 | 6 月 5 日邢台 4.1 级 |
| 1970−5−13 | +1.6 | 65 天 | 1970−7−17 | 7 月 19 日临河 4.7 级（阴山断裂带） |
| 1970−7−4 | +1.1 | 117 天 | 1970−10−29 | 10 月 30 日邢台 4.1 级 |
| 1970−7−5 | +1.5 | 118 天 | 1970−10−31 | 11 月 1 日大城 3.6 级（参考） |
| 1970−7−9 | +1.6 | 122 天 | 1970−11−8 | 11 月 10 日包头 5.5 级（阴山断裂带） |
| 1970−7−25 | +2.1 | 138 天 | 1970−12−10 | 12 月 12 日临清 4.3 级 |
| 1970−8−17 | +1.8 | 161 天 | 1971−1−25 | 1 月 26 日长山岛 4.7 级（东西断裂带） |
| 1970−10−11 | +1.1 | 216 天 | 1971−5−15 | |

第四组起倍日期 1970 年 7 月 25 日 +2.1′。

| 被倍日期 | 异常数 | 相差天数 | 预报日期 | 实际发生时间、地点、震级和所属范围 |
|---|---|---|---|---|
| 1970−8−17 | +1.8′ | 23 天 | 1970−9−9 | 9 月 8 日邢台 4.0 级 |
| 1970−10−11 | +1.1 | 78 天 | 1970−12−28 | 12 月 28 日邢台 3.7 级 |
| 1970−10−17 | +1.5 | 84 天 | 1971−1−9 | 1 月 9 日邢台 3.5 级 |
| 1970−10−18 | +2.1 | 85 天 | 1971−1−11 | 1 月 11 日邢台 3.0 级 |
| 1970−10−23 | +1.4 | 90 天 | 1971−1−21 | 1 月 21 日邢台 3.3 级 |
| 1970−10−24 | +1.5 | 91 天 | 1971−1−23 | 1 月 24 日阜新 3.6 级（燕山断裂带） |
| 1970−11−7 | +2.4 | 105 天 | 1971−2−20 | 2 月 22 日黎城 4.5 级 |
| 1970−11−21 | +1.4 | 119 天 | 1971−3−20 | 3 月 20 日邢台 3.1 级 |
| 1970−12−5 | +1.1 | 133 天 | 1971−4−17 | |

2. 白家疃的变幅大于红山台 1.0′ 连续二天以上的异常，可作为该组的起倍日期，计算日期以最后一天起算。如第二组、第三组、第五组和第六组。

第二组：1970 年 4 月 21 日 +1.1′，22 日 +1.5′；起倍日期为 22 日。

| 被倍日期 | 异常数 | 相差天数 | 预报日期 | 实际发生时间、地点、震级和所属范围 |
|---|---|---|---|---|
| 1970-5-13 | +1.6′ | 21 天 | 1970-6-3 | 6 月 3 日吉兰泰 4.0 级（阴山断裂带） |
| 1970-7-4 | +1.1 | 73 天 | 1970-9-15 | 9 月 14 日紫金关 3.4 级（燕山断裂带） |
| 1970-7-5 | +1.5 | 74 天 | 1970-9-17 | 9 月 19 日新疆 5.2 级（参考） |
| 1970-7-9 | +1.6 | 78 天 | 1970-9-25 | <3.0 级 |
| 1970-7-25 | +2.1 | 94 天 | 1970-10-27 | 10 月 26 日邢台 3.8 级 |
| 1970-8-17 | +1.8 | 117 天 | 1970-12-12 | 12 月 12 日临清 4.3 级 |
| 1970-10-11 | +1.1 | 172 天 | 1971-4-1 | 4 月 2 日邢台 3.2 级 |

第三组：1970 年 7 月 4 日 +1.1′，5 日 +1.5′；起倍日期为 5 日。

| 被倍日期 | 异常数 | 相差天数 | 预报日期 | 实际发生时间、地点、震级和所属范围 |
|---|---|---|---|---|
| 1970-7-9 | +1.6′ | 4 天 | 1970-7-13 | 7 月 15 日刻林敖包 4.2 级（阴山断裂带） |
| 1970-7-25 | +2.1 | 20 天 | 1970-8-14 | 8 月 16 日邢台 3.5 级 |
| 1970-8-17 | +1.8 | 43 天 | 1970-9-29 | 9 月 29 日磁县 4.0 级 |
| 1970-10-11 | +1.1 | 98 天 | 1971-1-17 | 1 月 16 日邢台 3.2 级 |
| 1970-10-17 | +1.5 | 104 天 | 1971-1-29 | 1 月 30 日邢台 3.1 级 |
| 1970-10-18 | +2.1 | 105 天 | 1971-1-31 | 2 月 1 日邢台 4.3 级 |
| 1970-10-23 | +1.4 | 110 天 | 1971-2-10 | 2 月 11 日邢台 3.5 级 |
| 1970-10-24 | +1.5 | 111 天 | 1971-2-12 | < 3.0 级 |
| 1970-11-7 | +2.4 | 125 天 | 1971-3-12 | 3 月 13 日包头 3.4 级（阴山断裂带） |

第五组：1970 年 10 月 17 日 +1.5′，18 日 +2.1′；起倍日期为 18 日。

| 被倍日期 | 异常数 | 相差天数 | 预报日期 | 实际发生时间、地点、震级和所属范围 |
|---|---|---|---|---|
| 1970-10-23 | +1.4′ | 5 天 | 1970-10-28 | 11月28日杭锦后旗西3.8级（阴山断裂带） |
| 1970-10-24 | +1.5 | 6 天 | 1970-10-30 | 10月30日邢台4.1级 |
| 1970-11-7 | +2.4 | 20 天 | 1970-11-27 | 11月26日临汾4.4级 |
| 1970-11-21 | +1.4 | 34 天 | 1970-12-25 | 12月24日代县3.1级 |
| 1970-12-5 | +1.1 | 48 天 | 1971-1-22 | 1月21日邢台3.3级 |
| 1970-12-29 | +1.1 | 72 天 | 1971-3-11 | < 3.0 级 |
| 1971-1-2 | +1.2 | 76 天 | 1971-3-19 | 3月20日邢台3.1级 |
| 1971-1-27 | +l.3 | 101 天 | 1971-5-8 | |

第六组：1971 年 1 月 27 日 +1.3′，28 日 +2.1′，29 日 +2.1′；起倍日期为 29 日。

| 被倍日期 | 异常数 | 相差天数 | 预报日期 | 实际发生时间、地点、震级和所属范围 |
|---|---|---|---|---|
| 1971-2-25 | +1.7′ | 27 天 | 1971-3-24 | 3月25日垣曲4.3级 |
| 1971-2-26 | +2.0 | 28 天 | 1971-3-26 | 3月26日邢台3.5级 |

3. 虽然有 > +1.0′ 连续两天的异常或 > +2.0′ 的异常，但如在整个异常过程中有连续出现，则除了用前一组异常作起倍日期外，后面连续发生的较大异常只用作被倍日期而不用作起倍日期，如 10 月 17 日 +1.5′，18 日 +2.1′，23 日 +1.4′，24 日 +l.5′ 和 11 月 7 日 +2.4′。

以上这些选定方法，目前还没有什么理论根据，只是在统计工作中摸索出来的，带有很多的主观性和片面性，甚至是很错误的。总的目的是减少起倍日期和减少二倍次数，突出预报较大的地震，是否能合乎客观实际，还须实践来加以验证。

### 三、关于预报的地区、震级和时间问题

毛主席教导我们："实践、认识、再实践、再认识。"我们通过实践逐步提高认识水平，通过总结经验，逐步提高预报水平。

1.地区的确定：在预报过程中发现我们起初预报的地区是以邢台为中心150公里范围内，但是通过几次失败总结经验，又经过反复统计分析，目前认为可以预报以邢台为中心300公里范围内（或阴山、燕山的东西断裂带）的地震。因为我们用的是白家疃台和红山台的资料作比较的，不能只局限于邢台周围的地震，又因为白家疃台是属于东西断裂带上的（本断裂带也有活动），所以预报这一条断裂带上的地震，应该有它一定的根据。

2.震级的确定：起初我们所采用的异常是 >±0.5′，然后进行二倍对应地震，结果一般是对应 ≥ 2.5 级的，这样意义就不大了，但是从中发现大的异常能对应较大的地震，经过一段工作，我们就把异常提高到 >±1.0′，这样异常就随之减少，震级就相应地得到提高。经过初步统计被倍日期的异常在 1.1′—1.5′ 之间，所对应的地震一般在 ≥ 3.5 级，被倍日期的异常在 1.6′—2.5′ 之间，所对应的地震一般在 ≥ 4.5 级，但是也有例外的。

3.时间的确定：一般的误差是 ±1 天，如果被倍日期的异常 ≥ 1.5′，则可允许再延长一天，那就是 ±1 天或 ±2 天。如起倍日期 1970 年 3 月 9 日 +4.6′，被倍日期 1970 年 5 月 13 日 +1.6′，相隔 65 天预报日期是 7 月 17 日，但实际发生是 7 月 19 日临河 4.7 级地震。（属阴山断裂带）

### 四、在统计工作中还发现的一些问题

毛主席教导我们："人类总得不断地总结经验，有所发现，有所发明，有所创造，有所前进。"通过这一段的工作实践发现以下几个问题：

1.1970 年 1 月 1 日—1971 年 3 月 31 日这 15 个月中发生大小磁暴共 49 个，但是我们所采用的 25 个异常，绝大部分分别在 16 个大小磁暴里面，只有 3 个异常例外。

2.大的磁暴一般能有大的异常，如 1970 年 3 月 9 日的大磁暴就有 +4.6′ 的

大异常，然后与较大的异常 ≥ 1.5′ 进行日期二倍，不但能对应国内 > 4 级的地震，而且同时能对应国外 ≥ 6.5 级的地震，如起倍日期 1970 年 3 月 9 日 +4.6′。

| 被倍日期 | 异常数 | 相差天数 | 预报日期 | 国内地震情况 | 国外地震情况 |
|---|---|---|---|---|---|
| 1970-4-22 | +1.5′ | 44 天 | 1970-6-5 | 6 月 5 日邢台 4.1 级 | 6 月 5 日中苏边界 6.8 级 |
| 1970-5-13 | +1.6 | 65 天 | 1970-7-17 | 7 月 19 日临河 4.7 级 | 7 月 18 日新西兰 6.3 级 |
| 1970-7-5 | +1.5 | 118 天 | 1970-10-31 | 10 月 30 日邢台 4.1 级 | 11 月 1 日俾斯麦 7.0 级 |
| 1970-7-9 | +1.6 | 122 天 | 1970-11-8 | 11 月 10 日包头 5.5 级 | 11 月 7 日伊里安 6.3 级 |
| 1970-7-25 | +2.1 | 138 天 | 1970-12-10 | 12 月 18 日临清 4.3 级 | 12 月 10 日秘鲁 7.9 级 |
| 1970-8-17 | +1.8 | 161 天 | 1971-1-25 | 1 月 26 日卡山岛 4.7 级 | 1 月 26 日阿留申 6.5 级 |
| 1970-10-17 | +1.5 | 222 天 | 1971-5-27 | | |

3. 一般在 > +1.0′ 连续有二天以上的异常后，三天内可能会发生 4 级左右的地震。

| +1.0′ 连续二天以上的异常 | 三天内实际发生地震的情况 |
|---|---|
| 1970-4-21+1.1′，22 日 +1.5′ | 4 月 25 日邢台 3.5 级 |
| 1970-7-4+1.1′，5 日 +1.5′ | 7 月 6 日邢台 3.0 级 |
| 1970-10-17+1.5′，18 日 +2.1′ | 10 月 21 日白云鄂博 3.7 级（属阴山断裂带） |
| 1970-10-23+1.4′，24 日 +1.5′ | 10 月 26 日邢台 3.8 级 |
| 1971-1-27+1.3′，28 日 +2.1′，29 日 +2.1′ | 2 月 1 日武安 4.7 级 |
| 1971-2-25+1.7′，26 日 +2.0′ | 3 月 1 日临城 4.4 级 |

以上这些只是在统计工作中所发现的一些现象，到底为什么，现在还不清楚，有待于今后做进一步的研究。

毛主席教导我们："真理的标准只能是社会的实践。"经过一段工作，虽然也预报过一些地震，得到一些感性认识，但由于我们实践还不够，认识还很肤浅，还存在着很多问题，需要我们在今后工作中遵照伟大领袖毛主席关于"实践、认识、再实践、再认识，这种形式，循环往复以至无穷，而实践和认识之每一循环的内容，都比较地进到了高一级的程度"的教导，努力活学活用毛泽东思想，不断实践，认真总结，逐步提高，从中找出规律性的东西来。

# A5 磁偏角二倍法预报地震的方法[①]

沈宗丕

## 一、磁偏角二倍法对应地震的情况

磁偏角二倍法以先后出现二个异常的日期进行二倍,出现第一个异常的日期作为起倍日期,出现第二个异常的日期作为被倍日期,两个台磁角变幅的差值称为幅差值,以 $\Delta R_D$ 来表示。

1. 对应华北地区地震的情况

选择异常的原则以北京减红山 $\Delta R_D$ 的大小为准:

(1)以单独一天 $\Delta R_D > 2.0'$ 的日子作为起倍日期与以 $\Delta R_D \geqslant 1.5'$ 的日子作为被倍日期进行二倍,这样的起倍日期可以多次利用,与多个被倍日期进行二倍,但 $\Delta R_D \geqslant 1.5'$ 的被倍日期只能利用一次,至于前者究竟能利用多长时间现在还不清楚。

(2)以 $\Delta R_D \geqslant 1.5'$ 的日子作为起倍日期与以 $\Delta R_D \geqslant 1.5'$ 的日子作为被倍日期进行二倍,这样的起倍日期只能利用一次, $\Delta R_D \geqslant 1.5'$ 的被倍日期也只能利用一次。

把北京减红山的 $\Delta R_D \geqslant 1.5'$ 的日子以顺序排列后,每两个进行二倍,二倍后的日期能对应地震的用方框圈起来,如图 1 所示,大三角形的斜边上的日子差不多都能对应地震。这是应用第二条原则把 $\Delta R_D \geqslant 1.5'$ 的日子逐个二倍的结果。大三角形中有一些小三角形的直角边上的日子对应地震情况

---

[①] 见:《地震战线》编辑部编:《地磁预报地震资料汇编——专题资料汇编6》(内部),1972年,第34—37页。

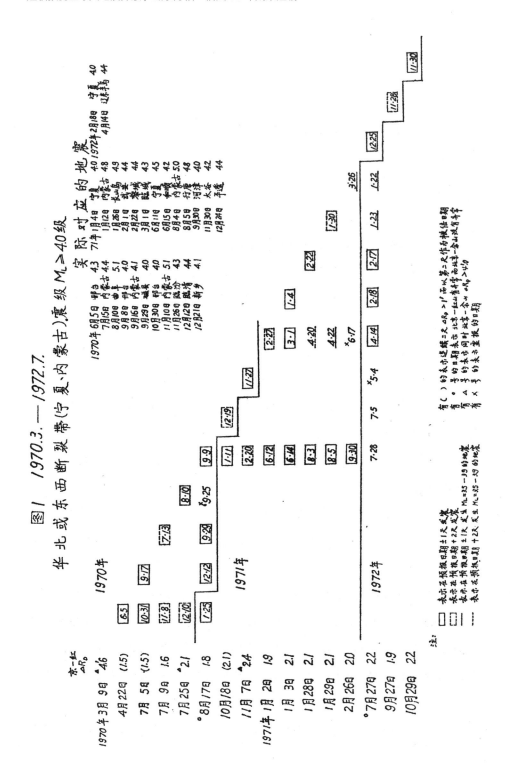

图 1 1970.3.—1972.7.

华北或东西断裂带(宁夏、内蒙古)震级 $M_L \geq 4.0$ 级

也比较好，这是应用第一条原则把 $\Delta R_D > 2.0'$ 的日子作为起倍日期与以后的 $\Delta R_D \geq 1.5'$ 的日子作为被倍日期依次进行二倍的结果。

另外，1970 年 8 月 17 日和 1971 年 7 月 27 日北京减红山的 $\Delta R_D$ 分别为 1.8′ 和 2.2′，而北京减余山的 $\Delta R_D$ 分别为 1.0′ 和 1.9′；北京减红山有异常，而北京减余山没有异常（根据统计认为北京减余山 $\Delta R_D \geq 3.5'$ 才算作异常），这说明异常在华北地区，把它作为被倍日期和前面所有 $\Delta R_D \geq 1.5'$ 的异常日期二倍，差不多也能对应地震，这就是图 1 中小三角形底边上的日子。

过去每一个异常可以作多次起倍日期，也可作多次被倍日期，每两个异常又可以任意二倍，结果图 1 的三角形内都布满了预报日期，近年来为了减少虚报，经过反复检查，改进了预报效果。

2. 对应世界大地震的情况

北京减余山的 $\Delta R_D$ 一般情况下大于 3.5′ 才算异常，能对应一些华东地区（包括台湾）、日本、库页岛一带的地震。如果北京减余山的 $\Delta R_D$ 有大的异常，同时北京减红山的 $\Delta R_D$ 也出现大异常，则可以对应一些全球性的大震。表 1 是对应全球性大震的情况：

表 1 起倍日期 1970 年 3 月 9 日京一余 $\Delta R_D = 13.8'$，京一红 $\Delta R_D = 4.6'$

| 被倍日期 | 京一余 $\Delta R_D$ | 京一红 $\Delta R_D$ | 相隔天数 | 预报日期 | 实际发生地震情况 |
|---|---|---|---|---|---|
| 1970–7–25 | 4.7′ | 2.1′ | 138 天 | 1970–12–10 | 1970 年 12 月 10 日秘鲁 7.9 级 |
| 1970–11–7 | 4.9′ | 2.4′ | 243 天 | 1971–7–8 | 1971 年 7 月 9 日智利 8.0 级 |
| 1971–2–16 | 4.4′ | 1.0′ | 344 天 | 1972–1–26 | 1972 年 1 月 25 日中国台湾 8.0 级 |

表 1 的三个震例中前两个是事后总结对应的，后一个是事前预报的。前两个震例北京减余山的 $\Delta R_D$ 与北京减红山的 $\Delta R_D$ 都有异常，它们的比值差不多都等于 2。而第三个震例前面的 $\Delta R_D$ 有异常而后面的 $\Delta R_D$ 没有异常，它们的比值为 4。是否是前两个地震发生在远处的南美洲，北京减余山、北京减红山比起与南美洲之间的距离的比值比较小，而后一个地震发生在我国台湾，北京减余山、北京减红山与台湾之间的距离其比值比较大的缘故？

事前就是根据这种推想预报了华东地区包括台湾可能发生 6 级以上的地震。

3.利用国内远处台站的资料对应国内大区域地震的情况

在这次会议期间曾利用兰州、长春、武汉、拉萨等地的资料以北京减兰州、北京减武汉、长春减佘山、兰州减拉萨、拉萨减佘山等二台站间的组合，用磁偏角二倍法来对应地震，只有拉萨减佘山 1971 年的对应情况比较好，其中 1971 年台湾地区发生 5 级以上地震 9 次，能对应上 8 次，西南地区（包括云南、四川、西藏）发生 5 级以上地震 11 次，能对应上 8 次。但 1970 年对应情况就不太好，虚报与漏报都比较多。其他台组的虚报和漏报也比较多，从目前看来还不够理想。

## 二、磁偏角变幅的纬度改正问题

磁偏角的日变化有明显的纬度变化，其主要规律是变幅随纬度的升高而增大。两地之间的变幅根据统计是近似地成一定的比例的。我们把这种比例数称为纬度系数。

取不同纬度台站每月的时均值的月平均值，将一年按 1，2，11，12；3，4，9，10；5，6，7，8 三组四个月进行组合，再取其平均值。第一组作为冬季的平均值，第二组作为春秋季的平均值，第三组作为夏季的平均值。在每一组平均值中分别挑选出 24 小时中的最大值和最小值，其差数即平均变幅，然后求不同纬度二个台之间变幅的比值。

表 2 是佘山和北京 1970 年和 1971 年三个季度时均值月平均的变幅及其比值，即佘山和北京之间以北京作为标准的纬度系数。

表 2　佘山和北京 1970 年和 1971 年三个季度时均值月平均变幅及其比值

| 1970 年 | 冬　季 | 佘山 2.63′ | $\dfrac{佘山}{北京}=0.97$ |
| | | 北京 2.71′ | |
| | 春秋季 | 佘山 5.78′ | $\dfrac{佘山}{北京}=0.87$ |
| | | 北京 6.63′ | |
| | 夏　季 | 佘山 7.60′ | $\dfrac{佘山}{北京}=0.87$ |
| | | 北京 8.78′ | |

| 1971 年 | 冬　季 | 佘山 2.1′ | $\dfrac{佘山}{北京}=0.93$ |
| | | 北京 2.15′ | |
| | 春秋季 | 佘山 4.81′ | $\dfrac{佘山}{北京}=0.92^*$ |
| | | 北京 5.25′ | |
| | 夏　季 | 佘山 5.94′ | $\dfrac{佘山}{北京}=0.83^*$ |
| | | 北京 7.19′ | |

（＊从广州、武汉二个台的数据来看，1970 年和 1971 年的数据都比较接近，只有北京台的这二个数相差较大。）

取佘山和北京 1970 年和 1971 年二年纬度系数的平均数，得冬季佘山 / 北京 =0.95，春秋夏季佘山 / 北京 =0.87。1970 年 3 月 9 日北京的变幅为 28.6′×0.87=24.9′，和佘山的实际变幅 14.8′ 差 10.1′，未改正时二台之变幅差 13.8′。由此可见，原来变幅差得较大的，改正后差得仍较大，也能对应地震。又如 1971 年 11 月 24 日北京的变幅为 9.7′×0.95=9.2′，和佘山的实际变幅 6.3′ 差 2.9′，未改正时二台之变幅差为 3.4′。这是未改正时差得不算大，而改正后相对地差得比较大的例子，可是没有地震与之对应。

从经过纬度改正后的情况来看，并不能使对应地震的情况得到改善。这可能是因为二台出现最大和最小值的时间不一致，它们所对应的正常日变化不同，影响了二台之间的变幅差。今后想利用适当的方法来改正由于出现极值的时间不一致而对应的正常日变化不同的影响。

### 三、存在的问题和今后的初步打算

到目前为止虚报、漏报、错报仍是磁偏角二倍法的主要问题。华东地区（包括台湾省）1970 年至 1972 年 1 月底共发生了 4 次大于 6 级的地震，但只报了一次，漏报三次。虚报问题在华北地区自发现了上述三角形关系以后有了减少，但仍有较多虚报。还有一个是预报范围太大，华北地区有 50 万平方公里的面积，华东地区面积更大，难以预防。这些是今后需要研究解决的主要问题。

今后打算从下列三方面做些工作：

1. 广州离台湾较近，今后想利用广州台的资料来对应台湾的地震，看一看能否对应得更好一些。

2. 对应世界上 8 级左右的大震，从已经对应过的情况来看是比较好，但震例还嫌太少。是否反映了一定规律现在还不能说。今后想利用 1957 年至 1969 年北京和佘山的资料来对应世界上的大震，进一步摸索规律性的东西。

3. 用 1968 年和 1969 年北京和红山的资料来对应华北地区的地震，看一看上述三角形关系是否存在。

# A6　用磁偏角二倍法作中期预报的试探 [①]

沈宗丕

## 一、关于预报 1973 年 3 月 24 日在我国台湾省可能发生 7 级左右地震的分析

表 1　用磁偏角异常二倍法预测我国台湾省 7 级左右地震情况

被倍日期：1972 年 8 月 5 日　北京减佘山 $\Delta R_D =$ ?

| 起倍日期 | 北一佘 $\Delta R_D$ | 相隔天数 | 预报日期 | 实际发生地震情况 | 备注 |
|---|---|---|---|---|---|
| 1972–6–18 | 5.0′ | 48 天 | 1972–9–22 | 1972 年 9 月 23 日，巴士海峡 6.5 级 | 最初预报 9 月 24 日，台湾大于 5 级 |
| 1972–4–29 | 5.0′ | 98 天 | 1972–11–11 | 1972 年 11 月 10 日，台湾 6.1 级 | 最初预报 11 月 13 日，台湾大于 5 级 |
| 1972–2–24 | 3.4′ | 163 天 | 1973–1–15 | 1973 年 1 月 15 日，琉球附近 5 级左右 | 组内预报 1 月 5 日，台湾 5 级左右 |
| 1971–12–18 | 6.5′ | 231 天 | 1973–3–24 | | 已向地震局预报 |

　　1972 年 8 月 5 日因磁偏角的变幅太大，北京和佘山两台的记录均不完整，无法求出两台的 $\Delta R_D$，但从两台 1972 年 8 月 4 日的 $\Delta R_D = 8.5′$ 和 8 月 6 日的 $\Delta R_D = 5.4′$ 来看，8 月 5 日的 $\Delta R_D$ 也是很大的，最初曾以三天连续异常的最后一天即 8 月 6 日作为被倍日期，预报了 9 月 24 日和 11 月 13 日可能在台湾发生大于 5 级地震，结果后一个地震日期差 3 天，大于 ±1 天。后来改以三天中磁扰最大的一天即 1972 年 8 月 5 日作为被倍日期，则表 1 中第二个地

---

① 见：《地震——技术资料汇编》（内部），1973 年第 2 期，第 83—85 页。

震也在预报范围之内。以后并在组内预报了 1973 年 1 月 15 日可能在台湾发生 5 级左右地震，结果在台湾附近的琉球群岛附近发生 5 级左右的地震。

从表 1 可以看出，以 1972 年 8 月 5 日作为被倍日期可对应三次台湾及其附近的地震。所以这次预报的 1973 年 3 月 24 日可能在我国台湾省发生 7 级左右地震，估计可能性是比较大的。如果发生在台湾省以外的西太平洋地区，则可能大于 7 级。震级都是根据 1971 年 12 月 18 日北京减佘山的 $\Delta R_{\mathrm{D}}$ 异常比较大这一点来估计的。

## 二、关于预报 1973 年 9 月 27 日日本与阿留申群岛之间可能发生大于 8 级地震的分析

我们曾用磁偏角异常二倍法预报过 1972 年 1 月 25 日台湾省的 8 级地震，预报的详细情况，已在另外一篇报道中叙述过。

表 2 是用磁偏角异常二倍法对应和预报地球上 8 级左右大地震的情况。

表 2    用磁偏角异常二倍法预测全球 8 级左右大地震情况

起倍日期：1970 年 3 月 9 日　　北京减佘山 $\Delta R_{\mathrm{D}} = 13.8'$，北京减红山 $\Delta R_{\mathrm{D}}=4.6'$

| 被倍日期 | 京一佘 $\Delta R_{\mathrm{D}}$ | 京一红 $\Delta R_{\mathrm{D}}$ | 相隔天数 | 预报日期 | 实际发生地震情况 | 备注 |
|---|---|---|---|---|---|---|
| 1970-7-25 | 4.7′ | 2.1′ | 138 天 | 1970-12-10 | 1970-12-10，秘鲁 7.9 级 | 对应的 |
| 1970-11-7 | 4.9′ | 2.4′ | 243 天 | 1971-7-8 | 1971 年 7 月 9 日，智利 8.0 级 | 预报的 |
| 1971-2-16 | 4.4′ | 1.0′ | 344 天 | 1972-1-26 | 1972 年 1 月 25 日，中国台湾 8.0 级 | 预报的 |
| 1971-12-18 | 6.5′ | 3.2′ | 649 天 | 1973-9-27 | | 预报的 |

我们预报 1972 年 1 月 26 日 ±1 天华东地区包括台湾省可能发生大于 6 级地震是利用 1970 年 3 月 9 日和 1971 年 2 月 16 日两个异常来预报的，出现这两个异常的日期相隔 344 天，将近一年，前一个异常即起倍日期的异常是

否仍能对应地震是一个问题。因为一个异常能应用多长时间这个问题，现在还不清楚。因此应用它来预报这次地震是带有试探性的。但从其预报效果来看，我们想1970年3月9日的大异常是否能再用来预报今后地球上的大震呢？于是我们又做了大胆的尝试。

由表2可以看出，1971年12月18日北京减佘山和北京减红山的 $\triangle R_D$ 是近几年来仅次于1970年3月9日的大异常，出现这两个大异常的日期之间相隔649天，将近2年，二倍后对应在1973年9月27日可能在地球上将发生大震。

表3是近几年地球上发生的几个大震的日期，正好在朔望日前后一两天的情况，这可能与月球和地球的引力有关。由表3可见，1973年9月27日为阴历九月初二。因此我们认为1973年9月27日在地球上将发生大震是可能的。

**表3　1970—1972年全球大地震发生日期**

| 日期 | 地点 | 震级 | 阴历 | 日期 | 地点 | 震级 | 阴历 |
|---|---|---|---|---|---|---|---|
| 1970-8-1 | 哥伦比亚 | 8.0 | 六月卅日 | 1972-6-12 | 印度尼西亚 | 8.0 | 五月初二 |
| 1971-7-9 | 智利 | 8.0 | 五月十七日 | 1973-9-27 |  |  | 九月初二 |
| 1971-12-15 | 堪察加 | 7.8 | 十月二十八日 |  |  |  |  |

那么将在哪里发生地震呢？从表2可见第一、第二和第四个北京减佘山和北京减红山的 $\triangle R_D$ 都有异常，异常范围比较大，而第三个北京减佘山有异常，北京减红山却没有异常。这说明异常有地区性，而且北京减佘山的 $\triangle R_D$ 与北京减红山的 $\triangle R_D$ 的比值，第一、第二和第四个差不多都等于2，而第三个等于4，这可能是前两个地震发生在离北京和上海较远的地方，而第三个地震发生在离北京和上海较近的台湾省的原因之一，根据这个道理第四个地震也将发生在离北京和上海较远的地方。

另外根据近几年大震的迁移性来看（表4），发生8级左右大震的地方从太平洋东面逐渐向太平洋西面移动。

表 4　1970—1972 年全球地震迁移情况

| 日期 | 地点 | 震级 | 日期 | 地点 | 震级 |
|------|------|------|------|------|------|
| 1970-8-1 | 哥伦比亚 | 8.0 | 1971-12-15 | 堪察加 | 7.8 |
| 1970-12-10 | 秘鲁 | 7.9 | 1972-1-25 | 台湾省 | 8.0 |
| 1971-7-9 | 智利 | 8.0 | 1972-6-12 | 印尼 | 8.0 |

根据上面二个方面来推测 1973 年 9 月 27 日的地震可能发生在日本与阿留申群岛之间。

最后，发生的地震震级可能有多大？从表 2 可见，1970 年 3 月 9 日与 1971 年 12 月 18 日是近几年出现的最大的两个异常的日期，表中其他日期的异常都比这两个异常小，根据大异常对应大地震的经验，估计 1973 年 9 月 27 日的地震将大于 8 级。

# A7　谈谈磁偏角二倍法[①]

沈宗丕

我们上海天文台地震研究室，在全国各兄弟单位的大力支持和协助下，在毛主席的革命路线指引下，努力贯彻我国的地震工作方针，在开展以磁报震方面，取得了一些效果。几年来，我们试用"磁偏角二倍法"预报地震，曾较好地预报了几次七、八级的大震。

## 一、磁偏角异常二倍法的由来

1970 年，张铁铮同志根据磁暴二倍法较准确地预报了 1970 年 8 月 10 日山东曲阜地区发生的 5.0 级地震，他的方法是用 1970 年 7 月 9 日和 1970 年 7 月 25 日两个磁暴日子的地磁垂直强度异常相隔时间的二倍，预报这次地震的发震时间。

这个经验启发了我们，在地磁三要素中，磁偏角受磁暴影响是比较小的一个要素，同时它不受温度影响，格值也比较稳定，垂直强度在地震前有异常，是否也能在磁偏角中有反映？在寻找的过程中，我们把北京地磁台和红山地磁台（靠近山东曲阜地区）两个台的磁偏角的变幅进行比较，结果同样也能对应到这个地震，于是我们就抓住这个苗头，不断实践，不断总结，将这一方法先后用到华北地区、西部地区（包括西南地区）以及环太平洋地震带的地震预报中去。

---

[①]　见：《地震战线》，1977 年第 3 期，第 30—32 页。

## 二、什么叫作磁偏角异常二倍法

在地球表面上观测到的地磁场由两部分组成：一部分来源于地球内部，称内磁场，另一部分来源于地球外部，称外磁场。外磁场和内磁场是叠加在一起的，难于分开，而且外磁场要比由于地震引起的磁场变化（我们称之为震磁效应）强得多，只有设法消除外磁场的影响，求出震磁效应才能预报地震。

为了消减外磁场的影响，我们取经度相近的两个地磁台，先分别求出这两个台一天中（以北京时为准）磁偏角的最大值与最小值的差数（即变幅），然后把这两个台的变幅相减：我们假设经度相近的两个台所受到的外磁场基本上是一致的，因而变幅相减后所得的差数称为幅差值，用 $\Delta R_D$ 来表示，这就基本上消除了外磁场的影响。如果幅差值超过某一个范围即认为是异常，它在一定程度上反映了由地震引起的磁场变化，因为偏角磁变仪不受温度影响。在磁偏角日变曲线中不需要温度改正，所以幅差值也不受温度的影响。

在实践中，我们经常要使用纬度相差较大的两个地磁台的资料来进行比较，由于地磁的日变幅随纬度的变化是有一定规律的，拿磁偏角来说，在北半球它的变幅是随纬度的升高而增大，于是我们把幅差值的异常数值适当扩大，如北京台与红山台的 $\Delta R_D \geqslant 1.5'$ 就算作异常，而北京台与佘山台的 $\Delta R_D \geqslant 3.5'$ 才算作异常，用这样的办法来消除由于纬度相差较大而受到的外空磁场不一致的影响。虽然这样做也可以预报一些地震，但是这里还需要很好地研究。

## 三、如何选择磁偏角异常和进行二倍

由上面所述可知，磁偏角异常二倍法必须先后出现两个异常，然后才能二倍，我们把第一个异常的日期作为起倍日期，把第二个异常的日期作为被倍日期。例如我们在预报我国西部（包括西南地区）$\geqslant 6.0$ 级的地震时，若北京台与佘山台的 $\Delta R_D < 4.5'$，北京台与广州台的 $\Delta R_D < 5.5'$，而西部的

河西堡台与易门台的 $\Delta R_D > 4.0'$ 则视为地区性异常。在进行二倍时，有两个原则：1. 起倍日期 $\Delta R_D > 10.0'$ 与被倍日期 $\Delta R_D > 4.0'$ 进行二倍。（表 1）

表 1　起倍日期 1972 年 8 月 5 日河西堡台与易门台的 $\Delta R_D > 10.0'$

| 异常日期 | 京一余 <4.5′ | 京一广 <5.5′ | 河一易 ≥4.0′ | 相隔天数 | 计算发震日期 | 实际发生地震情况 |
|---|---|---|---|---|---|---|
| 1974–7–4 | 1.1′ | 3.0′ | 4.8′ | 698 天 | 1976–6–1 | 5.29 中国云南龙陵 7.6 级 |
| 1974–8–14 | 1.0′ | 2.2′ | 4.9′ | 739 天 | 1976–8–22 | 8.23 中国四川松潘 7.2 级 * |

2. 相邻二个 $\Delta R_D \geq 4.0'$ 的日期依次进行二倍。（表 2）

表 2　起倍日期 1974

| 异常日期 | 京一余 <4.5′ | 京一广 <5.5′ | 河一易 ≥4.0′ | 相隔天数 | 计算发震日期 | 实际发生地震情况 |
|---|---|---|---|---|---|---|
| 1974–7–4 | 1.1 | 3.0 | 4.8 | 41 天 | 1974–9–21 | 1974–9–23 中国四川若尔盖 6.0 级 |
| 1974–8–14 | 1.0 | 2.2 | 4.9 | 76 天 | 1975–1–13 | 1975–1–15 中国四川九龙 6.2 级 |
| 1974–10–29 | 2.9 | 4.1 | 4.0 | | | |
| 1975–2–1 | 3.1 | 5.0 | 4.3 | 96 天 | 1975–5–9 | 1975–5–5 中国青海唐古拉山 6.8 级 |
| 1975–2–2 | 2.8 | 4.2 | 5.8 | 281 天 | | |
| 1975–11–10 | 3.5 | 5.1 | 4.9 | | 1976–8–17 | 1976–8–16 中国四川松潘 7.2 级 * |
| 1975–12–26 | 2.4 | 3.1 | 5.1 | 47 天 | 1976–2–12 | 1976–2–16 中国云南澜沧 5.6 级 |
| 1975–12–27 | 3.8 | 4.5 | 4.2 | 72 天 | | |
| 1976–3–8 | 3.2 | 4.9 | 4.0 | 66 天 | 1976–5–19 | 1976–5–17 苏联乌兹别克 7.5 级 |
| 1976–5–13 | 0.9 | 1.7 | 4.0 | | 1976–7–18 | 1976–7–21 中国云南龙陵 6.6 级 * |

我们在预报环太平洋地震带上 7.5 级左右地震时，是用北京台减余山台的幅度，经过年变改正后，若 $\Delta R_D \geq 3.5'$，则认为是异常。二个异常相隔的天数必须符合一定的周期方可预报地震，其原则是起倍日期 $\Delta R_D \geq 10.5'$，与被倍日期 $\Delta R_D \geq 3.5'$ 进行二倍。（表 3）

表 3　起倍日期 1972 年 8 月 5 日北京台—佘山台 $\Delta R_D$>10.0′

| 被倍日期 | $\Delta R_D$ | 相隔天数 | T=29.6 天 | 计算发震日期 | 阴历 | 实际发生地震情况 |
|---|---|---|---|---|---|---|
| 1972-9-14 | 4.0′ | 40 天 | × × | 1972-10-24 | | × × |
| 1972-11-1′ | 4.0′ | 88 天 | (3) 88.8 天 | 1973-1-28 | 廿五 | 1973-1-31 墨西哥 7.9 级 |
| 1972-12-16 | 4.0′ | 133 天 | × × | 1973-4-28 | | × × |
| 1973-7-26 | 3.6′ | 355 天 | (12) 355.2 天 | 1974-7-16 | 廿七 | 1974-7-13 巴拿马 7.6 级 |
| 1973-9-23 | 7.0′ | 414 天 | (14) 414.4 天 | 1974-11-11 | 廿八 | 1974-11-9 秘鲁 7.5 级 * |
| 1973-10-18 | 3.5′ | 439 天 | × × | 1974-12-31 | | × × |
| 1973-10-29 | 5.9′ | 450 天 | × × | 1975-1-22 | | × × |
| 1973-11-22 | 3.6′ | 474 天 | (16) 473.6 天 | 1975-3-11 | 廿九 | 1975-3-13 智利中部 7.0 级 * |
| 1973-12-21 | 3.9′ | 503 天 | (17) 503.2 天 | 1975-5-8 | 廿七 | 1975-5-10 智利南部 7.8 级 * |
| 1974-1-27 | 3.5′ | 540 天 | × × | 1975-7-21 | | × × |
| 1974-2-12 | 4.2′ | 556 天 | × × | 1975-8-22 | | × × |
| 1974-3-21 | 3.8′ | 593 天 | (20) 592.0 天 | 1975-11-4 | 初二 | 1975-10-31 菲律宾 7.6 级 * |
| 1974-4-19 | 3.5′ | 622 天 | (21) 621.6 天 | 1976-1-1 | 初一 | 1976-1-1 克马德克 7.1 级 |
| 1974-7-6 | 4.5′ | 700 天 | × × | 1976-6-5 | | × × |
| 1974-8-29 | 4.5′ | 754 天 | × × | 1976-9-21 | | × × |
| 1974-9-16 | 4.1′ | 772 天 | (26) 769.6 天 | 1976-10-27 | 初五 | 1976-10-29 伊里安 7.2 级 |
| 1974-9-20 | 4.3′ | 776 天 | × × | 1976-11-4 | | × × |
| 1974-10-13 | 3.5′ | 799 天 | (27) 799.2 天 | 1976-12-20 | 卅 | 1976-12-21 加拿大 7.0 级 |

注：*震前曾向国家地震局做过短临预报。

## 四、利用太阳、月亮与磁偏角异常二倍法预报地震

利用在利用磁偏角异常二倍法预报地震中，发现幅差值大的被认为是异常的日子，几乎全部发生在出现磁暴的日子里。这样就产生了地震与磁暴的关系问题，磁暴是由太阳上的黑子群与耀斑等抛出的微粒流所引起的全球性的地磁扰动，所以磁暴的发生与太阳活动有密切的关系。地震是地球内部发生激烈运动的结果，但也不能忽视太阳活动对地震的触发作用。唯物辩证法认为外因是变化的条件，内因是变化的根据；外因通过内因而起作用。如果

地球内部没有孕育地震的运动存在，那么，即使有磁暴的触发，也不会引起地震的发生，而地震的发生也绝不仅与磁暴一种因素有关。在利用磁偏角异常二倍法预报地震的过程中，我们发现有磁暴而没有异常的情况也是有的，因为地震的发生和发展规律是比较复杂的，所以有磁暴并不一定都有地震对应。

通过实践，认识到地震与磁暴有关，与太阳活动的某种周期也有一定的关系，如 1968 年 11 月 1 日北京台与佘山台的 $\Delta R_D$=11.7′ 的大异常所对应的环太平洋地震带上 7.5 级左右的地震，它的周期为 27.5 天；1970 年 3 月 9 日北京台与佘山台 $\Delta R_D$=13.0′ 的大异常，它的周期为 28.4 天；1972 年 8 月 5 日北京台与佘山台 $\Delta R_D > 10.0′$ 的大异常（由于特大磁暴而丢失记录，认为是个大异常），它的周期为 29.6 天，看来这也不是偶然的。从表 3 中我们可以看出，凡是异常与周期符合的都发生了强烈地震，有的异常虽符合，但周期不符合的都没有在环太平洋地震带上发生强烈地震，由此看来是否与太阳上的某种周期有一定的关系，加进周期这个因素后就可大大地减少虚报。从天文周期来看，29.6 天不是太阳活动的周期，而符合月亮的周期，这样又引出了地震与月亮的关系问题。从表 3 中我们可以清楚地看到，凡是对应到的地震，一般都在月亮的朔附近发生，1976 年我国的龙陵、唐山、松潘三次 7 级以上强烈地震，也是在朔的附近发生的，但不是一年内的十二次朔月附近都会发生强烈地震。在一定条件下，也不能忽视月亮的朔望对地震的触发作用。在北京天文台同志的协助下，发现差值大的异常日期大多是太阳上的大耀斑和质子事件所引起磁暴的结果。

## 五、认真总结，继续实践，深入探索

磁偏角异常二倍法在预报过程中虚报、错报、漏报还是存在，预报的范围比较大，震级的预报还凭经验估计，没有一套完整的计算公式。二倍法的理论根据还说不清楚，是否真正反映地震发生的规律，磁暴与地震到底有什么关系，太阳和月亮与地震到底是怎样的因果关系等一系列的问题尚待进一步探讨。

　　我们虽然试探性地预报过几次环太平洋地震带上和国内的较大地震，但我们的工作与党和人民的要求还相差很远，"磁偏角二倍法"的规律和机理还没有完全掌握，特别是过去我们对国内大地震的预报工作做得很少，今后应认真研究。党中央对地震工作非常重视，我国又有优越的社会主义制度，我们深信，我国的地震预报工作一定会走在世界的前列。今后，我们一定要认真向工农兵学习，向兄弟单位学习，勇于实践，总结经验，逐步提高预报水平，从中找出规律性的东西来，为实现地震预报，为社会主义建设和保卫人民生命财产的安全，为早日突破地震预报关贡献我们的力量。

# A8 沈宗丕业余探索地震预报[①]
# 用"磁偏角异常二倍法"较成功预测多次地震

上海市佘山地震台工程师沈宗丕探索地震预测新方法，用"磁偏角异常二倍法"较成功地预测了多次地震。

沈宗丕于1954年初中毕业后，即到原佘山观象台工作。30多年来，他一直从事十分重要而默默无闻的地磁观测和计算工作。1970年，沈宗丕认识了大港油田的工人工程师张铁铮，受到张首创用"磁暴二倍法"预报地震的启发，提出了自己的"磁偏角异常二倍法"。从那时起，沈宗丕就在完成本职工作的同时，研究用"二倍法"预测地震。

所谓"磁偏角异常二倍法"，简单地说，就是某地区若相隔一段时期出现了两次明显的磁偏角异常现象，那么在第二次异常出现后，再过相同的时间，该地区就可能发生较强地震。1971年9月13日沈宗丕用"二倍法"向国家地震局预报：1972年1月26日±1天，地球上可能发生8级以上地震。10月28日，他又预报这次地震将发生在我国台湾地区或日本。1972年1月25日，台湾东部果然发生8级强烈地震。国家地震局简报肯定了沈宗丕的预报。到1978年，他已用"二倍法"发地震预报113次，有48次与实际地震的时间、地点、震级三要素相符合，32次符合两个要素，完全虚报的有33次。他参加的"1976年四川松潘、平武7.2级地震中短期预报"在1985年获国家地震局科技进步一等奖。

1990年1月8日，沈宗丕又用"二倍法"预报我国西部地区1月17日

---

① 上海科技报编辑部编：《情况汇报》（内部），1990年第105期。

±3 天将发生 7.0 级地震，并指出"特别要注意青海、甘肃交界处"。1 月 14 日，青海茫崖以东地区发生了 6.7 级地震。

从 20 世纪 70 年代至今，沈宗丕在各种刊物和学术会议上发表的科研论文和文章约 20 篇。他关于"二倍法"以及地震与天文现象周期关系的观点受到科学界的日益重视，近年来出版的一些著作都引用或介绍了他的见解和成果。沈宗丕只有初中学历，他探索地震预报实际上是业余研究，复印资料、与同行交流信息都要自掏腰包。

据记者了解，地磁场的剧烈变化通常是太阳黑子活动引起的。但过去一般只重视地球内部的因素，忽视了天文因素对地震的直接影响。这种情况直到最近几年才有所改观。地震预报是一项非常复杂和艰难的科研工作，现有的任何一种手段都不能准确无误地预测到每一次地震，沈宗丕的"二倍法"也不例外。但是他确实用此法成功地预报了一些地震，在日期的准确性上更有独特的优势，所以应当承认此法具有一定的科学性和实用性。有关部门能否考虑为沈宗丕提供适当的条件，支持他进一步开展更深入的研究？

本报记者　钱汝虎

# A9 张铁铮预测地震"三要素"的"磁暴二倍法"及其"应用地磁对地壳构造运动的研究"对我们的启示[①]

陈一文[②]

## 一、科学事实的启示

谈到张铁铮的"磁暴二倍法",很多人知道这是一种用两次磁暴之间间隔时间"二倍"后预测发震时间的预测方法,不知张铁铮的"磁暴二倍法"是中国和世界上第一次全面预测地震"三要素"于 1970 年初数次预报基本成功的方法,更不知张铁铮"应用地磁对地壳构造运动的研究"。更多人不知道张铁铮在唐山 7.8 级地震前后所做出过的几次预报,以及 1976 年 8 月初张铁铮被专程邀请到北京向当时的人大常委会委员长和六位副总理汇报他的地震预报工作的情况。

张铁铮预测地震"三要素"的"磁暴二倍法"及其"应用地磁对地壳构造运动的研究"对我们有哪些启示?这只能用科学事实来说明,尽管有些事实使人痛心。

1. 1966 年 3 月 22 日邢台 $M_S$7.2 强烈地震发生后,在地震预测研究中,张铁铮发现:在地震发生之前,地磁场垂直分量往往出现大幅度的异常变化,

---

① 见:中国地球物理学会天灾预测专业委员会编:《2002 天灾预测总结学术会议文集——"磁暴二倍法","磁偏角二倍法","磁暴月相二倍法"专题讨论(会前研究资料论文集)》(内部),2002 年 10 月,第 141—150 页。

② 作者为中国地球物理学会"天灾预测专业委员会"顾问。

尤其在震前 3 至 4 天中比较显著。

2. 1968 年，在大量地磁异常观察和分析基础上，张铁铮进一步发现：两次地磁异常间隔时间延长一倍与地震发生的时间相似。

3. 1969 年底，张铁铮提出了"地磁二倍法"预测发震时间的公式：

$$M_T = T_1 + 2（T_2 - T_1）$$

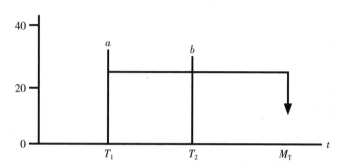

图 1 "磁暴二倍法"确定发震时间示意图
$T_1$："起倍磁暴"日期；
$T_2$："被倍磁暴"日期；
$M_T$：用"磁暴二倍法"推算的发震日期

4. 在此基础上，张铁铮于 1969 年 12 月底提出了第一次地震发震时间的预测。利用 1968 年 6 月 11 日和 1969 年 3 月 24 日 2 个较大的磁暴，加上一倍时间，张铁铮推算出 1970 年 1 月 4 日有可能发生一次大地震，并向当时的中央地震办公室（国家地震局前身）做了汇报。结果于 1970 年 1 月 5 日在云南通海发生了 $M_S 7.7$ 地震。推算的日期比预测日期仅提前了半天。

5. 这次预测使张铁铮成为中国和世界上第一个提出了一种能够可靠预测地震发震时间的科学方法并获得科学实践验证的人。但是，由于未能预测出云南通海 $M_S 7.7$ 地震的发震地点，该地震依然造成了较大的损失。

6. 尽管如此，周恩来总理接见了张铁铮，听取了张铁铮的汇报，对张铁铮预测地震发震时间的成功予以肯定，并指示要总结经验进行推广。这使张铁铮成为中华人民共和国历史上第一个和唯一的一位因为地震预测获得成功而受到国家总理接见的地震预测工作者（1970 年 1 月）。

7. 张铁铮上述地震预测成功之前，周总理关于地震工作一系列讲话和指示中，从来没有讲过"地震是可以预报的"，但一直鼓励地震工作者：

· "希望转告科学工作队伍，研究出地震发生的规律，……这在外国也从未解决的问题，难道我们不可以提前解决吗？……我们应当发扬独创精神来努力突破科学难题，向地球开战。"（1966 年 3 月 11 日在邢台抗震指挥部作的指示）

· "希望在你们这一代能解决地震预报问题。"（1966 年 4 月 1 日在邢台对科大地震专业同学的指示）

· "你们青年同志要大胆设想，才能有所发现，有所创造，但是不要轻易下结论，地震规律不是几天就可以认识的，掌握的。"（1966 年 4 月 7 日对地震工作的指示）

· "必须从多方面来研究，不能一方面包了。任何事情不能一个人垄断，学术不能一个人垄断，专家也不能垄断。要同群众结合，吸收群众的经验和智慧。知识是从群众中来的，……把群众的智慧集中起来、加工、提高成为一门学问，再到群众中去，进行考证，对的肯定，不对的修正，不断地从物质到精神，精神到物质，反复不断地提高。"（1966 年 5 月 28 日接见邢台地震科学讨论会代表时的指示）

· "中国的地震活动不会停，发生了一个大地震。就抓住不放，抓住地震的各种现象，从各个角度去研究，到现场去。试验方法，锻炼队伍，一定要集中力量，通力合作。"（1969 年 7 月 18 日对地震工作的指示）

8. 听取了张铁铮成功预测云南通海 1970 年 1 月 5 日 $M_S7.7$ 地震发震时间的汇报后，周恩来总理多次指出：

· "要密切注视。地震是有前兆的，可以预测的，可以预报的。要解决这个问题。"（1970 年 1 月 5 日云南地震后，对地震工作的指示）

· "现在看来，地震是可以预报的。"（1970 年 1 月 20 日对地震工作的指示）

·"要动员广大劳动人民，不要都是专业队伍。人民战争要有业余队伍，集中劳动人民的智慧，经验都是劳动人民中间积累起来的，通过劳动才能形成思想体系，从群众中来到群众中坚持下去。如果没有劳动人民智慧是根本不能赶超的，劳动人民是智慧的源泉。……不仅要有专业队伍，还要有业余群众队伍，环绕在专业队伍周围。用'土'办法，不能都用'洋'的。要'土'，'洋'结合，实现预防，广大劳动人民也可以预测的。……专业队伍从物理上，化学上，生物上……有十多种方法……各种预测方法都要采用，当然有一种是为主的，比较综合。要更大量的依靠业余队伍，因为这与生产、生活是结合的。……他们一学习就懂了。从那里训练出专业队伍，办训练班，从业余队伍中找更可靠，更实事求是的人，才能打破对地震工作不重视、事后才知道的被动局面。"（1970 年 2 月 7 日接见全国地震工作会议代表时的指示）

9. 按照周总理"从业余队伍中找更可靠，更实事求是的人"的指示精神，张铁铮成为中国第一位因成功地震预测成就从其他战线调入（1970 年）国家地震专业部门的人。

10."榜样的力量是无穷的。"张铁铮预测地震发震时间首次获得成功及其受到周总理的肯定，对地震预测战线上所有的研究者，特别是"群测群防"战线的非专业地震预测研究人员，产生了极大的鼓励作用。

11. 在用"磁暴二倍法"预测成功云南通海地震发震时间基础上，张铁铮于 1970 年 2 月进一步发现：地震发生前离震中位置不同距离的台站地磁变化有不同的反映，提出利用这种变化来确定震中位置。

12. 1970 年 2 月，张铁铮利用 1968 年 6 月 11 日和 1969 年 4 月 13 日 2 个磁暴组合，推算出 1970 年 2 月 13 日将发生地震。根据天津、北京、红山台的地磁异常数据，以及长春、上海和武昌台没有明显异常的数据，计算了 2 个磁暴 Z 分量的异常值的乘积开方值，绘制出确定震中位置的地磁异常等值线圈。据此预测 1970 年 2 月 13 日在天津以东的渤海地区将发生地震（图 2）。结果，1970 年 2 月 12 日渤海发生了 $M_S4.6$（$M_L5.2$）地震。

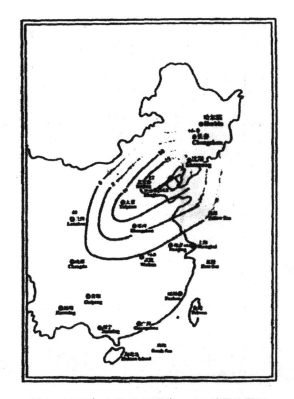

图 2　1970 年 2 月 12 日渤海 $M_S$4.6 地震位置图

13. 张铁铮早在 1968—1970 年间就发现地磁场年变化周期特性与地球围绕太阳公转引起的高磁性地壳结构化之间的关系。

·为了进行验证，张铁铮把 1968—1970 年磁正常场日幅度值绘成 3 条圈闭轨道图（图 3）。在图中显示 3 个梨形椭圆体运行轨道。其中显示有 4 个突变点，这是 4 个季节性反映。春分对应的突起是梨顶，秋分对应的凹子是梨底，夏至和冬至对应梨身。

·1969 年圈闭的地球轨道形态，在 7 月份凹进去一块，张铁铮认为是 7 月 18 日渤海 7.4 级地震能量释放地壳收缩的反映。

·张铁铮认为，从地磁正常场月变化图（图 4）中小的干扰排除外，其中有 4 个季节反映，夏至日变幅最大 28nT，冬至最小 6.5nT。地球往远日点运行时到达春分点日变幅 21.5nT，表明太阳吸引力在减小，离心力相应加大：

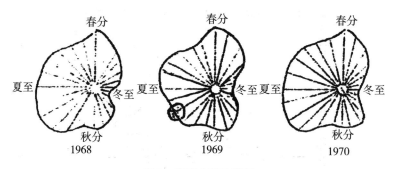

图 3　地球公转轨道图

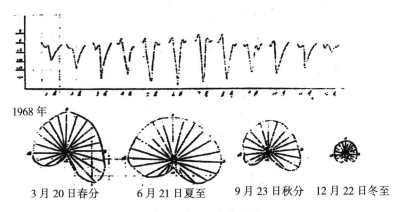

图 4　地磁正常场月变化曲线图

赤道上地壳东西扩张，南北两极出现压缩，地球到达远日点停止前进，转往近日点回归，赤道地壳扩张转为压缩，南北两极压缩变为扩张，地球到达秋分点日变幅 18nT，证明吸引加大，离心力减小，地球回到近日点，组成一个闭合圈轨道，成为一年周期。张铁铮认为这是地球围绕太阳公转引起的高磁性地壳结构演化反映。

14.《地震战线》1971 年第 4 期和 1972 年第 7 期发表了张铁铮的文章《应用磁暴预报地震的探讨》和《地磁二倍法预报地震的探讨》，以及对张铁铮应用地磁异常数据预测地震"三要素"的方法公开介绍。这使张铁铮成为世界上最早公开发表（1971 年 2 月）一种通过科学实践验证成功能够预测地震"三要素"科学方法的人。

15. 1970 年 8 月，趁张铁铮到北京白家疃地磁台抄录磁暴目录的机会，沈宗丕向张铁铮了解有关"磁暴二倍法"的方法。在学习"磁暴二倍法"经验的基础上，沈宗丕于 1970 年 9 月开发出"磁偏角二倍法"。利用这种方法，1970 年 9 月 6 日，沈宗丕在内部进行第一次试报：1970 年 9 月 9 日 ±1 天，在邢台 150 公里范围内，可能发生一次 3 级以上地震。果然于 1970 年 9 月 8 日凌晨 3 时 3 分在牛家桥发生了一次 $M_L4.0$ 地震，离邢台 50 公里。作者觉得这个方法不错，称这个方法为"磁偏角异常二倍法"。

16. 采用"磁偏角异常二倍法"第一次内部试报获得成功后，沈宗丕于 1970 年 9 月 16 日正式向中央地震办公室（国家地震局前身）预测：1970 年 9 月 29 日 ±1 天，在邢台 150 公里范围内可能发生一次 4 级左右地震。结果于 1970 年 9 月 29 日凌晨 5 时 32 分在河北省磁县发生了一次 $M_L4.5$ 的地震，离邢台 70 公里左右。

17. 在地震预测领域中不断探索取得更大成就的情况下，张铁铮于 1973 年 6 月被调出国家地震专业部门回到大港油田。从此，在大港油田领导的支持下，在只能获得有限地磁台站监测资料的极其困难的情况下，张铁铮三十年来坚持其地震预测研究。

18. 根据 1974 年 8 月 20 日"起倍磁暴"和 1974 年 11 月 12 日"被倍磁暴"，采用"磁暴二倍法"和区域性地磁场异常研究方法，张铁铮预计 1975 年 2 月 4 日在河北和吉林之间将发生较大地震，并于震前半个月（1975 年 1 月中旬）向地震部门做口头预测：2 月上旬可能在渤海湾北部发生大震。结果，1975 年 2 月 4 日在辽宁海城发生了 $M_S7.3$ 地震。在有限资料基础上，张铁铮对海城地震"三要素"的预测相当成功。

19. 采用"磁暴二倍法"和区域性地磁场异常研究方法，在有限资料基础上，张铁铮在震前（1976 年 6 月）对 1976 年 7 月 28 日唐山 $M_S7.8$ 地震"三要素"进行了相当准确的预测（"1976 年 7 月 28 日"；"天津周围 120 公里"；"大地震"）。

20. 1976 年 7 月 28 日唐山 $M_S7.8$ 地震发生后，张铁铮震前相当准确预测唐山地震的情况被报告到中央。1976 年 8 月 4 日张铁铮被紧急召集到北京向中央政府当时的人大常委会委员长和六位副总理汇报地震预测工作情况。

21. 1976 年 8 月 7 日，张铁铮再次向中央领导提出一项预测："1976 年 8 月 12 日 ±2 天；华北地区；$M_S$6.5~7 级或更大的地震"。这次预测基本成功（1976 年 8 月 9 日；唐山地区；6.2 级地震）。

22. 张铁铮从地磁场异常进行地震预测研究入手，进而研究中国地区周期性的磁场异常及其长期变化，于 1976 年其完成又一篇重要论文《应用地磁对地壳构造运动的研究》，明确提出：

·"地球上半年沿着椭圆轨道往远日点运行中每天距离延长，旋转速度逐步加快，日地之间的距离加长后，太阳吸引力减小，离心力加大，形成一拉张周期。由于地球由西向东旋转中内部物质随着流动，产生的离心力转化为'地应力'沿着赤道冲击，使地壳膨胀伸长，两极产生的向心力向赤道压缩，引起地壳收缩，形成一个略扁的椭圆球体。由于每年拉张期中对赤道增加压力，地壳发生破裂，经过长期的拉张扩大成为裂谷，地面水浸入形成海沟。"

·"地球下半年沿着椭圆轨道往近日点回归中每天距离缩短，旋转速度变慢，日地之间距离变短，太阳吸引力增大，离心力减小，形成一压缩周期。随着日地距离变小，地心引力加大，赤道上离心力减小，拉张力转换为压缩力，地壳收缩中深部物质受到挤压，岩熔沿着海沟上涌，引起火山喷发露出水面形成岛屿的垂直造山运动。随着海拔增高，顶部的风化物在拉张期重力变小的情况下向低处漂移填充，形成水平造陆运动。在压缩期地心引力变大，上覆物质向下沉淀，地面水沿着裂隙向深部渗透而减少，使海洋面积缩小，陆地面积扩大。"

·"地球上发生的各种构造运动，在不同的时空上各有主次，它们'同生共存，相辅相成'，形成一种波浪式的构造运动。"

·"因此地球构造运动，主要是地球公转中引力场变化引起的地壳构造运动；它在磁场变化中有明显反映。"

张铁铮的上述结论使"地壳海陆成因—地壳构造运动—火山运动—地震

成因"的首位基本驱动力和根本原因统一归结为"地球围绕太阳公转中引力场的变化",同时提示出"地球引力场变化—地壳应力场变化"与地磁场变化的关联性。这些结论在多学科领域中的科学实践和理论价值极其重大,值得深入研究和科学考证。

23. 张家祥从 20 世纪 70 年代研究矿山地压事故入手研究造成这类事故地壳应力的根本来源。经过多年研究,在完全不了解张铁铮上述研究的情况下,提出《地球动力合成作用原理》。其重要结论:

·地球公转力"主宰地球的全部力学事务","可以解释地球形状、扁率、极移、章动、自转降速、重力加速度的变化,还可以解释南、北半球地貌差异,陆洋分布、造山运动、地壳运动、半岛尖部朝南等等"。

·"地震是力学破坏,力是致震的核心本质。而磁、电、冷、热、风、声是现象,现象不能取代本质。并可以把地震定义为:'地震是以地球公转惯性力为主的地球动力合成值,集中作用到地壳深部基底的某一点上,而产生的应力破坏——岩爆。'"

张铁铮与张家祥,从不同领域自然现象长期变化规律观测入手,在相互独立开展多年研究基础上,不谋而合获得实质内容相同的结论,值得地球物理学界其他专家认真研究,进行科学考证。

24. 唐山地震后,张铁铮对唐山地震孕育发展过程进行了详尽的总结,写出了题为《磁暴二倍法预报唐山 7.8 级地震》的重要总结性文章。这篇文章长期得不到发表,最后在"天灾预测专业委员会"主任郭增建的支持下于 1998 年 6 月在《西北地震学报》上公开发表。张铁铮在这篇文章中提出几项重要观点:

·"地磁场是地球上反映的一种物理现象,地磁变化是地球物质感应磁化形成的高磁性地壳活动的反映,磁暴是地球内部应变能变化引起地幔内部高磁性岩浆上涌向地壳侵入形成的产物,所以磁暴是地震能量的反映。"

·"与唐山 $M_S 7.8$ 地震对应的第一个磁暴(1972 年 8 月 10 日):由阿拉斯加湾 $M_S 8$ 地震激发引起的地幔内部地应力带着似岩浆转化为应变能,通过日本海沟向西沿着我国东部裂谷运动，经过沧东断裂破碎点向地壳内部运移集中，使地壳破裂扩大。高磁性火成岩岩浆不断侵入形成的地磁正异常区是唐山 $M_S7.8$ 地震能量积累过程的反映。"

·后面的"被倍磁暴"（1974 年 8 月 4 日）：1974 年 7 月 30 日兴都库什在 209km 深部发生一个 $M_S7$ 地震后于 8 月 2~4 日出现的一个磁暴。由于兴都库什地震的激发，使向地壳内部运移的应变能被切断，不再向地壳内部输送，地壳开始收缩。应变能因受到挤压而向中心集中。地壳一张一缩，来往时间相等，形成一个周期，出现"二倍关系"。

25. 有四组磁暴依照"磁暴二倍法"的规律与唐山 7.8 级地震准确对应（其推算日期均为 1976 年 7 月 28 日）。在此基础上，在没有计算机工作条件的情况下，张铁铮发现 2000 年至 2001 年期间六个 $M_S6.0$ 至 $M_S8.1$ 地震均有四组或四组以上磁暴组依照"磁暴二倍法"的规律与其对应。张铁铮发现 2001 年11 月 14 日若羌 $M_S8.1$ 地震有多达十组磁暴明显与其对应。

·在此基础上，2001 年 8 月，张铁铮在一篇报告中首先提出大的地震一般对应于多组"起倍磁暴""被倍磁暴"的观点。

26. 中国气象科学研究院任振球从 70 年代研究影响气旋强度突然变化因素入手，1982 年发现朔望对热带气旋强度变化的影响，严格取决于朔望（日、月、地成一直线）发生时刻地球上月下点某些特定角度区域的引潮力状况。20 世纪 80 年代末，任振球进一步发现许多大地震在临震期间是由一系列引潮力共振加压（或减压）的叠加而触发，并确定一些地区的临震预报判据。从 1990 年开始，任振球与李均之教授等合作，联名向中国地震局填报了18 次临震预报，地震三要素均正确或基本正确的有 8 次，成功率约为 40%。

·2001 年 4 月拜访张铁铮期间，任振球了解到张铁铮发现唐山 7.8 级地震和 2001 年 1 月印度大地震震前分别有符合"磁暴二倍法"规律的 4 组磁暴和 5 组磁暴。经过计算，任振球发现这两次地震以及与它们对应的数组磁暴发生时亦与上述引潮力共振加压（或减压）有明显对应关系，使我们对于地震前依照"磁暴二倍法"与地震对应的磁暴组有了新的认识。

27. 中国煤炭科学研究院西安分院王文祥，采用超低频电磁波 MDCB 法监测预报地震。他们开发的最新 MDCB-5 型地震监测仪有 32 个方向上的 32 个传感器，分别监测记录地下来自 32 个方向上的电磁波孕震信息。MDCB 仪收到的电磁波孕震信息有两大类：32 个方向上较长时间均保持较大幅度的电磁波"暴涨"信号，另外一种为某个或某几个方向短时间出现的脉冲信号。

· 受到张铁铮"磁暴二倍法"的启发，对 1999 年 11 月至 2002 年 6 月的上述两类电磁波信号与该期间内地震进行对照分析，王文祥等人发现上述电磁波"暴涨"信息（起倍信息）与电磁波脉冲信号（被倍信息），与地震之间亦存在与"磁暴二倍法"同样的"二倍"关系。这使我们对于与地震对应的"起倍磁暴"和"被倍磁暴"的电磁波特性也获得新的认识。


## 二、科学方法论方面的启示

1. 坚持"唯象"敢于创新，还是"唯理"受传统理论的束缚止步不前

综观张铁铮地震预测研究的过程及其取得的成果，我们可以看到，张铁铮每一步重要进展都会遇到科学观测到的自然现象及其规律与传统理论之间的冲突和矛盾。

在这种情况下，张铁铮不是"唯理"地屈服于国内外某些"权威"传统理论的束缚，对科学观测中确实观测到的许多"二倍"现象与规律予以拒绝和排斥，"视而不见"，而是坚持"唯象"的思想指导原则，通过更多的科学观测下功夫确认和验证科学观测到的自然现象的真实性、可靠性和重复性。

一旦确认了这些自然现象及其规律的真实性、可靠性和重复性，张铁铮就毫不犹豫地用这些确实客观存在的自然现象和规律去修正和否定国内外某些"权威"传统理论中的片面性和错误，建立自己独创性的"地磁二倍法"预测地震三要素的科学之见，进而通过地震预测科学实践对其科学性进行检验。

2."时—空"整体观的研究方法

任振球（任振球，2002）指出："在中国古代，将自然界、天地人视为相互联系的统一体。'有天地，然后有万物，有万物，然后有男女'，'仰以观于天文，俯以察于地理，故知幽明之故'；并且强调人与自然的协调关系，'顺乎天而应乎人'。作者认为，这种整体观方法论是我国传统文化的精髓，它较之已成为当代科技发展总趋势的多学科交叉、综合研究，具有更高的层次"。

综观张铁铮对地磁场信息的研究方法，处处可以看到"时—空"整体观研究方法的特点：

·从研究对象（地磁场和地震）个别事件（磁暴和地震）在时间上的相关性入手，进一步研究研究对象（地磁场）的日变规律、月变规律、年变规律，以至更长期的变化规律及其中反映出来的物理意义。

·从研究对象（地磁场和地震）个别事件（磁异常区域和震中位置）在不同局部地域上的异常分布及其时间变化规律入手，进一步研究更大区域（中国以至太平洋区域）的异常变化规律及其中反映出来的物理意义。

·研究对象（地球上的地磁场）所在"体系"的整体观：地壳→地球→太阳系→地球围绕太阳公转轨道上处于不同位置时对地球整个地磁场的影响。

·"长时间"和"大区域""时—空"二者相结合的研究，导致"应用地磁对地壳构造运动的研究"。

3."运动图形—数学公式—物理意义"三结合的综合分析方法

·陈国生在其等待出版的书稿《质基元结构力学原理及运用》"第九章　科学与数学的关系"中对这样的综合分析方法进行了深刻的描述。陈国生强调："科学对具体事物的空间形式和数量关系的研究，需要数学帮助描述，这种描述只是具体事物的运动规律而不是性质。历史的经验和教训使我们明白：科学的革命和飞跃发展不是靠数学的推理和归纳，而是靠对实验的正确理解和对新的规律的发现。"

·人们在地震孕育发展过程中监测到的诸多地球物理信息构成"时—空"上连续变化的立体的"场"的表现形式，如地应力场、电场、电磁场、地磁场、重力场等。在地壳范围内，它们无处不在、无时不在，且在地壳三维坐标空间范围内永远处于不断变化之中。它们尽管是不同物理量的"场"，但相互之间又有相当密切的关联性，具体的地震预测研究人员监测它们的变化时，受到科学手段和经济条件的限制，只能在地壳三维坐标空间范围中有限的观测点（一定的经纬度和深度/高度）对某个或几个物理量进行定时观测或连续观测及计算分析，难于反映出这些场相互关联的整体变化情况。

· 张铁铮三十多年来的研究工作，尽管获得不少人及其所在单位不同形式的支持，基本上是以他本人为主依靠自己微薄的养老金进行的。三十多年来的研究工作中，他非常遗憾地未能得到地震专业研究部门对他应有的支持。他没有计算机，长期用算盘处理了数百万个数据，手工绘制了大量的图表。1973年调离地震专业部门以后，全国地磁台站对他进行研究所需要的"零点值"数据从此也不再提供，只能通过沈宗丕先生间接获得上海佘山台一个地磁台的"零点值"数据，或在专业地震部门个别人的支持下手抄部分数据资料。

· 就是在这种情况下，张铁铮采用有限地磁数据资料手工绘制了大量"磁暴—地震"对照图、"地磁时空演变图"、"地球公转轨道图——不同纬度地磁场年度变化"（采用矢量坐标），继续地震预测研究工作，揭示中国版图地磁场长期"时—空"演变中反映的物理意义，同时完成了"应用地磁对地壳构造运动的研究"的重要著作。

· 在重视建立有实际操作性的数学公式的同时，张铁铮、陈国生等许多中国研究者对研究对象的长期变化采用的垂直坐标或矢量坐标"运动图形"分析方法，发挥中国人形象思维的优势，使研究者能够很快揭示出"运动图形"后面所反映的物理变化意义。这种物理变化意义，用文字很难进行整体性确切描述，即便描述出来也远不如"运动图形"所反映的意义那样清晰明了。用"运动图形"能够清晰描述的这种物理变化意义，若用数学公式来表达的话，不但极其复杂，其物理意义也极易"失真"。

### 三、磁暴"二倍"之谜

"磁暴二倍法"中让人最着谜的地方是磁暴"二倍"之谜。

#### 1. 张铁铮自己的两种解释

研究了张铁铮 1971 年以来所写的几篇文章，看到张铁铮本人对"二倍"之谜有过两种不同的解释，摘录如下供大家分析与讨论。

（1）张铁铮 1975 年时的解释：

·"由于地球运动，深部能量向某一部位集中，使上面的地壳增加了压应力。这种压应力在地壳底部是大面积均衡分布的，因而引起缓慢的造山运动。但是在漫长的岁月中，能量的释放不可能以单一的造山运动来完成。其他外部因素如太阳的活动和潮汐力等的作用都会影响着地球上各个部位力的变化。为了力的平衡，随时可以引起能量的局部释放，发生地震。由于太阳黑子、耀斑、日珥的活动发射出高能量的电磁波与粒子流，它们所产生的一些力作用到地球上来（第一次磁暴），增添在已经受到很大压应力的地壳上，就会立即引起岩石的破裂，深部能量随着岩石裂隙向地壳内部运移，这就使周围岩石受到压力，引起压缩，出现位移。太阳上来的力越强，地壳上出现裂隙越宽，运移时间越长，能量聚积越多，发生地震的震级就越大。这种能量运移的结束，必须等到太阳上第二次力传递到地球上来（第二次磁暴）。这次力必须大于或等于第一次，使地壳再次受力出现新的裂隙，能量往新裂隙部位运移集中。而前次能量运移受到再次外力干扰，破坏了运移中力的平衡，使能量压缩集中到一个点上，达到极限便引起地震爆发。震中周围岩石从压缩到恢复，一往一返，一个周期正好为二倍关系。这是我们对磁暴与地震在时间上二倍关系初步看法。"

（2）张铁铮 1998 年时的解释：

唐山地震后，张铁铮对唐山地震孕育发展过程进行了详尽的总结，在"磁暴二倍法预报唐山 7.8 级地震"的文章中提出：

·"地磁场是地球上反映的一种物理现象，地磁变化是地球物质感应磁化形成的高磁性地壳活动的反映，磁暴是地球内部应变能变化引起地幔内部高磁性岩浆上涌向地壳侵入形成的产物，所以磁暴是地震能量的反映。"

·"与唐山 $M_S$7.8 地震对应的第一个磁暴（1972 年 8 月 10 日）：由阿拉斯加湾 $M_S$8 地震激发引起的地幔内部地应力带着磁性岩浆转化为应变能，通过日本海沟向西沿着我国东部裂谷运动。经过沧东断裂破碎点向地壳内部运移集中，使地壳破裂扩大，高磁性火成岩岩浆不断侵入形成的地磁正异常区是唐山 $M_S$7.8 地震能量积累过程的反映。"

·后面的"被倍磁暴"（1974 年 8 月 4 日）：1974 年 7 月 30 日兴都库什在 209km 深部发生一个 $M_S$7 地震后于 8 月 2 日~4 日出现的一个磁暴。由于兴都库什地震的激发，使向地壳内部运移的应变能被切断，不在地壳内部输送，地壳开始收缩，应变能因受到挤压而向中心集中。地壳一张一缩，来往时间相等，形成一个周期，出现"二倍关系"。

2. 其他研究者的解释

在我们这个论文集中，郭增建、韩延本、吴瑾冰的文章《磁暴二倍法预报大震的物理机制讨论》，以及王文祥、杨武洋的文章《MDCB 法预测破坏性地震发震时间的理论基础》分别提出了他们的见解。期望其他专家研究了他们的文章后，能够提出他们的见解。

### 四、对具有中国特色的张铁铮预测地震"三要素"的"磁暴二倍法"和"应用地磁对地壳构造运动的研究"与沈宗丕的"磁暴月相二倍法"及其成就应当尽快做出科学评价

张铁铮今年已经八十多岁，依靠微薄的养老金生活。他有比较严重的心脏病，今年已经数次犯病。2002 年 8 月 22 日给我的信中他写道："我近期生了一次病，很危险，差点离开人世，现在逐步恢复，但体重减轻 5 公斤。"在这种情况下，他坚持工作，总结其一生的经验，希望能够为中国和世界多震地区的人民所用。

不容置疑，张铁铮是中国以至世界地震预测科学当之无愧的先驱者。在"磁暴二倍法"基础上，沈宗丕进一步开发出"磁暴月相二倍法"，对中国和

世界许多 $M_S \geqslant 7.5$ 强震做出成功的预测。

2001 年出版的作为"中国科学院研究生教学丛书"的《地震预报引论》，是中国地震专业部门总结中国专业地震预报经验的权威性著作。遗憾的是，其中对具有中国特色独创性的"磁暴二倍法""磁暴月相二倍法"只字不提，不屑一顾，态度鲜明。

借此机会在此呼吁：对张铁铮预测地震"三要素"的"磁暴二倍法"及其"应用地磁对地壳构造运动的研究"，以及沈宗丕的"磁暴月相二倍法"和他们多次成功预测地震的成就，建议中国科技部、中国科学院和中国国家地震局尽早组织有关专家做出科学评价！

## 参考文献

［1］张铁铮：《应用磁暴预报地震的探讨》，《地震战线》1971 年第 4 期（总 39 期），第 45—54 页。

［2］张铁铮：《地磁二倍法预报地震的探讨》，《地震战线》1972 年第 7 期（总 50 期），第 13—22 页。

［3］张铁铮：《磁暴二倍法预报地震》，《自然科学争鸣》1975 年 2 期，第 35—40 页。

［4］张铁铮：《应用地磁对地壳构造运动的研究》，1996 年定稿。

［5］张铁铮：《磁暴二倍法预报唐山 7.8 级地震》，《西北地震学报》1998 年第 29—35 页。

［6］张铁铮：《磁暴二倍法与地震三要素预测》，《特大自然灾害预测的新途径和新方法》，香山科学会议第 133 次学术讨论会论文集，科学出版社 2002 年版，第 104—110 页。

［7］张铁铮："磁暴二倍法"与地震三要素预测（见本论文集）。

［8］张家祥：《地球动力合成作用原理》与张铁铮的"磁暴二倍法"（见本论文集）

［9］任振球：《引潮力共振对大地震临震的触发机理和预测检验》，《特大自然灾害预测的新途径和新方法》，香山科学会议第 133 次学术讨论会论文集，科学出版社 2002 年版，第 104—109 页。

［10］王文祥、杨武洋：《MDCB 法预测破坏性地震发震时间的理论基础》（见本论文集）。

# A10　回忆听李四光向周总理汇报录音后联想的

李世辉[①]

戊戌年春节电话联系中，徐道一先生谈道：通海地震前，磁暴二倍法曾经预测通海地震的发震时间。由此引起我当时听过李四光向周总理汇报通海地震录音的回忆。经查，陈一文先生收集的有关资料中有如下记载：

"1968年，在大量地磁异常观察和分析基础上，张铁铮发现：两次地磁异常间隔时间延长一倍与地震发生的时间相似。

"1969年底，张铁铮提出'地磁二倍法'预测发震时间的公式：$T_P = T_1 + 2 (T_2 - T_1)$。

"在此基础上，张铁铮于1969年12月底提出了第一次地震发震时间的预测：1970年1月4日可能发生一次大地震，并向当时的中央地震办公室（国家地震局前身）做了汇报。结果于1970年1月5日在云南通海发生了$M_S 7.7$级地震。推算的日期比发震时间仅提前了半天。

"但是，由于未能预测出通海地震的发震地点，该地震依然造成了较大的损失。

"在'地磁二倍法'成功预测云南通海地震发震时间基础上，张铁铮于1970年2月进一步发现：地震发生前，离震中位置不同距离的台站的地磁变化有不同的反映，提出利用这种变化来确定震中位置。张铁铮收集天津、北京、红山台的地磁变化数据，以及长春、上海、武昌台没有明显异常的数

---

[①]　作者为中国科学院工程地质力学重点实验室客座研究员。

据，经计算绘制的地磁异常等值线图，预测 1970 年 2 月 13 日在天津以东的渤海地区将发生地震。结果，1970 年 2 月 12 日渤海发生了 $M_S$4.6 级地震。

"在学习张铁铮'地磁二倍法'经验的基础上，沈宗丕于 1970 年 9 月开发出'磁偏角二倍法'。经内部试报验证后，沈宗丕于 1970 年 9 月 16 日向中央地震办公室提出预测：1970 年 9 月 29 日 ±1 天，在邢台 150 公里范围内，可能发生一次 4 级左右地震。结果于 1970 年 9 月 29 日凌晨 5 时 32 分在河北省磁县发生 $M_L$=4.5 级的地震，离邢台 70 公里左右。"[①]

徐道一先生还说："1970 年春夏之交，我去云南考察通海地震，在震中区曾经见到一个地震观测站，是根据李四光的地质力学理论在此设置的。"联系我听到的李四光向周总理汇报的录音，进一步说明上述资料中所谓"未能预测出通海地震的发震地点"，不符合事实。

1970 年 1 月 7 日通海地震后不久，我所在的军委工程兵第四设计研究院召集 19 级以上党员干部听传达录音。录音内容是地质部部长、负责地震工作的李四光对通海地震的预测及布防，以及由于未能发出预报造成巨大损失向周总理检讨。李四光说：根据他提出的地质力学理论和对东亚地质断裂带的分析，1969 年已经判断出云南通海邻近地区可能发生大地震，因此，在该地区设立三个常驻的地震观测站，进行地应力监测。由于"文化大革命"中派性斗争严重，虽然通海观测站已经监测到异常，但该站三个成员分属两派群众组织。其中一个人认为已经出现重大异常，应该立即向上级汇报；但另一派的两个人认为并非重大异常，反对立即上报。结果震前观测站没有能发出预报，死伤 1 万多人。讲到这里，李四光失声痛哭，给我留下深刻的印象。

至今，通海地震预测的完整真相似乎依然鲜为人知。在"360 百科"的"通海地震"条目中，"我国的地震科学研究和防震减灾事业正式始于通海大地震之后"之类违反事实的记载，依然畅行无阻。通海地震前李四光、张铁铮的

---

① 陈一文：《重大天灾预防研究思维方法与实践高峰研讨会交流资料》（第六次征求意见稿），2008 年 6 月 12 日，第 94—104 页。

地震预测，以及李四光所设立常驻通海与邻近地区的地震观测站进行地应力监测等历史事实，国家地震局理应保有档案资料，不难查清事实真相。笔者认为，中国地震局有责任公开还原历史事实真相。

在周总理的领导下制定的有中国特色的地震工作方针：**"在党的一元化领导下，以预防为主、专群结合、土洋结合，大打人民战争"**[①]，应属毛泽东思想的重要组成部分。中国地震局在贯彻执行习近平新时代中国特色社会主义思想中，理应加以继承，并结合实际应用加以发展。

2018 年 3 月 2 日

---

① 国务院文件（国发〔1974〕69 号），国务院批转中国科学院关于华北及渤海地区地震形势的报告，转引自：中国地球物理学会天灾预测专业委员会编：《唐山大地震三十周年纪念文集》，2006 年 4 月。

# 第二部分　磁暴月相二倍法

## B1　1991—2001 年全球 $M_S \geq 7.5$ 大地震与磁暴二倍关系的初探 ①

沈宗丕 ②　徐道一 ③　汪成民 ④

**摘要：**对 1991—2001 年期间发生的全球 $M_S \geq 7.5$ 大地震（61 个），通过反推可找到 1986—2001 年间共发生 48 个 K≥7 的大磁暴（其中有 6 个磁暴为 K=6-7）存在着磁暴月相二倍的关系。当发震时间与计算预测时间的误差在 ±10 天时，可以有 57 个大地震存在对应。当误差在 ±5 天时，则有 39 个大地震有对应。

**主题词：**磁暴　大地震　磁暴二倍法

自 1969 年张铁铮[1]首创应用磁暴二倍法预测 7 级以上大地震以来，已积累了大量成功预测 7 级以上大地震的震例。翁文波院士的可公度性[2]与二倍法预测地震有着密切的关系，实际上二倍法预测地震是反映了可公度性中的周期分布规律，与翁老的信息预测论是相一致的。本文是采用反推的方法，即根据已发生地震的日期去反推，并用磁暴月相二倍法去计算预测时间。计算与分析结果简介如下：

## 一、使用资料概况

### 1. 磁暴资料

经研究，与大多数大地震有二倍对应关系的磁暴日有 48 个（K≥7，包

---

① 见：中国地球物理学会天灾预测专业委员会编：《2002 年天灾预测总结学术会议论文集——"磁暴二倍法"，"磁偏角二倍法"，"磁暴月相二倍法"专题讨论（会前研究资料论文集）》2002 年 10 月，第 73—85 页。（内部）
② 上海市地震局。
③ 中国地震局地质研究所。
④ 中国地震局分析预报中心。

括 6 个 K=6~7，下文同，不再另加说明。实际上只使用到 2000 年 9 月 18 日，计 43 个磁暴日）。时间范围分布为 1986—2001 年（表 1），磁暴日时间的确定是依据中国地震局地球物理研究所编印的《磁暴报告》，在最大活动程度的时段中选取。磁暴分布时间涉及 21~22 太阳黑子周，长度约 1.5 个太阳周。在表 1 中列出了每个磁暴日的农历日期。它反映了该天的月球相位。"磁暴月相二倍法"取上弦、下弦、朔、望四个月相，上弦日指初七、初八、初九；下弦日指廿一、廿二、廿三；朔日指廿九、三十、初一、初二；望日指十四、十五、十六、十七。凡是 K≥7 的磁暴日发生在这四个月相内，则被选入表 1 中。通过这一准则，就筛去了一部分不在月相中发生的磁暴日，表 1 中 K=9 的磁暴日有 6 次，K=8 的磁暴日有 10 次。

表 1 K≥7 的磁暴日与月相日期（北京时间）

| 编号 | 公历 | 农历 | K | 编号 | 公历 | 农历 | K | 编号 | 公历 | 农历 | K |
|---|---|---|---|---|---|---|---|---|---|---|---|
| 1 | 1986-2-9 | 一月初一 | 9 | 17 | 1991-6-11 | 四月廿九 | 7 | 33 | 1997-5-15 | 四月初九 | 7 |
| 2 | 1986-9-12 | 八月初九 | 7 | 18 | 1991-6-13 | 五月初二 | 8 | 34 | 1998-5-4 | 四月初九 | 8 |
| 3 | 1988-5-6 | 三月廿一 | 7 | 19 | 1991-6-18 | 五月初七 | 7 | 35 | 1998-8-6 | 六月十五 | 7 |
| 4 | 1988-10-10 | 八月三十 | 7 | 20 | 1991-8-18 | 七月初九 | 8 | 36 | 1998-10-19 | 八月廿九 | 7 |
| 5 | 1988-11-30 | 十月廿二 | 7 | 21 | 1991-8-30 | 七月廿一 | 7 | 37 | 1998-11-9 | 九月廿一 | 6~7 |
| 6 | 1989-3-16 | 二月初九 | 7 | 22 | 1991-10-29 | 九月廿二 | 9 | 38 | 1999-9-23 | 八月十四 | 8 |
| 7 | 1989-3-28 | 二月廿一 | 6~7 | 23 | 1992-5-10 | 四月初八 | 8 | 39 | 1999-10-22 | 九月十四 | 7 |
| 8 | 1989-10-21 | 九月廿二 | 8 | 24 | 1992-10-9 | 九月十四 | 7 | 40 | 2000-2-12 | 一月初八 | 7 |
| 9 | 1989-11-18 | 十月廿一 | 8 | 25 | 1992-11-9 | 十月十五 | 6~7 | 41 | 1999-5-24 | 四月十一 | 7 |
| 10 | 1990-4-10 | 三月十五 | 8 | 26 | 1993-3-9 | 二月十七 | 7 | 42 | 1999-7-16 | 六月十五 | 9 |
| 11 | 1990-4-12 | 三月十七 | 7 | 27 | 1993-3-15 | 二月廿三 | 6~7 | 43 | 1999-9-18 | 八月廿一 | 8 |
| 12 | 1990-4-17 | 三月廿二 | 7 | 28 | 1993-4-5 | 三月十四 | 7 | 44 | 1999-10-5 | 九月初八 | 7 |
| 13 | 1990-7-28 | 六月初七 | 7 | 29 | 1993-11-4 | 九月廿一 | 6~7 | 45 | 2001-3-31 | 三月初七 | 9 |
| 14 | 1990-8-26 | 七月初七 | 7 | 30 | 1994-4-2 | 二月廿二 | 6~7 | 46 | 2001-4-8 | 三月十五 | 7 |
| 15 | 1991-3-24 | 二月初九 | 9 | 31 | 1994-4-17 | 三月初七 | 7 | 47 | 2001-10-3 | 八月十七 | 7 |
| 16 | 1991-6-5 | 四月廿三 | 8 | 32 | 1995-4-8 | 三月初九 | 7 | 48 | 2001-11-6 | 九月廿一 | 9 |

注：1. K=6~7 即有些台站量算为 6，有些台站量算为 7。
2. 1987 年与 1996 年全年无 K≥7 的磁暴日。

## 2. 地震资料

在 1991—2001 年期间，全球共发生 61 个 7.5 级以上的大地震。其中 $M_S \geq 8.0$ 的特大地震有 12 个（表 2），地震参数取自中国地震局地球物理研究所陈培善在《地震学报》上发表的"全球 $M_S \geq 6$ 的地震目录"，震级取 $M_S$，少数地震取 $M_{SZ}$。11 年共有 4017 天（T），平均 66 天发生一次 7.5 级以上的大地震。

表 2　$M_S \geq 7.5$ 大地震目录（1991—2001）

| 编号 | 发震日期 | 震中位置 | | | 震级 ($M_S$) | 编号 | 发震日期 | 震中位置 | | | 震级 ($M_S$) |
|---|---|---|---|---|---|---|---|---|---|---|---|
| | | 纬度 | 经度 | 地点 | | | | 纬度 | 经度 | 地点 | |
| 1 | 1991-1-5 | 23.50N | 96.00E | 缅甸 | 7.6 | 32 | 1996-6-10 | 51.48N | 177.66E | 阿留申群岛 | 7.7 |
| 2 | 1991-4-23 | 9.96N | 83.5W | 哥斯达黎加 | 8.1 | 33 | 1996-11-13 | 14.98S | 75.69W | 秘鲁海岸远海 | 8.0 |
| 3 | 1991-11-20 | 4.91N | 77.51W | 巴拿马以南 | 7.6 | 34 | 1997-4-21 | 12.60S | 166.77E | 瓦努阿图 | 7.6 |
| 4 | 1991-12-27 | 55.85S | 24.88W | 南桑德韦奇群岛 | 7.5 | 35 | 1997-5-10 | 33.86N | 59.83E | 伊朗 | 7.5 |
| 5 | 1992-5-17 | 7.29N | 126.89E | 棉兰老岛 | 7.5* | 36 | 1997-11-8 | 35.26N | 87.33E | 中国西藏 | 7.9* |
| 6 | 1992-5-26 | 19.34N | 77.88W | 牙买加地区 | 7.7 | 37 | 1997-12-5 | 54.82N | 161.90E | 堪察加东海岸 | 8.0 |
| 7 | 1992-6-28 | 34.46N | 16.98E | 美国加利福尼亚州南 | 8.0 | 38 | 1998-3-25 | 62.61S | 150.43E | 巴勒尼群岛地区 | 8.0 |
| 8 | 1992-8-19 | 42.30N | 73.64E | 吉尔吉斯斯坦 | 7.7 | 39 | 1998-5-4 | 22.72N | 125.29E | 中国台湾东南 | 7.6 |
| 9 | 1992-9-2 | 11.62N | 87.40W | 尼加拉瓜海岸 | 7.6 | 40 | 1998-8-5 | 0.45S | 80.43W | 厄瓜多尔海岸 | 7.5 |
| 10 | 1992-10-18 | 7.16N | 76.69W | 哥伦比亚海岸 | 7.7 | 41 | 1998-11-29 | 2.1S | 124.82E | 斯蓝海 | 7.7 |
| 11 | 1992-12-12 | 8.56S | 121.96E | 萨武海 | 7.7 | 42 | 1999-8-17 | 40.67N | 30.12E | 土耳其 | 8.0 |
| 12 | 1993-7-12 | 42.85N | 139.28E | 日本海东部 | 7.6 | 43 | 1999-8-20 | 9.00N | 84.20W | 哥斯达黎加海岸 | 7.6 |
| 13 | 1993-8-8 | 12.96N | 144.90E | 马里亚纳群岛南 | 7.6 | 44 | 1999-9-21 | 23.97N | 120.75E | 中国台湾岛 | 7.7* |
| 14 | 1993-9-11 | 14.63N | 92.52E | 墨西哥海岸近海 | 7.6 | 45 | 1999-10-1 | 16.10N | 96.90W | 墨西哥海岸近海 | 7.9 |
| 15 | 1994-10-4 | 43.81N | 147.34E | 千岛群岛 | 7.8 | 46 | 1999-10-16 | 35.34N | 116.67W | 美国加利福尼亚州南 | 7.6 |

（续表2）

| 编号 | 发震日期 | 震中位置 | | | 震级(Ms) | 编号 | 发震日期 | 震中位置 | | | 震级(Ms) |
|---|---|---|---|---|---|---|---|---|---|---|---|
| | | 纬度 | 经度 | 地点 | | | | 纬度 | 经度 | 地点 | |
| 16 | 1994-10-9 | 43.82N | 147.89E | 千岛群岛 | 7.6 | 47 | 1999-11-13 | 40.80N | 31.20E | 土耳其 | 7.6 |
| 17 | 1994-12-28 | 40.55N | 143.35E | 本州东海岸近海 | 7.8 | 48 | 2000-3-28 | 22.34N | 143.84E | 马里亚纳群岛 | 7.6* |
| 18 | 1995-4-8 | 15.16S | 73.42W | 汤加 | 7.5 | 49 | 2000-5-4 | 1.70S | 124.6E | 苏拉威西 | 7.5* |
| 19 | 1995-5-17 | 23.2S | 169.89E | 洛亚尔提群岛 | 7.7* | 50 | 2000-6-5 | 5.26S | 102.3E | 苏门答腊西南 | 7.9 |
| 20 | 1995-5-27 | 52.57N | 142.95E | 萨哈林 | 7.7 | 51 | 2000-6-18 | 14.60S | 97.13E | 南印度洋 | 8.0 |
| 21 | 1995-7-30 | 23.27S | 70.18W | 智利北部海岸 | 8.1 | 52 | 2000-11-16 | 4.00S | 152.20E | 新不列颠地区 | 7.7 |
| 22 | 1995-8-16 | 5.71S | 154.26E | 新不列颠地区 | 7.8 | 53 | 2000-11-16 | 5.07S | 153.52E | 新爱尔兰地区 | 7.8 |
| 23 | 1995-9-14 | 16.81N | 98.56W | 墨西哥海岸近海 | 7.7 | 54 | 2000-11-18 | 5.60S | 152.62E | 新不列颠地区 | 8.0* |
| 24 | 1995-10-3 | 2.79S | 77.92W | 厄、秘边境地区 | 7.5 | 55 | 2000-12-7 | 39.70N | 54.98E | 土库曼斯坦 | 7.5* |
| 25 | 1995-10-9 | 19.21N | 104.10W | 墨西哥海岸近海 | 7.9 | 56 | 2001-1-11 | 57.10N | 153.20W | 科迪亚克岛地区 | 7.5 |
| 26 | 1995-11-22 | 29.14N | 34.94E | 埃及 | 7.6 | 57 | 2001-1-14 | 13.00N | 88.70W | 中美洲海岸远海 | 8.4 |
| 27 | 1995-12-4 | 44.68N | 149.36E | 千岛群岛 | 7.5 | 58 | 2001-1-26 | 23.51N | 70.37E | 印度 | 7.9 |
| 28 | 1996-1-1 | 0.72N | 119.90E | 米那哈沙半岛 | 7.6 | 59 | 2001-6-24 | 16.30S | 73.60W | 秘鲁海岸近海 | 8.5 |
| 29 | 1996-2-17 | 0.86S | 136.99E | 西伊里安 | 7.9 | 60 | 2001-7-7 | 17.50S | 72.10W | 智利北部海岸 | 7.8 |
| 30 | 1996-2-25 | 16.16N | 97.88W | 墨西哥海岸近海 | 7.5 | 61 | 2001-11-14 | 35.97N | 90.59E | 中国青海省 | 8.0* |
| 31 | 1996-4-29 | 6.34S | 155.5E | 所罗门群岛 | 7.5* | | | | | | |

注：1. 发震日期采用北京时间。
2. * 表示震级为 $M_{SZ}$。

## 二、反推结果

磁暴月相二倍法的正推是指通过起倍磁暴日（第一磁暴日）和被倍磁暴日（第二磁暴日）两者的时间间隔，计算求出发震日期（即预测日期）[3]，反推则是指从已知地震的发生日期在一定误差（Δd）范围内追溯其被倍磁暴日和起倍磁暴日。

表 3 磁暴月相二倍法对全球 $M_s \geq 7.5$ 大地震的反推计算预测日期（1991—2001）

| 编号 | 发震日期 | 发震地区与震级 | | 起倍磁暴日期 | | | 被倍磁暴日期 | | | 相隔天数 | 反推计算预测日期 | 误差天数 |
|---|---|---|---|---|---|---|---|---|---|---|---|---|
| | | 地点 | $M_s$ | 公历 | 农历 | K | 公历 | 农历 | K | | | |
| 1 | 1991-1-5 | 缅甸 | 7.6 | 1990-4-17 | 三月廿三 | 7 | 1990-8-26 | 七月初七 | 7 | 131 | 1991-1-4 | +1 |
| | | | | 1990-4-12 | 三月十七 | 7 | 1990-8-26 | 七月初七 | 7 | 136 | 1991-1-9 | -4 |
| | | | | 1990-4-10 | 三月十五 | 8 | 1990-8-26 | 七月初七 | 7 | 138 | 1991-1-11 | -6 |
| 2 | 1991-4-23 | 哥斯达黎加 | 8.1 | 1989-3-28 | 二月廿 | 7 | 1990-4-12 | 三月十七 | 7 | 380 | 1991-4-27 | -4 |
| 3 | 1991-11-20 | 巴拿马以南 | 7.6 | 1991-6-18 | 五月初七 | 7 | 1991-8-30 | 七月廿 | 7 | 73 | 1991-11-11 | +9 |
| | | | | 1991-6-13 | 五月初二 | 8 | 1991-8-30 | 七月廿 | 7 | 78 | 1991-11-16 | +4 |
| | | | | 1991-6-11 | 四月廿九 | 7 | 1991-8-30 | 七月廿 | 7 | 80 | 1991-11-18 | +2 |
| | | | | 1991-6-5 | 五月廿二 | 8 | 1991-8-30 | 七月廿 | 7 | 86 | 1991-11-24 | -4 |
| 4 | 1991-12-27 | 南桑德韦奇群岛 | 7.5 | 1989-3-28 | 二月廿 | 7 | 1990-7-28 | 六月初七 | 7 | 487 | 1991-11-27 | -7 |
| 5 | 1992-5-17 | 棉兰老岛 | 7.5* | 1988-11-30 | 十月廿二 | 7 | 1990-8-26 | 七月初七 | 7 | 634 | 1992-5-21 | -4 |
| | | | | 1986-2-9 | 一月初一 | 9 | 1989-3-28 | 二月廿 | 7 | 1143 | 1992-5-14 | +3 |
| 6 | 1992-5-26 | 牙买加地区 | 7.7 | 1991-3-24 | 二月初九 | 9 | 1991-10-29 | 九月廿二 | 9 | 219 | 1992-6-4 | -9 |
| 7 | 1992-6-28 | 加利福尼亚南 | 8.0 | 1988-11-30 | 十月廿二 | 7 | 1990-8-26 | 七月初七 | 7 | 634 | 1992-5-21 | +5 |
| 8 | 1992-8-19 | 吉尔吉斯坦 | 7.7 | 1990-4-17 | 三月廿三 | 7 | 1991-6-18 | 五月初七 | 7 | 427 | 1992-8-18 | +1 |
| | | | | 1990-4-10 | 三月十五 | 8 | 1991-6-11 | 四月廿九 | 7 | 427 | 1992-8-11 | +8 |
| | | | | 1990-4-10 | 三月十五 | 8 | 1991-6-13 | 五月初二 | 8 | 429 | 1992-8-15 | +4 |

（续表 3）

| 编号 | 发震日期 | 发震地区与震级 地点 | Ms | 起倍磁暴日期 公历 | 农历 | K | 被倍磁暴日期 公历 | 农历 | K | 相隔天数 | 反推计算预测日期 | 误差天数 |
|---|---|---|---|---|---|---|---|---|---|---|---|---|
| 9 | 1992-9-2 | 尼加拉瓜海岸 | 7.6 | 1990-4-10 | 三月十五 | 8 | 1991-6-18 | 五月初七 | 7 | 434 | 1992-8-25 | -6 |
|  |  |  |  | 1990-4-12 | 三月初七 | 7 | 1991-6-11 | 四月廿九 | 7 | 435 | 1992-8-19 | 0 |
|  |  |  |  | 1990-8-26 | 七月初七 | 7 | 1991-8-30 | 七月十一 | 7 | 369 | 1992-9-2 | 0 |
|  |  |  |  | 1990-4-10 | 三月十五 | 8 | 1991-6-18 | 五月初七 | 7 | 434 | 1992-8-25 | +8 |
| 10 | 1992-10-18 | 哥伦比亚西海岸 | 7.7 | 1988-5-6 | 三月廿一 | 7 | 1990-7-28 | 六月初七 | 7 | 813 | 1992-10-18 | 0 |
| 11 | 1992-12-12 | 萨武海 | 7.7 | 1992-10-9 | 九月十四 | 7 | 1992-11-9 | 十月十五 | 7 | 31 | 1992-12-10 | +2 |
|  |  |  |  | 1989-11-18 | 十月廿一 | 8 | 1991-6-5 | 四月廿三 | 8 | 564 | 1992-12-20 | -8 |
|  |  |  |  | 1988-5-6 | 三月廿一 | 7 | 1990-8-26 | 七月初七 | 7 | 842 | 1992-12-15 | -3 |
| 12 | 1993-7-12 | 日本海东部 | 7.6 | 1992-11-9 | 十月十五 | 7 | 1993-3-9 | 二月十七 | 7 | 120 | 1993-7-7 | +5 |
|  |  |  |  | 1989-10-21 | 九月十二 | 8 | 1991-8-30 | 七月廿一 | 7 | 678 | 1993-7-8 | +4 |
|  |  |  |  | 1986-2-9 | 一月初一 | 9 | 1989-10-21 | 九月十二 | 8 | 1350 | 1993-7-2 | +10 |
| 13 | 1993-8-8 | 马里亚纳群岛南 | 7.6 | 1992-10-9 | 九月十四 | 7 | 1993-3-9 | 二月十七 | 7 | 151 | 1993-8-7 | +1 |
| 14 | 1993-9-11 | 墨西哥海岸近海 | 7.6 | 1991-10-29 | 九月十四 | 9 | 1992-10-9 | 九月十四 | 7 | 346 | 1993-9-20 | -9 |
|  |  |  |  | 1989-3-28 | 二月廿一 | 7 | 1991-6-18 | 五月初七 | 7 | 812 | 1993-9-7 | +4 |
|  |  |  |  | 1989-3-16 | 二月初九 | 7 | 1991-6-11 | 四月廿九 | 7 | 817 | 1993-9-5 | +6 |
| 15 | 1994-10-4 | 千岛群岛 | 7.8 | 1993-11-4 | 九月初九 | 7 | 1994-4-17 | 三月初七 | 7 | 164 | 1994-9-28 | +6 |
|  |  |  |  | 1991-8-30 | 七月廿一 | 7 | 1993-3-15 | 二月廿三 | 7 | 563 | 1994-9-29 | +5 |
|  |  |  |  | 1991-8-18 | 七月初九 | 8 | 1993-3-9 | 二月十七 | 7 | 569 | 1994-9-29 | +5 |

（续表3）

| 编号 | 发震日期 | 发震地区与震级 | | 起倍磁暴日期 | | | 被倍磁暴日期 | | | 相隔天数 | 反推计算预测日期 | 误差天数 |
|---|---|---|---|---|---|---|---|---|---|---|---|---|
| | | 地点 | $M_S$ | 公历 | 农历 | K | 公历 | 农历 | K | | | |
| 16 | 1994-10-9 | 千岛群岛 | 7.6 | 1991-8-18 | 七月初九 | 8 | 1993-3-15 | 二月廿三 | 7 | 575 | 1994-10-11 | -7 |
| | | | | 1991-8-30 | 七月廿一 | 7 | 1993-3-15 | 二月廿三 | 7 | 563 | 1994-9-29 | +10 |
| | | | | 1991-8-18 | 七月初九 | 8 | 1993-3-9 | 二月十七 | 7 | 569 | 1994-9-29 | +10 |
| | | | | 1991-8-18 | 七月初九 | 8 | 1993-3-15 | 二月廿三 | 7 | 575 | 1994-10-11 | -2 |
| 17 | 1994-12-28 | 本州东海岸近海 | 7.8 | 1991-6-11 | 四月廿九 | 7 | 1993-3-15 | 二月廿三 | 7 | 643 | 1994-12-18 | +10 |
| | | | | 1991-6-5 | 四月廿九 | 8 | 1993-3-15 | 二月廿三 | 7 | 649 | 1994-12-24 | +4 |
| | | | | 1990-7-28 | 六月初七 | 7 | 1992-10-9 | 九月十四 | 7 | 856 | 1994-12-24 | +4 |
| | | | | 1988-5-6 | 三月廿一 | 7 | 1991-8-30 | 七月廿三 | 7 | 1211 | 1994-12-23 | +5 |
| 18 | 1995-4-8 | 汤加 | 7.5 | 1991-3-24 | 二月初九 | 9 | 1993-4-5 | 三月十四 | 7 | 743 | 1995-4-18 | -10 |
| | | | | 1990-4-17 | 三月廿二 | 7 | 1992-10-9 | 九月十四 | 7 | 906 | 1995-4-3 | +5 |
| | | | | 1990-4-12 | 三月廿七 | 7 | 1992-10-9 | 九月十四 | 7 | 911 | 1995-4-8 | 0 |
| | | | | 1990-4-10 | 三月十五 | 8 | 1992-10-9 | 九月十四 | 7 | 913 | 1995-4-10 | -2 |
| 19 | 1995-5-17 | 洛亚尔提群岛 | 7.7* | 1993-3-9 | 二月十七 | 7 | 1994-4-17 | 三月初七 | 7 | 404 | 1995-5-26 | -9 |
| 20 | 1995-5-27 | 萨哈林 | 7.7 | 1993-3-15 | 二月廿三 | 7 | 1994-4-17 | 三月初七 | 7 | 398 | 1995-5-20 | +7 |
| | | | | 1993-3-9 | 二月十七 | 7 | 1994-4-17 | 三月初七 | 7 | 404 | 1995-5-26 | +1 |
| | | | | 1990-4-17 | 三月廿二 | 7 | 1992-11-9 | 十月十五 | 7 | 937 | 1995-6-4 | -8 |
| 21 | 1995-7-30 | 智利北部海岸 | 8.1 | | | | | | | | | |
| 22 | 1995-8-16 | 新不列颠地区 | 7.8 | 1992-11-9 | 十月十五 | 7 | 1994-4-2 | 二月廿三 | 7 | 509 | 1995-8-24 | -8 |

（续表 3）

| 编号 | 发震日期 | 发震地区与震级 |  | 起磁磁暴日期 |  |  | 被笘磁暴日期 |  |  | 相隔天数 | 反推计算预测日期 | 误差天数 |
|---|---|---|---|---|---|---|---|---|---|---|---|---|
|  |  | 地点 | $M_S$ | 公历 | 农历 | K | 公历 | 农历 | K |  |  |  |
| 23 | 1995-9-14 | 墨西哥海岸近海 | 7.7 | 1992-11-9 | 十月十五 | 7 | 1994-4-17 | 三月初七 | 7 | 524 | 1995-9-23 | −9 |
|  |  |  |  | 1992-10-9 | 九月十四 | 7 | 1994-4-2 | 二月廿二 | 7 | 540 | 1995-9-24 | −10 |
|  |  |  |  | 1990-8-26 | 七月初七 | 7 | 1993-3-9 | 二月十七 | 7 | 926 | 1995-9-21 | −7 |
| 24 | 1995-10-3 | 厄、秘边境地区 | 7.5 | 1992-11-9 | 十月十五 | 7 | 1994-4-17 | 三月初七 | 7 | 524 | 1995-9-23 | +10 |
|  |  |  |  | 1990-8-26 | 七月初七 | 7 | 1993-3-15 | 二月廿三 | 7 | 932 | 1995-10-3 | 0 |
|  |  |  |  | 1989-10-21 | 九月廿二 | 8 | 1992-10-9 | 九月十四 | 7 | 1084 | 1995-9-28 | +5 |
| 25 | 1995-10-9 | 墨西哥海岸近海 | 7.9 | 1990-8-26 | 七月初七 | 7 | 1993-3-15 | 二月廿三 | 7 | 932 | 1995-10-3 | +6 |
| 26 | 1995-11-22 | 埃及 | 7.6 | 1990-8-26 | 七月初七 | 7 | 1993-4-5 | 三月十四 | 7 | 953 | 1995-11-14 | +8 |
|  |  |  |  | 1989-10-21 | 九月廿二 | 8 | 1992-11-9 | 十月十五 | 7 | 1115 | 1995-11-29 | −7 |
| 27 | 1995-12-4 | 千岛群岛 | 7.5 | 1990-7-28 | 六月初七 | 7 | 1993-4-5 | 三月十四 | 7 | 982 | 1995-12-13 | −9 |
| 28 | 1996-1-1 | 米那哈沙半岛 | 7.6 | 1991-8-30 | 七月廿一 | 7 | 1993-11-4 | 九月廿一 | 7 | 797 | 1996-1-10 | −9 |
| 29 | 1996-2-17 | 西伊里安地区 | 7.9 | 1992-5-10 | 四月初八 | 8 | 1994-4-2 | 二月廿二 | 7 | 692 | 1996-2-23 | −6 |
|  |  |  |  | 1992-4-17 | 三月廿二 | 7 | 1993-3-15 | 二月廿三 | 7 | 1063 | 1996-2-11 | +6 |
|  |  |  |  | 1990-4-10 | 三月十五 | 8 | 1993-3-15 | 二月廿三 | 7 | 1070 | 1996-2-18 | −1 |
|  |  |  |  | 1990-4-12 | 三月十七 | 7 | 1993-3-15 | 二月廿三 | 7 | 1068 | 1996-2-16 | +1 |
| 30 | 1996-2-25 | 墨西哥海岸远海 | 7.5 | 1992-5-10 | 四月初八 | 8 | 1994-4-2 | 二月廿二 | 7 | 692 | 1996-2-23 | +2 |
|  |  |  |  | 1990-4-12 | 三月十七 | 7 | 1993-3-15 | 二月廿三 | 7 | 1068 | 1996-2-16 | +9 |
|  |  |  |  | 1990-4-10 | 三月十五 | 8 | 1993-3-15 | 二月廿三 | 7 | 1070 | 1996-2-18 | +7 |

（续表 3）

| 编号 | 发震日期 | 发震地区与震级 | | 起倍磁暴日期 | | | 被倍磁暴日期 | | | 相隔天数 | 反推计算预测日期 | 误差天数 |
|---|---|---|---|---|---|---|---|---|---|---|---|---|
| | | 地点 | $M_s$ | 公历 | 农历 | K | 公历 | 农历 | K | | | |
| 31 | 1996-4-29 | 所罗门群岛 | 7.5* | 1989-3-28 | 三月廿一 | 7 | 1992-10-9 | 九月十四 | 7 | 1291 | 1996-4-22 | +7 |
| | | | | 1989-3-16 | 三月初九 | 7 | 1992-10-9 | 九月十四 | 7 | 1303 | 1996-5-4 | −5 |
| 32 | 1996-6-10 | 阿留申群岛 | 7.7 | 1991-3-24 | 三月初九 | 9 | 1993-11-4 | 九月廿 | 7 | 956 | 1996-6-17 | −7 |
| 33 | 1996-11-13 | 秘鲁海岸远海 | 8.0 | 1991-8-30 | 七月廿一 | 7 | 1994-4-2 | 二月廿二 | 7 | 946 | 1996-11-3 | +10 |
| | | | | 1991-8-18 | 七月初九 | 8 | 1994-4-2 | 二月廿二 | 7 | 958 | 1996-11-15 | −2 |
| 34 | 1997-4-21 | 瓦努阿图 | 7.6 | 1991-3-24 | 二月初九 | 9 | 1994-4-2 | 二月廿二 | 7 | 1105 | 1997-4-11 | +10 |
| | | | | 1989-3-28 | 二月廿一 | 7 | 1993-4-5 | 三月十四 | 7 | 1469 | 1997-4-13 | +8 |
| | | | | 1989-3-16 | 二月初九 | 7 | 1993-4-5 | 三月十四 | 7 | 1481 | 1997-4-25 | −4 |
| 35 | 1997-5-10 | 伊朗 | 7.5 | 1993-3-15 | 二月廿三 | 7 | 1995-4-8 | 三月初九 | 7 | 754 | 1997-5-1 | +9 |
| | | | | 1993-3-9 | 二月十七 | 7 | 1995-4-8 | 三月初九 | 7 | 760 | 1997-5-7 | +3 |
| | | | | 1991-3-24 | 二月初九 | 9 | 1994-4-17 | 三月初七 | 7 | 1120 | 1997-5-11 | −1 |
| 36 | 1997-11-8 | 中国西藏 | 7.9* | 1988-5-6 | 三月廿一 | 7 | 1992-11-9 | 十月十五 | 7 | 1648 | 1997-5-15 | −5 |
| | | | | 1990-8-26 | 七月初七 | 7 | 1994-4-2 | 二月廿二 | 7 | 1315 | 1997-11-7 | +1 |
| | | | | 1989-10-21 | 九月廿二 | 8 | 1993-11-4 | 九月廿 | 7 | 1475 | 1997-11-18 | −10 |
| 37 | 1997-12-5 | 堪察加东海岸 | 8.0 | 1990-8-26 | 七月初七 | 7 | 1994-4-17 | 三月初七 | 7 | 1330 | 1997-12-7 | −2 |
| | | | | 1990-7-28 | 六月初七 | 7 | 1994-4-2 | 二月廿二 | 7 | 1344 | 1997-12-6 | −1 |
| 38 | 1998-3-25 | 巴勒尼群岛地区 | 8.0 | 1990-4-17 | 三月廿二 | 7 | 1994-4-2 | 二月廿二 | 7 | 1446 | 1998-3-18 | +7 |
| | | | | 1990-4-12 | 三月十七 | 7 | 1994-4-2 | 二月廿二 | 7 | 1451 | 1998-3-23 | +2 |

（续表3）

| 编号 | 发震日期 | 发震地区与震级 地点 | Ms | 起倍磁暴日期 公历 | 农历 | K | 被倍磁暴日期 公历 | 农历 | K | 相隔天数 | 反推计算预测日期 | 误差天数 |
|---|---|---|---|---|---|---|---|---|---|---|---|---|
| 39 | 1998-5-4 | 中国台湾东南 | 7.6 | 1990-4-10 | 三月十五 | 8 | 1994-4-2 | 二月廿二 | 7 | 1453 | 1998-3-25 | 0 |
| 40 | 1998-8-5 | 厄瓜多尔海岸 | 7.5 | 1990-4-10 | 三月十五 | 8 | 1994-4-17 | 三月初七 | 7 | 1468 | 1998-4-24 | +10 |
|  |  |  |  | 1989-11-18 | 十月廿一 | 8 | 1994-4-2 | 二月廿二 | 7 | 1596 | 1998-8-15 | -10 |
| 41 | 1998-11-29 | 斯兰海 | 7.7 | 1986-2-9 | 一月初一 | 9 | 1992-5-10 | 四月初八 | 8 | 2282 | 1998-8-9 | -4 |
|  |  |  |  | 1991-8-18 | 十月廿一 | 8 | 1995-4-8 | 三月初九 | 7 | 1329 | 1998-11-27 | +2 |
|  |  |  |  | 1988-10-10 | 八月三十 | 7 | 1993-11-4 | 九月廿一 | 7 | 1851 | 1998-11-29 | 0 |
| 42 | 1998-8-17 | 土耳其西部 | 8.0 | 1986-2-9 | 一月初一 | 9 | 1992-11-9 | 十月十五 | 7 | 2465 | 1999-8-10 | +7 |
| 43 | 1999-8-20 | 哥斯达黎加海岸 | 7.6 | 1986-2-9 | 一月初一 | 9 | 1992-11-9 | 十月十五 | 7 | 2465 | 1999-8-10 | +10 |
| 44 | 1999-9-21 | 中国台湾岛 | 7.7* | 1988-10-10 | 八月三十 | 7 | 1994-4-2 | 二月廿二 | 7 | 2000 | 1999-9-23 | -2 |
|  |  |  |  | 1986-9-12 | 八月初九 | 7 | 1993-3-15 | 二月廿三 | 7 | 2376 | 1999-9-16 | +5 |
| 45 | 1999-10-1 | 墨西哥海岸近海 | 7.9 | 1988-10-10 | 八月三十 | 7 | 1994-4-2 | 二月廿二 | 7 | 2000 | 1999-9-23 | +8 |
| 46 | 1999-10-16 | 美国加利福尼亚州南 | 7.6 | 1988-10-10 | 八月三十 | 7 | 1994-4-17 | 三月初七 | 7 | 2015 | 1999-10-23 | -7 |
| 47 | 1999-11-13 | 土耳其 | 7.6 | 1999-9-23 | 八月十四 | 8 | 1999-10-22 | 九月十四 | 7 | 29 | 1999-11-20 | -7 |
| 48 | 2000-3-28 | 马里亚纳群岛 | 7.6* | 1990-8-26 | 七月初七 | 7 | 1995-4-8 | 三月初九 | 7 | 1686 | 1999-11-19 | -6 |
|  |  |  |  | 1997-5-15 | 四月初九 | 7 | 1998-10-19 | 八月廿九 | 7 | 522 | 2000-3-24 | +4 |
|  |  |  |  | 1990-4-17 | 三月廿二 | 7 | 1995-4-8 | 三月初九 | 7 | 1817 | 2000-3-29 | -1 |
|  |  |  |  | 1990-4-12 | 三月十七 | 7 | 1995-4-8 | 三月初九 | 7 | 1822 | 2000-4-3 | -6 |
|  |  |  |  | 1990-4-10 | 三月十五 | 8 | 1995-4-8 | 三月初九 | 8 | 1824 | 2000-4-5 | -8 |

（续表 3）

| 编号 | 发震日期 | 发震地区与震级 地点 | $M_S$ | 起倍磁暴日期 公历 | 农历 | K | 被倍磁暴日期 公历 | 农历 | K | 相隔天数 | 反推计算预测日期 | 误差天数 |
|---|---|---|---|---|---|---|---|---|---|---|---|---|
| 49 | 2000-5-4 | 苏拉威西 | 7.5* | 1997-5-15 | 四月初九 | 7 | 1998-11-9 | 九月廿一 | 7 | 543 | 2000-5-5 | -1 |
| 50 | 2000-6-5 | 苏门答腊西南 | 7.9 | 1999-10-22 | 九月十四 | 7 | 1900-2-12 | 一月初一 | 7 | 113 | 2000-6-4 | +1 |
|  |  |  |  | 1994-4-17 | 三月初七 | 7 | 1997-5-15 | 四月初九 | 7 | 1124 | 2000-6-12 | -7 |
|  |  |  |  | 1986-2-9 | 一月初一 | 9 | 1993-4-5 | 三月十四 | 9 | 2612 | 2000-5-30 | +6 |
| 51 | 2000-6-18 | 南印度洋 | 8.0 | 1994-4-17 | 三月初七 | 7 | 1997-5-15 | 四月初九 | 7 | 1124 | 2000-6-12 | +6 |
|  |  |  |  | 1994-4-2 | 二月廿二 | 7 | 1997-5-15 | 四月初九 | 7 | 1139 | 2000-6-27 | -9 |
| 52 | 2000-11-16 | 新不列颠地区 | 7.7 | 1900-7-16 | 六月十五 | 9 | 1900-9-18 | 八月廿一 | 8 | 64 | 2000-11-21 | -5 |
| 53 | 2000-11-16 | 新爱尔兰地区 | 7.8 | 1993-11-4 | 九月廿一 | 7 | 1997-5-15 | 四月初九 | 7 | 1288 | 2000-11-23 | -7 |
| 54 | 2000-11-18 | 新不列颠地区 | 8.0* | 2000-7-16 | 六月十五 | 9 | 2000-9-18 | 八月廿一 | 8 | 64 | 2000-11-21 | -3 |
| 55 | 2000-12-7 | 土库曼斯坦 | 7.5* |  |  |  |  |  |  |  |  |  |
| 56 | 2001-1-11 | 科迪亚克岛地区 | 7.5 | 1998-8-6 | 六月十五 | 7 | 1999-10-22 | 九月十四 | 7 | 442 | 2001-1-6 | +5 |
| 57 | 2001-1-14 | 萨尔瓦多 | 8.4 | 1998-8-6 | 六月十五 | 7 | 1999-10-22 | 九月十四 | 7 | 442 | 2001-1-6 | +8 |
| 58 | 2001-1-26 | 印度 | 7.9 | 1999-9-23 | 八月十四 | 8 | 1900-5-24 | 四月廿一 | 7 | 244 | 2001-1-23 | +3 |
| 59 | 2001-6-24 | 秘鲁海岸近海 | 8.5 | 1993-4-5 | 三月十四 | 7 | 1997-5-15 | 四月初九 | 7 | 1501 | 2001-6-24 | 0 |
| 60 | 2001-7-7 | 智利北部海岸 | 7.8 | 1993-3-15 | 二月廿三 | 7 | 1997-5-15 | 四月初九 | 7 | 1522 | 2001-7-15 | -8 |
| 61 | 2001-11-14 | 中国青海省 | 8.0* | 1998-5-4 | 四月初九 | 8 | 2000-2-12 | 一月初一 | 7 | 649 | 2001-11-22 | -8 |
|  |  |  |  | 1992-11-9 | 十月十五 | 7 | 1997-5-15 | 四月初九 | 7 | 1648 | 2001-11-18 | -4 |
|  |  |  |  | 1986-9-12 | 八月初九 | 7 | 1994-4-17 | 三月初七 | 7 | 2774 | 2001-11-20 | -6 |

注：* 表示震级为 $M_{SZ}$。

对表 2 中的 61 个大地震的反推结果于表 3 中，当 $\Delta d \leqslant \pm 10$ 天时，61 个大地震中有 57 个大地震可由 43 个磁暴日的磁暴月相二倍法的计算预测日期所对应，占大地震总数的 93.4%。其有对应的计算预测时间 P，为 $57 \times 21 = 1197$ 天，占 4017 天的 29.8%。

表 4 中列出 $\Delta d$ 为 $\pm 5 \sim \pm 10$ 天的对应情况统计表，当 $\Delta d \leqslant \pm 5$ 时则有地震对应下降为 63.9%，而对应的计算预测时间占 11 年的 10.7%。

表4　61 个大地震（S）反推结果的时间误差（△d）

| △d（天） | ±10 | ±9 | ±8 | ±7 | ±6 | ±5 |
|---|---|---|---|---|---|---|
| 对应地震数（S1） | 57 | 55 | 52 | 48 | 42 | 39 |
| S1/S×100（%） | 93.4 | 90.2 | 85.2 | 79.7 | 70.5 | 63.9 |
| P（天） | 1197 | 1045 | 884 | 720 | 559 | 429 |
| P/T×100（%） | 29.8 | 26.0 | 22.0 | 17.9 | 13.9 | 10.7 |

注：P、T 的含义见文中说明。

表 5 中列出起倍磁暴日与被倍磁暴日的引用频次。起倍磁暴日使用最多的是编号为 10 的 1990 年 4 月 10 日（三月十五）K=8 的磁暴日，被使用 11 次。被倍磁暴日使用最多的是编号为 30 的 1994 年 4 月 2 日（二月廿二）K=6~7 的磁暴日，约 15 次；其次是编号为 27 的 1993 年 3 月 15 日（二月廿三）K=6~7 的磁暴日，共 14 次。如果把起倍磁暴日和被倍磁暴日合在一起考虑，则使用最多的是编号为 14 的 1990 年 8 月 26 日（七月初七）K=7 的磁暴日，约 14 次。

表 5　起倍磁暴日与被倍磁暴日使用次数统计

| 编号 | 公历 | 农历 | K | 起倍日次数 | 被倍日次数 |
|---|---|---|---|---|---|
| 1 | 1986-2-9 | 一月初一 | 9 | 6次 | |
| 2 | 1986-9-12 | 八月初九 | 7 | 2次 | |
| 3 | 1988-5-6 | 三月廿一 | 7 | 4次 | |
| 4 | 1988-10-0 | 八月三十 | 7 | 4次 | |
| 5 | 1988-11-30 | 十月廿二 | 7 | 2次 | |
| 6 | 1989-3-16 | 二月初九 | 7 | 3次 | |
| 7 | 1989-3-28 | 二月廿一 | 6-7 | 5次 | 1次 |
| 8 | 1989-10-21 | 九月廿二 | 8 | 4次 | 1次 |
| 9 | 1989-11-18 | 十月廿一 | 8 | 2次 | |
| 10 | 1990-4-10 | 三月十五 | 8 | 11次 | 1次 |
| 11 | 1990-4-12 | 三月十七 | 7 | 7次 | |
| 12 | 1990-4-17 | 三月廿二 | 7 | 7次 | |
| 13 | 1990-7-28 | 六月初七 | 7 | 3次 | 2次 |
| 25 | 1992-11-9 | 十月十五 | 6-7 | 5次 | 6次 |
| 26 | 1993-3-9 | 二月十七 | 7 | 3次 | 5次 |
| 27 | 1993-3-15 | 二月廿三 | 6-7 | 3次 | 14次 |
| 28 | 1993-4-5 | 二月十四 | 7 | 1次 | 6次 |
| 29 | 1993-11-4 | 九月廿一 | 6-7 | 2次 | 4次 |
| 30 | 1994-4-2 | 二月廿二 | 6-7 | 1次 | 15次 |
| 31 | 1994-4-17 | 三月初七 | 7 | 2次 | 11次 |
| 32 | 1995-4-8 | 三月初九 | 7 | | 7次 |
| 33 | 1997-5-15 | 四月初九 | 7 | 2次 | 7次 |
| 34 | 1998-5-4 | 四月初九 | 8 | 1次 | |
| 35 | 1998-8-6 | 六月十五 | 7 | 2次 | |
| 36 | 1998-10-19 | 八月廿九 | 7 | | 1次 |
| 37 | 1998-11-9 | 九月廿一 | 6-7 | | 1次 |

（续表5）

| 编号 | 公历 | 农历 | K | 起倍日次数 | 被倍日次数 |
|---|---|---|---|---|---|
| 14 | 1998-8-26 | 七月初七 | 7 | 8次 | 6次 |
| 15 | 1991-3-24 | 二月初九 | 9 | 5次 | |
| 16 | 1991-6-5 | 四月廿三 | 8 | 2次 | 1次 |
| 17 | 1991-6-11 | 四月廿九 | 7 | 2次 | 3次 |
| 18 | 1991-6-13 | 五月初二 | 8 | 1次 | 1次 |
| 19 | 1991-6-18 | 五月初七 | 7 | 1次 | 4次 |
| 20 | 1991-8-18 | 七月初九 | 8 | 6次 | |
| 21 | 1991-8-30 | 七月廿一 | 7 | 4次 | 7次 |
| 22 | 1991-10-29 | 九月廿三 | 9 | 1次 | 1次 |
| 23 | 1992-5-10 | 四月初八 | 8 | 2次 | 1次 |
| 24 | 1992-10-9 | 九月十四 | 7 | 3次 | 8次 |

| 编号 | 公历 | 农历 | K | 起倍日次数 | 被倍日次数 |
|---|---|---|---|---|---|
| 38 | 1999-9-23 | 八月十四 | 8 | 2次 | |
| 39 | 1999-10-22 | 九月十四 | 7 | 1次 | 3次 |
| 40 | 2000-2-12 | 一月初八 | 7 | | 2次 |
| 41 | 2000-5-24 | 四月廿一 | 7 | | 1次 |
| 42 | 2000-7-16 | 六月十五 | 9 | 2次 | |
| 43 | 2000-9-18 | 八月廿一 | 8 | | 2次 |
| 44 | 2000-10-5 | 九月初八 | 7 | | |
| 45 | 2001-3-31 | 三月初七 | 9 | | |
| 46 | 2001-4-8 | 三月十五 | 7 | | |
| 47 | 2001-10-3 | 八月十七 | 7 | | |
| 48 | 2001-11-6 | 九月廿一 | 9 | | |

## 三、讨论

1. 由表 3 的反推结果可知：K=9 的起倍磁暴日可以与 K ≥ 7 的磁暴日进行二倍运算；K=8 的起倍磁暴日可以与 K ≤ 8 的磁暴日进行二倍运算；而 K=7 的起倍磁暴日仅能与 K=7 的磁暴日进行二倍运算。这表明起倍磁日要求磁暴的能量相对地要强一些。

2. 由表 6 的磁暴日使用次数（A），可列出它们的年度分布。起倍磁暴日 A 的年度频次最大值和次大值在 1990—1991 年，即 22 太阳黑子周的峰年值附近。似乎太阳周峰年附近的磁暴日与大地震的关系相对密切些。至于 2000 年和 2001 年是 23 太阳黑子周的峰年值。已知有 3 个 K=9 的特大磁暴日。目前刚刚开始在使用，估计今后利用这些磁暴日去预测未来的大地震是完全有可能的。

表 6　磁暴日的使用次数（A）的年度分布

| 年 | 起倍磁暴日 A | 被倍磁暴日 A | 年 | 起倍磁暴日 A | 被倍磁暴日 A |
|---|---|---|---|---|---|
| 1986 | 8 | 0 | 1994 | 3 | 16 |
| 1987 | 0 | 0 | 1995 | 0 | 7 |
| 1988 | 10 | 0 | 1996 | 0 | 0 |
| 1989 | 14 | 2 | 1997 | 2 | 7 |
| 1990 | 36 | 9 | 1998 | 3 | 2 |
| 1991 | 22 | 17 | 1999 | 3 | 3 |
| 1992 | 10 | 15 | 2000 | 2 | 5 |
| 1993 | 9 | 29 | 2001 | 0 | 0 |

3. 由表 7 列出了起倍磁暴日与被倍磁暴日的时间间隔（F）的时间分布，F 的频次最高值出现在 401~600 天，约 1~2 年的时间，也可以延至 1200~1600 天，F 的分布表明：磁暴月相二倍法的预测发震时间有相当长的提前量，可比较从容地进行预测和预防。

表 7　起倍磁暴日与被倍磁暴日的时间间隔（F）的分布

| F（天） | 频次 | F（天） | 频次 | F（天） | 频次 |
|---|---|---|---|---|---|
| 0~200 | 15 | 1001~1200 | 13 | 2001~2200 | 0 |
| 201~400 | 6 | 1201~1400 | 9 | 2201~2400 | 1 |
| 401~600 | 24 | 1401~1600 | 10 | 2401~2600 | 3 |
| 601~800 | 12 | 1601~1800 | 3 | 2601~2800 | 2 |
| 801~1000 | 17 | 1801~2000 | 7 | | |

4. 上述反推的结果与通过正演的方法对全球 $M_S \geqslant 7.5$ 大地震的预测结果[3]大体上是一致的，可互为傍证。

本文是国家 863 计划基于 GIS 的地震预报智能决策支持系统课题（2001AA115012）。在此首先特别感谢中国地球物理学会天灾预测专业委员会顾问陈一文先生的热忱支持，在陈一文先生的安排下，许多单位对我的工作给予了大力支持。还要感谢上海市华新机械刀片厂张仁荣厂长赞助笔记本电脑一台和部分资金，还要感谢张守宁先生在为微机的计算过程编制了计算程序，大大改变了过去用计算器计算的烦琐操作；还要感谢上海市地震局地震预报研究所，在我 1997 年初退休后没有被返聘的情况下，凡去参加各种专业性学术会议的差旅费等日常开支均予以资助；同时还要感谢青浦区科委和青浦区地震办公室，在我退休前后的历年工作中给予极大的支持；最后还要特别感谢中国地震局分析预报中心汪成民先生把"二倍法"研究列入国家 863 计划中的科研题目。

当较好预测 2001 年 11 月 14 日新疆、青海交界处 8.1 级（注：陈培善定此震级为 $M_S7.6$，$M_{SZ}8.0$ 和 $M_{S7}8.2$）巨震后，中国地球物理学会天灾预测专业委员会常委徐道一先生从北京打电话来表示祝贺；上海市地震局地震预报研究所所长林命周先生来电表示认可；中国地震局分析预报中心副主任张晓东先生致信，表示祝贺并认为地磁对地震发生时间的预测具有一定的信度；中国地球物理学会天灾预测专业委员会主任郭增建教授致信，他认为对 2001

年 1 月 26 日印度 7.8 级大震和 11 月 14 日青海西 8.1 级大震的日期和震级预报得很好，对此成功预测表示祝贺，并认为磁暴月相二倍法是有科学价值的；上海市地震局科技监测处和离退休干部处认为这次 8.1 级地震前做出了较好的短临预测，给予荣誉证书并发给奖金 300 元以资鼓励；中国地震局在中发测〔2001〕238 号文件中对沈宗丕在 2001 年地震短临预测中取得了一定成绩给予表扬；2002 年 4 月 8 日《科技日报》第五版由记者沈英甲先生发表了一篇题为《地震能不能预测》的文章中又做了较为详细的报道。

当较好预测 2002 年 3 月 31 日我国台湾省东部海域发生 7.5 级大地震后，中国地球物理学会天灾预测专业委员会主任郭增建教授致信表示祝贺，并做出预报证明；上海市地震局科学技术委员会副主任张奕麟先生直接致信中国地震局分析预报中心预报部，认为沈宗丕同志这次预测符合中国地震局规定的地震预报评比一级标准，建议予以表彰等。

对以上单位和个人长期来对我工作的热忱支持、关心、肯定、认可、鼓励、表扬、报道、资助和赞助等等，借此机会再一次向你们表示衷心的感谢。

### 参考文献

［1］张铁铮：《磁暴二倍法预报地震》，《自然科学争鸣》1975 年第 2 期，第 35—42 页。

［2］翁文波：《预测论基础》，石油工业出版社 1984 年版。

［3］沈宗丕、徐道一：《应用磁暴月相二倍法对全球 $M_S \geq 7.5$ 大地震的预报效果分析》，《西北地震学报》1996 年第 18 期，第 84—86 页。

# B2 "磁暴月相二倍法"对全球 7.5 级左右大地震的短临预测效果[①]

沈宗丕

**摘要：** 利用许多地震前往往发生的两次磁暴之间的间隔时间，延长一倍，可以计算许多地震的发震日期。本文介绍张铁铮 1969 年底开发出的利用这种自然规律的"磁暴二倍法"，在中国首次应用于发震日期的预测。本文作者在此基础上开发出"磁偏角异常二倍法"，从 1970 年 9 月开始预测发震日期。

20 世纪 90 年代，作者在预测环太平洋地震带上 8 级左右大地震时，发现二个异常日期之间的天数，如果符合 29.6 天的倍数，与 8 级左右大地震发震日期有更好的对应关系。29.6 天近似月球的望、朔周期。作者开发的"磁暴月相二倍法"预测发震日期由此产生。

1991 年 12 月 1 日至 1994 年 11 月 30 日内，全球共发生 $M_S \geqslant 7.5$ 的大震（主震）12 次。作者预测了 14 次（其中 1 次重复，应按 13 次统计）。对应 $M_S \geqslant 7.5$ 大震有 8 次，虚报 5 次（其中对应上 $7.4 \geqslant M_S \geqslant 7.0$ 的大震 3 次），漏 4 次。

1998 年 5 月 1 日—2001 年 1 月 31 日期间全球 $M_S \geqslant 7.5$ 大地震共发生 16 次，发生于"磁暴月相二倍法"得出的计算发震日期（在 ±5 天的范围

---

[①] 见：中国地球物理学会天灾预测专业委员会编：《2002 年天灾预测总结学术会议论文集——"磁暴二倍法""磁偏角二倍法""磁暴月相二倍法"专题讨论》（会前研究资料论文集），2002 年 10 月，第 61—68 页。

内）有 13 次，无对应的有 3 次。在 15 次计算发震日期中有 11 次对应全球 $M_S \geq 7.5$ 的大地震，2 次对应 $7.4 \geq M_S \geq 7.0$ 的大震。K 指数大的"起倍磁暴"日与 $M_S \geq 7.8$ 的巨震的发生有较好的相关性。这表明发生在月相的磁暴与 $M_S \geq 7.5$ 大地震的相关关系较好。

**关键词**："磁暴二倍法""磁偏角异常二倍法""磁暴月相二倍法"

## 一、张铁铮及其"磁暴二倍法"预测地震

1966 年 3 月邢台强烈地震发生后，原先从事石油物探工作的张铁铮工程师在参加地震预测的研究工作中，发现在地震之前地磁场往往出现大幅度的异常变化，一般认为是磁暴引起的。于是他提出了一个问题：磁暴同地震有没有联系？

通过以北京白家疃地磁台的磁暴资料与同期的地震资料对照分析，张铁铮发现："在 168 个磁暴中，与地震同时发生的有 90 个，占总数的 54%；震前一天出现的 21 个，占 12%；震后一天出现的 16 个，占 10%。也就是说有 127 个磁暴，占总数的 76%，是在地震发生的同时或前后一天内出现的。没有发生地震的磁暴 41 个，占 24%。……上面的统计分析表明，磁暴的出现与地震发生有一定的联系。"（耿庆国，1991）

对此进行总结时，张铁铮指出（张铁铮，1975）："激发地震发生的外因条件并不止磁暴一种。因此，磁暴与地震之间的对应关系是有条件的，不是绝对的。"

对已经发生过的有对应关系的磁暴和地震进行对比分析，张铁铮进一步发现"两个先后发生磁暴的时间 $T_1$ 和 $T_2$，其间隔的天数延长一倍，加上 $T_1$ 的日期，与它们所对应的地震发生日期 $T_P$ 相近"。用公式表示即：$T_P = T_1 + 2(T_2 - T_1)$（图 1 和表 1）。

**图 1 "起倍磁暴日"、"被倍磁暴日"和预测的地震发震日之间的关系**

表1 张铁铮对20世纪60年代中国大地震与磁暴对应关系进行分析的数据

| 序号 | 起倍磁暴日期 | 被倍磁暴日期 | 推算发震日期 | 实际发震日期 | 震级 | 天数差 | 地震地点 |
|---|---|---|---|---|---|---|---|
| 1 | 1961-4-15 | 1961-10-1 | 1962-3-19 | 1962-3-19 | 6.1 | 0 | 广东河源 |
| 2 | 1965-7-19 | 1965-9-16 | 1965-11-14 | 1965-11-13 | 6.6 | 1 | 乌鲁木齐 |
| 3 | 1964-2-6 | 1965-2-6 | 1966-2-7 | 1966-2-5 | 6.5 | 2 | 云南东川 |
| 4 | 1964-5-14 | 1965-4-18 | 1966-3-23 | 1966-3-22 | 7.2 | 1 | 河北宁晋 |
| 5 | 1967-1-9 | 1967-2-16 | 1967-3-27 | 1967-3-27 | 6.3 | 0 | 河北河间 |
| 6 | 1967-2-16 | 1967-5-25 | 1969-8-31 | 1969-8-30 | 6.8 | 1 | 四川甘孜 |
| 7 | 1968-9-7 | 1969-2-11 | 1969-7-18 | 1969-7-18 | 7.4 | 0 | 渤海 |
| 8 | 1967-5-3 | 1968-6-13 | 1969-7-25 | 1969-7-26 | 6.4 | 1 | 广东阳江 |

接着，张铁铮"用这种方法进行未来地震的预报试验，选择了1968年6月11日和1969年3月24日两个较大磁暴，推算1970年1月4日将有大地震发生。结果于1970年1月5日云南省通海地区发生了$M_S$7.7级强烈地震，推算的日期比实际发震日期早一天。这次没有报发震地区，不能起到预防作用。吸取了经验和教训以后，他增加了多台对比同一天的同一个磁暴幅度的变化来确定发震地区，选择1968年6月11日和1969年4月13日两个磁暴，推算1970年2月13日，华北地区要有$M_S$5.0级左右的地震。结果于1970年2月12日渤海湾发生了$M_S$4.8级地震，比推算的早了一天，预报的地区范围大了。尽管方法还不完善，但是初步验证的结果说明磁暴是可以用来预报地震的"。参看表2。张铁铮将这种地震预测方法称为"磁暴二倍法"（张铁铮，1975）。

张铁铮是中国第一位利用前兆资料总结出预测大震方法并取得成功的人。

表2 张铁铮采用"磁暴二倍法"在中国首次预测的两次地震及其对应的磁暴

| 序号 | 起倍磁暴日期 | 被倍磁暴日期 | 推算发震日期 | 实际发震日期 | 震级 | 天数差 | 地震地点 |
|---|---|---|---|---|---|---|---|
| 1 | 1968-6-11 | 1969-3-24 | 1970-1-4 | 1970-1-5 | 7.7 | -1 | 云南通海 |
| 2 | 1968-6-11 | 1969-4-13 | 1970-2-13 | 1970-2-12 | 4.8 | -1 | 渤海湾 |

在震前预测过 1970 年 1 月 5 日云南通海 $M_s$7.7 级大地震的发震时间后，张铁铮受到过国务院周恩来总理的接见。

## 二、"磁偏角异常二倍法" 预测地震的由来

1970 年，张铁铮根据 "磁暴二倍法" 较准确地预测了 1970 年 8 月 10 日山东曲阜地区发生的 5.0 级地震。他用 1970 年 7 月 9 日和 1970 年 7 月 25 日两个磁暴日的地磁垂直强度异常相隔时间的二倍，预测这次地震的发震时间。这个经验启发了我们。1970 年 8 月，趁张铁铮到北京白家疃地磁台抄录磁暴目录的机会，作者向他了解有关 "磁暴二倍法" 的预测方法。

张铁铮采用地磁垂直强度这个要素搞地震预测，作者则采用磁偏角要素来搞地震预测。作者考虑到磁偏角有几个优点：第一，不受温度影响，磁针始终指南指北；第二，只要仪器水平，室内干燥，仪器不会有零漂现象；第三，容易被广大群众所使用，而且能够推广。

为了突出震磁信息，作者使用二台（北京台与河北省红山台）磁偏角幅度相减的办法来消除外空磁场的影响。与张铁铮的 "磁暴二倍法" 相同，计算方法也是用二倍的关系来预测地震。1970 年 9 月 6 日我在内部进行第一次试报：1970 年 9 月 9 日 ±1 天，在邢台 150 公里范围内，可能发生一次 3 级以上地震。果然于 1970 年 9 月 8 日凌晨 3 时 31 分在牛家桥发生了一次 $M_L$=4.0 级的地震，离邢台 50 公里。作者觉得这个方法不错，称这个方法为 "磁偏角异常二倍法"。

第一次内部试报获得成功后，作者于 1970 年 9 月 16 日正式向中央地震办公室（国家地震局前身）预测：1970 年 9 月 29 日 ±1 天，在邢台 150 公里范围内可能发生一次 4 级左右地震。结果于 1970 年 9 月 29 日凌晨 5 时 32 分在河北省磁县发生了一次 $M_L$=4.5 级的地震，离邢台 70 公里左右。后来作者就参加了中央地办组织的多次地震会商会，在会商会上每次都作预测。有时能报准，有时也报虚。

1. "磁偏角异常二倍法"较好地预报了 1972 年 1 月 25 日台湾省 8 级大地震

用 1970 年 3 月 9 日北京台〔ΔD〕减去上海佘山台〔ΔD〕的 $\Delta R_D$=13.8′，与 1971 年 2 月 16 日北京台〔ΔD〕减去上海佘山台〔ΔD〕的 $\Delta R_D$=4.4′，相隔 344 天二倍后得 1972 年 1 月 26 日。据此，作者第一次于 1971 年 9 月 13 日填好地震短临预报卡片向国家地震局有关部门预报：1972 年 1 月 26 日 ±1 天，在地球上可能发生一次 8 级左右大地震。

第二次于 1971 年 10 月 28 日填好地震短临预报卡片向国家地震局有关部门预报：1972 年 1 月 26 日 ±1 天，在我国台湾省或日本，可能发生一次 8 级左右大震。

结果于 1972 年 1 月 25 日，在我国台湾省东部海域发生了台湾地区 50 多年来最大的一次 8 级大地震。地震发生后，预报工作得到国家地震局领导的肯定。1972 年第三期《地震战线》刊登了一篇报道，题为"利用磁偏角二倍法较好地预报了台湾 8 级地震"。

2. "磁偏角异常二倍法"较好预报 1973 年 9 月 29 日日本海 8 级深震

用 1970 年 3 月 9 日北京台〔ΔD〕减去上海佘山台〔ΔD〕的 $\Delta R_D$=13.8′，与 1971 年 12 月 18 日北京台〔ΔD〕减去上海佘山台〔ΔD〕的 $\Delta R_D$=6.5′，相隔 649 天二倍后得 1973 年 9 月 27 日。据此，作者第一次于 1972 年 3 月在北京召开的第二次全国地震工作会议上填好地震短临预报卡片预报：1973 年 9 月 27 日 ±1 天，在日本到阿留申群岛之间可能发生一次 8 级左右大地震。

第二次于 1972 年 10 月在山西省临汾召开的地震中期预报趋势会商会上重申上述预报意见，并提交一篇题为《用磁偏角二倍法作中期预报的试探》的文章。结果于 1973 年 9 月 29 日，在日本海发生了一次 8 级深震。

国家地震局《地震战线》编辑部编印的 1973 年《地震》技术汇编 2 上发表了这篇文章。

"我们在预报环太平洋地震带上 7.5 级左右的地震时，是用北京台减佘山台的幅度，经过年变改正后，若 $\Delta R_D \geqslant 3.5'$，则认为是异常。二个异常相隔的天数必须符合一定的周期方可预报地震。其原则是起倍日期 $\Delta R_D \geqslant 10.0'$ 与被倍日期 $\Delta R_D \geqslant 3.5'$ 进行二倍"〔表 3〕。

表 3　起倍日期 1972 年 8 月 5 日北京台 – 佘山台 $\Delta R_D = 10.0'$

| 被倍日期 | $\Delta R_D$ | 相隔天数 | T=29.6 天 | | 计算发震日期 | 阴历 | 实际发生地震情况 | |
|---|---|---|---|---|---|---|---|---|
| 1972–9–14 | 4.0′ | 40 天 | × | × | 1972–10–24 | | × | × |
| 1972–11–1 | 4.0 | 88 天 | （3）88.8 天 | | 1973–1–28 | 廿五 | 1973–1–31 墨西哥 7.9 级 | |
| 1972–12–16 | 4.0 | 133 天 | × | × | 1973–4–28 | | × | × |
| 1973–7–26 | 3.6 | 355 天 | （12）355.2 天 | | 1974–7–16 | 廿七 | 1974–7–13 巴拿马 7.7 级 | |
| 1973–9–23 | 7.0 | 414 天 | （14）414.4 天 | | 1974–11–11 | 廿八 | 1974–11–9 秘鲁 7.5 级 * | |
| 1973–10–18 | 3.5 | 439 天 | × | × | 1974–12–31 | | × | × |
| 1973–10–29 | 5.9 | 450 天 | × | × | 1975–1–22 | | × | × |
| 1973–11–22 | 3.6 | 474 天 | （16）473.6 天 | | 1975–3–11 | 廿九 | 1975–3–13 智利中部 7 级 * | |
| 1973–12–21 | 3.9 | 503 天 | （17）503.2 天 | | 1975–5–8 | 廿六 | 1975–5–10 智利南部 7.8 级 * | |
| 1974–1–27 | 3.5 | 540 天 | × | × | 1975–7–21 | | × | × |
| 1974–2–12 | 4.2 | 556 天 | × | × | 1975–8–22 | | × | × |
| 1974–3–21 | 3.8 | 593 天 | （20）592.0 天 | | 1975–11–4 | 初一 | 1975–10–31 菲律宾 7.6 级 | |
| 1974–4–19 | 3.5 | 622 天 | （21）621.6 天 | | 1976–1–1 | 初一 | 1976–1–1 克马德克 7.5 级 | |
| 1974–7–6 | 4.5 | 700 天 | × | × | 1976–6–5 | | × | × |
| 1974–8–29 | 4.5 | 754 天 | × | × | 1976–9–21 | | × | × |
| 1974–9–16 | 4.1 | 772 天 | （26）769.6 天 | | 1976–10–27 | 初五 | 1976–10–29 伊里安 7.2 级 | |
| 1974–9–20 | 4.3 | 776 天 | × | × | 1976–11–4 | | × | × |
| 1974–10–15 | 3.5 | 799 天 | （27）799.2 天 | | 1976–12–20 | 卅 | 1976–12–21 加拿大 7.0 级 | |

注：* 震前曾向国家地震局做过短临预报。

### 三、"磁暴月相二倍法"预测地震的由来

"磁暴月相二倍法"预测地震是在上述"磁偏角异常二倍法"的基础上发

展起来的。"磁偏角异常二倍法"是通过南北相距较远的两个地磁台同一天的磁偏角的幅度值相减，并经过适当的纬度"校正"，选出突出的地区性异常，来估计地震发生的大致地点；根据两次磁偏角异常出现的日期中间所包括的天数，从第二次异常日期算起，往后推同样的天数，就是预测发震的时间；震级的大小是根据异常的大小来估计的。

在使用北京台与佘山台的磁偏角数据作"磁偏角异常二倍法"预测地震的过程中，发现可以预测环太平洋地震带上 8 级左右的大地震，但是还存在着一定的虚报。通过不断的总结发现，二个异常日期之间的天数，必须符合 29.6 天的倍数，方可进行预测，才能对应 8 级左右的大地震，否则会带来虚报（指小于 7 级地震）。29.6 天正好近似月球的望、朔周期，从中又发现所选用的异常日期大多是太阳上发生的大耀斑和质子事件所引起的磁暴日。"磁暴月相二倍法"预测地震就这样产生了。

## 四、"磁暴月相二倍法"预测地震的方法介绍

1. "磁暴月相二倍法"要区分两种性质的磁暴："起倍磁暴"（$M_{S1}$）和"被倍磁暴"（$M_{S2}$）

预测地震时间的计算是求出"起倍磁暴日"与"被倍磁暴日"的时间间隔（D），即 D=$M_{S2}$-$M_{S1}$，以天为单位。在"被倍磁暴日"的日期上加上 D 值，即为预测"发震日期"（TC），即 TC=$M_{S2}$+D，误差一般为 ±3 天或 ±6 天。

2. "起倍磁暴日"与"被倍磁暴日"的选取

大的磁暴日，大多是太阳上发生的大耀斑或质子事件所引起的，在选取"起倍磁暴日"的时候必须选 K 指数大的磁暴。我们国家的地磁台采用三个小时时段内（国际时）水平强度（H）最大幅度与 K 指数之间的关系如下：

R（H 幅度）= 0　3　6　12　24　40　70　120　200　300 以上（NT）

　　K 指数 = 0　1　2　3　4　5　6　7　8　9

以三小时的时段来量算，分别为 $00^h$~$03^h$ 为第 1 时段，$03^h$~$06^h$ 为第 2 时段……$21^h$~$24^h$ 为第 8 时段。当 K=5 时为中常磁暴（m）；K=6 或 7 时为中

烈磁暴（ms）；K=8 或 9 时为强烈磁暴（s）。在选取"起倍磁暴日"时，必须 K ≥ 7。在选取"被倍磁暴日"时，必须 K ≥ 6，而且都应该在月相的日期中选取（上弦日为初七～初九；望日为十四～十七；下弦日为廿一～廿三；朔日为廿九～初二）。但"被倍磁暴日"的 K 指数一般不能超过"起倍磁暴日"的 K 指数（个别情况例外）。

## 五、"磁暴月相二倍法"对全球 8 级左右大地震的预测效果（1991 年 12 月—1994 年 11 月）

1. 资料的选取

（1）地震目录：表 4 中列出 1991 年 12 月—1994 年 11 月全球 $M_s \geq 7.5$ 大震目录。地震的参数取自中国地震局地球物理研究所陈培善在《地震学报》上发表的"全球 $M \geq 6$ 的地震目录"。

表 4　1991 年 12 月 1 日—1994 年 11 月 30 日全球 $M_s \geq 7.5$ 大震（主震）目录

| 序号 | 发震日期 | 发震地点 | 震级 | 序号 | 发震日期 | 发震地点 | 震级 |
|---|---|---|---|---|---|---|---|
| 1 | 1991-12-27 | 南桑德韦奇群岛 | 7.5 | 7 | 1992-12-12 | 印度尼西亚 | 7.7 |
| 2 | 1992-5-26 | 牙买加地区 | 7.7 | 8 | 1993-7-12 | 日本北海道 | 7.6 |
| 3 | 1992-6-28 | 美国加州南部 | 8.0 | 9 | 1993-8-8 | 马里亚纳群岛 | 7.6 |
| 4 | 1992-8-19 | 吉尔吉斯斯坦 | 7.7 | 10 | 1993-9-11 | 墨西哥哈帕斯 | 7.6 |
| 5 | 1992-9-2 | 尼加拉瓜近海 | 7.5 | 11 | 1994-6-9 | 秘鲁 | 7.6 |
| 6 | 1992-10-18 | 哥伦比亚西岸 | 7.7 | 12 | 1994-10-4 | 日本北海道 | 7.9 |

（2）磁暴日目录：表 5 中列出 1991 年 8 月 20 日—1993 年 4 月 30 日在月相上弦日和下弦日 K ≥ 6 的磁暴日（取自中国地震局地球物理研究所编印的《磁暴报告》中的目录）。

表5　1991年8月20日—1993年4月30日，K≥6，上弦与下弦磁暴日目录

| 序号 | 磁暴日期 | 农历 | K | 月相 | 序号 | 磁暴日期 | 农历 | K | 月相 |
|------|----------|------|---|------|------|----------|------|---|------|
| 1 | 1991–8–30 | 七月廿一 | 7 | 下弦 | 7 | 1992–8–20 | 七月廿二 | 6 | 下弦 |
| 2 | 1991–10–28 | 九月廿一 | 9 | 下弦 | 8 | 1992–9–3 | 八月初七 | 6 | 上弦 |
| 3 | 1992–2–25 | 一月廿二 | 6 | 下弦 | 9 | 1992–9–17 | 八月廿一 | 6 | 下弦 |
| 4 | 1991–5–10 | 四月初八 | 8 | 上弦 | 10 | 1993–2–28 | 二月初八 | 6 | 上弦 |
| 5 | 1992–5–22 | 四月二十 | 6 | 下弦 | 11 | 1993–4–13 | 三月廿二 | 6 | 下弦 |
| 6 | 1992–8–5 | 七月初七 | 6 | 上弦 | | | | | |

## 2. 计算发震时间与大震对应情况

表6、表7和表8表明作者使用1991年8月30日和1991年10月28日两个"起倍磁暴日"与1991—1993年一系列"被倍磁暴日"预测的地震发震日期和大震实际发震日的对应情况。

表6　起倍磁暴日：1991年8月30日，农历七月廿一，K＝7，与下弦磁暴日二倍

| 被倍磁暴日 | | | 相隔天数 | 计算发震日期 | 实际发生地震 | | | 误差（天） |
|------------|------|---|----------|--------------|--------------|------|--------------|------------|
| 公历 | 农历 | K | | | 公历 | 地点 | 震级（$M_S$） | |
| 1991–10–28 | 九月廿一 | 9 | 59 | 1991–12–26 | 1991–12–27 | 南桑德韦奇群岛 | 7.5 | +1 |
| 1992–2–25 | 一月廿二 | 6 | 179 | 1992–8–22 | 1992–8–19 | 吉尔吉斯斯坦 | 7.7 | –3 |
| 1992–5–22 | 六月二十 | 6 | 266 | 1993–2–12 | 1993–2–7 | 日本本州西海岸 | 6.9 | –5 |
| 1992–8–20 | 七月廿二 | 6 | 356 | 1993–8–11 | 1993–8–8 | 马里亚纳群岛 | 7.6 | –3 |
| 1992–9–17 | 八月廿一 | 6 | 384 | 1993–10–6 | 1993–10–2 | 中国 | 6.6 | –4 |

注：预测5次，对应$M_S \geq 7.5$的大震有3次。

表7　起倍磁暴日：1991年8月30日，农历七月廿一，K=7，与上弦磁暴日二倍

| 被倍磁暴日 | | | 相隔天数 | 计算发震日期 | 实际发生地震 | | | 误差（天） |
|------------|------|---|----------|--------------|--------------|------|--------------|------------|
| 公历 | 农历 | K | | | 公历 | 地点 | 震级（$M_S$） | |
| 1992–5–10 | 六月初八 | 8 | 254 | 1993–1–19 | 1993–1–15 | 日本北海道 | 7.2* | –4 |
| 1992–8–5 | 七月初七 | 6 | 341 | 1993–7–12 | 1993–7–12 | 日本北海道 | 7.8 | 0 |
| 1992–9–3 | 八月初七 | 6 | 370 | 1993–9–8 | 1993–9–11 | 墨西哥哈帕斯 | 7.6 | +3 |

（续表 7）

| 被倍磁暴日 | | | 相隔天数 | 计算发震日期 | 实际发生地震 | | | 误差（天） |
|---|---|---|---|---|---|---|---|---|
| 公历 | 农历 | K | | | 公历 | 地点 | 震级（$M_S$） | |
| 1993–2–28 | 二月初八 | 6 | 548 | 1994–8–30 | 1994–9–1 | 美国西部海中 | 7.0 | +2 |

注：* 日本国内定此震级为 7.8 级。
预测 4 次，对应 $M_S \geq 7.5$ 的大震有 2 次。

表 8　起倍磁暴日：1991 年 10 月 28 日，农历九月廿一，K=9，与下弦磁暴日二倍

| 被倍磁暴日 | | | 相隔天数 | 计算发震日期 | 实际发生地震 | | | 误差（天） |
|---|---|---|---|---|---|---|---|---|
| 公历 | 农历 | K | | | 公历 | 地点 | 震级（$M_S$） | |
| 1992–2–25 | 一月廿二 | 6 | 120 | 1992–6–24 | 1992–6–28 | 美国加州南部 | 8.0 | +4 |
| 1992–5–22 | 四月二十 | 6 | 207 | 1992–12–15 | 1992–12–12 | 印度尼西亚 | 7.7 | −3 |
| 1992–8–20 | 七月廿二 | 6 | 297 | 1993–6–13 | 1993–6–8 | 堪察加半岛 | 7.3 | −5 |
| 1992–9–17 | 八月廿一 | 6 | 325 | 1993–8–8 | 1993–8–8 | 马里亚纳群岛 | 7.6 | 0 |
| 1993–4–13 | 三月廿二 | 6 | 533 | 1994–9–28 | 1994–10–4 | 日本北海道 | 7.9 | +6 |

注：预测 5 次，对应 $M_S \geq 7.5$ 的大震有 4 次，其中 7.7 级以上强震有 3 次。

## 3. 预测效果

在 1991 年 12 月 1 日—1994 年 11 月 30 日内全球共发生 $M_S \geq 7.5$ 的大震（主震）12 次。预测了 14 次（其中有 1 次重复），按 13 次统计，对应 $M_S \geq 7.5$ 的大震有 8 次，虚报 5 次（其中对应上 7.4 $\geq M_S \geq 7.0$ 的大震有 3 次），漏 4 次。

## 六、"磁暴月相二倍法"对全球 8 级左右大地震的预测效果（1998 年 5 月—2001 年 1 月）

### 1. 资料的选取

（1）地震目录：表 9 中列出 1998 年 5 月—2001 年 1 月，全球 $M_S \geq 7.5$ 大地震目录。地震的参数，取自中国地震局地球物理研究所陈培善在《地震学报》上发表的"全球 $M \geq 6$ 的地震目录"。

表 9　1998 年 5 月 1 日—2001 年 1 月 31 日全球 $M_S \geq 7.5$ 大震（主震）目录

| 序号 | 发震日期 | 发震地点 | 震级 | 序号 | 发震日期 | 发震地点 | 震级 |
|---|---|---|---|---|---|---|---|
| 1 | 1998-5-4 | 中国台湾东南以远地区 | 7.6 | 9 | 1999-11-13 | 土耳其境内 | 7.6 |
| 2 | 1998-8-5 | 厄瓜多尔海岸 | 7.5 | 10 | 2000-6-5 | 苏门答腊西南 | 7.9 |
| 3 | 1998-11-29 | 斯兰海 | 7.7 | 11 | 2000-6-18 | 南印度洋 | 8.0 |
| 4 | 1999-8-17 | 土耳其西部 | 8.0 | 12 | 2000-11-16 | 新不列颠地区 | 7.7 |
| 5 | 1999-8-20 | 哥斯达黎加海岸 | 7.6 | 13 | 2000-11-16 | 新爱尔兰地区 | 7.8 |
| 6 | 1999-9-21 | 中国台湾南投 | 7.7* | 14 | 2001-1-11 | 科迪亚克岛地区 | 7.5 |
| 7 | 1999-10-1 | 墨西哥瓦哈卡 | 7.9 | 15 | 2001-1-14 | 中美洲海岸 | 8.4 |
| 8 | 1999-10-16 | 加利福尼亚以南 | 7.6 | 16 | 2001-1-26 | 印度 | 7.9 |

注：* 震级为 $M_{SZ}$。

（2）磁暴日目录：表 10 中列出 1997 年 5 月 15 日—2000 年 9 月 18 日在月相中 $K \geq 6$ 的磁暴日，取自中国地震局地球物理研究所编辑的《磁暴报告》中的目录。

表 10　1997 年 5 月 1 日—2000 年 9 月 30 日在月相中 $K \geq 6$ 的磁暴日与 9 个起倍磁暴日

| 磁暴日期 | | 月相 | K | 序号 | 磁暴日期 | | 月相 | K | 序号 |
|---|---|---|---|---|---|---|---|---|---|
| 公历 | 农历 | | | | 公历 | 农历 | | | |
| 1997-5-15 | 四月初九 | 上弦 | 7 | 1 | 1998-12-25 | 十一月初七 | 上弦 | 6 | |
| 1997-10-2 | 九月初一 | 朔 | 6 | | 1999-3-1 | 一月十四 | 望 | 6 | |
| 1997-11-7 | 十月初八 | 上弦 | 6 | | 1999-9-23 | 八月十四 | 望 | 8 | 5 |
| 1997-11-22 | 十月廿三 | 下弦 | 6 | | 1999-10-22 | 九月十四 | 望 | 7 | 6 |
| 1998-5-4 | 四月初九 | 上弦 | 8 | 2 | 2000-2-12 | 一月初八 | 上弦 | 7 | 7 |
| 1998-7-16 | 五月廿三 | 下弦 | 6 | | 2000-5-24 | 四月廿一 | 下弦 | 8 | 8 |
| 1998-7-31 | 六月初九 | 上弦 | 6 | | 2000-6-8 | 五月初七 | 上弦 | 6 | |
| 1998-8-6 | 六月十五 | 望 | 7 | 3 | 2000-6-23 | 五月廿二 | 下弦 | 6 | |
| 1998-10-19 | 八月廿九 | 朔 | 7 | 4 | 2000-7-16 | 六月十五 | 望 | 9 | 9 |
| 1998-11-9 | 九月廿一 | 下弦 | 6 | | 2000-9-18 | 八月廿一 | 下弦 | 8 | |

注："序号"为起倍磁暴日序号。
* 未被选入《磁暴报告》内。

表 11 "起倍磁暴日"、"被倍磁暴日"和全球 8 级左右大地震的对应情况

| 起倍磁暴日序号 | 被倍磁暴日期 公历 | 农历 | K | 相隔时间天数 | 计算发震日期 公历 | 实际发生地震对应情况 公历 | 地点 | $M_s$ | 误差天数 |
|---|---|---|---|---|---|---|---|---|---|
| 1 | 1997-11-7 | 十月初八 | 6 | 176 | 1998-5-2 | 1998-5-4 | 中国台湾东南以远地区 | 7.6 | +2△ |
|  | 1998-7-31 | 六月初九 | 6 | 442 | 1999-10-16 | 1999-10-16 | 加利福尼亚南部 | 7.6 | 0▼ |
|  | 1998-12-25 | 十一月初七 | 6 | 589 | 2000-8-5 | 2000-8-5 | 萨哈林岛 | 7.4 | 0▼ |
| 2 | 1998-7-31 | 六月初七 | 6 | 88 | 1998-10-27 | 1998-10-29 | 马鲁古海峡 | 6.3 | +2 |
|  | 1998-12-25 | 十一月初七 | 6 | 235 | 1999-8-17 | 1999-8-17 | 土耳其西部 | 8.0 | 0▼ |
|  |  |  |  |  |  | 1999-8-20 | 哥斯达黎加海岸 | 7.6 | +3▼ |
| 3 | 1999-3-1* | 一月十四 | 6 | 207 | 1999-9-24 | 1999-9-21 | 中国台湾南投 | 7.7 | -3 |
|  | 1999-10-22 | 九月十四 | 7 | 442 | 2000-1-6 | 2000-1-11 | 利迪亚克岛 | 7.5 | -5△ |
| 4 | 1998-11-9 | 九月廿一 | 6 | 21 | 1998-11-30 | 1998-11-29 | 斯兰海 | 7.7 | -1 |
| 5 | 2000-5-24 | 四月廿一 | 7 | 244 | 2001-1-23 | 2001-1-26 | 印度 | 7.9 | +3△▼ |
| 6 | 2000-2-12 | 一月初八 | 7 | 113 | 2000-6-4 | 2000-6-5 | 苏门答腊西南 | 7.9 | +1△▼ |
|  | 2000-6-8 | 五月初七 | 6 | 230 | 2001-1-24 | 2001-1-26 | 印度 | 7.9 | +2△▼ |
| 7 | 2000-6-8 | 五月初七 | 6 | 119 | 2000-10-5 | 2000-10-6 | 日本本州南部 | 7.2 | +1△▼ |
| 8 | 2000-6-8 | 五月十二 | 6 | 15 | 2000-6-23 | 2000-6-18 | 南印度洋 | 8.0 | -5 |
|  | 2000-6-23 | 五月廿一 | 6 | 30 | 2000-7-23 | 2000-7-21 | 哥斯达黎加海岸 | 6.6 | -2 |
|  | 2000-9-18 | 八月廿一 | 8 | 117 | 2001-1-13 | 2001-1-14 | 中美洲海岸 | 8.4 | +1 |
| 9 | 2000-9-18 | 八月廿一 | 8 | 64 | 2000-11-21 | 2000-11-16 | 新不列颠地区 | 7.7 | -5 |
|  |  |  |  |  |  | 2000-11-16 | 新爱尔兰地区 | 7.8 | -5 |

注：* 未选人《磁暴报告》内。

△ 在震前填写"地震短临预测卡片"寄给中国地震局有关部门。

▼ 在震前曾向中国地球物理学会"天灾预测专业委员会"提交发震时间与震级的书面预测报告。

2. 计算发震时间与大地震对应情况

表 11 为作者利用 1991 年 5 月 4 日和 1991 年 11 月 13 日之间九个"起倍磁暴日"与 1997 年 11 月 7 日—2000 年 9 月 18 日之间一系列"被倍磁暴日"预测的地震发震日期和大震实际发震日期的对应情况。

3. 预测效果

对 1998 年 5 月 1 日—2001 年 1 月 31 日期间全球 $M_S \geq 7.5$ 大地震共发生 16 次，发生于"磁暴月相二倍法"得出的计算发震日期（在 ±5 天的范围内）有 13 次，无对应的有 3 次。在 15 次计算发震日期中有 11 次对应全球 $M_S \geq 7.5$ 的大地震，2 次对应 $7.4 \geq M_S \geq 7.0$ 的大震。K 指数大的起倍磁暴日与 $M_S \geq 7.8$ 的巨震的发生有较好的相关性。这表明发生在月相的磁暴与 $M_S \geq 7.5$ 大地震的相关关系较好。

## 参考文献

[1]〔报道〕《利用磁偏角二倍法较好地预报了台湾 8 级地震》，《地震战线》1972 年第 3 期。

[2] 沈宗丕：《用磁偏角二倍法作中期预报的试探》，《地震》技术汇编 2，《地震战线》编辑部，1973 年。

[3] 张铁铮：《"磁暴二倍法"预报地震》，《自然科学争鸣》1975 年第 2 期，第 35—40 页。

[4] 耿庆国：《地磁二倍法研究的历史回顾——"太阳活动—磁暴—强震活动关系分析"》，《天文与自然灾害》，地震出版社 1991 年版，第 61—67 页。

[5] 沈宗丕：《谈谈磁偏角二倍法》，《地震战线》1977 年第 3 期，第 30—32 页。

[6] 沈宗丕、徐道一：《应用磁暴月相二倍法对全球 $M_S \geq 7.5$ 大地震的预测效果分析》，《西北地震学报》1996 年第 18 卷第 3 期，第 84—86 页。

[7] 徐道一、王湘南、沈宗丕：《1994 年 9 月底 10 月初 $M_S \geq 7.5$ 大地震的预测依据》，《地震危险性预测研究》（1995 年度），地震出版社，第 187—191 页。

[8] 徐道一、王湘南、沈宗丕：《磁暴与地震跨越式关系探讨》，《地震地质》，1994 年 3 月，第 16 卷第 1 期，第 21—25 页。

[9] 沈宗丕、徐道一、张晓东、汪成民：《"磁暴月相二倍法"的计算发震日期与全球 $M_S \geq 7.5$ 大地震的对应关系》，《西北地震学报》2002 年第 24 卷第 4 期，第 335—339 页。

# B3　磁暴地震二倍法预报地震的进展 ①*

徐道一　王湘南　沈宗丕

**摘要**　应用磁暴发生日期与地震之间以及大地震之间的时间间隔（561天）进行地震预报，在发震时间和强度上与 1993 年 7 月 12 日日本北海道 7.7 级地震有较好的对应结果。把这种方法命名为磁暴地震二倍法。本文介绍了这一方法的基本思路、物理背景及其意义。

**关键词：**地震预报　磁暴二倍法　磁暴地震二倍法　朔望月

地震预报在国际上是一个正在努力攻克的难题。在地震预报三要素中，要预报地震发生时间，尤其是如果要求能准确到月份和日期，在通常情况下难度是很大的。在我国，已有一些震例，表明有一些手段和方法预报地震有可能准确到日期。其中提出较早的有磁暴二倍法[1, 2]。后来研究亦表明，磁暴与地震总体上是相关的[3]。

## 一、磁暴二倍法

20 世纪 70 年代初，张铁铮提出磁暴二倍法。他在邢台地震区的预报实践中发现，地震发生的时间与磁暴出现的幅度有联系，并应用二倍关系预报

---

①　国家地震局地质研究所编：《地震危险性预测研究》（1994 年度），地震出版社 1993 年版，第 90—94 页。

*　地震科学联合基金项目（92351）资助。

一些大地震的发生时间，有一定效果。所谓二倍法，即把两个经过处理和选择的磁暴的发生日期之间的时间间隔作为依据，顺时间轴往未来方向再延长一倍的时间，就可求出地震的发震日期。第一个磁暴称为起倍磁暴，第二个磁暴称为被倍磁暴。

依照同一思路，沈宗丕用磁暴时磁偏角的观测资料，应用两倍关系，亦取得一些成功的预报震例，称为磁暴偏角二倍法（或磁偏角二倍法）。他们两人前期工作成果可参见文献［1］中第四章和文献［4］。下面介绍一下沈宗丕最近的成果。

表1中列出了用磁暴月相二倍法的最新研究结果。用1988年11月30日的起倍磁暴与其他五次磁暴分别用二倍方法计算出发震日期，与实际发震日期符合得相当好，五次误差的平均值为零。

表1列出了1991年3月24日发生的K=9的磁暴，由此可计算出发震日期为1993年7月15日。这是沈宗丕在1993年3月25日给徐道一的信中作出的，并给出1993年7月15日 ±5天，震级为7.5级左右的预报意见（图1的上半部）。

表1 磁暴偏角二倍法预报地震实例*

| 被倍磁暴日期 | K指数 | 相隔天数** | 计算日期*** | 实际发生地震 | | | 误差**** |
| --- | --- | --- | --- | --- | --- | --- | --- |
| | | | | 日期 | 地点 | 震级 | |
| 1989-8-14 | 8 | 257 | 1990-4-28 | 1990-4-26 | 中国青海 | 7.0 | -2 |
| 1989-9-7 | 6 | 281 | 1990-6-15 | 1990-6-14 | 苏联斋桑 | 7.3 | -1 |
| 1990-6-13 | 6 | 560 | 1991-12-25 | 1991-12-27 | 俄罗斯、蒙古国交界处 | 7.0 | +2 |
| 1990-10-10 | 6 | 679 | 1992-8-19 | 1992-8-19 | 吉尔吉斯斯坦苏萨梅尔斯 | 7.7 | 0 |
| 1991-1-24 | 6 | 785 | 1993-3-19 | 1993-3-20 | 中国西藏日喀则 | 6.6 | +1 |
| 1991-3-24 | 9 | 844 | 1993-7-15 | ? | ? | ? | ? |

注：*起倍磁暴日是1988年11月30日，K=7；** 相隔天数指起倍磁暴与被倍磁暴之间的天数；*** 计算日期是由被倍磁暴日期加上相隔天数；**** 误差指计算发震日期与实际发震日期之差；

此表是沈宗丕在1993年3月25日做出的。

## 二、磁暴地震二倍法

在表 1 的基础上，我们发现磁暴与地震之间的时间间隔竟与地震之间的时间间隔有联系。

把起倍磁暴发生日期（1988 年 11 月 30 日）作为起点，至 1990 年 6 月 14 日斋桑 7.3 级地震的时间间隔为 561 天，而从斋桑地震至 1991 年 12 月 27 日俄罗斯、蒙古国交界处 7.0 级地震的时间间隔亦为 561 天，这三个日期的农历日期都为廿二，这就是说，是同月相的。

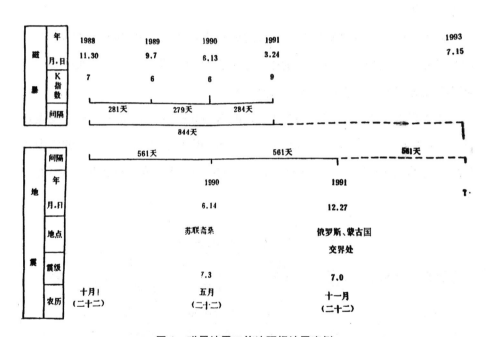

**图 1　磁暴地震二倍法预报地震实例**

这样一个事实促使我们推想，是否下一个 561 天亦有可能发生大地震，下面介绍一下据此得出的地震预报意见。

由 1991 年 12 月 27 日 7.0 级地震的日期加上 561 天是 1993 年 7 月 10 日（农历五月廿一日）。由于从 1988 年 11 月至 1993 年 7 月，跨过 1992 年，按公历，每年按 365 天计算，但逢到闰年则加一天。1992 年是闰年，按 366 天为一年计算，这是根据 100 年要增加大约 24 日，故每 4 年增加一日，但加在

1992 年这一年是人为确定的，因此用月相廿二来校正，则应把预测地震的准确日期定为 7 月 11 日较为合理，因为月相反映了日、月、地球三个天体的相互关系，有明确的物理背景条件。

由以上论述可知，这一方法是应用磁暴与地震之间的时间间隔和地震与地震之间的间隔相等的性质，用二倍关系进行外推，因此基本思路与磁暴二倍法相同，但具体做法不同，因此命名为磁暴地震二倍法。

### 三、预报和检验

我们应用磁暴地震二倍法并结合其他方法（主要用于发震地点的确定，有中强震平静期和强震关系、旱震关系），在 1993 年 6 月 21 日填写了正式的短临预报卡片，由国家地震局地质研究所科研处盖章，送交国家地震局有关主管部门。我们提出的预报意见为：

时间　1993 年 7 月 9 日至 7 月 12 日

震级（$M_S$）7.0 级至 7.9 级

地域　43°~45° N，92°~94° E

在 1993 年 7 月 1 日—3 日国家地震局召开了 1993 年年中会商会，在会上我们报告了所提的预报意见。

实际情况是在 1993 年 7 月 12 日 21 时 17 分在日本北海道（42.7° N，139.8° E）发生了 7.7 级大地震（据中国地震台网测定）。对照我们的预报意见，在时间和震级方面则符合得很好，而发震地点则误差很大，误差主要在经度方面，纬度的误差不大，仅为 0.3 度。

### 四、讨论

1. 561 天的时间间隔可能与月球的运动有关。朔望月的平均周期为 29.530589 天，9 个朔望月为 561.81191 天，其误差 0.81191 天，仅为 561 天的 0.14%。沈宗丕早已发现（参见文献[4]），两个磁暴偏角异常相隔的天数如果符合一定的周期（如 29.6 天或近似的周期）的公倍数，预报效果较好。

这一看法在本文论述的磁暴地震二倍法的震例中亦得到验证。

表 1 中由磁暴月相二倍法得到的 6 个相隔天数，有 4 个可找到其与月球运动周期的公倍数（表 2），其因子（19、23、29、31）都为不可再分的素数，原因待查。

表 2　磁暴之间的时间间隔与月球运动周期

| 两磁暴的相隔天数（d）* | 月球运动 | 周期（d） | 因子 | 天数（d）** |
|---|---|---|---|---|
| 560 | 朔望月 | 29.530589 | 19 | 561.8119 |
| 679 | 朔望月 | 29.530589 | 23 | 679.20355 |
| 785 | 交点月 | 27.21222 | 29 | 789.15438 |
| 844 | 交点月 | 27.21222 | 31 | 843.57882 |

注：* 参见表 1。
** 由因子与周期相乘得到。

由天文学可知，朔望月、交点月周期都与日、月、地相对位置的变化密切相关。由于磁暴的发生与太阳活动紧密相关，因此，上述两个周期反映了太阳、月亮和地球的复杂的联系，从物理机制看是合理的。其他的月球运动周期，如近点月（27.55455 天）主要反映月地之间关系，在这里影响不明显。

表 1 中第二个磁暴之间的时间间隔为 281 天，它是表 2 中 31 个交点月的 843.57892 天的 1/3，可能与交点月周期有关，又是 19 个朔望月的 561.8119 天的 1/2，因此 281 天的间隔反映了朔望月与交点月的综合影响的结果。

日本北海道 7.7 级的地震发生在 7 月 12 日，靠近以 844 天（与交点月有关）为依据的预测日期 7 月 15 日，又接近以 561 天（与朔望月有关）为依据的 7 月 11 日，31 个交点月周期为 843.57882 天，它的 2/3 为 562.38588 天，比 19 个朔望月的值多约 1 天。因此推想北海道的地震发生在 7 月 12 日（比预测日期 7 月 11 日多一天）可能是朔望月周期与交点月周期综合影响的结果，有关的地震的震级亦相对大一些。

2.由地震预报角度看，用磁暴地震二倍法预报发生大地震时间与实际发震时间相差一天；沈宗丕用磁暴月相二倍法预报发震时间为1993年7月15日（见表1），与实际发震时间7月12日相差3天。这两个方法基本思路和理论依据都是一致的，彼此有密切联系，又是互相补充的。磁暴地震二倍法把地震的有序性引入到磁暴二倍法中，使后者在地震预报中的应用更有依据，有可能提高地震预报（尤其是对发震时间的预报）的命中率。由磁暴地震二倍法提取出的561天的有序性，比磁暴的相隔天数560天，更接近19个朔望月的天数；由前者计算的预测时间也更接近实际发震时间。这表明，磁暴地震二倍法是有研究和发展前景的。两个方法在地震发生地点的预测方面目前尚无能为力，需要加强研究。

3.大地震是一个罕见事件，它的发生频度很低，因此预报大地震是比预报中小地震更为困难的一项课题。应用磁暴地震二倍法于大地震预报虽然仅有一个震例，但由于它在时间符合上仅差一天（还在我们预报时间间隔4天之中），因此仍应引起我们重视。1993年7月12日北海道7.7级地震是亚洲近十几年来发生的最大地震之一，与一般发生的6~7级地震不同。因此，尽管我们的预报意见中有关发震地点的预测（主要依据其他方法预测）很不准确，但是对发震时间和震级的预测都很好，在学术上仍有重要价值。

据《中国减灾报》1993年10月12日报道：10月2日在新疆若羌县东南（北纬38.2°，东经88.9°）发生$M_S$6.6级地震。耿庆国依据1991年新疆北部出现的大面积旱区，应用旱震关系研究成果于1991年11月正式提出地震中期预报意见："1992—1993年在新疆巴里坤—若羌一带，可能发生$M_S \geq 7.0$级地震。"上述新疆若羌6.6级地震在时间和地点上都与预报的相符合，震级上有些误差，但是不大。

上面已提到，我们在提出6月21日预报意见时参考了旱震关系有关地点的意见，但是对应的北海道7.7级地震，在地点上则误差很大，而依据旱震关系作出的中期预报，在地点上符合度相当好。今后应研究如何把不同的方法的预报意见更好地结合起来。

## 参考文献

［1］徐道一，郑文振，安振声，孙惠文：《天体运动与地震预报》，地震出版社 1980 年版。

［2］耿庆国：《中国大陆 $M_S \geq 7.0$ 级强震跨越式发震危险时间点实用化预测指标研究》，《天文与自然灾害》，地震出版社 1991 年版，第 61—67 页。

［3］蒋伯琴：《太阳黑子、磁暴与地震活动的关系》，《地震学报》1985 年第 7 期。

［4］沈宗丕：《谈谈磁偏角二倍法》《地震战线》1977 第 3 期，第 30—32 页。

# B4 1994 年 9 月底 10 月初 $M_S \geq 7.5$ 大地震的预报依据 [①]*

徐道一 王湘南 沈宗丕

在 1992—1993 年预报 7 级以上大地震研究成果的基础上 [1, 3]，我们发现在 1994 年 9 月底 10 月初的一个时间段中，有可能发生 7.5 级以上大地震，并作了书面和口头预报。

1994 年 4 月 7 日我们填写了中国地球物理学会天灾预测专业委员会的天灾年度预测简表，并寄给郭增建同志。1994 年 6 月下旬在地质所半年趋势会商会上作了预报，继而在 1994 年 7 月初中国东部年中地震趋势会商会上作了预报，并介绍了预报依据。

我们的预报意见是：1994 年 9 月 23 日—10 月 4 日在太平洋沿岸地区将发生 $M_S \geq 7.5$ 级大地震。实际情况是：1994 年 10 月 4 日在日本北海道以东海中发生了 7.9 级地震（美国定为 8.2 级），与我们的预测相符。

## 一、磁暴月相二倍法

沈宗丕根据磁暴月相二倍法最早提出了 1994 年 9 月 28 日左右是一个发震时间点。表 1 中列出了根据四个起倍磁暴与被倍磁暴得出的计算结果。发震日期都在 1994 年 9 月下旬（9 月 24 日、9 月 28 日、9 月 29 日、9 月 28 日）。

① 见：国家地震局地质研究所编：《地震危险性预测研究》（1995 年度），地震出版社 1994 年版，第 187—191 页。
* 地震科学联合基金资助：92351。

表中共列出了以往对应震例 19 个，其中虚报 1 例。在有对应的 18 个震例中有 16 例对应的是 7 级以上大地震。

表 1 中列出了磁暴发生的农历日期。这是由于选择与一定月相有关的磁暴，并且据以作预测，与大地震有较好的对应关系。表 1 中第 3、4 号起倍磁暴和被倍磁暴都发生在农历的二十日至二十三日的时间段中。按农历的每月初一必定是朔，至于望则可能发生在十五、十六、十七这三天中的任一天，以十五、十六居多。至于下弦，也和望一样，可以在二十一日至二十三日中任一天发生。表 1 中 3、4 号起倍磁暴栏中仅 1992 年 5 月 22 日磁暴发生在农历二十日，其他的都在下弦的可能范围内。这表明，磁暴的发生日期与下弦的时间段有关时，与地震有较好的对应。

引人注意的是 4 号起始磁暴与被倍磁暴对应地震的震级都大于 7.5 级。这使我们在预报时感到计算发震日期 1994 年 9 月 28 日左右可能发生地震的震级偏大，可能超过 7.5 级。因此，把 1994 年地震预报的主要注意力集中在 1994 年 9 月 28 日这一时间点上。

由表 1 可见，4 个起始磁暴的预报日期有 3 个是在 9 月 28 日、29 日的时间段。因此，预报时间段以 9 月 28 日为中心点，所对应的地震震中位置（尤其是 3、4 号起始磁暴）大多发生在太平洋沿岸地区，对进一步预报发震地区有困难，因此，在预报震中地区时泛指为太平洋沿岸地区。

## 二、计算发震日期（1994）分布特征

从表 1 中可看到，一些 7.5 级以上大地震（如关岛地震、堪察加地震等）在几个起倍磁暴栏中出现。这表明，根据不同磁暴的组合可得出同一计算发震日期（在 1~3 天范围内）。这一现象使我们开始对计算发震日期的时间分布特征进行了研究。

### 1. 磁暴二倍关系

根据磁暴目录，1988 年 11 月—1993 年 9 月期间中国大陆记录到的磁暴（K 指数≥6）共 113 个。依据磁暴与月相关系及磁暴与地震的关系，从中挑

表 1　应用磁暴月相二倍法预测 1994 年 9 月下旬大地震

| 序号 | 起倍磁暴年月日 | 被倍磁暴 公历年月日 | 农历月日 | K指数 | D* | 计算发震日期** 年月日 | 实际发生地震 公历月日 | 农历月日 | 震中地点 | 震级 | 误差（天） |
|---|---|---|---|---|---|---|---|---|---|---|---|
| 1 | 1988-11-30 （农历十月二十二, K指数=7） | 1989-8-14 | 七十三 | 8 | 257 | 1990-4-8 | 1990-4-6 | 四初二 | 中国青海 | 7.0 | -2 |
| | | 1989-9-7 | 八初八 | 5 | 281 | 1990-6-15 | 1990-6-14 | 五二十三 | 苏联亚美 | 7.3 | -1 |
| | | 1990-6-13 | 五二十一 | 6 | 560 | 1991-12-25 | 1991-12-27 | 十二二十二 | 俄罗斯、蒙古国边界 | 7.0 | -2 |
| | | 1990-10-10 | 八二十二 | 6 | 679 | 1992-8-19 | 1992-8-19 | 七二十一 | 吉尔吉斯斯坦 | 7.7 | 0 |
| | | 1991-1-24 | 十二初九 | 6 | 785 | 1993-3-19 | 1993-3-20 | 二二十八 | 中国西藏 | 6.6 | 1 |
| | | 1991-3-24 | 二初九 | 9 | 844 | 1993-7-15 | 1993-7-12 | 五二十三 | 日本北海道 | 7.8 | 3 |
| | | 1991-4-4 | 二二十 | 7 | 855 | 1993-8-6 | 1993-8-8 | 六二十一 | 关岛 | 8.0 | 2 |
| | | 1991-8-2 | 六二十一 | 6 | 975 | 1994-4-3 | *** | | | | |
| | | 1991-8-30 | 七二十一 | 7 | 1003 | 1994-5-29 | 1994-5-24 | 四十四 | 中国台湾 | 7.0 | -5 |
| | | 1991-10-28 | 九二十一 | 9 | 1062 | 1994-9-24 | ??? | | | | |
| 2 | 1990-6-13 （农历五月二十一, K指数=6） | 1992-08-05 | 七初七 | 6 | 784 | 1994-9-28 | ??? | | | | |
| 3 | 1991-8-30 （农历七月二十一, K指数=7） | 1991-10-28 | 九二十一 | 9 | 59 | 1991-12-26 | 1991-12-27 | 十一二十二 | 南桑德维奇 | 7.5 | 1 |
| | | 1992-2-25 | 正二十一 | 6 | 179 | 1992-8-22 | 1992-8-19 | 七二十一 | 吉尔吉斯斯坦 | 7.7 | -3 |
| | | 1992-5-22 | 四二十 | 6 | 266 | 1993-2-12 | 1993-2-7 | 正十六 | 日本 | 7.0 | -5 |
| | | 1992-7-22 | 六二十三 | 6 | 327 | 1993-6-14 | 1993-6-8 | 四十九 | 塔察加 | 7.5 | -6 |
| | | 1992-8-20 | 七二十二 | 6 | 356 | 1993-8-11 | 1993-8-8 | 六二十一 | 关岛 | 8.0 | -3 |
| | | 1992-9-17 | 八二十一 | 6 | 384 | 1993-10-6 | 1993-10-2 | 八十七 | 中国新疆 | 6.6 | -4 |
| | | 1993-3-15 | 二二十三 | 6 | 563 | 1994-9-29 | ??? | | | | |
| 4 | 1991-10-28 （农历九月二十一, K指数=7） | 1992-2-25 | 正二十一 | 6 | 120 | 1992-6-24 | 1992-6-28 | 五二十八 | 美国西部 | 8.0 | 4 |
| | | 1992-5-22 | 四二十 | 6 | 207 | 1992-12-15 | 1992-12-12 | 十一二十九 | 印度尼西亚 | 7.7 | -3 |
| | | 1992-8-20 | 七二十二 | 6 | 297 | 1993-6-13 | 1993-6-8 | 四十九 | 塔察加 | 7.5 | -5 |
| | | 1993-8-8 | 六二十一 | 6 | 325 | 1993-8-8 | 1993-8-8 | 六二十 | 关岛 | 8.0 | 0 |
| | | 1993-4-13 | 八二十一 | 6 | 533 | 1994-9-28 | ??? | | | | |

注：*D 是起倍磁暴与被倍磁暴之间的时间间隔；
** 被倍磁暴日期 +D 为计算发震日期；
*** 虚报，1994 年 4 月 30 日无地震发生（但发生了一次 K=6 的磁暴）；
??? 在 1994 年 10 月 4 日发生了日本以东海中 7.9 级地震。

选出 26 个磁暴。在不作起倍磁暴和被倍磁暴的区分的条件下，取任意两个磁暴的时间间隔，从后一磁暴日期加上时间间隔，共可有 325 个预测发震时间点，其中位于 1994 年的有 62 个。

设两个预测日期相差 ≤ 4 天，则可归于一丛中。62 个预测日期可区分出 14 个丛，包括了 43 个预测日期，其中以日为单位重复的有 5 次，即按日计算，仅有 38 个日期，占 1994 年 365 个日期的 1/9 左右。若以两个预测日期相差 ≤ 2 天为一丛，则可划分出 11 个丛，去掉重复的日期，只有 23 个日期，占 365 个日期的 1/15 左右。

以 1994 年 1—6 月的 7 级大地震（6 个）比较与磁暴预测时间的对应情况（表 2），可以看出有 50% 左右的对应。

### 2. 地震二倍关系

在 1988 年 12 月—1993 年 12 月在亚洲东部发生了 16 个 7 级大地震。取两个地震之间的时间间隔，在后一地震发生日期上加上时间间距，求出预测日期。共有 120 个预测日期（表 2）。它的预测日期比较分散，与 1994 年上半年大地震亦无对应震例。

### 3. 磁暴地震二倍关系

将上述磁暴与地震的数据混合在一起，求出预测日期，存在于 1994 年有 104 个（表 2）。按预测日期相差 ≤ 2 天内分丛的原则可划分出 25 个丛。1994 年 1—6 月发生的 7 级以上大地震每丛有一定对应关系，但虚报率高一些。

表 2　预测日期的时间分布

| | N | 预测日期 | | | 1994 年 1—6 月 | | |
| | | 总数 | 在 1994 年 | 丛数 * | 丛数 * | 与地震对应丛数 | 与丛有对应的地震 |
| --- | --- | --- | --- | --- | --- | --- | --- |
| 磁暴二倍关系 | 26 | 325 | 62 | 13 | 8 | 3 | 4 |
| 地震二倍关系 | 16 | 120 | 29 | 3 | 0 | 0 | 0 |
| 磁暴地震关系 | 42 | 861 | 104 | 25 | 13 | 3 | 4 |

划分丛的依据见本文。

表 2 说明，预测时间分布的丛集与地震有一定的对应关系。应用这一指标有助于改进磁暴地震二倍法的命中率。

在 1994 年 9 月底 10 月初，存在一个预测时间丛集的现象。用磁暴月相二倍法有 9 月 28 日、9 月 28 日、9 月 29 日三个预测日期；用磁暴地震二倍法有 10 月 6 日、10 月 6 日、10 月 8 日三个预测日期。由于磁暴月相二倍法以前有较多的对应震例，预报日期以 9 月底为主。

## 三、讨论

1. 由上述预报依据可见，从磁暴与地震关系多个角度都提出一些证据，证明在 9 月下旬和 10 月初发生一个 7.5 级以上地震的可能性。这表明磁暴、月相、地震这三个要素的有序组合，可应用于大地震的预报。一年中全球 7.5 级以上地震为数不多（1994 年 1—9 月仅 3 次），而最大的一次为 1994 年 10 月 4 日日本以东海中 7.9 级地震。因此，我们提出的预报意见与实际情况基本符合是显而易见的。

2. 计算发震日期丛集现象是新开展的研究内容，它仅对 1994 年 1—6 月期间进行了对比检验，这显然是不充分的。今后应扩大内符合检验期间，进一步从方法上检验它的效果。

3. 应用磁暴、月相、地震来进行地震预报，最大的困难是对震中位置难以估计，往往预测地区很大。今后，通过收集国外邻近地区磁暴资料，试探有无可能对磁暴空间分布特征进行研究，从而改善对震中位置的预测能力。

4. 表 1 中列出 3、4 号起倍磁暴（1991 年 8 月 30 日和 1991 年 10 月 28 日）在 1995 年地震预测中还应可以发挥作用。在 1994 年 10 月对应上日本以东 7.9 级地震以后，我们正在进一步进行工作。初步结果在 1995 年 1 月份有一时间段，应注意发生大地震的可能性。具体时间和地区尚待进一步工作后确定。

## 参考文献

［1］徐道一：《试论干支 60 年"周期"与大地震等自然灾害的关系——现今地球动力学研究及其应用》，地震出版社，1994 年版，第 594—602 页。

［2］徐道一等：《磁暴地震二倍法预报地震的进展——地震危险性预测研究》（1994 年度），地震出版社，1993 年，第 90—94 页。

［3］徐道一等：《磁暴与大地震的跨越式关系探讨》，《地震地质》1994 年第 16 期，第 21—25 页。

# B5 磁暴与大地震的跨越式关系探讨 ①*

徐道一 王湘南 沈宗丕

**摘要** 研究磁暴与磁暴、磁暴与月相、磁暴与大地震、大地震与大地震之间的跨越式关系，它们与日、月、地三体相对位置变化有关。论证 1988 年 11 月 30 日磁暴与其后发生的磁暴和大地震的跨越式关系具有明显的有序性，其中多数为月球的朔望月、交点月的公倍数，后者还表现为相邻的素数数列。看来，一些磁暴与地震在成因上有密切联系。

**关键词：** 磁暴 地震 朔望月 交点月 素数

太阳的剧烈活动（如耀斑、日珥等）影响到地球磁场的变化，产生磁暴、极光等。磁暴是地磁场在较短的时间内一种大幅度、不规则的突然变化现象。苏联赛钦斯基[1]发现磁暴与地震都发生在大群黑子经过太阳赤道后两三天内，即磁暴与地震大致是同时发生的。力武常次[2]指出在 1965—1967 年日本松代震群的一段期间内，磁暴与地震间的相关性很高，但这种高相关性持续时间不长。蒋伯琴[3]对全球 7 级以上地震与增强暴对应关系的研究，认为逐年的磁暴与地震数目的变化，基本上是线性相关的，磁暴对地震的触发效应较之太阳黑子的效应更为显著。张宝书[4]亦认为磁暴与地震有明显的相关性。

---

① 见：《地震地质》，1994 年第 1 期，第 21—25 页。
* 地震科学联合基金资助（92351，92345）。

以上所述的都是比较磁暴与地震的曲线，观其对应关系。20 世纪 60 年代末，张铁铮提出磁暴二倍法[5]，70 年代沈宗丕提出磁暴偏角二倍法[6]，两者都是研究磁暴之间的跨越式关系，进而研究它们与地震之间的跨越式关系。长时间以来，这一思路由于与常规的研究方法不同，不易得到广泛理解。近来，耿庆国[7]系统研究了北京白家疃地磁台 1957—1986 年 $K \geqslant 8$ 强磁暴与大地震的跨越式关系，用磁暴预测中国大陆 $M_S \geqslant 7.0$ 级发震日期（ $\pm 2d$ 内），其准确率在 50% 左右，虚报率为 50%，漏报率为 40% 左右。

最近，我们应用磁暴地震二倍法在预报大地震的时间方面取得了较好的效果。

## 一、磁暴

沈宗丕发现以 1988 年 11 月 30 日（农历十月廿二）磁暴作为起倍磁暴与其后发生在月相中的一些磁暴（即被倍磁暴）之间的时间间隔与延长一倍的时间间隔发生的地震有较好的对应关系（表 1）。应用磁暴二倍法进行地震预报，主要是依据两个磁暴之间相隔天数（D）。

1. 日、月、地关系

在 6 个 D 值中有 4 个具有明显的天文背景（表 2），即 D3、D4、D5、D6 值都接近于朔望月或交点月的公倍数。D5 的误差最大仅为 0.53% 左右。它们与近点月、恒星月、回归月的关系对应不如朔望月和交点月。在月亮的 5 个周期中，朔望月和交点月周期与日、月、地 3 体的关系有关，回归月、近点月周期主要是月亮对地球旋转的周期。磁暴肯定是受太阳活动影响。因此，它与朔望月和交点月周期有关，在物理机制方面是合理的。

表 1　依据磁暴的跨越关系预测的地震与实际地震参数的比较

| 序号 | 被倍磁暴 | | | | 计算发震日期② | 实际发生地震 | | | | | 震级 |
|---|---|---|---|---|---|---|---|---|---|---|---|
| | 日期 | | $K$ | $D$① | | 发震日期 | | 震中位置 | | | |
| | 公历 | 农历月日 | | | | 公历 | 农历月日 | N (°) | E (°) | 地点 | |
| 1 | 1989–8–14 | 七十三 | 8 | 257 | 1990–4–28 | 1990–4–26 | 四初二 | 36.1 | 100.1 | 中国青海 | 7.0 |
| 2 | 1989–9–07 | 八初八 | 6 | 281 | 1990–6–15 | 1990–6–14 | 五廿二 | 48.0 | 85.1 | 苏联斋桑 | 7.3 |
| 3 | 1990–6–13 | 五廿一 | 6 | 560 | 1991–12–25 | 1991–12–27 | 十二廿二 | 51.2 | 98.1 | 俄罗斯、蒙古国边境 | 7.0 |
| 4 | 1990–10–10 | 八廿二 | 6 | 679 | 1992–8–19 | 1992–8–19 | 七廿一 | 42.3 | 73.6 | 吉尔吉斯坦苏萨梅尔斯 | 7.7 |
| 5 | 1991–1–24 | 十二初九 | 6 | 785 | 1993–3–20 | 1993–3–20 | 二廿八 | 29.4 | 87.2 | 中国西藏日喀则 | 6.6 |
| 6 | 1991–3–24 | 二初九 | 9 | 844 | 1993–7–15 | 1993–7–12 | 五廿三 | 42.7 | 139.8 | 日本北海道 | 7.8 |

注：①指起倍磁暴（1988 年 11 月 30 日，即农历十月廿二，$K$=7）与被倍磁暴之间相隔天数。
②由被倍磁暴日期加上相隔天数得到的计算发震日期。

　　通常认为，磁暴仅与太阳活动有密切联系。表 2 的数据表明，在地球上记录到的磁暴至少有一部分与月球运动有关。月球本身的磁场很弱，从电磁感应角度难以解释月球对磁暴有影响。张宝书[4]认为：太阳活动影响到地磁场变化，进而影响到地球自转速度的变化，加速了板块运动。我们认为，部分磁暴直接与月球运动有关，主要是力学机制，可能是太阳活动产生的微粒子流在到达地面后，穿透到地下深处，与地球深部的含磁物质耦合，形成强烈的地磁场变化，形成磁暴。在这一过程中，由于月球是距地球最近的天体，它的引力变化可产生明显的调制作用，因而与日、月、地相对位置变化有关的那部分磁暴与地震有较为密切的联系。地磁学研究表明，磁暴与其他磁变化比较，有较强的穿透地壳和地幔上部的能力。

表 2　D 值与月球运动周期关系

| 磁暴 | | 月球运动 | | | | 误差② |
|---|---|---|---|---|---|---|
| D | 相隔天数 | 类别 | 周期 | 因子 | 天数① | |
| D3 | 560 | 朔望月 | 29.530589 | 19 | 561.08119 | −1.8119 |
| D4 | 679 | 朔望月 | 29.530589 | 23 | 679.20355 | −0.20355 |
| D5 | 785 | 交点月 | 27.21222 | 29 | 789.15438 | −4.15438 |
| D6 | 844 | 交点月 | 27.21222 | 31 | 843.57882 | 0.42118 |

注：①由周期乘因子得到。②由 D 值减天数项得到。

2. 素数

表 2 中另一引人注目的结果是 4 个因子的值（19、23、29、31）都为素数（又称质数）。素数是大于 1 的整数，除了它本身和 1 以外，不能被其他正整数整除的数。如 2、3、5、7、11、13、17、19、23、29、31、37、……有趣的是表中 4 个素数恰好是相邻的 4 个素数，而且 29、31 两个素数又是孪生素数（两个相邻素数之差等于 2）。

素数在经典数学中有许多论述，在自然现象中成串地出现的报道很少。表 2 提供了一个罕见的实例，即在两磁暴之间的间隔天数中有规律地依次地出现，说明素数具有一定物理意义。它的实际应用价值在于可减少虚报，因为从 19~31 区间共 13 个数，仅 4 个素数可作为因子用于预报，而不必考虑其他 9 个数作为因子。

我们查阅了文献［6］中磁暴偏角二倍法震例，亦找到 2 个以素数为因子的例子，列于表 3 中。以素数为因子对应的地震大都为 7 级以上大地震（表 1 中的 6 或 6.6 除外）。

还应指出，在 20 世纪 60 年代、70 年代期间的磁暴二倍法震例中，不以素数为因子的震例占多数。为什么以 1988 年 11 月 30 日为起倍磁暴的震例与素数有这么密切的关系呢？表 1 中磁暴发生在 1989—1991 年，恰是一次罕见的太阳双峰周的峰年期（1989 年、1991 年为太阳黑子数最大）。两者是否有联系尚待进一步研究。

素数在数字中是一些奇异数，它的出现是突然的，规则性差，大磁暴与大地震亦是突发性事件，现在素数与大磁暴、大地震发生联系，这是一个很重要的事实，其联系的内在本质还要进一步研究。

此外，表 1 中的 D2 =281d, D2 $\approx \frac{1}{2}$ D3, D2 $\approx \frac{1}{3}$ D6, D2+D3 $\approx$ D6 表明 D2 和 D3 与 D6 这两个与素数有关的值有密切联系。

表 3　两磁暴之间的时间间隔天数与月球运动乘以因子（素数）的天数比较

Table 3　The comparison of the time intervals between two magnetic storms with the results of periods of lunar movement multiplied by factors（prime numbers）

| 序号 | 起倍磁暴日期 | 被倍磁暴日期 | D | 月球运动 | | | |
|---|---|---|---|---|---|---|---|
| | | | | 类别 | 周期 | 因子 | 天数① |
| 1 | 1972–8–5 | 1972–11–1 | 88 | 朔望月 | 29.530589 | 3 | 88.59177 |
| 2 | 1972–8–5 | 1973–12–21 | 503 | 朔望月 | 29.530589 | 17 | 502.02001 |

注：序号 1 的预测日期对应 1973 年 1 月 31 日墨西哥 7.9 级地震；序号 2 的预测日期对应 1975 年 5 月 10 日智利 7.8 级地震。

①同表 2 的 1。

如把表 2 中交点月周期换成朔望月周期，仍将其相应的素数作为因子，则：

29 × 29.530589=856.38708

31 × 29.530589= 915.44826

以此两数为时间间隔，从起倍磁暴日期（1988 年 11 月 30 日）起算，由一个时间间隔可推出相应日期为 1991 年 4 月 5 日和 1991 年 6 月 4 日（1991 年 6 月 5 日有 $K$=8 的磁暴发生）。进一步用二倍时间间隔则可有 1993 年 8 月 9 日和 12 月 5 日两个发震预测时间。已知 1993 年 8 月 8 日在关岛发生 8.0 级地震，后一时刻附近没有 7 级以上地震。

3. 被倍磁暴之间相隔天数

由表 1 中 6 个 D 值依次相减，则可得到 24、279、119、106、59d 五个差值。最后 3 个数亦有相近的天文背景，如朔望月周期的 4 倍为 118.12236d，交点月周期的 4 倍为 108.8d，朔望月周期的 2 倍为 59.061178d。这 3 个数与 119、106、59 很近似。

## 二、磁暴与地震

本节主要探讨磁暴与地震及地震与地震间的间隔天数。由表 2 可知，19 个朔望月周期是 561.08119d。表 4 中磁暴与地震的时间间隔（561d）比表 1 中的 560d（D3）更接近 19 个朔望月周期，误差很小，表明 561d 的值与朔望月密切有关。表 4 中序号 1、2、3 的磁暴发生在农历廿二（下弦），说明相似的日、月、地的相互关系（月相相位）。序号 4 的地震发生在五月廿三，从日期（月相相位）来说相差一天，误差不大；从农历的月份讲，又与序号 2 的地震发生在同一月。

表 4 中 3 个地震分布在北纬 42°—52°、东经 85°—140° 范围内，大体在亚洲东部偏北，震级都在 7 级以上。震中迁移是按时间由西向东顺延。时间间隔较精确落在 561d~562d 之内。这样，1 个磁暴和 3 个地震在时间、空间分布上组成 1 个较为规则的图像，其物理机制是由日、月、地相对位置变化所造成，把磁（电）作用与力学作用统一在一起，才能形成在时间上如此规则的排列。

表 4 中序号 1 磁暴发生时没有强震发生；序号 2 地震发生前一天，即 1990 年 6 月 13 日发生了一次 K=6 的磁暴，由此磁暴到序号 3 地震的间隔天数为 562d；序号 3、4 地震时都没有磁暴发生。4 个事件的条件不相同，而彼此间的间隔天数为 561（562）d，表明表 1 中磁暴确与地震在成因上有密切联系。

表 4　磁暴与地震之间的跨越式关系

Table 4　The jumping-over relation between magnetic storms and earthquakes

| 序号 | 类别 | 日期 | 农历月日 | 强度 | 地点 | 相隔天数（d） |
|------|------|------|---------|------|------|--------------|
| 1 | 磁暴 | 1988–11–30 | 十　廿二 | $K=7$ | — | |
| 2 | 地震 | 1990–6–14 | 五　廿二 | $M=7.3$ | 苏联斋桑 | 561 |
| 3 | 地震 | 1991–12–27 | 十一　廿二 | $M=7.0$ | 俄罗斯、蒙古国边境 | 561 |
| 4 | 地震 | 1993–7–12 | 五　廿三 | $M=7.8$ | 日本北海道 | 562[1] |

注：1. 1992 年为闰年，习惯上把 1992 年以 366d 为一年计算。我们从 1、2、3 号磁暴（地震）都发生在农历廿二，推论 1993 年 7 月 11 日（五月廿二）与 3 号地震相隔应为 561d，故把 7 月 12 日（五月廿三）计算为 562d，即把 1992 年仍照平年（一年 365d）计算。

## 三、结语

磁暴与地震之间的跨越式相关现象的发现，已有 20 多年历史，在地震预报和前兆资料处理中已被一些人采用，并有一定效果，但在理论上和物理机制方面则进展不大。本文通过应用 1988 年 11 月 30 日磁暴与其后磁暴、地震的跨越式关系的研究，表明间隔天数中大部分具有明确的物理意义，反映了日、月、地 3 体相对位置变化的制约和调制作用，从而论证了磁暴与地震在成因上有密切联系。用磁暴二倍法等跨越式关系进行地震预报是有理论依据的。

1993 年 11 月

## 参考文献

［1］Сытинский А Д Современные тектонические движения. как одно из проявлений солнечной активности. Геомагнетизм и Аэромия, 1963, 3（1）: 148~156.

［2］力武常次:《地震预报》，地震出版社 1978 年版。

［3］蒋伯琴:《太阳黑子、磁暴与地震活动的关系》，《地震学报》1985 年第 7 期，第 452—460 页。

［4］张宝书:《磁暴与环太平洋带、中国东部和西部地震活动的关系》，中国科协天地生综合研究联络组:《天地生综合研究》，中国科学技术出版社 1989 年版，第 208—211 页。

［5］徐道一，郑文振，安振声等:《天体运动与地震预报》，地震出版社 1980 年版。

［6］沈宗丕:《谈谈磁偏角二倍法》，《地震战线》1977 年第 3 期，第 30—32 页。

［7］耿庆国:《中国大陆 $M_S \geq 7.0$ 级强震跨越式发震危险时间点实用化预测指标研究》。见:《天文与自然灾害》编委会:《天文与自然灾害》，地震出版社 1991 年版，第 61—67 页。

# STUDY ON THE JUMPING-OVER RELATION BETWEEN EARTHQUAKE AND MAGNETIC STORM

Xu Daoyi    Wang Xiangnan

（ Institute of Geology，SSB，Beijing 100029 ）

Shen Zongpi

（ Sheshan Seismological Station Shanghai Seismological Bureau，Shanghai 201602 ）

## Abstract

The jumping−over relations between magnetic storms，between magnetic storm and lunar phase，between magnetic storm and great earthquake，and also between great earthquakes have been investigated，which show some correlation to the variations of relative positions of Sun，Moon and Earth. Significant orderliness has been found based on the jumping−over relation between the magnetic storm that occurred on Nov. 30，1988，and several subsequent occurring magnetic storms and great earthquakes. Most of time intervals may be obtained as the results of synodic month or nodical month periods multiplied by factors，which are such prime numbers as 19，23，29，and 31.It seems that there is a close relation between earthquakes and several magnetic storms.

**Key words:** Magnetic storm，Earthquake，Synodic−nodical month，Intersecting−point moon，Prime number.

# B6 JUMPING–OVER RELATION BETWEEN MAGNE– TIC STORM AND EARTHQUAKE AND THE GREAT EARTHQUAKES IN JAPAN DURING 1993–1995[①]

Xu Daoyi    Wang Xiangnan

( Institute of Geology, State Seismological Bureau, Beijing  100029 )

Shen Zongpi

( Sheshan Seismological Station of Seismological Bureau of Shanghai City; Shanghai 201602 )

## Introduction

During  1993–1995, the authors have made predictions of several earthquakes by using the jumping–over relation between magnetic storm and earthquake. The predicted occurrence time and earthquake magnitude are better fitted to three great earthquakes with magnitude of 7 or more occurred in Japan during 1993–1995 [1-3]. The basis for the prediction is summarized and discussed in this paper.

## Data and Methods

The data used in the prediction are 36 magnetic storms during Nov. 1988–Apr. 1994 and a catalogue of 26 earthquakes with magnitude of 7 in the eastern Asia ( West Pacific ) from Dec. 1988 to Dec. 1994.

The methods used are the magnetic storm–moon phase two–time method ( MM method ), the magnetic storm–earthquake two–time method ( ME method ), the earthquake two–time method ( EE method ) . The common features of the methods

---

① 见: Proceeding of China–Japan Joint Symposium on Mathematical Seismology, May 3–6, 1995, Hangzhou, China, pp.27–32.

are to find out first the time interval between first magnetic storm ( or earthquake ) and second magnetic storm ( or earthquake ) in unit of days. Adding the time interval to date of last magnetic storm ( or earthquake ), we can find out the predicted time of earthquake occurrence. Thus, a jumping—over relation between magnetic storms ( or earthquakes ) is used. The theoretical basis for such methods differs from the theoretical assumption of often—used stochastic process and periodicity. The relation can summarized as an ordering relation and hence is named an information ordering process.

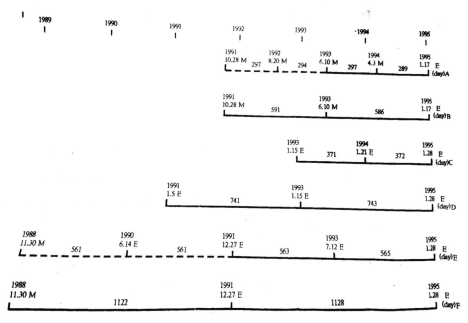

Fig. 1 Scheme of the magnetic storm—earthquake two—time relation.
( M–Magnetic storm; E–Earthquake; The detail cases of magnetic storms and earthquakes are listed in Table l, 2, 3, and 4. The 17 Jan. 1995 earthquake is the Kobe earthquake in Japan: The 28 Jan. earthquake is the M=7 earthquake in Indonesia. Solid line indicates the basis for prediction; Broken line indicates the extending back to the past case. )

The Basis for Prediction and the Reae Earthquake Situation

## 1  1993

There was a magnetic storm with index $K$ of 7 occurred on Nov. 30, 1988, i.e.

on Oct. 22, according to Chinese Traditional Calendar ( CTC ) . The time difference between it and another six magnetic storms could be estimated easily. The six time differences between magnetic storms are 257, 281, 560, 679, 785 and 844 days. Started at the date of each of six storms we took the corresponding time difference in advance and got the computed date of predictive earthquake: The comparison of the computed date with the date of earthquake occurrence demonstrates rather well agreement in the range of +3 days ( Table 1 ) . This kind of method has been named the magnetic storm two–time method for more than 20 years in China.

Table I. Comparison between occurring earthquakes and the predicted earthquakes parameters based on the jumping–over relation between magnetic storms

| No. | Second magnetic storm | | | Computed date** for earthquake | Occurred earthquake | | | | |
|---|---|---|---|---|---|---|---|---|---|
| | Date Magnetic index ( K ) | | D* | | Date | ° N | ° E | Location | Mag–nitude |
| 1 | 14 Aug. 1989 | 8 | 257 | 28 Apr. 1990 | 26 Apr. 1990 | 36.1 | 100.1 | China | 7.0 |
| 2 | 7 Sep. 1989 | 6 | 281 | 15 June. 1990 | 14 June. 1990 | 48.0 | 85.1 | Russia–China | 7.3 |
| 3 | 13 June. 1990 | 6 | 560 | 25 Dec. 1991 | 27 Dec. 1991 | 51.2 | 98.1 | Russia–Mongolia | 7.0 |
| 4 | 10 Oct. 1990 | 6 | 679 | 19 Aug. 1992 | 19 Aug. 1992 | 42.3 | 73.6 | Kirghizia | 7.7 |
| 5 | 23 Jan. 1991 | 6 | 785 | 17 Mar. 1993 | 20 Mar. 1993 | 29.4 | 87.2 | China | 6.6 |
| 6 | 24 Mar. 1991 | 9 | 844 | 15 July. 1993 | 12 July. 1993 | 42.7 | 139.8 | Japan | 7.8 |

　　*D equals to the time duration in unit of day between the first magnetic storm ( dated on 30 Nov. 1988 ) and second magnetic storm.

　　**The date has been computed by adding the D value to the date of second magnetic storm.

By the end of March, 1993, we had mentioned the regular time intervals between magnetic storms and large earthquakes occurred in the northern part of East Asia since 1988 [1–2].There were exactly 561 day time difference between the magnetic storm on Nov. 30, 1988, and a large earthquake ( M=7.3 ) on June,

14, 1990 ( on May 22, CTC ), in Russia near Xinjiang, China and between that earthquake and another large earthquake ( *M*=7.0 ) on Dec. 27, 1991 ( on Nov. 22, CTC ) appeared near the boundary between Russia and Mongolia ( Fig. IE ). Therefore, according to the jumping–over relation of 561 days, we submitted a prediction that there will be an earthquake occurring in the period July 9–12, 1993, with magnitude from 7.0 to 7.9. In fact, on July 12, 1993 ( on May 23, CTC ), a large earthquake ( M= 7.8 ) occurred near the western coast of Hokkaido, Japan. The two parameters of this earthquake ( date and magnitude ) agree well with the predicted two. This method has been named the magnetic storm–earthquake two–time method.

## 2  1994–1995

Similar predictions had been submitted using the MM method, ME method and EE method during 1994–1995. The predictions ard their basis and also the main parameters of occurred earthquake are presented in Table 2, 3, 4. It seems, the agreement of predicted time of earthquake occurrence and magnitude to that of real earthquake is rather well.

Table 2.  Predicted date by magnetic storm–moon phase two–time method ( MM method ) and its basis

| No. | First magnetic storm Second magnetic storm | | | | Time interval ( days ) | Computed date | Prediction notion* | Earthquake |
| --- | --- | --- | --- | --- | --- | --- | --- | --- |
| | Year Month Day | K | Year Month Day | K | | Year Month Day | | |
| 1 | 1992 Sep. 3 | 6 | 1993 Sep. 13 | 6 | 375 | 1994 Sep. 23 | A M=7-8 earthquake will be in the Pacific coast area on 23 Sep. – 4 Oct, 1994 | A M=7.9 earthquake occurred in the sea east of Japan on 4 Oct.1994 |
| | 1988 Nov. 30 | 7 | 1991 Oct. 28 | 9 | 1062 | 1994 Sep. 24 | | |
| | 1992 Feb. 25 | 6 | 1993 June 10 | 6 | 471 | 1994 Sep. 24 | | |
| | 1991 Aug. 2 | 6 | 1993 Feb. 27 | 6 | 575 | 1994 Sep. 25 | | |
| | 1990 June 13 | 6 | 1992 Aug. 4 | 6 | 783 | 1994 Sep. 26 | | |
| | 1991 Oct. 28 | 9 | 1993 Apr. 13 | 6 | 533 | 1994 Sep. 28 | | |
| | 1993 Nov. 4 | 6 | 1994 Apr. 17 | 7 | 164 | 1994 Sep. 28 | | |
| | 1991 Aug. 30 | 7 | 1993 Mar. 15 | 6 | 563 | 1994 Sep. 29 | | |
| | 1991 Feb. 15 | 6 | 1992 June 10 | 6 | 846 | 1994 Oct. 4 | | |

（续表 2）

| No. | First magnetic storm Second magnetic storm | | | | Time interval ( days ) | Computed date | Prediction notion* | Earthquake |
| | Year Month Day | K | Year Month Day | K | | Year Month Day | | |
|---|---|---|---|---|---|---|---|---|
| 2 | 1992 Aug. 20 | 6 | 1993 Nov. 4 | 6 | 441 | 1995 Jan. 19 | A M=7–8 earthquakes will be in eastern Asia and in West Pacific coast area on 18–28 Jan. 1995 | A M=7.4 earthquake in Kobe, Japan on 17 Jan. 1995 |
| | 1990 Apr. 17 | 7 | 1992 Sep. 3 | 6 | 870 | 1995 Jan. 21 | | |
| | 1991 Oct. 28 | 9 | 1993 June 10 | 6 | 591 | 1995 Jan. 22 | | |
| | 1990 Feb. 15 | 6 | 1992 Aug. 4 | 6 | 901 | 1995 Jan. 22 | | A M=7.0 earthquake in Indonesia on 28 Jan. 1995 |
| | 1991 Apr. 4 | 7 | 1993 Feb. 27 | 6 | 695 | 1995 Jan. 22 | | |
| | 1989 Sep. 19 | 6 | 1992 May. 22 | 6 | 976 | 1995 Jan. 23 | | |
| | 1993 June 10 | 6 | 1994 Apr. 3 | 7 | 297 | 1995 Jan. 25 | | |

\* The prediction notion is a result of composite computation by three prediction methods ( Tables 2, 3 and 4 ).

Table 3.　Prediction of occurrence date by large earthquake two–time method ( EE method ) and its basis*

| No. | First earthquake | | | Second earthquake | | | Time interval (days) | Computed date |
| | Year Month Day | M | Location | Year Month Day | M | Location | | Year Month Day |
|---|---|---|---|---|---|---|---|---|
| 1 | 1993 July. 12 | 7.8 | Japan | 1994 Feb. 16 | 7.5 | Indonesia | 219 | 1994 Sep. 23 |
| | 1994 Jan. 21 | 7.1 | Indonesia | 1994 May 24 | 7.0 | Taiwan, China | 123 | 1994 Sep. 24 |
| 2 | 1991 Jan. 5 | 7.6 | Burma | 1993 Jan. 1 5 | 7.5 | Japan | 741 | 1995 Jan. 26 |
| | 1991 Oct. 20 | 7.0 | India | 1993 June 8 | 7.5 | Kamchatka | 597 | 1995 Jan. 26 |
| | *1991 Dec. 27 | 7.0 | Russia–Mongolia | 1993 July 12 | 7.8 | Japan | 563 | 1995 Jan. 26 |
| | 1993 Jan. 15 | 7.5 | Japan | 1994 Jan. 21 | 7.1 | Indonesia | 371 | 1995 Jan. 27 |

\* The prediction notions and real earthquakes are shown in Table 2.

Table 4.  The predicted occurrence date by magnetic storm–earthquake tow–time method （ME method）and its basis*

| No. | Magnetic storm | | | Earthquake | | | | Time interval (days) | Computed date |
|---|---|---|---|---|---|---|---|---|---|
| | Year Month Day index | | | Year Month Day M | | | Location | | Year Month Day |
| 1 | 1992 June. 10 | 6 | | 1993 Aug. 8 | | 7.6 | Mariana Islands | 424 | 1994 Oct. 6 |
| | 1992 Feb. 8 | 6 | | 1993 June 8 | | 7.5 | Kamchatka | 486 | 1994 Oct. 7 |
| 2 | 1991 Oct. 28 | 9 | | 1993 June 8 | | 7.5 | Kamchatka | 589 | 1995 Jan. 18 |
| | 1993 Mar. 15 | 6 | | 1994 Feb. 16 | | 7.5 | Indonesia | 338 | 1995 Jan. 20 |
| | 1992 Feb. 25 | 6 | | 1993 Aug. 8 | | 8.0 | Mariana Islands | 530 | 1995 Jan. 20 |
| | * 1998 Nov. 30 | 7 | | 1991 Dec. 27 | | 7.0 | Russia–Mongolia | 1122 | 1995 Jan. 22 |

The prediction notions and real earthquakes are shown in Table 2.

## Discussion

1. In the presented above four tables, some of the presented time intervals form two–time relation between them are listed, as shown in Fig.1. Six cases（A, B, C, D, E, F）are shown in the Figure and divided into three groups, corresponding to MM method, EE method and ME method, respectively. One of the time intervals in every group is two times of another time interval. The time intervals in Fig.1 A and 1E are 289–291 and 561–565 days, respectively. A similar time interval can repeatedly appear four times or more, indicating that a jumping relation can repeat four time or more.

2. Three of the magnetic storms used in the study are proved to be better in the prediction of earthquake occurrence time. They are the magnetic storm of $K=7$ on 30 Nov. 1988, that of $K=7$ on 30 Aug. 1991, and that of $K=9$ on 30 Oct. 1991. The data showing their two–time relation with these three magnetic storms have their better hitting accuracy in the earthquake prediction.

3. Up to date, the jumping–over two–time relation is hardly used in prediction of earthquake occurrence location. Thus, the predicted locations, as shown in the

prediction notion are of a large extent, far from the practical demand.

### References

[ 1 ] Xu Daoyi, Wang Xiangnan, Shen Zongpi, 1993, Progress in earthquake prediction by magnetic storm–earthquake two–time method. in Research on Prediction of Seismic Risks ( 1994 year ), Seismologicae Press, Beijing, pp.90–94 ( in Chinese ) .

[ 2 ] Xu Daoyi, Wang Xiangnan, Shen Zongpi, 1994, Study on the jumping–over relation between earthquake and magnetic storm. Seismology and Geology, Vol.16. No.1, pp.21–25 ( in Chinese with English abstract ) .

[ 3 ] Xu Daoyi, Wang Xiangnan, Shen Zongpi, 1994, A summary on prediction of large earthquakes of $M \geqslant 7$ from the late September to the early October, 1994. in Research on Prediction of Seismic Risks ( 1995 year ), Seismological Press, Beijing, pp.187–191. ( in Chinese ) .

# B7　应用磁暴月相二倍法对全球
# $M_S \geqslant 7.5$ 大地震的预报效果分析 [①]

沈宗丕　徐道一

**摘要**　分析了应用磁暴月相二倍法计算的发震时间与 1991 年 12 月—1994 年 11 月间全球发生的 $M_S \geqslant 7.5$ 大震的对应情况。在此期间共发生 $M_S \geqslant 7.5$ 的大震 13 次（其中包括一次强余震），对应的大震有 8 次，虚报 5 次，漏报 5 次。

**主题词**：预报效能评估　有震报准率　空报率　漏报率　磁暴月相二倍法

　　20 世纪 60 年代末，张铁铮创造了"磁暴二倍法"[1]。70 年代，沈宗丕应用磁暴偏角二倍法对国内外大地震进行预报[2]。90 年代，我们应用磁暴月相二倍法对一些 7.5 级以上大地震的发震时间进行了预报，有较好对应，同时亦存在着虚报和预报地区范围较大的问题。本文对该方法的预报效果进行了总结与分析。

## 一、磁暴月相二倍法 [3]

　　月相是反映日、月、地三个天体相互位置变化的一个指标，如朔、望表示地球位于太阳与月球的连线上。在天文学中，月相与月球和太阳之间的黄经差有对应关系，当黄经差为 0°、90°、180° 和 270° 时，月相的位置为朔、

---

①　见：《西北地震学报》1996 年第 3 期，第 84—86 页。

上弦、望和下弦。农历的每月初一必定是朔,至于严格定义的望则可能为十五到十七这三天中的一天,以十五、十六这两天为多。严格定义的上弦、下弦时间亦相应在 2~3 天内波动。在日常应用中把农历望、上弦、下弦中每个用 2~3 天的时间段来表示是可行的。因此,我们把农历每月廿、廿一、廿二作为下弦,每月初七、初八为上弦。

20 世纪 70 年代时发现发生在朔附近的磁暴与大地震的发震时间有较好的对应。进入 90 年代时发现发生在下弦的起倍磁暴和发生在下弦和上弦(以下弦为主)的被倍磁暴与大地震的发震时间有较好的对应。

由此,月相就成为选择所用磁暴预报地震的一个主要依据,故命名为"磁暴月相二倍法"。磁暴月相二倍法区分两种性质的磁暴:起倍磁暴($Ms_1$)和被倍磁暴($Ms_2$)。预测地震时间的计算是求出起倍磁暴与被倍磁暴的时间间隔($D$),即 $D=Ms_2-Ms_1$,以天为单位。在被倍磁暴的日期上加上 $D$ 值,即为预测发震时间($TC$),即 $TC= Ms_2+D$。误差一般为 ±3 天或 ±6 天。

磁暴主要是依据佘山地磁台量算确定的,并参考国家地震局地球物理研究所编印的《磁暴报告》。从 1991 年 8 月至 1993 年 4 月底发生在上弦、下弦期间的磁暴共 11 个。磁暴日期指磁暴主相的日期。

## 二、计算发震时间与地震实况

研究和预报实践表明,以 1991 年 8 月 30 日 $K=7$ 的磁暴和 1991 年 10 月 28 日 $K=9$ 的两个磁暴(都是农历廿二日)作为起倍磁暴,有较好的预测功能。被倍磁暴选用在下弦时间,有时亦选用上弦时间或其他月相日期。为了对预报效果进行分析,我们仅选取发生在下弦和上弦日期的磁暴。

在研究范围内共有下弦磁暴 7 个,上弦磁暴 4 个,起倍磁暴仅 2 个,用其与部分下弦被倍磁暴计算的发震时间及所对应的地震见表 1 和表 3。1991年 8 月 30 日磁暴与上弦被倍磁暴和地震的对应结果见表 2。

表 1　起倍磁暴（1991 年 8 月 30 日，*K*=7）
与下弦被倍磁暴和 7.5 级以上大震对应情况

| 被倍磁暴 | | | | 计算发震日期 | 实际发生地震 | | 震级（$M_S$） | 误差 |
|---|---|---|---|---|---|---|---|---|
| 日期 | | *K* | 相隔天数 | | 发震日期 | 震中位置 | | |
| 公历 | 农历 | | | | 公历 | 地点 | | |
| 1991–10–28 | 九月廿一 | 9 | 59 | 1991–12–26 | 1991–12–27 | 南桑德韦奇岛 | 7.5 | +1 天 |
| 1992–2–25 | 一月廿二 | 6 | 179 | 1992–8–22 | 1992–8–19 | 吉尔吉斯斯坦 | 7.7 | –3 天 |
| 1992–5–22 | 四月廿 | 6 | 266 | 1993–2–12 | 1993–2–7 | 日本本州以西 | 6.9 | –5 天 |
| 1992–8–20 | 七月廿二 | 6 | 356 | 1993–8–11 | 1993–8–8 | 马里亚纳群岛 | 7.6 | –3 天 |
| 1992–9–17 | 八月廿一 | 6 | 384 | 1993–10–6 | 1993–10–2 | 中国新疆若羌 | 6.6 | –4 天 |

表 2　起倍磁暴（1991 年 8 月 30 日，*K*=7）
与上弦被倍磁暴和 7.5 级以上大震对应情况

| 被倍磁暴 | | | | 计算发震日期 | 实际发生地震 | | 震级（$M_S$） | 误差 |
|---|---|---|---|---|---|---|---|---|
| 日期 | | *K* | 相隔天数 | | 发震日期 | 震中位置 | | |
| 公历 | 农历 | | | | 公历 | 地点 | | |
| 1992–5–10 | 四月初八 | 8 | 254 | 1934–1–19 | 1993–1–15 | 日本北海道 | 7.2* | –4 天 |
| 1992–8–5 | 七月初七 | 6 | 341 | 1993–7–12 | 1993–7–12 | 日本北海道 | 7.8 | 0 |
| 1992–9–3 | 八月初七 | 5 | 370 | 1993–9–8 | 1993–9–11 | 墨西哥恰帕斯 | 7.6 | +3 天 |
| 1993–2–28 | 二月初八 | 6 | 548 | 1994–8–30 | 1994–9–1 | 美国西部海中 | 7.0 | +2 天 |

注：* 日本定此地震为 7.8 级。

表 3　起倍磁暴（1991 年 10 月 28 日，*K*=9）
与下弦被倍磁暴和 7.5 级以上大震对应情况

| 被倍磁暴 | | | | 计算发震日期 | 实际发生地震 | | 震级（$M_S$） | 误差 |
|---|---|---|---|---|---|---|---|---|
| 日期 | | *K* | 相隔天数 | | 发震日期 | 震中位置 | | |
| 公历 | 农历 | | | | 公历 | 地点 | | |
| 1992–2–25 | 一月廿二 | 6 | 120 | 1992–6–24 | 1992–6–28 | 美国加州南部 | 8.0 | +4 天 |
| 1992–5–22 | 四月廿 | 6 | 207 | 1992–12–15 | 1992–12–12 | 印度尼西亚 | 7.7 | –3 天 |
| 1992–8–20 | 七月廿二 | 6 | 297 | 1993–6–13 | 1993–6–8 | 堪察加半岛 | 7.3 | –5 天 |
| 1992–9–17 | 八月廿一 | 6 | 325 | 1993–8–8 | 1993–8–8 | 马里亚纳群岛 | 7.6 | 0 |
| 1993–4–13 | 三月廿二 | 6 | 533 | 1994–9–28 | 1994–10–4 | 日本北海道 | 7.9 | +6 天 |

在仅用下弦磁暴情况下，以 1991 年 10 月 28 日发生的磁暴作起倍磁暴效果最好，预测 5 次，其中对应 3 次 7.7 级以上大震和 1 次 7.5 级以上强震（表 3），这一磁暴的 $K=9$，亦是所用磁暴中最大的 1 个。1994 年 10 月 4 日日本北海道 7.9 级大震发生前就是用它来作出较好预报的[4]，今后它在大震预测中仍将起到重要作用。以 1991 年 8 月 30 日发生的磁暴作起倍磁暴，则预测亦对应 3 次 7.5 级（表 1），与上弦被倍磁暴一起预测 4 次，对应 2 次 7.5 级（表 2）。

1991 年 12 月 1 日—1994 年 11 月 30 日全球 7.5 级以上大地震取自《中国地震台网临时报告》，共计 13 次，其中分布在西太平洋和亚洲的有 6 次，在日本发生的有 3 次。

在 13 次地震中，实际与预报结果对应的有 8 次，有 1 次地震是重复对应的，其中 5 次都发生在西太平洋沿岸一带，仅有 2 次发生在东太平洋沿岸。还有 5 次大震没有对应，其中 4 次发生在东太平洋沿岸，一次发生在西太平洋沿岸。可能由于磁暴是依据中国地磁台的记录所测定的，所以它主要反映西太平洋一带的大地震。能对应到东太平洋沿岸的美国加州地震可能与 8 级特大地震有关。如在西太平洋地区发生的 6 次 7.5 级以上的地震中，只漏报了 1 次，即 1994 年 10 月 9 日本北海道 7.6 级强余震。实际上发生的主震全都被对应。

### 三、预报效果与评价

从 1991 年 12 月 1 日—1994 年 11 月 30 日，共计 1091 天，其间发生 7.5 级以上大震 13 次，其中 8 次与预报结果相对应，虚报 5 次，漏报 5 次。计算发震时间与实际发震时间最大误差为 6 天，以 ±6 天为预测误差，共预测 14 次，其中有一次是重合，则按 13 次计算，预测时间为 13×13= 169 天，占 1091 天的 15.5%。

根据徐世浙[5]提出评价地震预报效果的方法，公式为：

$$a=\sqrt{\frac{p_1 \cdot p_2}{q_1 \cdot q_2}}, a \geqslant 1 \text{ 为有效}$$

式中 $q_1$（实际虚报率）$=k_1/n_1$，其中 $k_1$ 为作预报而无地震发生的预报次数，$n_1$ 为总预报次数；$q_2$（实际漏报率）$=k_2/n_2$，$k_2$ 为没有进行预报的地震次数，$n_2$ 为地震总次数；$p_1$（随机虚报率）$=e^{-L/t1}$，即每 $t_1$ 天中有一次预报；$p_2$（随机漏报率）$=e^{-L/t2}$，即每 $t_2$ 天中有一次地震。

依据上节所述，可得：

$q_1=k_1/n_1=0.38$，$q_2=k_2/n_2=0.38$，

$p_1=e^{-L/t2}=0.856$，$p_2=e^{-L/t1}=0.856$

代入计算公式，得 $a=2.26$。

显然，$a>1$，实际预报效果比随机预报好，所以用磁暴月相二倍法预报全球 7.5 级以上大震是有效的。

## 参考文献

1. 徐道一，郑文振，安振声，孙惠文：《天体运动与地震预报》，地震出版社 1980 年版。

2. 沈宗丕：《谈谈磁偏角二倍法》，《地震战线》1977 年第 3 期，第 30—32 页。

3. 徐道一，王湘南，沈宗丕：《磁暴与大地震跨越式关系探讨》，《地震地质》1994 年第 16 期，第 21—25 页。

4. 徐道一，王湘南，沈宗丕：《1994 年 9 月底 10 月初 $M_S \geqslant 7.5$ 大地震的预报依据》，《地震危险性预测研究》（1995 年度），地震出版社 1994 年版，第 187—191 页。

5. 徐世浙：《评价地震预报效果的一种方法》，《地震》1982 年第 5 期，第 14 页。

# EFFICIENCY OF THE SO-CALLED TWO-TIME METHOD OF MAGNETIC STORM RELATED TO LUNAR PHASE FOR PREDICTION OF LARGE EARTHQUAKE ($M_S \geq 7.5$)

Shen Zongpi

（Sheshan Seismological Station, Shanghai Seismological Bureau, Shanghai, 201602）

Xu Daoyi

（Institute of Geology, SSB, Beijing 100029）

**Abstract**

Analyses corresponding relation between origin time calculated by the two-time method of magnetic storm related to lunar phase and $M_S \geq 7.5$ earthquakes from Dec.1991 to Nov.1994 in the whole world. During this time, 13 $M_S \geq 7.5$ earthquakes （including a strong aftershock） occurred. Origin time predicted corresponds with 8 earthquakes, 5 earthquakes do not be predicted, 5 predictions are failure.

**Key words:** Evaluation of prediction ability, Ratio of successful prediction, False prediction ratio, Failure prediction ratio、Two-time method of magnetic storm related to lunar phase.

# B8　关于沈宗丕同志用"磁暴"预测强震方法的评价意见

上海佘山地震台沈宗丕同志 1995 年根据"磁暴"进行预测强震的短临正式预报卡片共收到 6 份，经检查，其效果如下：

1.预报 1 月 19—30 日，有 7~8.5 级地震；实况 1 月 7 日日本八户 7.1 级 1 月 17 日日本阪神 7.4 级　1 月 19 日哥伦比亚 7.0 级。

2.预报 3 月 17—27 日，有 7~7.9 级地震；实况 3 月 20 日印尼 7.0 级。

3.预报 5 月 17—27 日，有 7~8 级地震；实况 5 月 17 日新赫布里底 7.4 级　5 月 27 日俄罗斯萨哈林岛 7.6 级。

4.预报 7 月 10—16 日，有 7~7.5 级地震；实况 7 月 12 日中缅边境 7.3 级。

5.预报 11 月 7—17 日，有 7.5~8.5 级地震；实况 11 月 8 日印尼 7.3 级。

6.预报 10 月 13—25 日，有 7~8 级地震，地点滇西南；实况 10 月 24 日云南武定 6.5 级。

从上述检查及效果来看，该方法尽管大多没有提出发震地区的预报，但时间预报能在 10 天左右之内把握得相当好这一事实，表明磁暴现象与地震现象的关联是很值得研究的课题。我们认为这一工作是有科学意义的，对沈宗丕同志长期从事的这一探索和实验，应从学术上给予肯定和进行进一步的鉴定，以期能在地震预报应用上有新的拓展。我们认为该成果应归属为对自然现象的发现和规律研究中的一项有创新思想的科技成果。

评议人：刘德富　研究员　丁鉴海　研究员

一九九六年一月廿五日

# B9 在二倍法的计算发震日期中大地震与磁暴关系及其预测意义 [①]

沈宗丕 徐道一

**摘要** 应用磁偏角二倍法、磁暴月相二倍法,可计算发震日期。当它与 7 级以上大地震有对应时,在大地震发生的前后 3 天内,有磁暴或磁扰发生。本文举出了 25 个实例,在震前 1~3 天中发生的磁暴或磁扰占 68%,这一现象具有预测意义。由此表明,上述两种方法不仅可以预报大地震的发震日期,而且可以预测磁暴或磁扰的发生。在计算发震日期范围内,如果先发生了磁暴或磁扰,则其后数天内发生大地震的可能性增加。本文提出 1999 年 4 月 23 日 ±3 天可能发生一次 7.0 级以上大地震,并预估了发震地区,以及同期可能发生一次 K=5~7 的中等磁暴。

**关键词** 大地震 磁暴 磁暴月相二倍法

## 一、引言

磁暴和磁扰是地磁场在相对短时间内一种大幅度、不规则的突然变化现象。一些学者早已注意到它与地震之间的联系。苏联赛饮斯基在 1963 年发现磁暴与地震大致是同时发生的。20 世纪 60 年代张铁铮在河北邢台震区的预报实践中发现,地震发生的时间与磁暴出现的幅度似乎有一定的联系,并对北京白家疃地磁台的磁暴资料与同时期的地震资料进行比较分析。在 168

---

① 见:中国地震局地质研究所编:《地震危险性预测研究》(1999 年度),地震出版社 1998 年版,第 110—113 页。

个磁暴中，与地震同时发生的有 90 个（占 54%），震前一天或震后一天出现的有 37 个（占 22%），共计 127 个（占 76%），有磁暴没有地震的占 24%，当然亦有有地震而没有磁暴的情况。进而又发现磁暴和发震时间有二倍关系，即两个磁暴发生时间的间隔往后延长一倍时间，为地震的发震时间（计算发震日期）。第一个磁暴称为起倍磁暴，第二个磁暴称为被倍磁暴。张铁铮把这一预报方法称为"磁暴二倍法"。日本学者力武常次也认为 1965—1967 年日本松代地震群的某期间内，磁暴与地震间的相关性很好（徐道一等，1980）。

20 世纪 70 年代，沈宗丕在"磁暴二倍法"的启发下，提出了"磁偏角二倍法"来预报地震：根据两个跨度比较大的南北地磁台的磁偏角幅度值相减，选出一定标准的异常值（且都在磁暴日中），东部台站磁偏角异常可以预报环太平洋带上 8 级左右的大地震；西部的可以预报欧亚地震带上 7 级以上的强震（沈宗丕，1977）。后来，又发现起倍磁暴与被倍磁暴必须符合 29.6 天的朔望周期，提出了"磁暴月相二倍法"（沈宗丕等，1996; 徐道一等，1994）。

## 二、在计算发震日期中的地震与磁暴的关系

通过应用磁偏角二倍法、磁暴月相二倍法，经历 20 余年地震预报实践，积累了大量的地震预报实际资料。最近，作者发现，由上述方法得到的计算发震日期的附近，不仅有大地震发生，而且有磁暴、磁扰发生。因此，对 70 年代以来的资料重新进行整理，列于表1、表2 中。

表 1  应用磁偏角二倍法对应的 $M_S \geq 7$ 地震与发震前后的地磁场扰动情况（1970—1976 年）

| 计算发震日期 | 实际发生地震情况 | 地震前后地磁场扰动情况 | 与地震相差天数 |
|---|---|---|---|
| 1970–12–10 | 1970–12–10 秘鲁 7.8 级 | 1970–12–8, K=4 | 震前 2 天发生磁扰 |
| 1971–7–8 | 1971–7–9 智利 7.9 级 | 1971–7–6, K=4 | 震前 3 天发生磁扰 |
| 1972–1–26 | 1972–1–25 中国台湾 8.0 级 * | 1972–1–22, K=5 | 震前 3 天发生磁暴 |
| 1973–1–28 △ | 1973–1–30 墨西哥 7.7 级 | 1973–1–28, K=5 | 震前 2 天发生磁暴 |
| 1973–9–27 | 1973–9–29 日本海 7.7 级 * | 1973–9–26, K=5 | 震前 3 天发生磁暴 |

（续表1）

| 计算发震日期 | 实际发生地震情况 | 地震前后地磁场扰动情况 | 与地震相差天数 |
|---|---|---|---|
| 1974–7–16 △ | 1974–7–13 巴拿马 7.7 级 | 1974–7–14，K=5 | 震后 1 天发生磁暴 |
| 1974–11–11 △ | 1974–11–9 秘鲁 7.5 级 * | 1974–11–8，K=5 | 震前 1 天发生磁暴 |
| 1975–5–8 △ | 1975–5–10 智利 7.6 级 * | 1975–5–7，K=5 | 震前 3 天发生磁暴 |
| 1975–11–4 △ | 1975–10–31 菲律宾 7.6 级 * | 1975–10–31，K=5 | 地震当天发生磁暴 |
| 1976–5–19 △ | 1976–5–17 乌兹别克斯坦 7.2 级 | 1976–5–14，K=4 | 震前 3 天发生磁扰 |
| 1976–6–1 △ | 1976–5–29 云南龙陵 7.4 级 | 1976–5–28，K=4 | 震前 1 天发生磁扰 |
| 1976–8–17 △ | 1976–8–16 四川松潘 7.2 级 ** | 1976–8–14，K= 4 | 震前 2 天发生磁扰 |
| 1976–8–22 △ | 1976–8–23 四川松潘 7.2 级 ** | 1976–8–23，K=5 | 地震当天发生磁暴 |
| 1976–10–27 △ | 1976–10–29 伊里安 7.0 级 | 1976–10–30，K=5 | 震后 1 天发生磁暴 |

注：△计算发震日期的依据可参见沈宗丕（1997），徐道一等（1980）；* 震前向国家地震局作过短临预报；** 震前做过短临预报并获 1985 年国家地震局科学技术进步一等奖。

表2　应用磁暴月相二倍法对应到 $M_s \geqslant 7.5$ 大震与地震前后的地磁场扰动情况（1991—1994 年）

| 计算发震日期 | 实际发生地震情况 | 地震前后地磁场扰动情况 | 与地震相差天数 |
|---|---|---|---|
| 1991–12–26 | 1991–12–27 南桑德米奇群岛 7.5 级 | 1991–12–26，K=4 | 震前 1 天发生磁扰 |
| 1992–6–24 | 1992–6–28 美国加州南部 8.0 级 | 1992–6–29，K=5 | 震后 1 天发生磁暴 |
| 1992–8–22 | 1992–8–19 吉尔吉斯斯坦 7.7 级 | 1992–8–20，K=6 | 震后 1 天发生磁暴 |
| 1992–12–15 | 1992–12–12 印度尼西亚 7.7 级 | 1992–12–10，K=5 | 震前 2 天发生磁暴 |
| 1993–1–19 | 1993–1–15 日本北海道 7.8 级 | 1993–1–14，K=4 | 震前 1 天发生磁扰 |
| 1993–7–12 | 1993–7–12 日本海东部 7.6 级 * | 1993–7–11，K=4 | 震前 1 天发生磁扰 |
| 1993–8–11 | 1993–8–8 马里亚纳群岛以南 7.6 级 * | 1993–8–6，K=4 | 震前 2 天发生磁扰 |
| 1993–9–8 | 1993–9–10 墨西哥 7.6 级 | 1993–9–12，K=5 | 震后 2 天发生磁暴 |
| 1994–9–28 | 1994–10–4 千岛群岛 7.8 级 * | 1994–10–3，K=6 | 震前 1 天发生磁暴 |

注：* 震前向国家地震局做过短临预报。

磁暴的强弱以 K 指数来表示。K 是定量的分级指数，从 0~9 分为 10 个等级，数字越大表示扰动越强烈。当 K=3~4 时为磁扰，K=5 时为中等磁暴，K=6~7 时为中烈磁暴，K=8~9 时为强烈磁暴。

从表 1 可以看出"磁偏角二倍法"在预报全球（包括国内）$M_S \geq 7$ 强震中共对应 14 个地震。其中，在震前 1~3 天内发生磁扰与磁暴的有 10 个，占总数的 71%；发生在地震当天和后一天的磁扰或磁暴有 4 次，占 29%。从表 2 也可以看出"磁暴月相二倍法"在预报全球 $M_S \geq 7.5$ 大震中共对应到 9 个地震，其中在震前 2 天内发生磁扰与磁暴的有 6 次，占总数的 67%；发生在地震的当天和后 2 天的磁扰或磁暴有 3 次，占 33%。两者合计，再加上表 3 中两个实例，在 25 个大地震的震前 1~3 天发生磁暴或磁扰的有 17 次，占 68%。25 个实例中，涉及磁暴 16 次，磁扰 9 次，磁暴占多数。

### 三、预测意义

1. 预测磁暴。磁暴二倍法、磁偏角二倍法、磁暴月相二倍法等是应用两磁暴之间的间隔进行地震预测。现在看来，这一方法亦可用于磁暴、磁扰的预测。

2. 由于在计算发震日期中，在有大地震的情况下，震前 1~3 天发生磁暴或磁扰的比例高达 71%，因此，反过来看，在此范围内，当有磁暴或磁扰发生，则其后 1~3 天发生大地震的可能性增加。

3. 这一现象表明，一些磁暴和磁扰之间存在着时间间隔的二倍关系。在特殊情况下，可出现 5 次磁暴的 4 个时间间隔（297 天，294 天，292 天，289 天）大致相等（徐道一，1995）。大地震之间亦存在着时间间隔的二倍关系（徐道一，1998）。本文举出的在计算发震日期范围内地震和磁暴（磁扰）大体同时发生。这进一步表明，大地震与磁暴（磁扰）存在着密切关系。

### 四、预测 1999 年 4 月地震和磁暴

在 1997—1998 年预报实践中，发现 1997 年 5 月 15 日磁暴（K=7）与上

弦发生的磁暴有密切关系，用以预报大地震有较好对应（表3），并且大体同时亦发生了磁暴（表4）。表3中两次磁暴相隔天数（88天，176天）又成为二倍关系，相当有序。

由此可以预测：在1999年4月23日±3天：①可能发生一次 $M_S \geqslant 7.0$ 的大地震；②可能发生一次 K=5~7 的中等磁暴。

发震地区的预测是根据地震周期的中期预测确定的，需要注意：我国四川省的中部偏西地区、大华北的京西北和渤海地区，或日本国境内，特别要注意南部地区（沈宗丕，1993），但不排除在其他地区发生。

表3　起倍磁暴（1997年5月15日，四月初九，K=7）
与上弦被倍磁暴和7.5级以上大地震对应情况

| 被倍磁暴 | | | | 计算震级日期 | 实际发生地震 | | | 误差 |
| --- | --- | --- | --- | --- | --- | --- | --- | --- |
| 日期 | | K | 相隔天数 | | 发震日期 | 震中位置地点 | 震级 $M_S$ | |
| 公历 | 农历 | | | | | | | |
| 1997-8-11 | 七月初九 | 4 | 88天 | 1997-11-7 | 1997-11-8 | 西藏玛尼 | 7.5 | ±1天 |
| 1997-11-7 | 十月初八 | 6 | 176天 | 1998-5-2 | 1998-5-4 | 日本冲绳 | 7.7* | ±2天 |
| 1998-5-4 | 四月初九 | 7 | 354天 | 1999-4-23 | ? | ? | ? | ? |

注：*震前向国家地震局做过短临预报。

表4　磁暴月相二倍法对应的 $M_S \geqslant 7.5$ 大地震与发震前后的地磁场扰动对应情况

| 计算发震日期 | 实际发生地震情况 | 地震前后地磁场扰动情况 | 与地震相差天数 |
| --- | --- | --- | --- |
| 1997-11-7 | 1997-11-8 西藏玛尼 7.5级 | 1997-11-7，K=6 | 震前一天发生磁暴 |
| 1998-5-2 | 1998-5-4 日本冲绳 7.7级* | 1998-5-4，K=7 | 发震当天发生磁暴 |
| 1999-4-23 | | | |

注：*震前向国家地震局做过短临预报。

## 参考文献

［1］沈宗丕：《谈谈磁偏角二倍法》，《地震战线》1977年第3期。

［2］沈宗丕：《日本国东部地区强震活动的周期分析与可能发生8级左右大

震的探讨》,《首届东亚地震学术研讨会论文摘要集》，日本鸟取，1993 年。

［3］沈宗丕、徐道一：《应用磁暴月相二倍法对应全球 $M_S \geqslant 7.5$ 大地震的预报效果分析》,《西北地震学报》1996 年第 3 期。

［4］徐道一、郑文振、安振声、孙惠文：《天体运行与地震预报》，地震出版社 1980 版。

［5］徐道一、王湘南、沈宗丕：《磁暴与大地震跨越式关系探讨》,《地震地质》1994 年第 1 期。

［6］Xu Daoyi, Wang Xiangnan & Shen Zongpi, Jumping over relation between magnetic storm and earthquake and the great earthquakes in Japan during 1993~1995. Proceeding of China-Japan Joint Symposium on Mathematical Seismology, May 3~6, 1995, Hangzhou, China, 1995.

［7］Xu Daoyi and T.Ouchi, Spatiotemporal ordering of great earthquakes ( $M \geqslant 8$ ) in Asia during 1934~1970 years. Report of Research Center for Urban Safety and Security, Kobe University, No.2, 1998.

# B10 大地震发震时间二倍关系探讨 [1][2]

徐道一

**摘要** 大地震发生时间间隔（T）的分布通常被认为是很不规则的，甚至是随机的。作者从信息有序系列角度，对亚洲一些大地震的研究表明，在众多的 T 值中，可以筛选出在一些地震之间存在着 T 值相等的二倍关系。发震时间二倍关系的特点是要求三个地震的相邻两个时间间隔大体相等。发震时间二倍关系（地震二倍法）可应用于大地震发震时间的预测。

## 一、引言

地震预报三要素（时间、地点、震级）中，要预报大地震发生时间，尤其是要求能准确到月份和日期，在通常情况下难度是很大的。在我国，已有一些成功预报震例表明，有一些手段和方法预报大地震（和强震）有可能准确到几天或十几天。其中提出较早的有张铁铮的磁暴二倍法、沈宗丕的磁偏角二倍法等。（徐道一等，1980）

在他们的思路和成功预报震例的启示下，从 20 世纪 90 年代开始，作者注意了大地震发生时间的二倍关系，并应用于大地震发生时间的预报，取得一些结果，有的已发表在一些文章中。本文做概括介绍，以纪念中国地震学会成立 20 周年。

---

① 见：陈运泰编：《中国地震学会成立 20 周年纪念文集》，地震出版社 1999 年版，第 313—318 页。

② 本文是在国家自然科学基金项目（4967216）资助下完成的。

## 二、思路与方法

### 1. 从周期性、随机性到有序性

从 20 世纪 60 年代开始，我们从事地震预报研究思路的理论基础立足于周期性[1]与随机性。它们反映了客观实际的两个极端（简单化了的）情况——随机性是假设随机变量的独立性，即一个随机变量的取值与其他变量的值无关；而周期性则一般是指同一周期严格地反复出现的性质。

20 世纪 80 年代后，作者应用了有序性的理论概念。有序性与周期性和随机性在性质上有基本差别。有序性是泛指一些重复出现的现象，但没有如周期性的严格限制。周期性假设要求同一个周期自始至终重复出现，每一周期与其他周期不能部分重叠或缺失。有序性假设则都可允许其存在，允许其局限在某一时空域存在，不要求始终一致，然后进行研究。有序性假设又不否认变量之间部分的相关性，所以也不同于随机性假设。

因此，有序性概念涉及位于随机性和周期性之间广大的区域。这一领域目前处于开始开发的阶段。国际上近十几年来兴起的复杂性理论、非线性理论等，亦是向这一领域进军的。大量无序中的有序现象，需要用专门方法进行研究。简单套用已有的统计分析、周期分析、谱分析等方法可能是不行的。基于以上认识，我们提出信息有序系列新概念（徐道一等，1998）。发震时间的有序性表现为多种形式，它的二倍关系仅是其中之一。

### 2. 发震时间二倍关系

发震时间二倍关系的特点是要求三个地震的相邻两个时间间隔大体相等，即在一定允许差异范围（d）内两者被认为是相等的。d 值大小与 T 的绝对值有关。本文暂定：若 T < 1000 天，d < 10 天；若 1000 ≤ T < 10000 天，d < 100 天；若 T ≥ 10000 天，d < 700 天。

大地震指 $M_s$ ≥ 7 级地震。文中亦涉及少数强震。国内和亚洲大地震参数除另外注明外主要依据陈培善在《地震学报》上发布的地震目录。

### 三、发震时间二倍关系实例

1. 亚洲 8 级大地震（Xu Daoyi et al.，1998）

在 1934—1970 年期间亚洲发生 13 个 8 级地震，其中 6 个大地震的发震时间的 5 个 T 值在 2135~2210 天范围内（表 1）。相邻的时间间隔差别最小的仅 8 天，最大的为 69 天。5 个 T 值的平均值为 2172.6 天。相应每个 T 值与平均值之差为 2、10、−9、−35 和 34。

表 1 中第 2 号与第 4 号地震的 T 值为 4345 天，而第 4 号与第 6 号地震的 T 值为 4347 天，两者之差仅为 2 天。第 1 号与第 4 号和第 2 号与第 5 号、第 3 号与第 6 号地震之间的 T 值分别为 6516、6553、6529 天。这些值与天文学中日月食周期（沙罗周期，6585.321 天）接近。

**表 1　亚洲 6 个大地震的时间间隔（T）**

| 序号 | 发震日期 | 震级 | 地点 | 发震时间间隔（天） | | | | |
|---|---|---|---|---|---|---|---|---|
| 1 | 1934–1–15 | 8.3 | 尼泊尔 | | | | | |
| | | | | 2171 | | | | |
| 2 | 1939–12–26 | 8.0 | 土耳其 | | | | | |
| | | | | 2163 | 4345 | 6516 | | |
| 3 | 1945–11–27 | $8\frac{1}{4}$ | 阿拉伯海北岸 | | | | | |
| | | | | 2182 | | | 6553 | |
| 4 | 1951–11–18 | 8.0 | 中国西藏 | | | | | |
| | | | | 2208 | 4347 | | | 6529 |
| 5 | 1957–12–4 | 8.3 | 蒙古国 | | | | | |
| | | | | 2139 | | | | |
| 6 | 1963–10–11 | 8.1 | 千岛群岛 | | | | | |

注：本表地震参数依据时振梁等编《1900—1980 年 $M \geqslant 6$ 世界地震目录》，地图出版社 1986 年版，第 412 页。

2. 亚洲 7 级地震

表 2 列出了表示大地震发震时间二倍关系的 8 个序列，其中涉及 19 个地震，30 个震次（徐道一，1996）。22 个 T 值分列于 8 个序列中，每个序列中的 T 值相差最大为 5 天，相邻的 T 值差异在 ±3 天内。不同序列的 T 值差别很大。其中第 2 序列的 T 值大致为第 3 序列 T 值的 2 倍，第 6 序列的 T 值是第 7 序列 T 值的 2 倍。

### 3. 兴都库什地区 7 级中深震

徐道一等在文献（1999）中论述了兴都库什 7 级大地震（震源深度在 200km 左右）的时间有序性，其中有发震时间二倍关系的实例。自 1950 年以来，共发生 6 个 7 级以上中深震，其中 5 个大地震的发震日期为 1956 年 6 月 9 日、1965 年 3 月 14 日、1974 年 7 月 30 日、1983 年 12 月 30 日、1993 年 8 月 9 日。它们的相邻时间间隔为 3329、3425、3440、3510 天。

### 4. 天干地支 60 年有序性

翁文波发现美国西部 4 个大地震其顺序间隔为 60 年，都发生在壬申年（表 3）。[①]

作者在 1994 年（徐道一，1994）中较为系统地论述了干支 60 年有序性与自然灾害的关系。该文的表 1 中第 4、5 对的 3 个地震（1501 年 1 月 19 日陕西朝邑 7 级地震、1561 年 7 月 25 日宁夏中卫 7.25 级地震及 1622 年 10 月 25 日宁夏固原 7 级地震）的发震时间存在二倍关系。另外，第 6、7 对的 3 个地震（1842 年 6 月 11 日新疆巴里坤 7 级地震、1902 年 8 月 22 日新疆阿图什 8.25 级地震及 1963 年 4 月 19 日青海阿兰湖 7 级地震）亦有类似关系。

表 2　大震发震时间二倍关系实例

| 序列 | 地震日期 | 震级 | 地点 | 相隔天数（T） |
|---|---|---|---|---|
| 1 | 1990-6-15 | 7.6 | 哈萨克斯坦 | |
| | 1991-12-27 | 6.9 | 苏联、蒙古国边境 | 560 |
| | 1993-7-12 | 7.6 | 日本 | 563 |
| | 1995-1-28 | 6.7 | 印尼 | 565 |
| 2 | 1991-1-5 | 7.6 | 缅甸 | |
| | 1993-1-15 | 7.8 | 日本 | 741 |
| | 1995-1-28 | 6.7 | 印尼 | 743 |
| 3 | 1993-1-15 | 7.8 | 日本 | |
| | 1994-1-21 | 7.1 | 印尼 | 371 |
| | 1995-1-28 | 6.7 | 印尼 | 372 |
| | 1996-2-3 | 6.9 | 中国云南丽江 | 371 |

---

① 翁文波，1992，一九九二年美国加州地震预测。

（续表2）

| 序列 | 地震日期 | 震级 | 地点 | 相隔天数（T） |
|---|---|---|---|---|
| 4 | 1994-9-16 | 7.4 | 中国台湾海峡 | |
| | 1995-5-27 | 7.7 | 俄罗斯库页岛 | 253 |
| | 1996-2-3 | 6.9 | 中国云南丽江 | 252 |
| 5 | 1995-7-12 | 7.2 | 中国－缅甸边境 | |
| | 1995-10-24 | 6.5 | 中国云南武定 | 104 |
| | 1996-2-3 | 6.9 | 中国云南丽江 | 102 |
| 6 | 1992-8-19 | 7.7 | 吉尔吉斯斯坦 | |
| | 1993-7-12 | 7.6 | 日本 | 327 |
| | 1994-6-5 | 6.9 | 中国台湾 | 328 |
| | 1995-4-29 | 6.9 | 千岛群岛 | 328 |
| | 1996-3-19 | 6.8 | 中国新疆阿图什 | 325 |
| 7 | 1994-6-5 | 6.9 | 中国台湾 | |
| | 1994-11-15 | 7.2 | 菲律宾 | 163 |
| | 1995-4-29 | 6.9 | 千岛群岛 | 165 |
| | 1995-10-7 | 7.4 | 印尼 | 161 |
| | 1996-3-19 | 6.8 | 中国新疆阿图什 | 164 |
| 8 | 1994-9-16 | 7.4 | 中国台湾海峡 | |
| | | | | |
| | | | | |

注：据徐道一（1996），稍有修改。

**表3 美国大地震干支60年有序性实例**

| 发震日期 | 震中 北纬（°） | 震中 西经（°） | 震级 | 地点 | 相隔天数（T） |
|---|---|---|---|---|---|
| 1812-12-8 | 34 | 118 | 7.5 | 美国加利福尼亚州 | 21657 |
| 1872-3-26 | 36.5 | 118 | 8.5 | 美国欧文斯谷地 | 21984 |
| 1932-12-21 | 38.7 | 117.8 | 7.3 | 美国内华达州 | 21940 |
| 1992-6-28 | 34.46 | 116.98 | 8.0 | 美国加利福尼亚州 | |

注：60年＝21915天。

其他二倍关系例子尚多，不一一列举。

## 四、地震二倍法及其预报效果

地震二倍法，即应用地震与地震之间时间间隔（以天为单位），在后一地震的发震时间上加上这一时间间隔，即延长一倍，求出预报发震时间。

### 1. 首次用地震二倍法进行预报

1993 年 6 月我们在研究磁暴地震二倍关系时，发现两个地震之间的时间间隔，即 1990 年 6 月 14 日苏联斋桑 7.3 级地震和 1991 年 12 月 27 日俄罗斯、蒙古国边界 7.0 级地震之间的 T 值为 560 天。结合考虑磁暴地震二倍关系，从而据以预报下一个地震的发震时间为 1993 年 7 月 9—12 日，时间范围仅 4 天（徐道一等，1994）。实际情况是 1993 年 7 月 12 日在日本发生 7.6 级地震，在预报时间范围内。

### 2. 1995—1997 年第一季度预报效果

在首次应用地震二倍法预报大地震取得成功的基础上，在 1994—1997 年期间继续边研究，边预报。在 1994—1995 年与其他的二倍法（磁暴月相二倍法等）相结合，所作的地震预报和亚洲一些 7 级地震有较好对应。

在中国地球物理学会天灾预测专业委员会编的《1996 年天灾预测意见汇编》中，作者提出 1996 年三个预报意见（表 4 中的 1、2、3），其主要依据是大地震之间的二倍关系。表 4 中序号 1、2 的预报意见所依据的二倍关系参见表 2 的第 6、7、8 序列。实际发震情况表明：三个预测发震时间中：一个对应较好，一个有 4 天的偏差，一个虚报。两个有对应的地震的震级方面：一个基本上对应，一个有误差；地区方面，一个偏西，一个在预报区内。发震地区的预测仍有范围较大的缺点（表 4）。

表 4　1996—1997 年第一季度预测与实际地震情况对比

| 序号 | 预测意见 | | | 实际地震情况 | | | 误差 | | |
|---|---|---|---|---|---|---|---|---|---|
| | 日期 | 震级（$M_s$） | 地区 | 日期 | 震级（$M_s$） | 地区 | 日期 | 震级 | 地区 |
| 1 | 1996 年 3 月 5~29 日 | ≥7 | 中国北部东经 98° 以东 | 1996–3–19 | 6.9 | 新疆阿图什 | 正确 | 0.1 | 错 |
| 2 | 1996 年 5 月 7~20 日 | ≥7 | 同上 | 1996–5–3 | 6.4 | 内蒙古包头 | 4 天 | 0.6 | 正确 |

（续表 2）

| 序号 | 预测意见 | | | 实际地震情况 | | | 误差 | | |
|---|---|---|---|---|---|---|---|---|---|
| | 日期 | 震级（$M_S$） | 地区 | 日期 | 震级（$M_S$） | 地区 | 日期 | 震级 | 地区 |
| 3 | 1996 年 8 月 13—24 日 | ≥ 6.5 | 同上 | —— | — | —— | 虚报 | | |
| 4 | 1997 年 2 月 上、中旬 | ≥ 7 | 亚洲东部 | 1997-2-4 | 7.2 | 伊朗 | 正确 | 正确 | 错 |

尽管存在各种缺陷，但 1996 年是主要应用地震二倍法进行预测取得对应效果较好的一年。作者在 1996 年对 1997 年第一季度大地震的发生作了预测，摘录于下：

"根据近几年对亚洲东部大地震跨越式关系研究成果，提出 1997 年 2 月上、中旬是亚洲东部发生大地震的有利时段。其依据为：（1）表 1（即本文的表 2）中第 3 序列往后推 371 天，预测日期为 1997 年 2 月 8 日；同表的第 2 序列往后推 743 天，预测日期为 1997 年 2 月 9 日。（2）表 2（即本文的表 5）中列出 3 个序列，其预测日期在 1997 年 2 月 10—16 日期间。表的第 1 序列的 T 值是第 2 序列的两倍左右，第 2 序列的 T 值是第 3 序列的两倍左右。这种情况出现常预示有大地震发生。"

表 5　预测 1997 年 2 月上、中旬发生大地震的依据

| 序列 | 地震日期 | 震级 | 发震地区 | 相隔天数（T） |
|---|---|---|---|---|
| 1 | 1992-8-19 | 7.7 | 吉尔吉斯斯坦 | 818 |
| | 1994-11-15 | 7.2 | 菲律宾 | |
| | 1997-2-10 | ? | ? | 818 |
| 2 | 1994-11-15 | 7.2 | 菲律宾 | 412 |
| | 1996-1-1 | 7.6 | 印尼 | |
| | 1997-2-16 | ? | ? | 412 |
| 3 | 1996-1-1 | 7.6 | 印尼 | 203 |
| | 1996-7-22 | 7.1 | 印尼 | |
| | 1997-2-10 | ? | ? | 203 |

注：据徐道一（1996）的文献中表 2，于 1996 年 12 月内部出版。表中的"?"在 1996 年 12 月表示预测，实际发震情况是 1997 年 2 月 4 日伊朗发生 7.2 级大地震。

实际发震情况是 1997 年 2 月 4 日伊朗发生 7.2 级大地震。该地震的发震时间和预测日期符合较好。

## 五、几点看法

### 1. 有序性增加

表 2 中的第 2 序列的 T 值为 741、743 天，第 3 序列的 T 值为 371 天。前者是后者的 2 倍左右，都对应了 1996 年 2 月 3 日丽江 6.9 级地震；同样，第 6 序列的 T 值是第 7 序列的 T 值的 2 倍左右。表 5 的第 1 序列的 T 值是第 2 序列的 2 倍左右，是第 3 序列的 4 倍左右。这表明，在一些地震发生前，出现 T 值等间隔性的序列增多，如上述 1996 年 2 月 3 日丽江地震前就出现 3 个序列（表 2 中第 3、4、5 序列）和 1997 年 2 月 4 日伊朗 7.2 级地震前就出现 5 个序列（表 2 中第 2、3 序列和表 5 中第 1、2、3 序列）。地震时间间隔分布的有序性增加，信息有序系列增强，类似于大地震前中小地震的空间分布形成空区和条带分布，都表示时空有序性增强，可作为可能有大地震发生的一个标志。

### 2. 大量无序中少量有序

尽管上述列举的大地震发震时间间隔的二倍关系在众多发震时间间隔的分布中占的比例不大，但也提供了对大地震预报有用的信息。如果在 20 世纪 50 年代初发现本文 2.1 中的二倍关系（已有 4 个大地震和 3 个大体相等 T 值），则对其后的 2 个 8 级大地震的发震时间预报可以准确到 1~2 个月以内。目前：我们尚无法掌握这个二倍关系到何时终止。因此，其后，会发生虚报，而停止使用这个二倍关系。如果把地震二倍法结合其他方法进行综合集成，则可以提高预报效率，减少虚报。

### 3. 与中国邻区大地震关联

我国大陆 1996 年上半年发生 6.2 级以上地震 3 次，它们在表 2 中都有显示（第 3~8 系列）。表 2 中涉及 7 级以上大地震，包括了 1990 年 5 月至 1996 年 12 月发生在我国邻区的大部分较大的地震，如 1990 年 6 月 15 日斋桑地震、

1991年1月5日缅甸地震、1992年8月19日吉尔吉斯斯坦地震、1995年5月27日库页岛地震、1995年7月12日中国缅甸交界处地震等。这样，通过T值的等间距性，把与我国大陆地震活动有密切关联的邻区大地震筛选出来，大致可以把它们看作一个地震活动网络。

4. 由二倍时间关系到空间等距性

时间二倍关系的思路亦可应用于大地震空间有序性以及时空联合有序性。已另有一些文章介绍（徐道一等，1998；Xu Daoyi et al, 1998；徐道一等，1999）。

5. 时间有序性的形成与天文因素关系

大地震的T的二倍关系（时间有序性之一）的形成至少部分是与天文因素有关。前文二、1中提及的沙罗周期是与日食、月食有关的天文周期。二、3提及兴都库什地区中深震的T（3329~3510天）是与沙罗周期、18.6年、19年天文周期的1/2有关的。二、4提及的天干地支有序性是日、月、地三体运动相对位置重复的天文周期（郑军，1992）。

多个天体运动的周期显示了各种明显周期性。当它们对地球上某一地区的地震发生影响时，由于受该地区地壳（以及地幔）的各种物性、结构、温度、压力条件等的复杂性因素的制约，在该地区的大地震常常不能响应为完整的周期，仅能形成某种有序性，局限于某个时间范围内表现得有规律，在其范围之外则表现为无序。尽管这些时间有序性有局限性的缺陷，但如果人们掌握这种有序性，提取出有用信息，仍可应用它对大地震的发震时间进行预测。

## 参考文献

［1］徐道一、郑文振、安振声、孙惠文：《天体运行与地震预报》，地震出版社1980年版，第1—94页。

［2］徐道一：《试论干支60年"周期"与大地震等自然灾害的关系》，《现今地球动力学研究及其应用》（国家地震局地质研究所编），地震出版社1994年版，

第 549—602 页。

［3］徐道一、王湘南、沈宗丕：《磁暴与大地震的跨越式关系探讨》，《地震地质》1994 年第 1 期。

［4］徐道一：《论大地震发震时间的跨越式关系》，《地震危险性预测研究（1997 年度）》（国家地震局地质研究所编），地震出版社 1996 年版，第 52—55 页。

［5］徐道一、孙文鹏、仉宝聚、王湘南：《初论地质信息有序系列》，《地学前缘》1998 年第 3 期。

［6］徐道一、大内彻、蔡文伯、孙文鹏、方茂龙：《兴都库什大地震（$M \geqslant 7$）的时间有序性及其动力学意义》，《构造地质学—岩石圈动力学研究进展——庆贺马杏垣从事地质工作六十年暨八十寿辰》（马宗晋、杨主恩、吴正文主编），地震出版社 1999 年版，第 364—369 页。

［7］徐道一、郑炳华、王湘南、大内彻：《中国大陆及邻区 8 级地震的空间有序性》，《华南地震》1999 年第 2 期。

［8］郑军：《太极太玄体系》，中国社会科学出版社 1992 年版。

［9］Xu Dao-Yi and Ouchi, T., Spatiotemporal ordering of great earthquakes（$M \geqslant 8$）in Asia during 1934−1970 Years. Research report of RCUSS, Kobe University, 1998, No.2, pp.159−170.

# INTRODUCTION TO THE TWO-TIME JUMPING RELATIONSHIP OF TIME OCCURRENCE BETWEEN LARGE EARTHQUAKES

Xu Daoyi

（Institute of Geology, China Seismological Bureau, Beijing, 100029,China）

## Abstract

The distribution of time intervals（T）between large earthquakes is usually considered as an irregular or even stochastic phenomenon. Based on the informational ordered series, author's examination of the temporal distribution of large earthquakes in Asia and China indicates the presence of some near equal time intervals among large earthquakes. It is found that among three earthquakes there are cases of two near equal nearby T values, which has been called as the two−time relation in China. It's application in earthquake prediction is called as a method of Earthquake−Two−Time Method（ETTM）. Several examples have been illustrated in this paper to show that the ETTM can be used successfully to the prediction of time occurrence of large and strong earthquakes in China and Asia.

# B11  二倍法在计算发震日期中大地震与磁暴关系及其预测意义 [①]

沈宗丕  徐道一

## 一、引言

磁暴和磁扰是地磁场在相对较短时间内的一种大幅度、不规则的突然变化。苏联赛钦斯基在 1963 年发现磁暴与地震大致是同时发生的。20 世纪 60 年代张铁铮在河北邢台震区的预报实践中也发现地震发生的时间与磁暴出现的幅度有一定的联系，进而又发现磁暴和发震时间有二倍关系，即两个磁暴发生时间的间隔往后延长一倍时间，为地震的发震时间（即计算发震日期），一般误差为 ±3 天。第一个磁暴称为起倍磁暴，第二个磁暴称为被倍磁暴。张铁铮把这一预报方法称为"磁暴二倍法"。

## 二、在计算发震日期中的大地震与磁暴的关系

磁暴的强弱以 $K$ 指数来表示，$K$ 是定量的分级指数。从 0~9 分为 10 个等级，数字越大表示扰动越强烈。当 $K$=3~4 时为磁扰，$K$=5 时为中常磁暴，$K$=6~7 时为中烈磁暴，$K$=8~9 时为强烈磁暴。通过应用磁偏角二倍法、磁暴月相二倍法，经历 20 多年来的地震预报实践，积累了大量的地震预报实际资料。最近，作者发现，由上述两种方法在得到计算发震日期的附近，不仅有大地震发生，同时还出现磁暴或磁扰。因此，对 20 世纪 70 年代以来的资料

---

① 见：中国地球物理学会编：《中国地球物理学会年刊 1999》，地震出版社 1999 年版，第 258 页。

重新进行了整理。在用"磁偏角二倍法"预报全球（包括国内）$M_S \geq 7$ 的强震中，共对应到 14 个大震，其中在震前三天内发生磁暴（磁扰）的有 10 次，占 71%；发生在当天和后一天的磁暴（磁扰）有 4 次，占 29%。在用"磁暴月相二倍法"预报全球 $M_S \geq 7.5$ 的大震中，共对应到 11 个大震，其中在震前两天内发生磁暴（磁扰）有 7 次，占 64%；发生在当天和后两天的磁暴（磁扰）有 4 次，占 36%。两者合计，在 25 个大震的震前三天内发生磁暴（磁扰）的有 17 次，占 68%。在这 25 个实例中，涉及磁暴 16 次，磁扰 9 次，磁暴占多数。

## 三、预测意义

1. 预测磁暴。磁暴二倍法、磁偏角二倍法、磁暴月相二倍法等应用两个磁暴之间的间隔天数进行地震预报，现在看来，这一方法亦可用于磁暴或磁扰的预测。

2. 由于在计算发震日期中，在有大震的情况下，震前三天内发生磁暴（磁扰）的比例高达 71%，因此，反过来看，在此范围内，当有磁暴（磁扰）发生时，则在其后的三天左右内发生大震的可能性会有所增加。

3. 这一现象表明，一些磁暴（磁扰）之间存在着时间间隔的二倍关系。在特殊情况下，可出现 5 次磁暴的 4 个时间间隔（297 天、294 天、289 天）大致相等，徐道一也发现大地震之间存在着时间间隔的二倍关系。本文举出的在计算发震日期范围内大震和磁暴（磁扰）大体同时期内发生。这进一步表明，大地震与磁暴（磁扰）很可能存在着密切的关系。

### 参考文献

［1］沈宗丕：《谈谈磁偏角二倍法》，《地震战线》1977 年第 3 期。

［2］沈宗丕、徐道一：《应用磁暴月相二倍法对应全球 $M_S \geq 7.5$ 大地震的预报效果分析》，《西北地震学报》1996 年第 3 期。

# B12　磁暴月相二倍法的计算发震日期与全球 $M_S \geq 7.5$ 大地震的对应关系 [①] *

沈宗丕　　徐道一　　张晓东　　汪成民

**摘要：** 应用磁暴月相二倍法对 1998 年 5 月— 2001 年 1 月期间全球发生 $M_S \geq 7.5$ 大地震进行研究，在 16 次大地震中，发生于磁暴月相二倍法得出的计算发震日期（±5 天）有 13 次；在 15 次计算发震日期中有 11 次对应全球 $M_S \geq 7.5$ 大地震；2 次对应 $7.0 \leq M_S \leq 7.4$ 地震。研究表明 $K$ 指数大的起倍磁暴日与 $M_S \geq 7.8$ 特大地震的发生有较好的相关性，发生在月相的磁暴与 $M_S \geq 7.5$ 大地震相关关系较好。

**关键词：** 磁暴　月相　地震预测

## 一、引言

1996 年作者在文献[1]中介绍了磁暴月相二倍法对全球 $M_S \geq 7.5$ 大地震的预报效果，此后全球范围内又发生多次 $M_S \geq 7.5$ 级大地震，如 1999 年 8 月土耳其大地震、9 月中国台湾大地震、2001 年 1 月印度大地震等。本文应用同一方法对 1998 年 5 月—2001 年 1 月期间计算发震日期全球发生的 $M_S \geq 7.5$ 大地震的对应情况进行了研究，结果符合率较高。磁暴月相二倍法可参见文献[1]。

---

①　见《西北地震学报》2002 年第 4 期，第 335—339 页。

*　本文得到国家 863 计划"基于 GIS 的地震预报智能决策支持系统"课题（863–2001AA115012）经费资助。

## 二、资料的选取

表 1 中列出 1998 年 5 月—2001 年 1 月全球 $M_S \geq 7.5$ 大地震。地震参数取自陈培善在《地震学报》上发表的"全球地震目录"。表 1 中的发震日期是北京时间，这便于与由月相计算的日期相对比。震级采用 $M_S$，但个别发生在中国的大地震（如 1999 年 9 月 21 日中国台湾大地震）由于由中国台网对发生在中国的 $M_S \geq 7.5$ 大地震的震级确定偏小[2]，则引用 $M_{SZ}$。

表 1 中 16 个大地震大部分发生在地壳中。发震日期分布不均匀，如 1999 年 8 月 17 日—11 月 13 日的三个月内发生了 6 个大地震，占总数的 38%。

以往研究发现：发生在月相的磁暴与地震有较好的对应关系[1]。月相指农历月的上弦（初七～初九）、望日（十四～十六）、下弦（廿～廿三）、朔日（廿九、卅、初一）。选取起倍磁暴日的原则有：（1）起倍磁暴日的 $K$ 指数必须 $\geq 7$；（2）必须在有代表性的月相中选取；（3）必须在起倍磁暴的最大活动程度时段（即主相）中选取日期。

表 2 中列出了 20 个磁暴，其中有 9 个起倍磁暴日（依次用序号表示），包括了在 1997 年 5 月—2000 年 7 月所有发生在 4 个月相中 $K \geq 7$ 的磁暴日（例外的有 2000 年 9 月 18 日 $K=8$ 的磁暴日，它在以后也会被选为起倍磁暴日的），起倍磁暴日的月相是上弦的有 3 个，是望日的 4 个，是下弦的 1 个，是朔日的 1 个。

被倍磁暴日的月相可以与起倍磁暴日的月相相同，亦可不同。它们的 $K$ 指数一般要小于或等于起倍磁暴日的 $K$ 指数，也有个别例外。

表 1  1998 年 5 月—2001 年 1 月全球 $M_S \geq 7.5$ 大地震

| 发震日期 | 震中 | | 震源深度（km） | 震级（$M_S$） | 地区 |
| --- | --- | --- | --- | --- | --- |
| | 纬度 | 经度 | | | |
| 1998–5–4 | 22.72°N | 125.29°E | 15 | 7.6 | 中国台湾东南以远地区 |
| 1998–8–5 | 0.45°S | 80.43°W | 26 | 7.5 | 厄瓜多尔海岸近海 |
| 1998–11–29 | 2.1°S | 124.82°E | 35 | 7.7 | 斯兰海 |
| 1999–8–17 | 40.67°N | 30.12°E | 11 | 8.0 | 土耳其 |

（续表1）

| 发震日期 | 震中 | | 震源深度（km） | 震级（$M_S$） | 地区 |
|---|---|---|---|---|---|
| | 纬度 | 经度 | | | |
| 1999-8-20 | 9.00°N | 84.20°W | 20 | 7.6 | 哥斯达黎加海岸近海 |
| 1999-9-21 | 23.97°N | 120.75°E | 5 | 7.7* | 中国台湾 |
| 1999-10-1 | 16.10°N | 96.90°W | 60 | 7.9 | 墨西哥瓦哈卡海岸近海 |
| 1999-10-16 | 35.34°N | 116.67°W | 0 | 7.6 | 加利福尼亚州南部 |
| 1999-11-13 | 40.80°N | 31.20°E | 10 | 7.6 | 土耳其 |
| 2000-6-5 | 55.26°S | 102.03°E | 64 | 7.9 | 苏门答腊西南以远地区 |
| 2000-6-18 | 14.60°S | 97.13°E | 10 | 8.0 | 南印度洋 |
| 2000-11-16 | 4.00°S | 152.20°E | 33 | 7.7 | 新不列颠地区 |
| 2000-11-16 | 5.07°S | 153.52°E | 36 | 7.8 | 新爱尔兰地区 |
| 2001-1-11 | 57.10°N | 153.20°W | 33 | 7.5 | 科迪亚克岛地区 |
| 2001-1-14 | 13.00°N | 88.70°W | 60 | 8.4 | 中美洲海岸远海 |
| 2001-1-26 | 23.51°N | 70.37°E | 10 | 7.9 | 印度 |

注：* 震级用 $M_{SZ}$。

### 表2　在月相中 $K \geqslant 6$ 的磁暴日与9个起倍磁暴日

| 日期 | | 月相 | $K$ 指数 | 起倍磁暴日序号 |
|---|---|---|---|---|
| 公历 | 农历 | | | |
| 1997-5-15 | 四月初九 | 上弦 | 7 | 1 |
| 1997-10-2 | 九月初一 | 朔 | 6 | |
| 1997-11-7 | 十月初八 | 上弦 | 6 | |
| 1997-11-22 | 十月廿三 | 下弦 | 6 | |
| 1998-5-4 | 四月初九 | 上弦 | 8 | 2 |
| 1998-7-16 | 五月廿三 | 下弦 | 6 | |
| 1998-7-31 | 六月初九 | 上弦 | 6 | |
| 1998-8-6 | 六月十五 | 望 | 7 | 3 |
| 1998-10-19 | 八月廿九 | 朔 | 7 | 4 |
| 1998-11-9 | 九月廿一 | 下弦 | 6 | |
| 1998-12-25 | 十一月初七 | 上弦 | 6 | |
| 1999-3-1 | 一月十四 | 望 | 6* | |

（续表 2）

| 日期 | | 月相 | K 指数 | 起倍磁暴日序号 |
|---|---|---|---|---|
| 公历 | 农历 | | | |
| 1999-9-23 | 八月十四 | 望 | 8 | 5 |
| 1999-10-22 | 九月十四 | 望 | 7 | 6 |
| 2000-2-12 | 一月初八 | 上弦 | 7 | 7 |
| 2000-5-24 | 四月廿一 | 下弦 | 8 | 8 |
| 2000-6-8 | 五月初七 | 上弦 | 6 | |
| 2000-6-23 | 五月廿二 | 下弦 | 6 | |
| 2000-7-16 | 六月十五 | 望 | 9 | 9 |
| 2000-9-18 | 八月廿一 | 下弦 | 8 | |

注：* 未被选入"磁暴报告"内。

### 三、计算发震日期与实际发生地震的对应情况

表 3 中列出了 9 个起倍磁暴日和相应的多个被倍磁暴日。每个起倍磁暴日分别与相应的一个（多个）被倍磁暴日进行二倍运算，依据相隔天数，可得出计算发震日期与实际发生地震的日期，并给出误差。

由表 3 可见，16 个计算发震日期中有两个相同。实际有 15 个，在 ±5 天的范围内全部有地震发生，其中对应了 7.5 级以上的大地震 11 个，命中率为 73%；2 次对应 $7.0 \leqslant M_S \leqslant 7.4$ 地震；2 次对应 $6.0 \leqslant M_S \leqslant 6.9$ 地震。

这一期间共发生 7.5 级以上的大地震 16 个，其中 13 个发生在根据磁暴月相二倍法得出的计算发震日期内（±5 天），被成功地预测的占 81%；成功预测地震的日期误差在 ±3 天以内的有 9 个，约占 75%。

### 四、讨论

#### 1. 磁暴月相二倍法的客观性和有效性

表 3 给出的对应结果表明，发生在月相的磁暴日与 $M_S \geqslant 7.5$ 大地震相关关系较好。没有对应计算发震日期的 $M_S \geqslant 7.5$ 大地震（漏报）有 3 次。这一结果与在文献[1]中对 1991 年 12 月至 1994 年 11 月期间全球 $M_S \geqslant 7.5$ 大地

震的研究结果（13 次计算发震日期中有 8 次对应 $M_S \geq 7.5$ 大地震，3 次对应 $7.4 \geq M_S \geq 7.0$ 地震，2 次对应 $6.9 \geq M_S \geq 6.5$ 地震）大体上是一致的，表明了这一预测 $M_S \geq 7.5$ 大震发震时间方法（磁暴月相二倍法）的客观性和有效性。

表3　起倍磁暴日、被倍磁暴日和全球 $M_S \geq 7.5$ 大地震对应情况

| 起倍磁暴日序号 | 被倍磁暴日期（公历） | 农历 | K | 计算 | | 实际发生地震 | | 误差（天） |
| --- | --- | --- | --- | --- | --- | --- | --- | --- |
| | | | | 相隔天数 | 发震日期 | 发震日期 | 震级（$M_S$） | |
| 1 | 1997–11–7 | 十月初八 | 6 | 176 | 1998–5–2　△☆ | 1998–5–4 | 7.6 | 2 |
| | 1998–7–31 | 六月初九 | 6 | 442 | 1999–10–16　△☆ | 1999–10–16 | 7.6 | 0 |
| | 1998–12–25 | 十一月初七 | 6 | 589 | 2000–8–5　△☆ | 2000–8–5 | 7.4 | 0 |
| 2 | 1998–7–31 | 六月初九 | 6 | 88 | 1998–10–27 | 1998–10–29 | 6.3 | 2 |
| | 1998–12–25 | 十一月初七 | 6 | 235 | 1999–8–17　☆ | 1999–8–17 | 8.0 | 0 |
| | | | | | | 1999–8–20 | 7.6 | 3 |
| 3 | 1999–3–1 | 一月十四 | 6* | 207 | 1999–9–24 | 1999–9–21 | 7.7 | –3 |
| | 1999–10–22 | 九月十四 | 7 | 442 | 2001–1–6　△ | 2001–1–11 | 7.5 | 5 |
| 4 | 1998–11–9 | 九月廿一 | 6 | 21 | 1998–11–30 | 1998–11–29 | 7.7 | –1 |
| 5 | 2000–5–24 | 四月廿一 | 7 | 244 | 2001–1–23　△☆ | 2001–1–26 | 7.9 | 3 |
| 6 | 2000–2–12 | 一月初八 | 7 | 113 | 2000–6–4　△☆ | 2000–6–5 | 7.9 | 1 |
| | 2000–6–8 | 五月初七 | 6 | 230 | 2001–1–24　△☆ | 2001–1–26 | 7.9 | 2 |
| 7 | 2000–6–8 | 五月初七 | 6 | 119 | 2000–10–5　△☆ | 2000–10–6 | 7.2 | 1 |
| 8 | 2000–6–8 | 五月初七 | 6 | 15 | 2000–6–23 | 2000–6–18 | 8.0 | –5 |
| | 2000–6–23 | 五月廿二 | 6 | 30 | 2000–7–23 | 2000–7–21 | 6.6 | –2 |
| | 2000–9–18 | 八月廿一 | 8 | 117 | 2001–1–13 | 2001–1–14 | 8.4 | 1 |
| 9 | 2000–9–18 | 八月廿一 | 8 | 64 | 2000–11–21 | 2000–11–16 | 7.7 | –5 |
| | | | | | | 2000–11–16 | 7.8 | –5 |

注：起倍磁暴日的参数见表2。
\* 未被选入"磁暴报告"内。
△在震前沈宗丕填写"地震短临预测卡片"，寄给了中国地震局有关部门。
☆在震前沈宗丕曾向天灾预测专业委员会提交发震时间与震级的书面预测意见。

2. 强起倍磁暴与特大地震的发生

表 2 中有 4 个 K 指数为 8 或 9 的起倍磁暴日（序号 2、5、8、9），对照表 3 可见：这 4 个起倍磁暴日的 7 个计算发震日期对应了 5 个 $M_S \geq 7.8$ 的地震（共有 7 个，显示了强起倍磁暴与特殊性大地震的关系密切）。其原因是磁暴越强，则穿透地球越深，调制和触发大地震的能力显然加强。在文献[1]中也得到类似的结果。

3. 起倍磁暴日与被倍磁暴日的月相

在表 3 中相对于某一起倍磁暴日的几个被倍磁暴日的月相是同一月相（例外的有：第 8 号起倍磁暴日的被倍磁暴日是上弦和下弦）。由表 4 可见，被倍磁暴日的月相以上弦为主（出现 6 次），下弦出现了 3 次，望日 1 次。

由于找到了发生在不同月相的起倍磁暴日和被倍磁暴日的对应关系，这大大提高了计算发震日期的命中率。

表 4　表 3 中起倍磁暴日与被倍磁暴日的月相对比

| 起倍磁暴日 | | 被倍磁暴日 |
|---|---|---|
| 序号 | 月相 | 月相 |
| 1 | 上弦 | 上弦 |
| 2 | 上弦 | 上弦 |
| 3 | 望日 | 望日 |
| 4 | 朔日 | 上弦 |
| 5 | 望日 | 下弦 |
| 6 | 望日 | 上弦 |
| 7 | 上弦 | 上弦 |
| 8 | 下弦 | 上弦、下弦 |
| 9 | 望日 | 下弦 |

表 5　计算发震日期与磁暴日

| 计算发震日期 | 起倍磁暴日 | K | 被倍磁暴日 | K |
|---|---|---|---|---|
| 1998-5-2 | 1998-5-4 | 8 | | |
| 1999-9-24 | 1999-9-23 | 8 | | |

（续表5）

| 计算发震日期 | 起倍磁暴日 | K | 被倍磁暴日 | K |
|---|---|---|---|---|
| 1999-10-16 | 1999-10-22 | 7 | | |
| 2000-6-4 | | | 2000-6-8 | 6 |
| 2000-6-23 | | | 2000-6-23 | 6 |

4. 计算发震日期与地震和磁暴

在16个计算发震日期前后不仅有地震发生，有时亦有磁暴发生。对照表1、表2、表3，可列出表5。

由表5可见，由计算发震日期可预测一些磁暴的发生。其他实例可参见文献[3]。

总之，磁暴结合月相与全球$M_S \geq 7.5$大地震存在密切相关性，它通过起倍磁暴日与被倍磁暴日的二倍关系隐性地表示出来，值得今后深入研究。

最近几年，在应用"磁暴月相二倍法"预测全球$M_S \geq 7.5$大地震的过程中，作者经常与上海市地震局林命周先生进行这方面的学术交流和讨论，并得到他的积极支持和鼓励。在此对他表示衷心的感谢。

## 参考文献

［1］沈宗丕、徐道一：《应用磁暴月相二倍法对全球$M_S \geq 7.5$大地震的预报效果分析［J］》，《西北地震学报》1996年第3期。

［2］冯浩：《有关1997年11月8日西藏玛尼地震震级的讨论［J］》，《国际地震动态》1999年第7期。

［3］沈宗丕、徐道一：《在二倍法的计算发震日期中大地震与磁暴关系及其预测意义［A］》，《地震危险性预测研究（1999年度）》，地震出版社1999年版，第110—113页。

# Corresponding relation between the predicted time intervals
# from the two-time method of magnetic storm related to lunar phase
# and the occurrence of large earthquakes ($M \geqslant$7.5) over the world

Shen Zongpi[1] , Xu Daoyi

（ Sheshan Seismological Station，Shanghai Seismological Bureau，Shanghai 201602 ）

（ Institute of Geology，China Seismological Bureau，Beijing  100029 ）

Zhang Xiaodong，Wang Chengmin

（ Center for Analysis and Prediction，China Seismological Bureau，Beijing 100036 ）

**Abstract**

From May，1998 to January，2001，there were 16 large earthquakes（ $M \geqslant 7.5$ ）over the world. Based on the two-time method of magnetic storm related to lunar phase，15 earthquake corresponding time intervals（ $\pm$5days）can be computed，and among them 13 occurred in 11 computed time intervals. Meanwhile，other 2 Computed time intervals，correspond to 2 earthquakes ($7.0 \leqslant M_S \leqslant 7.4$).

The research result shows that the first magnetic storm with large storm index（ K ） correlate to the occurrence of $M \geqslant 7.8$ large earthquake，and the magnetic storms occurred in the lunar phase demonstrate good correlation to the $M \geqslant 7.5$ large earthquakes.

**Key words:** Magnetic storm，Lunar phase，Earthquake prediction

# B13 试论三元可公度性与二倍关系的异同 ①

徐道一 沈宗丕

翁文波院士对久已被遗忘的可公度性进行了深入研究，大大地发展了可公度性的理论，并在天灾（地震、洪水、干旱等）预测中发挥了出乎意料的效果[1]。程裕祺院士赞为"可公度性划春秋"[2]。磁暴二倍法（以及磁暴月相二倍法、地震二倍法等）在地震预测中有良好效果[3-5]。

这两个方法有什么联系？本文对两者的异同作一探讨。

## 一、以实例说明三元可公度性的基本特性

在天灾预测中，翁老举例最多的是三元可公度性。最典型的例子是对1991年华东某地的大洪水的预测（表1）[1]，已经许多学者反复研究[6]。本文把它作为实例进行分析。

由表1中所列三元可公度式可见，把等式右边数字用变量来表示，则可变为两个变量之间的差值与另两个变量之间差值的等式。如表1中标为 $I = 1$ 的一行中：

$$X_2 + X_3 - X_4 = 1827$$

由于1827为 $X_1$，则上式可用 $X_2 + X_3 - X_4 = X_1$ 来表示。后一式又变为：$X_2 - X_1 = X_4 - X_3$。用数字代入，则有 1849−1827 = 1909−1887 = 22，等式成立。

---

① 见：王明太、耿庆国编：《中国天灾信息预测研究进展》，石油工业出版社2004年版，第41—43页。

表 1　由华中某地水涝年份可公度关系[1]

| I | X | 三元可公度式 | | X | (1-α) |
|---|---|---|---|---|---|
| 1 | 1827 | $X_2 + X_3 - X_4 = 1827$ | $X_2 + X_4 - X_5 = 1827$ | 6 | 94% |
| | | $X_3 + X_4 - X_6 = 1827$ | | | |
| 2 | 1849 | $X_1 + X_4 - X_3 = 1849$ | $X_1 + X_5 - X_4 = 1849$ | 7 | 97% |
| | | $X_3 + X_5 - X_6 = 1849$ | $X_4 + X_4 - X_6 = 1849$ | | |
| 3 | 1887 | $X_1 + X_4 - X_2 = 1887$ | $X_1 + X_6 - X_4 = 1887$ | 7 | 97% |
| | | $X_2 + X_6 - X_5 = 1887$ | $X_4 + X_4 - X_5 = 1887$ | | |
| 4 | 1909 | $X_1 + X_5 - X_2 = 1909$ | $X_1 + X_6 - X_3 = 1909$ | 6 | 94% |
| | | $X_2 + X_3 - X_1 = 1909$ | | | |
| 5 | 1931 | $X_2 + X_4 - X_1 = 1931$ | $X_2 + X_6 - X_3 = 1931$ | 5 | 88% |
| | | $X_4 + X_4 - X_3 = 1931$ | | | |
| 6 | 1969 | $X_3 + X_4 - X_1 = 1969$ | $X_3 + X_5 - X_2 = 1969$ | 5 | 88% |
| | | $X_4 + X_4 - X_2 = 1969$ | | | |
| 7 | 1991 | $X_2 + X_6 - X_1 = 1991$ | $X_4 + X_5 - X_2 = 1991$ | 11 | 99% |
| | | $X_3 + X_5 - X_1 = 1991$ | $X_4 + X_4 - X_1 = 1991$ | | |
| | | $X_4 + X_6 - X_3 = 1991$ | $X_5 + X_6 - X_4 = 1991$ | | |

对表 1 中 $X_1$，$X_2$，…，$X_7$（n = 7）进行一阶向前差分运算，其结果称为差值，以 D 代表。D 的下标为运算两个数的下标，例如，$D_{2,1} = X_2 - X_1$。把两个相邻 D 值求和，其值用 S 代表，例如 $S_{i+1,i} = D_{i+1,i} + D_{i+2,i+1}$，i = 1，2，…，n-2。$S_{i+2,i}$ 实际上等于 $D_{i+2,i}$。把三个相邻 D 值求和，其值用 SS 代表，如 $SS_{i+3,i} = D_{i+1,i} + D_{i+2,i+1} + D_{i+3,i+2}$，i = 1，2，…，n-3。

$X_1$，$X_2$，…，$X_7$ 差分运算和求和的结果列于表 2。

表 2　$X_1$，$X_2$，…，$X_7$ 差分运算和求和的结果

| i | 1 | | 2 | | 3 | | 4 | | 5 | | 6 | | 7 |
|---|---|---|---|---|---|---|---|---|---|---|---|---|---|
| $X_i$ | 1827 | | 1849 | | 1887 | | 1909 | | 1931 | | 1969 | | 1991 |
| D | | 22 | | 38 | | 22 | | 22 | | 38 | | 22 | |
| S | | | 60 | | 60 | | 44 | | 60 | | 60 | | |
| SS | | | | 82 | | 82 | | 82 | | 82 | | | |

由表 1 和表 2 可见：表 1 中 I = 1 的一行中的 $X_2 + X_3 - X_4 = 1827$ 式表示了 $D_{21}$ 与 $D_{43}$ 的等值（即值 22），$X_2 + X_4 - X_5 = 1827$ 式表示了 $D_{21}$ 与 $D_{54}$ 的等值（即值 22）；$X_3 + X_4 - X_6 = 1827$ 式表示了 $S_{31}$ 与 $S_{64}$ 的等值（即值 60）或 $S_{41}$ 与 $S_{63}$ 的等值（即值 82）。最后一式可用一个可公度式表达两个不同等值（即值 60、82）的关系。

## 二、二倍关系是三元可公度性的简化特例

在一般情况下，一个三元可公度式是表示由 4 个点组成的两个间距的相等关系。在特殊情况下，两个等间距值可由三个点组成。例如，表 1 中 I = 2 的一行中有 $X_4 + X_4 - X_6 = 1849$ 一式，此式可变换为 $X_4 + X_4 - X_6 = X_2$，即 $X_4 - X_2 = X_6 - X_4$，也就是 $S_{42} = S_{64}$。表 1 中 I = 5 一行中的 $X_4 + X_4 - X_3 = 1931$，即 $D_{43} = D_{54} = 22$。这一情况的可公度性可认为是二倍关系。

在地震预测中的二倍关系是由张铁铮在"磁暴二倍法"中首先强调的。磁暴二倍法是确定两个磁暴发生的时间（$T_1$，$T_2$），用它们间隔的时间加倍后作为未来地震发生的日期（$T_P$）。用公式表示：

$$T_P = T_1 + 2（T_2 - T_1）= 2T_2 - T_1$$

即 $T_P - T_2 = T_2 - T_1$，其中 $T_1$ 为起倍磁暴的时间，$T_2$ 为被倍磁暴的时间。此式即等同于上面论及三个点时的三元可公度式。

因此，可把三元公度式中仅有三个点情况（两个差值为邻接时）等同于二倍关系。

## 三、可公度性与二倍关系的差异

可公度性存在于许多事物中，如在微观世界中的元素原子量、中微子质量等；在宇观世界中的太阳黑子、木星卫星等；在宏观世界中地震、洪水等。尽管它应用广泛，但在一个可公度式中只对同一个事物去建立可公度式，尚没有在一个可公度式中同时应用于不同事物的例证。

二倍关系严格要求两个等间距是邻接的，它与可公度性不同。可公度性的要求相对地宽松，即两个间距值可以相距较大，不一定要邻接。

二倍法最特殊的性质是把不同性质的事物的时间间距联系在一起，如磁暴二倍法用磁暴之间的时间间距与磁暴与地震之间的时间间距联系起来。

## 四、讨论

1. 通过以上两种方法的对比研究，可有下列启示：

（1）在可公度性研究中，可以试验探讨研究不同事物之间的可公度关系。二倍关系在地震预测中的应用，表明了可公度性广泛地存在于各种事物之间的可能性。（2）在二倍关系研究中，亦可试验探讨研究提取不属于邻接的二倍关系。这两个不同方向努力的结果，有可能进一步提高它们在天灾预测中的效果。

2. 对可公度性和二倍关系的研究不仅可应用于天灾预测，而且有助于阐明它们形成的物理背景。

它们的一个共同特点都表明了与天文因素的变化有一定的联系。天文因素通常被认为有周期性的，而可公度性则一般没有周期性，仅是"周期性的扩张"[1]。

当天文因素有周期性时，地球表面对它的响应可以有周期性，亦可以是非周期性的。因此，可以认为：在多数情况下，某一时刻、某一地区对天文因素的周期性变化仅仅是局部（某些特征时刻）有所响应（信息），这可能是可公度性形成的基本原因之一。

### 参考文献

［1］翁文波：《预测论基础》，石油工业出版社 1984 年版。

［2］王明太、耿庆国等主编：《翁文波院士与天灾预测》，石油工业出版社 2001 年版。

［3］张铁铮：《磁暴二倍法预报地震》，《自然科学争鸣》1975 年第 2 期。

〔4〕沈宗丕、徐道一：《在二倍法的计算发震日期中大地震与磁暴关系及其预测意义》，中国地震局地质研究所编：《地震危险性预测研究（1999 年度）》，地震出版社 1998 年版，第 110—113 页。

〔5〕徐道一：《大地震发生的网络性质——兼论有关地震预测的争论》，《地学前缘》，2001 年第 8 期。

〔6〕徐道一：《试论可公度性方法的基本特性》，王明太、耿庆国等主编：《翁文波院士与天灾预测》，石油工业出版社 2001 年版，第 134—139 页。

# B14　二倍关系的元创新性质 ①

徐道一

**摘要：** 1969 年张铁铮提出的磁暴二倍法在地震预测方面取得较好的效果。在 30 余年中，二倍关系已被应用于许多方面，有了较多的发现，建立了一些新方法，在理论上已作了一定程度阐述，并为后来的实践所检验，具有较大潜在发展价值。因此，事物二倍关系的发现具有元创新性质。

**关键词：** 磁暴二倍法　二倍关系　可公度性　信息有序性　地震预测

进入 21 世纪，国际科学界有些人否认地震预测的科学价值，而我国近 5 年发生的多次 7.5 级强震（包括 1 次 8.1 级特大地震），在震前都有较好的预测或预感。在这些方法中，磁暴月相二倍法一枝独秀，值得认真对待和总结。

## 一、二倍关系的提出

1969 年前后，张铁铮通过对地震和地磁场变化关系的研究，发现磁暴与磁暴之间的时间间距和磁暴与地震之间的时间间距存在近于相等的关系，并应用于地震预测，把这一方法称为磁暴二倍法。[1]磁暴二倍法的基本特点是应用两个时间点（磁暴日）的时间差（间距），来确定第三个点（地震发生）的时间，涉及三个时间点和两个时间差。

---

① 见：王明太、耿庆国编：《中国天灾信息预测研究进展》，石油工业出版社 2004 年版，第 44—46 页。

## 二、二倍关系的推广

在 30 多年中，二倍关系已推广到多个方面。

### 1. 地震预测

除磁暴二倍法有了较大进展以外，新发展的方法有：沈宗丕的磁偏角二倍法、磁暴月相二倍法，徐道一的地震二倍法、磁暴地震二倍法。此外在许多前兆资料处理中，一些学者把他们研究对象的两个异常，应用二倍关系，得出地震发生的异常时间。这些方法和做法都取得一定成效。

### 2. 时间域以外的应用

徐道一把时间域的二倍关系扩充到空间域，对中国及邻区 $M_S \geq 7.5$、华北 $M_S \geq 7$、亚洲 $M_S \geq 8$、日本 $M_S \geq 7.5$ 等地区地震的空间分布进行二倍关系研究，发现广泛存在的二倍等距关系。

## 三、二倍关系与可公度性、信息有序性

### 1. 可公度性

通过天灾预测，翁文波院士大大发展了可公度性的理论意义和实用价值，它与二倍关系在许多基本性质上是相同的，如：两者都是通过提取公度（如等时间间距）的信息来进行预测。

由可公度性的基本定义可知，一个三元可公度式的实质是描述时间域、空间域等中的两个近乎相等的间距。如在时间域中，则为 4 个时间点，2 个近乎相等的间距。它容许的特殊情况为 3 个时间点，2 个时间间距，即为二倍关系。二倍关系是最简化的可公度性。

通过天灾预测，翁文波院士和张铁铮、沈宗丕等是"百思而一虑，殊途同归"。因此，翁老发展的有关信息预测理论的一些基本点原则上都适用于二倍关系。

### 2. 信息有序性

20 世纪末，作者提出"信息有序性"概念，其源头始于与张铁铮、沈宗丕关于磁暴二倍法、磁暴月相二倍法的合作研究。开始时，主要是检验二倍

关系，后来发展至提出磁暴地震二倍法、地震二倍法、信息有序过程、信息有序系列，以及信息有序性、自然基本特性等[2]一系列方法和新概念。信息有序性实际上是把二倍关系从地震预测推广到天地生人的各个研究领域中。

## 四、二倍关系的客观存在

目前掌握的二倍关系比较确定的有（下文中"—"代表两端事物之间的空间或时间间距）：磁暴—磁暴—磁暴；磁暴—磁暴—地震；磁暴—地震—地震；地震—地震—地震；热点—热点—热点；断层—断层—断层；节理—节理—节理；岩墙—岩墙—岩墙；超大型矿床—超大型矿床—超大型矿床；铀矿点—铀矿点—铀矿点；城市—城市—城市等。

上述例子有一个共同特点是它们大多是一些突发性强或罕见的事物，其特点是变化不连续、不平稳，不符合常规数学方法的假设前提。它们在自然界客观地存在。可以相信：客观存在大量二倍关系，可被应用于科学预测和研究。

## 五、元创新的一些基本性质

作者在文献[3]中提出元创新（即原始创新）的一些基本特性：带根本性创新，影响深远等，二倍关系都具备。磁暴二倍关系的一个创新点是不同性质（磁暴和地震）的事物存在二倍关系。这一创新有十分远大的发展前景。

## 六、二倍关系不被重视的原因

30 多年来应用二倍关系（包括可公度性等）在天灾预测中取得辉煌的成功，但仍然不被重视，其原因是很值得深思的。作者认为可能有下列几方面：

1. 许多学者认为：二倍关系的机制不清楚。

二倍关系的机制确实不清楚。已有学者（如郭增建教授）进行研究。但是，退一步讲，在机制不清楚前，就不能被承认吗？细胞为什么一分为二的机制至今不清楚，但不影响对细胞进行研究。

2. 一些学者认为："二倍关系太简单，不值得重视。"

作者认为：二倍关系的运算相对简单，但是它能从复杂网络中提取出有用的信息，达到运算十分复杂的方法不能达到的效果，起到化繁为简的作用。另外，如果大家重视以后，可以使方法进一步发展。许多目前计算复杂的方法开始时都是较为简单的。

3. 有些学者认为："磁暴与太阳有关，不会与地震有关。"

这正是磁暴二倍法的创新关键点所在：把不同性质的事物联系在一起。在开始时认为不可思议、不科学的关系，深入研究后就可以有所解释。磁暴可穿透地球表面几百公里之内，为与地震的联系提供基础。磁暴所用资料是由地表地磁台站记录，磁暴一方面与太阳活动有关，另一方面也受到磁暴打入地球表面时，地下岩石的磁、电等性质的影响。地震与地震也存在二倍关系，旁证磁暴与地震的耦合的可能性是很大的。

建议科学界支持和重视对二倍关系的研究，特别是不同性质的事物的二倍关系。

### 参考文献

［1］张铁铮：《磁暴二倍法预报地震》，《自然科学争鸣》1975 年第 2 期。

［2］徐道一：《大地震发生的网络性质——兼论有关地震预测的争论》，《地学前缘》2001 年第 2 期。

［3］徐道一：《科学中元创新的几个问题》，《科学新闻周刊》2000 年第 23 期。

# B15　磁暴月相二倍法及其短临预测意义 [①]

沈宗丕　徐道一

**摘要：**本文作者在"磁暴二倍法"基础上开发出"磁偏角异常二倍法""磁暴月相二倍法"，根据两个磁暴的异常日期之间的天数，如果符合 29.6 天的倍数，与大地震（特别是 8 级左右地震）的发震日期有较好的对应关系。文中列举了对几个 8 级地震成功预测的实例，并介绍了对磁暴与地震的二倍关系的形成机理的各种认识。

**关键词：**磁暴　磁偏角二倍法　磁暴月相二倍法　地震预测

## 一、磁暴月相二倍法简介

磁暴月相二倍法是在张铁铮提出的磁暴二倍法[1]，以及"磁偏角异常二倍法"[2] 的基础上发展起来的。"磁偏角异常二倍法"是通过南北相距较远的两个地磁台同一天的磁偏角的幅度值相减，并经过适当的纬度"校正"，选出突出的地区性异常，来估计地震发生的大致地点；根据两次磁偏角异常出现的日期间隔的天数（D），从第二次异常日期加上 D，可得出预测的发震时间；震级的大小是根据异常的大小来估计的。

在应用磁偏角异常二倍法预测地震的过程中，发现有可能预测环太平洋地震带上 8 级左右的大地震，但是，还存在较多的虚报。通过总结发现，如 D 符合 29.6 天（与月球有关的朔望周期）的倍数时进行预测，可减少虚报，

---

① 见：高建国、郭增建、耿庆国、汪成民编：《灾害预测方法集成》，气象出版社 2010 年版，第 140—143 页。

更好地对应 8 级左右的大地震。因为所选用的异常日期大多是太阳上发生的大耀斑和质子事件所引起的磁暴日，直接使用磁暴日作为异常日期。磁暴月相二倍法预测地震就这样诞生了。

1. 预测发震日期（TC）的计算

为了方便交流，区分两种性质的磁暴："起倍磁暴"和"被倍磁暴"。预测地震时间的计算是求出起倍磁暴日（MS1）与被倍磁暴日（MS2）的时间间隔（D），即 D=MS2−MS1，以天为单位。在被倍磁暴日的日期上加上 D 值，即为预测发震日期（TC），即 TC=MS2 + D，误差一般为 ±5 天或 ±10 天。

2. 起倍磁暴日与被倍磁暴日的选取

大的磁暴日，大多是由太阳上发生的大耀斑或质子事件所引起的，在选取起倍磁暴日（或被倍磁暴日）时，必须选 $K$ 指数大的磁暴。我国地磁台采用三个小时时段内（国际时）水平强度（$H$）最大幅度（$R$）与 $K$ 指数之间的关系如下：

$R$ = 0　3　6　12　24　40　70　120　200　300 以上（nT）；

$K$ 指数 = 0　1　2　3　4　5　6　7　8　9

三小时的时段的划分为：0 h~3 h 为第 1 时段，3 h~6 h 为第 2 时段……21 h~24 h 为第 8 时段。当 $K$=5 时为中常磁暴；$K$=6 或 7 时为中烈磁暴；$K$=8 或 9 时为强烈磁暴。

在选取起倍磁暴日时，必须 $K \geq 7$，在选取被倍磁暴日时，必须 $K \geq 6$，而且都应该在月相的日期中选取（上弦日为初七—初九；望日为十四—十七；下弦日为廿一—廿三；朔日为廿九—初二），必须在磁暴的最大活动程度时段（即主相）中选取日期。被倍磁暴日的月相可以与起倍磁暴日的月相相同，亦可不同，被倍磁暴日的 $K$ 指数一般不能超过起倍磁暴日的 $K$ 指数（个别情况例外）。

## 二、二倍关系的机制问题初步探讨

由于磁暴二倍法、磁暴月相二倍法等在预测大地震的发震时间方面的精度较高，而且效果显著，一些学者对磁暴、二倍关系与地震的机制进行了研究。

磁暴可穿透地球表面几百公里。由于磁暴数据是由位于地球表面的地磁台站记录，磁暴强度一方面与太阳活动有关，一方面也受到磁暴打入地球时，地下岩石的磁、电等性质影响。地震发生在地球表面几十公里之内，这为应用磁暴与地震预测的问题的研究提供了基础。

张铁铮[1]最早提出对磁暴与地震在时间上存在二倍关系，他认为：震中周围岩石从压缩到恢复，一往一返，一个周期正好是二倍关系。罗葆荣[3]对磁暴与太阳耀斑和地震对应关系进行探讨，他应用统计检验方法，得出如下看法：（1）在一定的太阳活动条件下，作为起倍异常和被倍异常的磁暴强度越高，预测水平越高；（2）在一定的磁场强度条件下，太阳质子耀斑的出现，显著地提高了地震预测水平；（3）应用有质子耀斑对应的起倍磁暴日和被倍磁暴日时的预测水平最高。这表明太阳粒子流是通过地磁的扰动而触发地震的。质子耀斑和磁暴都是提高磁暴二倍法预测水平不可缺少的因子。沈宗丕[2]发现：选取发生在月相中的磁暴亦可明显减少虚报，而且可对应震级较大的地震，表明大地震除了与太阳活动有关以外，还应考虑月亮的因素。徐道一等[4]提出，两个异常的时间间隔与朔望月、交点月的公倍数有关，有时后者还表现为素数数列。

郭增建等[5]从震源物理角度来解释二倍关系，提出：按照组合模式，蠕滑断层有幕式蠕滑。磁暴的热效应和磁致伸缩效应可使蠕滑幕向磁暴时刻调整。按物理学中"整步现象"，当磁暴加到蠕滑幕，第二个磁暴发生后到再次出现蠕滑幕的时间也与前一次时间间隔相等，此时这个蠕滑幕可能触发积累单元释放能量而发生大震，即出现二倍现象。张世杰等以太阳磁球、地球磁球的不稳定产物磁暴球三者，做限制性三体问题研究，给予"磁暴二倍法预报地震"以物理背景的天文学机理讨论[6]。

目前掌握的二倍关系比较确定的有（下文中"—"代表两端事物之间的空间或时间的等间距）：磁暴—磁暴—磁暴；磁暴—磁暴—地震；磁暴—地

震—地震；地震—地震—地震；热点—热点—热点；断层—断层—断层；节理—节理—节理；岩墙—岩墙—岩墙；超大型矿床—超大型矿床—超大型矿床；铀矿点—铀矿点—铀矿点；城市—城市—城市等。[7, 8] 上述例子的一个共同之处是：它们大多是一些突发性强或罕见的事物，其特点是变化不连续、不平稳，不符合常规数学方法的假设前提。它们在自然界客观地存在。可以相信：客观存在大量二倍关系，可被应用于科学预测和研究。

翁文波院士大大地发展了可公度性的理论，并在天灾（地震、洪水、干旱等）预测中发挥了出乎意料的效果[9]。三元公度式中仅有三个点情况（两个差值为邻接时）等同于二倍关系。这样一来，有关可公度性的信息预测理论基本上都可适用于二倍关系。[10]

二倍关系的机制确实还不清楚。在机制不清楚前，就不能被承认吗？细胞为什么一分为二的机制至今不清楚，但不影响对细胞进行研究。在混沌理论中，周期倍分岔现象的一分为二的机制也不清楚，它也没有影响对周期倍分岔现象的应用和研究。同理，二倍关系的机制确实不大清楚，但这并不影响对二倍关系进行研究和预测。我们相信，随着科学研究深入开展，对二倍关系机制的了解将会越来越多。

### 三、预测成功的震例

1. 对 1972 年 1 月 25 日我国台湾省 8 级巨大地震的预测

沈宗丕应用 1970 年 3 月 9 日北京台减去上海佘山台的磁偏角差值为 $\Delta R_D=13.8'$，与 1971 年 2 月 16 日北京台减去上海佘山台的磁偏角差值 $\Delta R_D=4.4'$，两个异常相隔 344 天，计算得预测发震时间为 1972 年 1 月 26 日。

据此，他应用磁偏角异常二倍法第一次于 1971 年 9 月 13 日向有关部门预测：1972 年 1 月 26 日 ±1 天，在地球上可能发生一次 8 级左右大地震；第二次于 1971 年 10 月 28 日向有关部门填好地震短临预报卡片预报：1972 年 1 月 26 日 ±1 天，在我国台湾省或日本，可能发生一次 8 级左右大震。

结果于 1972 年 1 月 25 日，在我国台湾省东部海域发生了台湾地区 50 多年来最大的一次 8 级大地震。地震发生后该方法得到有关部门领导的肯定。1972 年第三期《地震战线》刊登了一篇报道，题为《利用磁偏角二倍法较好地预报了台湾 8 级地震》。

2. 对 2001 年 11 月 14 日中国昆仑山 8.1 级巨大地震的预测[11]

沈宗丕在 2001 年 11 月 5 日召开的上海市地震局 2002 年度趋势会商会上，在《近期对全球 8 级左右大震的短临预测意见》一文中，应用磁暴月相二倍法、大震组合周期等方法，明确提出：2001 年 11 月 22 日（±6 天）在新疆及其毗邻地区（以 46.5° N，85.0° E 或 40.0° N，90.0° E 为中心 300 公里范围内）可能发生一次 $M_S$=8 左右（不小于 7.5 级）的大地震。

实际情况是：北京时间 2001 年 11 月 14 日在新疆的边邻地区发生了一次 8.1 级巨大地震（36.2° N，90.9° E）。实际发生地震与预测发震时间差 8 天，与预测震级差 0.1 级，发震地区与预测地区相差约 400 公里。这次预测的两个要素（发震时间和震级）全部符合中国地震局分析预报中心预报部所规定的一级短临预测标准，对发震地点的预测存在一定程度的误差。

3. 对 2003 年 9 月 26 日日本北海道 8.2 级巨大地震的预测

沈宗丕（2004）应用磁暴月相法、大震组合周期、大震迁移方向等方法，在 2003 年 9 月 19 日分别向国家 863 计划地震预测课题项目负责人等提交预测：2003 年 10 月 10 日（±5 天或 ±10 天）和 10 月 14 日（±5 天或 ±10 天）国外有三个要特别注意的地区：第一个地区就是日本北部（以 42.0° N，144.5° E 为中心 300 公里范围内）或日本南部（以 34.0° N，138.0° E 为中心 300 公里范围内），可能发生一次 $M_S$=7~8（最大可能在 7.5 级以上）的大地震。

实际情况是：北京时间 9 月 26 日在日本北部地区（42.2° N，144.1° E）发生了一次 8.2 级巨大地震。实际发生地震与预测发震时间差 14 天，震级与预测震级相符，发震地区与预测地区仅相差约 50 公里。这次预测的三要素全部符合中国地震局分析预报中心预报部所规定的一级短临预测标准。

4. 对 2004 年 12 月 26 日在印度尼西亚苏门答腊 8.9 级特大巨震的预测 [13]

在 2004 年 10—11 月，沈宗丕应用磁暴月相二倍法作出了对印尼特大巨震的预测。他在 2004 年 10 月 30 日填写了"天灾年度预测报告简表"，分别邮寄给中国地球物理学会天灾预测专业委员会郭增建主任和汪纬林秘书长，在"简表"中作出预测：2004 年 12 月 20 日 ±5 天（或 ±10 天），在日本南部可能发生 7.5~8.5 级的大地震，但不排除在其他地区内发生。在 2004 年 11 月 15 日，沈宗丕以同样的预测内容分别给国际地震预测委员会许绍燮秘书长，中国地震预测咨询委员会、中国地球物理学会天灾预测专业委员会一些委员等发了电子邮件。

实际情况是：2004 年 12 月 23 日在澳大利亚东南方向的麦阔里岛发生了 8.1 级巨震；2004 年 12 月 26 日在印度尼西亚苏门答腊西北地区发生了 8.9 级特大巨震。上述预测在发震时间和震级方面与两个巨震都对应得非常好：预测发震时间的中心点（12 月 20 日）与巨震实际发生时间分别相差 3 天和 6 天，都在误差范围内；预测震级分别为符合和相差 0.4 级；但对发震地区的预测不正确。

5. 对全球 $M_S \geqslant 7.5$ 级大地震的预测效果

为了系统检验"磁暴月相法"的预测效果，对全球 $M_S \geqslant 7.5$ 大地震进行两次检查。一次预测对应研究是：在 1991 年 12 月 1 日至 1994 年 11 月 30 日期间，全球共发生 $M_S \geqslant 7.5$ 的大震（主震）12 次。统一"磁暴月相法"进行预测的标准后，作出了 14 次预测（其中 1 次重复，应按 13 次统计），对应 $M_S \geqslant 7.5$ 大震有 8 次，虚报 5 次（其中对应上 $7.4 \geqslant M_S \geqslant 7.0$ 的大震有 3 次），漏报 4 次地震。

另一次预测对应研究是：在 1998 年 5 月 1 日至 2001 年 1 月 31 日期间，全球共发生 $M_S \geqslant 7.5$ 的大震 16 次，发生于"磁暴月相法"得出的计算发震日期（在 ±5 天范围内）有 13 次，无对应的有 3 次。在 15 次计算发震日期中有 11 次对应全球 $M_S \geqslant 7.5$ 的大震，有 2 次对应 $7.0 \leqslant M_S \leqslant 7.4$ 的大震。

由以上震例来看，应用磁暴月相法等能对这次印尼特大巨震的发震时间和震级作出较好的预测，这不是偶然的。

## 参考文献

［1］张铁铮：《磁暴二倍法预报地震》，《自然科学争鸣》1975 年第 2 期。

［2］沈宗丕：《谈谈磁偏角二倍法》，《地震战线》1977 年第 3 期。

沈宗丕、徐道一：《应用磁暴月相二倍法对全球 $M_S \geq 7.5$ 大地震的预测效果分析》，《西北地震学报》1996 年第 18 期。

沈宗丕、徐道一、张晓东、汪成民：《磁暴月相二倍法的计算发震日期与全球 $M_S \geq 7.5$ 大地震的对应关系》，《西北地震学报》2002 年第 24 期。

［3］罗葆荣：《太阳耀斑活动对地磁二倍法预报地震的调制作用》，《云南天文台台刊》1978 年第 1 期。

［4］徐道一、王湘南、沈宗丕：《磁暴与地震跨越式关系探讨》，《地震地质》1994 年第 16 期。

［5］郭增建、韩延本、吴瑾冰：《从震源物理角度讨论外因对地震的触发机制》，《国际地震动态》2001 年第 5 期。

［6］张世杰、韩延本、胡辉：《天灾预测分析的物理基础：天体磁场》，《中国天灾信息预测研究进展》，石油工业出版社 2004 年版，第 47—49 页。

［7］徐道一：《大地震发震时间二倍关系探讨》，陈运泰编：《中国地震学会成立 20 周年纪念文集》，地震出版社 1999 年版，第 313—318 页。

［8］徐道一：《二倍关系的元创新性质》，王明太、耿庆国编：《中国天灾信息预测研究进展》，石油工业出版社 2004 年版，第 44—46 页。

［9］翁文波、吕牛顿、张清：《预测学》，石油工业出版社 1996 年版。

［10］徐道一、沈宗丕：《试论三元可公度性与二倍关系的异同》，王明太、耿庆国编：《中国天灾信息预测研究进展》，石油工业出版社 2004 年版，第 41—43 页。

# B16　改进后的"磁暴月相二倍法"对全球 8 级巨震的短临预测 [①]

沈宗丕　林命周　赵　伦　郝长安

汶川地震发生后，沈宗丕经过研究和分析反思，若将作为被倍磁暴日的 2003 年 5 月 9 日与以往符合月相条件的而且 $K \geq 8$ 的大磁暴日逐个进行二倍，则可构成如表 1 所示的具体测算结果。

表 1　被倍磁暴日 2003 年 5 月 9 日农历四月初九（上弦）
$K=6$ 与以往有月相的 $K \geq 8$ 磁暴日的二倍关系

| 起倍磁暴日期 | 农历 | $K$ | 相隔天数（天） | 预测日期 | 地震对应情况 | | | 误差（天） |
| --- | --- | --- | --- | --- | --- | --- | --- | --- |
| | | | | | 日期 | 震级 | 地区 | |
| 2001–11–6 | 九月廿二 | 9 | 549 天 | 2004–11–8 | 2004–11–12 | 7.4 | 印尼帝汶岛 | +4 |
| 2001–3–31 | 三月初七 | 9 | 769 天 | 2005–6–16 | 2005–6–14 | 8.1 | 智利北部 | −2 |
| 2000–9–18 | 八月廿一 | 8 | 963 天 | 2005–12–27 | 2006–1–2 | 7.5 | 南桑维奇 | +6 |
| 2000–7–16 | 六月十五 | 9 | 1027 天 | 2006–3–1 | 2006–2–23 | 7.5 | 莫桑比克 | −6 |
| 2000–5–24 | 四月廿一 | 8 | 1080 天 | 2006–4–23 | 2006–4–21 | 8.3 | 堪察加半岛 | −2 |
| 1999–10–22 | 九月十四 | 8 | 1295 天 | 2006–11–24 | 2006–11–15 | 8.0 | 千岛群岛 | −9 |
| 1999–9–23 | 八月十四 | 8 | 1324 天 | 2006–12–23 | 2006–12–26 | 7.2 | 中国台湾南部 | +3 |
| 1998–5–4 | 四月初九 | 8 | 1831 天 | 2008–5–13 | | ? | | |

根据表 1 可见，在 7 次测算中有 5 次能对应上 $M_S \geq 7.5$ 的大地震，其中 3 次 $M_S \geq 8.0$ 级，并可后验 2008 年 5 月 13 日 ±5 天或 ±10 天，可能发生一

---

[①]　见：高建国、郭增建、耿庆国、汪成民编：《灾害预测方法集成》，气象出版社 2010 年版，第 144—146 页。

次 $M_s \geq 7.5$ 的大地震，此即对应 2008 年 5 月 12 日四川省汶川 8.0 级的巨大地震，而且误差只有 1 天。

这次四川省汶川 8 级巨大地震在震前没有向上级预报部门作出短临预测，它给我们一个重大的启发和教训："磁暴月相二倍法"不能仅仅用同一个起倍磁暴日与以后的 $K=6\sim7$ 的磁暴日二倍，也可以将以往 $K \geq 8$ 的大磁暴日与同一个 $K=6\sim7$ 的磁暴日二倍，这应该成为一种新的预测模式。

为进一步检验这一新的预测方法是否有效，目前采用另一个被倍磁暴日作表 2 所示的测算。

表2　被倍磁暴日 2003 年 5 月 30 日农历四月三十（朔日）
$K=7$ 与以往有月相的 $K \geq 8$ 磁暴日的二倍关系

| 起倍磁暴日期 | 农历 | K | 相隔天数（天） | 预测日期 | 地震对应情况 | | | 误差（天） |
| --- | --- | --- | --- | --- | --- | --- | --- | --- |
| | | | | | 日期 | 震级 | 地区 | |
| 2001-11-6 | 九月廿二 | 9 | 570 天 | 2004-12-20 | 2004-12-23 | 8.0 | 麦阔里岛以北 | +3 |
| | | | | | 2004-12-26 | 8.9 | 苏门答腊西北 | +6 |
| 2001-3-31 | 三月初七 | 9 | 790 天 | 2005-7-28 | 2005-7-24 | 7.5 | 尼科巴群岛 | -4 |
| 2000-9-18 | 八月廿一 | 8 | 984 天 | 2006-2-7 | 2006-1-28 | 7.6 | 班达海 | -10 |
| 2000-7-16 | 六月十五 | 9 | 1048 天 | 2006-4-12 | 2006-4-21 | 8.3 | 堪察加半岛 | +9 |
| 2000-5-24 | 四月廿一 | 8 | 1101 天 | 2006-6-4 | 2006-5-22 | 7.3 | 堪察加半岛 | -12 |
| 1999-10-22 | 九月十四 | 8 | 1316 天 | 2007-1-5 | 2007-1-13 | 8.1 | 千岛群岛 | +8 |
| 1999-9-23 | 八月十四 | 8 | 1345 天 | 2007-2-3 | 2007-1-21 | 7.5 | 马鲁古海峡 | -13 |
| 1998-5-4 | 四月初九 | 8 | 1852 天 | 2008-6-24 | | ? | | |

据表 2，共测算 7 次，对应 7.5 级以上大震有 7 次（包括 1 次对应 2 次 8 级以上巨震），其中有 4 次 8 级以上巨震，包括著名的印尼苏门答腊 8.9 级海啸特大巨震。根据这一新的测算模式，我们可以预测 2008 年 6 月 24 日 ±7 天或 ±14 天（这是根据实际对应地震情况而作出的）可能发生一次 $M_S \geqslant 7.5$ 的大地震。

作者提出预测：2008 年 6 月 24 日 ±7 天或 ±14 天，在环太平洋地震带内可能发生一次 $M_S \geqslant 7.5$ 的大地震。

检验经过：于 2008 年 7 月 5 日在俄罗斯鄂霍次克海发生了一次 7.7 级的大地震，与 6 月 24 日的中心预测日相差 11 天（在预测期内），与预测的 $M_S \geqslant 7.5$ 级完全正确，与预测的环太平洋地震带内基本正确。

根据"磁暴月相二倍法"于 2009 年 12 月 31 日向中国地球物理学会天灾预测专业委员会提交"2010 年天灾预测年度报告简表"中的第一个预测意见是：2010 年 2 月 22 日 ±7 天或 ±14 天在环太平洋地震带内（特别要注意我国台湾省及邻近海域）；欧亚地震带内（特别要注意我国西部或西南地区）；我国大华北地区内（特别要注意小华北地区）可能发生一次 7.5~8.5 级的大地震，同时希望通过有关手段和方法结合起来进一步缩小地区的预测范围。

2010 年 1 月底，又向中国地震预测咨询委员会等单位和部门以及咨询委员会的郭增建主任，汪成民、徐道一副主任；天灾预测专业委员会的耿庆国主任，高建国、李均之副主任和陈一文顾问等发出以上的短临预测意见。同时，又向强祖基等 28 位预测专家发出了 E-mail，希望通过各自的手段和方法，密切配合，进一步缩小地区的预测范围。又于 2010 年 2 月 2 日，沈宗丕与林命周向中国地震台网中心提交了"地震短临预测卡片"——编号为 2010-（1）的短临预测意见。2 月 14 日收到中国地震台网中心地震预报部回执，登记编号为 201001010011。

根据中国地震台网测定：北京时间 2010 年 2 月 27 日 14:34，在智利（南纬 35.8 度，西经 72.7 度）发生了一次里氏 8.5 级的巨大地震（后修正为 $M_w$ 8.8 级特大巨震）。美国地质调查局（USGS）原测定为里氏 8.3 级巨大地震

（后修正为 $M_w$ 8.8 级特大巨震）。

地震短临预测的依据与方法——"磁暴月相二倍法"如表 3 所示。

表 3　被倍磁暴日 2005 年 9 月 11 日农历八月初八（上弦）
$K=7$ 与以往有月相的 $K=9$ 磁暴日的二倍关系

| 起倍磁暴<br>日期 | 农历 | $K$ | 相隔天数<br>（天） | 预测日期 | 地震对应情况 | | | 误差<br>（天） |
|---|---|---|---|---|---|---|---|---|
| | | | | | 日期 | 震级 | 地区 | |
| 2005-8-24 | 七月二十 | 9 | 18 天 | 2005-9-29 | 2005-10-8 | 7.9 | 巴基斯坦 | +9 |
| 2005-5-15 | 四月初八 | 9 | 119 天 | 2006-1-8 | 2006-1-2 | 7.5 | 南桑维奇 | -6 |
| 2003-10-31 | 十月初七 | 9 | 681 天 | 2007-7-24 | 2007-8-9 | 7.8 | 印尼爪哇 | +16 |
| 2001-11-6 | 九月廿一 | 9 | 1405 天 | 2009-7-17 | 2007-7-15 | 7.8 | 新西兰南岛 | -2 |
| 2001-3-31 | 三月初七 | 9 | 1625 天 | 2010-2-22 | ? | ≥ 7.5 | ? | |

智利 8.8 级地震发生日期与预测日期的中心点（2010 年 2 月 22 日）相差 5 天，在预测期间之内，预测震级基本上准确，发震地点在预测地区（环太平洋地震带）内，但预测区域太大。

# B17 "磁暴月相二倍法"是短临预测全球 8 级左右大地震的一种新方法①

沈宗丕　林命周　徐道一

**摘要：**两次磁暴之间的时间间隔，延长一倍，可以计算出未来 8 级左右大地震的发震日期。本文介绍张铁铮 1969 年底开发出利用这种自然规律的"磁暴二倍法"，在中国首次应用于发震日期的预测。本文作者在此基础上开发出"磁偏角异常二倍法"，从 1970 年 9 月开始预测发震日期。

20 世纪 90 年代，作者在预测环太平洋地震带上 8 级左右大地震时，发现两个异常日期之间的天数，如果符合 29.6 天的倍数，与 8 级左右大地震发震日期有更好的对应关系。29.6 天近似月球的望、朔周期。作者开发的"磁暴月相二倍法"预测发震日期由此产生。

**关键词：**磁暴月相二倍法　地震短临预测　8 级左右大地震

## 一、"磁暴月相二倍法"预测地震的由来

"磁暴月相二倍法"预测地震是在"磁偏角异常二倍法"的基础上发展起来的[1]。"磁偏角异常二倍法"是通过南北相距较远的两个地磁台同一天的磁偏角的幅度值相减，并经过适当的纬度"校正"，选出突出的地区性异常，来估计地震发生的大致地点；根据两次磁偏角异常出现的日期中间所包括的天数，从第二次异常日期算起，往后推同样的天数，这就是预测发震的时间；

---

① 见：高建国等编：《中国防灾减灾之路 2015》，气象出版社 2015 年版，第 96—101 页。

震级的大小是根据异常的大小来估计的。

在使用北京台与佘山台的磁偏角数据作"磁偏角异常二倍法"预测地震的过程中，发现可以预测环太平洋地震带上 8 级左右的大地震，但是还存在着一定的虚报。通过不断的总结发现，两个异常日期之间的天数，必须符合29.6 天的倍数，方可进行预测，才能对应上 8 级左右的大地震，否则会带来虚报（指小于 7 级地震）。29.6 天正好近似月球的望、朔周期，从中又发现所选用的异常日期大多是太阳上发生的大耀斑和质子事件所引起的磁暴日。因此，"磁暴月相二倍法"预测地震就从这里产生了[1]。

## 二、"磁暴月相二倍法"预测地震的方法介绍

1."磁暴月相二倍法"要区分两种性质的磁暴："起倍磁暴"（MS1）和"被倍磁暴"（MS2）。

预测地震时间的计算是求出"起倍磁暴日"与"被倍磁暴日"的时间间隔（D），即 D=MS2−MS1，以天为单位。在"被倍磁暴日"的日期上加上 D 值，即为预测"发震日期"（TC），即 TC=MS2+D，误差一般为 ±7 天或 ±14 天。

2."起倍磁暴日"与"被倍磁暴日"的选取

大的磁暴日，大多是太阳上发生的大耀斑或质子事件引起的，在选取"起倍磁暴日"的时候必须选 $K$ 指数大的磁暴。我们国家的地磁台，采用三个小时时段内（国际时）水平强度（$H$）最大幅度（$R$）与 $K$ 指数之间的关系如下：

$R$（$H$ 幅度）= 0　3　6　12　24　40　70　120　200　300 以上（nT）

　　$K$ 指数 = 0　1　2　3　4　5　6　7　8　9

以三小时的时段来量算，分别为 0 h~3 h 为第 1 时段，3 h ~6 h 为第 2 时段，……21 h~24 h 为第 8 时段。当 $K$=5 时为中常磁暴（m）；$K$=6 或 7 时为中烈磁暴（ms）；$K$=8 或 9 时为强烈磁暴（s）。在选取"起倍磁暴日"时，必须 $K \geqslant 8$。在选取"被倍磁暴日"时，必须 $K \geqslant 6$，而且都应该在月相的日期中选取（上弦日为初七~初九；望日为十四~十七；下弦日为廿一~廿三；

朔日为廿九～初二。但"被倍磁暴日"的 $K$ 指数一般不能超过"起倍磁暴日"的 K 指数（个别情况例外）。

3. 对 2001 年 11 月 14 日中国昆仑山西 8.1 级巨大地震的预测

沈宗丕在 2001 年 11 月 5 日召开的上海市地震局 2002 年度趋势会商会上，在《近期对全球 8 级左右大震的短临预测意见》一文中，应用磁暴月相二倍法、大震组合周期等方法，明确提出：2001 年 11 月 22 日（±6 天）在新疆及其毗邻地区（以 46.5° N，85.0° E 或 40.0° N，90.0° E 为中心 300 公里范围内）可能发生一次 $M_S$=8 左右（不小于 7.5 级）的大地震。

地震短临预测的依据与方法——"磁暴月相二倍法"如下：

起倍磁暴日期：1998 年 5 月 4 日，农历四月初九（上弦），$K$=8

被倍磁暴日期：2000 年 2 月 12 日，农历一月初八（上弦），$K$=7

二者相隔 649 天，二倍后得测算日期为：2001 年 11 月 22 日。

实际情况是：北京时间 2001 年 11 月 14 日在新疆的边邻地区发生了一次 8.1 级巨大地震（36.2° N，90.9° E）。实际发生地震与预测发震时间差 8 天，与预测震级差 0.1 级，发震地区与预测地区相差约 400 公里。这次预测的两个要素（发震时间和震级）均符合中国地震局分析预报中心预报部所规定的一级短临预测标准，对发震地点的预测存在一定程度的误差。本次地震是 50 年来在大陆上发生的一次超过 8 级的巨大地震。

4. 对 2003 年 9 月 26 日日本北海道 8.2 级巨大地震的预测

沈宗丕应用磁暴月相二倍法、大震组合周期、大震迁移方向等方法，在 2003 年 9 月 19 日分别向国家 863 计划地震预测课题项目负责人等提交预测意见：2003 年 10 月 10 日（±5 天或 ±10 天）和 10 月 14 日（±5 天或 ±10 天）国外有三个要特别注意的地区：第一个地区就是日本北部（以 42.0° N，144.5° E 为中心 300 公里范围内）或日本南部（以 34.0° N，138.0° E 为中心 300 公里范围内），可能发生一次 $M_S$=7~8（最大可能在 7.5 级以上）的大地震。

地震短临预测的依据与方法 ——"磁暴月相二倍法"如下：

起倍磁暴日期：1999 年 9 月 23 日，农历八月十四（望日），$K=8$

被倍磁暴日期：2001 年 10 月 1 日，农历八月十四（望日），$K=6$

二者相隔 739 天，二倍后得测算日期为：2003 年 10 月 10 日。

实际情况是：北京时间 9 月 26 日在日本北部地区（42.2° N，144.1° E）发生了一次 8.2 级巨大地震。实际发生地震与预测发震时间差 14 天，震级与预测震级相符，发震地区与预测地区仅相差约 50 公里。这次预测的三要素全部符合中国地震局分析预报中心预报部所规定的一级短临预测标准，本次地震发生前，由陈一文先生根据我们（指沈宗丕、郑联达）的预测情况向日本地震学家通报了预测意见。

5. 对 2004 年 12 月 26 日印度尼西亚苏门答腊 8.9 级特大巨震的预测

在 2004 年 10—11 月，沈宗丕应用磁暴月相二倍法作出了对印尼特大巨震的预测。他在 2004 年 10 月 30 日填写了"天灾年度预测报告简表"，分别邮寄给中国地球物理学会天灾预测专业委员会郭增建主任和汪纬林秘书长，在"简表"中作出预测：2004 年 12 月 20 日 ±5 天（或 ±10 天），在日本南部可能发生 7.5~8.5 级的大地震，但不排除在其他地区内发生。在 2004 年 11 月 15 日，沈宗丕以同样的预测内容分别发了电子邮件给国际地震预测委员会许绍燮秘书长，中国地震预测咨询委员会、中国地球物理学会天灾预测专业委员会一些委员等。

地震短临预测的依据与方法 ——"磁暴月相二倍法"如下：

起倍磁暴日期：2001 年 11 月 6 日，农历九月廿一（下弦），$K=9$

被倍磁暴日期：2003 年 5 月 30 日，农历四月三十（朔日），$K=7$

二者相隔 570 天，二倍后得测算日期为：2004 年 12 月 20 日。

实际情况是：2004 年 12 月 23 日在澳大利亚东南方向的麦阔里岛发生了 8.1 级巨震；2004 年 12 月 26 日在印度尼西亚苏门答腊西北地区发生了 8.9 级特大巨震，是该年度全球最大的一次地震。上述预测在发震时间和震级方面和两个巨震都对应得很好：预测发震时间的中心点（12 月 20 日）与巨震实际发生时间分别相差 3 天和 6 天，都在误差范围内；预测震级分别为符合和相差 0.4 级；但对发震地区的预测偏差太大。

6. 对 2006 年 11 月 15 日千岛群岛 8.0 级巨大地震的预测

沈宗丕运用"磁暴月相二倍法"预测：2006 年 11 月 18 日 ±5 天（或 ±10 天）在我国西部地区可能发生 7~7.6 级大震，但不排除在其他地区内发生 7.5 级以上的大地震。这一预测意见于 2006 年 10 月 15 日首先以挂号信提交给中国地震局预报部门，然后分别用电子邮件发给中国地震预测咨询委员会、中国老科协地震分会以及中国地球物理学会天灾预测专业委员会徐道一常委、许绍燮院士和上海市地震局林命周研究员。在预测前也曾与中国地球物理学会天灾预测专业委员会耿庆国副主任共同讨论会商过，他用"磁暴二倍法"预测的时间与震级基本一致。

而后沈宗丕又将这一预测意见告知中国地震局地壳应力研究所的戴梁焕高工，请他用自己多年来做全球大震活动的动态分析方法提供可能发生大地震的具体地区，在 2006 年 10 月 22 日的来信中他提出了堪察加半岛北纬 50 度左右等四个具体地区，最大可能在堪察加半岛的南部地区。

地震短临预测依据与方法——"磁暴月相二倍法"如下：

起倍磁暴日期：2000 年 7 月 16 日，农历六月十五（望日），$K=9$

被倍磁暴日期：2003 年 9 月 17 日，农历八月廿一（下弦），$K=7$

二者相隔 1158 天，二倍后得测算日期为：2006 年 11 月 18 日。

实际情况是：在 2006 年 11 月 15 日千岛群岛发生 8 级巨大地震，中国地震台网测定为 8.0 级，而美国 USGS 测定为 8.1 级，这是本年度全球发生的最大地震。与预测的中心日期相差 3 天，与预测的震级完全一致，与预测的地区差约 350 千米。

7. 对 2009 年 9 月 30 日萨摩亚群岛 8.0 级巨大地震的预测

沈宗丕根据"磁暴月相二倍法"于 2009 年 9 月 18 日向有关部门提交预测：2009 年 9 月 25 日 ±5 天在环太平洋地震带、欧亚地震带或在我国大华北地区可能发生一次 7.5~8.0 级的大地震，希望通过其他一些前兆手段和方法相互结合起来进一步缩小地区的预测范围。

2009 年 9 月 21 日 14 时左右沈宗丕打通了张铁铮先生家的电话，目的是想了解他最近的身体健康状况，接电话的是他的儿子。张铁铮的儿子告诉沈宗丕一个非常不幸的消息，他的爸爸由于心脏病复发于当天上午 9 时 05 分逝世了。他是我国采用"磁暴二倍法"预报地震的创始人。

耿庆国告诉沈宗丕说："我们（指任振球、耿庆国、李均之、曾小苹等）曾向有关部门提交预测：2009 年 9 月 22 日 ±10 天在我国的三峡库区可能发生一次大的滑坡或 6.5 级左右的中强地震，但也不排除在国外发生 7.5 级以上的大地震。"沈宗丕支持耿庆国的预测意见。果然是 2009 年 9 月 20 日下午 4 时 50 分在重庆万县巫溪地区发生了一次 100 万立方米的大滑坡，据说当地的群众测报点也作了预测，房屋倒塌 80 余间，56 个人迅速逃跑，无一人死亡，这次预报获得了成功。

地震短临预测的依据与方法——"磁暴月相二倍法"如下：

起倍磁暴日期：1989 年 11 月 18 日，农历十月廿一（下弦），$K=8$

被倍磁暴日期：1999 年 10 月 22 日，农历五月初七（上弦），$K=7$

二者相隔 3625 天，二倍后得测算日期为：2009 年 9 月 25 日。

根据中国地震台网测定：2009 年 9 月 30 日 1 时 48 分在萨摩亚群岛（15.5° S、172.2° W）发生一次 8 级巨震，又测定：2009 年 9 月 30 日 18 时 16 分在印尼苏门答腊南部（0.8° S、99.8° E）发生一次 7.7 级巨震，与预测的中心日期相差 5 天，与预测的震级完全一致，预测的地区偏大。

8. 对 2010 年 2 月 27 日智利 8.8 级特大巨震的预测

沈宗丕根据"磁暴月相二倍法"于 2009 年 12 月 31 日向中国地球物理学会天灾预测专业委员会提交的"2010 年天灾预测年度报告简表"中的第一个预测意见：2010 年 2 月 22 日 ±7 天或 ±14 天在环太平洋地震带内（特别要注意我国台湾省及邻近海域）；欧亚地震带内（特别要注意我国西部或西南地区）；我国大华北地区（特别要注意小华北地区）可能发生一次 7.5~8.5 级的大地震，同时希望能通过有关手段和方法结合起来进一步缩小地区的预测范围。

2010 年 1 月底，沈宗丕向中国地震预测咨询委员会等单位和部门以及咨询委员会的郭增建主任，汪成民、徐道一副主任，天灾预测专业委员会的耿庆国主任，高建国、李均之副主任和陈一文顾问等提交以上的短临预测意见。同时，沈宗丕又向强祖基等 28 位预测专家发出了 E-mail，希望通过各自的手段和方法，密切配合，进一步缩小地区的预测范围；又于 2010 年 2 月 2 日沈宗丕与林命周向中国地震台网中心提交了"地震短临预测卡片"，编号为 2010-（1）的短临预测意见。2 月 14 日他收到中国地震台网中心地震预报部回执，登记编号为：201001010011。

2010 年 2 月 9 日 11 时 35 分，收到刘国昌预测专家的 E-mail，他经过天文计算认为，2 月 10 日、20 日、24 日是发生大地震的时空，2 月 24 日 14 时 46 分又收到他的 8 级预警信号。

2010 年 2 月 9 日 14 时 37 分，收到杨学祥预测专家的 E-mail，他认为 2010 年是 8.5 级以上大地震爆发的危险年，值得关注，特别是沿海地区。2 月 10 日 5 时 24 分，又收到他的 E-mail，认为 2 月 13 日为月亮远地潮，2 月 14 日为日月大潮；2 月 28 日为月亮近地潮，3 月 1 日为日月大潮，均可激发地震火山活动。

地震短临预测的依据与方法——"磁暴月相二倍法"如下：

起倍磁暴日期：2001 年 3 月 31 日，农历三月初七（上弦），$K=9$

被倍磁暴日期：2005 年 9 月 11 日，农历八月初八（上弦），$K=7$

二者相隔 1625 天，二倍后得测算日期为：2010 年 2 月 22 日。

实际情况是：根据中国地震台网测定，北京时间 2010 年 2 月 27 日 14 时 34 分，在智利（南纬 35.8 度，西经 72.7 度）发生了一次里氏 8.5 级的巨大地震（后修正为 8.8 级）。美国地质调查局（USGS）原测定为里氏 8.3 级巨大地震（后修正为 8.8 级）。与预测的中心日期相差 5 天，与预测的最高震级相差 0.3 级，与预测的地区相差太大。

### 三、对全球 8 级左右大地震的预测效果

为了系统检验"磁暴月相二倍法"的预测效果，对全球 $M_S \geqslant 7.5$ 大地震进行两次检查。一次预测对应的研究是：在 1991 年 12 月 1 日至 1994 年 11 月 30 日期间，全球共发生 $M_S \geqslant 7.5$ 的大震（主震）12 次。统一"磁暴月相二倍法"进行预测的标准后，作出了 14 次预测（其中 1 次重复，应按 13 次统计），对应 $M_S \geqslant 7.5$ 大震有 8 次，虚报 5 次（其中对应上 $7.4 \geqslant M_S \geqslant 7.0$ 的大震有 3 次），漏报 4 次地震。[2]

另一次预测对应的研究是：在 1998 年 5 月 1 日至 2001 年 1 月 31 日期间，全球共发生 $M_S \geqslant 7.5$ 的大震 16 次，发生于"磁暴月相二倍法"得出的计算发震日期（在 ±5 天范围内）有 13 次，无对应的有 3 次。在 15 次计算发震日期中有 11 次对应全球 $M_S \geqslant 7.5$ 的大震，有 2 次对应 $7.0 \leqslant M_S \leqslant 7.4$ 的大震。[2]

实践表明，磁暴月相二倍法预测地震实际上还不能判定发震地点，充其量是预测一定级别以上地震发震日期的时间段，这一点连方法的推出者本人也认可，磁暴月相二倍法预测地震在历史上报得较好的几次三要素预测（如 2001 年 11 月 14 日我国昆仑山西 8.1 级和 2003 年 9 月 26 日日本北海道 8.2 级巨大地震的预测），在地点上，预测者本人也认为是蒙对的。因此，磁暴月相二倍法预测地震（所预测的地点是整个地球，此含义即二要素预测）在发震时间段上有合理性。另外由于地球上的中小地震每天不知要发生多少次，故只有预测相当大震级的地震才能鉴别预测的有效性。再则仅根据报对率还不能全面地评价预测的效能，因此今后还须再作进一步的评估。

### 四、二倍关系的机制问题的初步探讨

由于"磁暴二倍法""磁暴月相二倍法"等在预测大地震的发震时间方面的精度较高，而且效果显著，一些学者对磁暴、二倍关系与地震的机制进行研究。

磁暴可穿透地球表面几百公里。由于磁暴数据是由位于地球表面的地磁台站记录，磁暴强度一方面与太阳活动有关，一方面也受到磁暴打入地球

时，地下岩石的磁、电等性质影响。地震发生在地球表面几十公里之内，这为应用磁暴与地震预测的问题提供了基础。

张铁铮最早提出对磁暴与地震在时间上存在二倍关系[4]，他认为：震中周围岩石从压缩到恢复，一往一返，一个周期正好是二倍关系。罗葆荣对磁暴与太阳耀斑与地震对应关系进行探讨[5]，他应用统计检验方法，得出如下看法：（1）在一定的太阳活动条件下，作为起倍异常和被倍异常的磁暴强度越高，预测水平越高；（2）在一定的磁场强度条件下，太阳质子耀斑的出现，显著地提高了地震预测水平；（3）应用有质子耀斑对应的起倍磁暴日和被倍磁暴日时的预测水平最高。这表明太阳粒子流是通过地磁的扰动而触发地震的。质子耀斑和磁暴都是提高磁暴二倍法预测水平不可缺少的因子。沈宗丕[1]发现：选取发生在月相中的磁暴亦可明显减少虚报，而且可对应震级较大的地震，表明大地震除了与太阳活动有关以外，还应考虑月亮的因素。徐道一等提出，两个异常的时间间隔与朔望月、交点月的公倍数有关，有时后者还表现为素数数列[6, 7]。

郭增建等从震源物理角度来解释二倍关系，提出：按照组合模式，蠕滑断层有幕式蠕滑[8]。磁暴的热效应和磁致伸缩效应可使蠕滑幕向磁暴时刻调整。按物理学中"整步现象"，当磁暴加到蠕滑幕，第二个磁暴发生后到再次出现蠕滑幕的时间也与前一次时间间隔相等，此时这个蠕滑幕可能触发积累单元释放能量而发生大震，即出现二倍现象。张世杰等以太阳磁球、地球磁球的不稳定产物磁暴球三者做限制性三体问题研究，给予"磁暴二倍法预报地震"以物理背景的天文学机理讨论[9]。

目前掌握的二倍关系比较确定的有（下文中"—"代表两端事物之间的空间或时间的等间距）：磁暴—磁暴—磁暴；磁暴—磁暴—地震；磁暴—地震—地震；地震—地震—地震；热点—热点—热点；断层—断层—断层；节理—节理—节理；岩墙—岩墙—岩墙；超大型矿床—超大型矿床—超大型矿床；铀矿点—铀矿点—铀矿点；城市—城市—城市等。[10, 11]

上述例子有一个共同之处：它们大多是一些突发性强或罕见的事物，其特点是变化不连续、不平稳，不符合常规数学方法的假设前提。它们在自然界客观地存在。可以相信：客观存在大量二倍关系，可被应用于科学预测和研究。

翁文波院士大大地发展了可公度性的理论，并在天灾（地震、洪水、干旱等）预测中发挥了出乎意料的效果[12]。三元公度式中仅有三个点情况（两个差值为邻接时）等同于二倍关系。这样一来，有关可公度性的信息预测理论基本上都可适用于二倍关系。[13]

二倍关系的机制确实不清楚。在机制不清楚前，就不能被承认吗？细胞为什么一分为二的机制至今不清楚，但不影响对细胞进行研究。在混沌理论中，周期倍分岔现象的一分为二的机制也不清楚，它也没有影响对周期倍分岔现象的应用和研究。同理，二倍关系的机制确实不大清楚，但这并不影响对二倍关系进行研究和预测。我们相信，随着科学研究深入开展，对二倍关系机制的了解将会越来越多。

## 参考文献

［1］沈宗丕：《谈谈磁偏角二倍法》，《地震战线》1977 年第 3 期。

［2］沈宗丕、徐道一：《应用磁暴月相二倍法对全球 $M_S \geq 7.5$ 大地震的预测效果分析》，《西北地震学报》1996 年第 3 期。

［3］沈宗丕、徐道一、张晓东、汪成民：《磁暴月相二倍法的计算发震日期与全球 $M_S \geq 7.5$ 大地震的对应关系》，《西北地震学报》2002 年第 4 期。

［4］张铁铮：《磁暴二倍法预报地震》，《自然科学争鸣》1975 年第 2 期。

［5］罗葆荣：《太阳耀斑活动对地磁二倍法预报地震的调制作用》，《云南天文台台刊》1978 年第 1 期。

［6］徐道一、王湘南、沈宗丕：《1994 年 9 月底 10 月初 $M_S \geq 7.5$ 大地震的预测依据》，《地震危险性预测研究》（1995 年度），地震出版社 1994 年版，第 187—191 页。

［7］徐道一、王湘南、沈宗丕：《磁暴与地震跨越式关系探讨》，《地震地质》1994 年第 1 期。

［8］郭增建、韩延本、吴瑾冰：《从震源物理角度讨论外因对地震的触发机制》，《国际地震动态》2001 年第 5 期。

［9］徐道一：《大地震发震时间二倍关系探讨》，陈运泰编：《中国地震学会成立20周年纪念文集》，地震出版社1999年版，第313—318页。

［10］徐道一：《二倍关系的元创新性质》，王明太、耿庆国编：《中国天灾信息预测研究进展》，石油工业出版社2004年版，第44—46页。

［11］翁文波、吕牛顿、张清：《预测学》，石油工业出版社1996年版。

［12］徐道一、沈宗丕：《试论三元可公度性与二倍关系的异同》，王明太、耿庆国编：《中国天灾信息预测研究进展》，石油工业出版社2004年版，第41—43页。

［13］张世杰、韩延本、胡辉：《天灾预测分析的物理基础：天体磁场》，王明太、耿庆国编：《中国天灾信息预测研究进展》，石油工业出版社2004年版，第47—49页。

# B18　对 1991—2017 年全球 $M_s \geq 8$ 地震预测对应情况的统计

沈宗丕

对 1991 年 1 月 1 日—2017 年 12 月 31 日期间发生的 34 次全球 ≥ 8.0 级（其中有一天发生 2 次）地震，震前作过正式预测的有 18 次，震前未作正式预测的有 15 次，共有 33 次预测意见（表 1）。

在震前作出 18 次正式预测中，预测日期与实际发生地震的日期相差为 0 天的震例有 2 次，相差 1~3 天的有 5 次，相差 4~7 天的有 6 次，相差 8~12 天的有 2 次，相差 13~16 天的有 3 次。

在震前得出 15 次预测日期（但未作正式预测）中，预测日期与实际发生地震的日期相差为 0 天的震例有 2 次，相差 1~3 天的有 8 次，相差 4~7 天的有 4 次，相差 8 天的有 1 次。

表 1　34 次全球 ≥ 8 级地震发生日期与预测日期的对比

| | |
|---|---|
| 1 | 1991 年 4 月 23 日哥斯达黎加 8.0 级 |
| | 震前测算为 1991 年 4 月 19 日，两者相差 4 天，但是震前未作正式预测。 |
| 2 | 1992 年 6 月 28 日美国加州南 8.0 级 |
| | 震前测算为 1992 年 6 月 28 日，两者相差 4 天，震前作过正式预测。 |
| 3 | 1993 年 8 月 8 日马里亚纳群岛 8.1 级 |
| | 震前测算为 1993 年 8 月 11 日，两者相差 3 天，但是震前未作正式预测。 |
| 4 | 1994 年 10 月 4 日千岛群岛 8.1 级 |
| | 震前测算为 1994 年 9 月 29 日，两者相差 5 天，震前作过正式预测。 |

| | |
|---|---|
| 5 | 1997 年 12 月 5 日堪察加半岛 8.0 级 |
| | 震前测算为 1997 年 12 月 6 日，两者相差 1 天，但是震前未作正式预测。 |
| 6 | 1998 年 3 月 25 日南太平洋 8.0 级 |
| | 震前测算为 1998 年 3 月 25 日，两者相差 0 天，但是震前未作正式预测。 |
| 7 | 1999 年 8 月 17 日土耳其西部 8.0 级 |
| | 震前测算为 1999 年 8 月 17 日，两者相差 0 天，震前作过正式预测。 |
| 8 | 2000 年 6 月 5 日印尼苏门答腊西南地区 8.0 级 |
| | 震前测算为 2000 年 5 月 20 日，两者相差 16 天，震前作过正式预测。 |
| 9 | 2001 年 1 月 14 日萨尔瓦多 8.0 级 |
| | 震前测算为 2000 年 1 月 13 日，两者相差 1 天，但是震前未作正式预测。 |
| 10 | 2001 年 11 月 14 日中国新疆、青海交界处 8.1 级 |
| | 震前测算为 2001 年 11 月 22 日，两者相差 8 天，震前作过正式预测。 |
| 11 | 2002 年 11 月 4 日美国阿拉斯加 8.1 级 |
| | 震前测算为 2002 年 11 月 4 日，两者相差 0 天，震前作过正式预测。 |
| 12 | 2003 年 9 月 26 日日本北海道 8.2 级 |
| | 震前测算为 2003 年 10 月 10 日，两者相差 14 天，震前作过正式预测。 |
| 13 | 2004 年 12 月 26 日印尼苏门答腊岛西北近海 8.9 级 |
| | 震前测算为 2004 年 12 月 20 日，两者相差 6 天，震前作过正式预测。 |
| 14 | 2005 年 3 月 29 日印尼苏门答腊岛北部 8.5 级 |
| | 震前测算为 2005 年 4 月 2 日，两者相差 4 天，但是震前未作正式预测。 |
| 15 | 2005 年 6 月 14 日智利北部 8.1 级 |
| | 震前测算为 2005 年 6 月 14 日，两者相差 0 天，但是震前未作正式预测。 |
| 16 | 2006 年 4 月 21 日堪察加半岛南部 8.5 级 |
| | 震前测算为 2006 年 4 月 23 日，两者相差 2 天，但是震前未作预测。 |
| 17 | 2006 年 11 月 15 日千岛群岛 8.0 级 |
| | 震前测算为 2006 年 11 月 18 日，两者相差 3 天，震前作过正式预测。 |
| 18 | 2007 年 4 月 2 日所罗门群岛 8.1 级 |
| | 震前测算为 2007 年 4 月 4 日，两者相差 2 天，震前作过正式预测。 |

（续表 1）

| 19 | 2007 年 9 月 12 日印尼苏门答腊南部 8.5 级 |
| | 震前测算为 2007 年 9 月 10 日，两者相差 2 天，震前作过正式预测。 |
| 20 | 2007 年 9 月 13 日印尼苏门答腊南部 8.3 级 |
| | 震前测算为 2007 年 9 月 11 日，两者相差 2 天，震前作过正式预测。 |
| 21 | 2008 年 5 月 12 日中国四川省汶川 8.0 级 |
| | 震前测算为 2008 年 5 月 13 日，两者相差 1 天，但是震前未作正式预测。 |
| 22 | 2009 年 9 月 30 日萨摩亚群岛 8.0 级 |
| | 震前测算为 2009 年 9 月 25 日，两者相差 5 天，震前作过正式预测。 |
| 23 | 2010 年 2 月 27 日智利 8.8 级 |
| | 震前测算为 2010 年 2 月 22 日，两者相差 5 天，震前作过正式预测。 |
| 24 | 2011 年 3 月 11 日日本宫城外海 9.0 级 |
| | 震前测算为 2011 年 3 月 4 日，两者相差 7 天，但是震前未作正式预测。 |
| 25 | 2012 年 4 月 11 日印尼苏门答腊北部海域 8.6 级和 8.2 级 |
| | 震前测算为 2012 年 4 月 14 日，两者相差 3 天，震前作过正式预测。 |
| 26 | 2013 年 2 月 6 日圣克鲁斯 8.0 级 |
| | 震前测算为 2013 年 2 月 22 日，两者相差 16 天，震前作过正式预测。 |
| 27 | 2013 年 5 月 24 日鄂霍次克海 8.0 级 |
| | 震前测算为 2013 年 6 月 1 日，两者相差 8 天，但是震前未作正式预测。 |
| 28 | 2014 年 4 月 2 日智利北部 8.2 级 |
| | 震前测算为 2014 年 4 月 4 日，两者相差 2 天，但是震前未作正式预测。 |
| 29 | 2015 年 4 月 25 日尼泊尔 8.1 级 |
| | 震前测算为 2015 年 4 月 28 日，两者相差 3 天，但是震前未作正式预测。 |
| 30 | 2015 年 5 月 30 日日本小笠原群岛 8.0 级 |
| | 震前测算为 2015 年 5 月 24 日，两者相差 6 天，震前作过正式预测。 |
| 31 | 2015 年 9 月 17 日智利中部海岸 8.2 级 |
| | 震前测算为 2015 年 9 月 15 日，两者相差 2 天，但是震前未作正式预测。 |

（续表 1）

| 32 | 2016 年 11 月 13 日新西兰 8.0 级 |
|----|----------------------------------|
|    | 震前测算为 2016 年 11 月 5 日，两者相差 8 天，震前作过正式预测。 |
| 33 | 2017 年 9 月 8 日墨西哥沿岸近海 8.2 级 |
|    | 震前测算为 2017 年 9 月 1 日，两者相差 7 天，但是震前未作正式预测。 |

2018 年 10 月 20 日

# 第二编

## 预测震例

# C1　短临预测 1972 年 1 月 25 日台湾省以东海域 8 级巨大地震的回顾 [①]

沈宗丕

1970 年我在北京工作出差期间，受中国石油战线上的高级工程师张铁铮首创的"磁暴二倍法"预报地震的启发，提出了自己的"磁偏角异常二倍法"作为短临预报地震的一种方法（误差一般为 ±3 天）。为了突出震磁信息，我使用两个相距较远纬度地磁台站的每天磁偏角幅度值相减的办法来消除外磁场的影响，最后来提取异常的日期，异常越大预测的地震越大，方法也是应用二倍的关系来预报地震，简称为"磁偏角二倍法"。后来我发现异常都在磁暴的日子里，故此方法又简称为"磁暴偏角二倍法"。

1971 年我在北京白家疃地磁台过了春节，4 月份我就回到了佘山地震台。平时除了台站的日常观测和计算工作外，还继续搞我的地震预报工作。我又增加了佘山台的磁偏角幅度值，采用的方法是北京台减红山台和北京台减佘山台，于 1971 年 5 月中旬向中央地震办公室提交预报：1971 年 7 月 8 日 ±1天，在大华北地区可能发生一次 5 级以上地震，同时在区外有可能发生一次 7 级以上地震。结果大华北地区并没有发生 5 级以上地震，而于 1971 年 7 月 9 日在智利发生了一次 7.8 级的大地震。这就引起了我的注意，一定要抓住它不放，千万不能让它溜走，偶然性中可能会带来必然性。后来我又经过不断的研究、分析，于 1971 年 9 月 13 日向中央地震办公室提交了一次预报：

---

[①] 2012 年 10 月 10 日投给中国地震预测咨询委员会会议的文稿。

1972 年 1 月 26 日 ±1 天，在地球上可能发生一次 8 级左右的大地震，认为这一天世界上要发生一次巨大地震，至于在什么地方不知道，所以只能说在这个地球上可能会发生。如果确实发生的话，我个人认为也是很有意义的。因为经过人们的统计，每年全球发生 8 级大地震平均只有一次。而且预报日期的精度又那么高。

后来我又经过摸索于 1971 年 10 月 28 日向中央地震办公室提交了第二次预报：1972 年 1 月 26 日 ±1 天，在我国台湾省或日本国境内可能发生一次 8 级左右的大地震。以往前两次 8 级左右大地震（即 1970 年 2 月 10 日秘鲁 7.9 级和 1971 年 7 月 9 日智利 7.8 级）基本上是在东太平洋地震带上发生的，现在的第三次 8 级左右大地震是否有可能在西太平洋地震带上发生，所以我预报的地区是我国的台湾省或日本国境内。

正在这时，于 1971 年 12 月 30 日下午 6 时 47 分在上海市长江口发生了一次 4.9 级有感地震后，中央地震办公室派了刘蒲雄，中国科学院地球物理研究所派了杨玉林，中国科学院地质研究所派了李献智等同志前来参加上海地震的会战工作。当时还有江苏省地震局的张德齐等同志到上海的周边地区建立了地震流动台，支援上海地震的会战工作。在此情况下，我于 1972 年 1 月 3 日又向上海市革命委员会科技组作出了第三次预报：1972 年 1 月 26 日 ±1 天，在华东沿海地区（包括台湾省）或在日本，可能发生一次 6 级以上破坏性地震。

当时为什么不预报 8 级左右大地震而预报 6 级以上呢？原因是怕群众有恐惧心理，因此从预报 8 级大地震降低到 6 级以上。为什么把地点改在华东沿海地区呢？原因是这次长江口 4.9 级有感地震，可能是即将发生的大地震的前震。

由于我预报了这次破坏性地震，上海市委于 1972 年 1 月 23 日向上海市各区、县、局发出了《关于华东地区 1 月 26 日可能出现地震的通知》。同时向华东沿海各省市发出了防震的通知，要求做好防范工作，并传达到干部与群众，传达到街道和农村。各单位就立即组织了抢救队，各医院组织了救护队，各工厂组织了纠察队……并要求各地震台严密监测这次可能到来的大地震。通知发出后果然于 1972 年 1 月 25 日上午 10 时 06 分在我国台湾省火烧岛东海中发生了一次 8 级巨大地震，福建省沿海地区大部有感，福州市个别房屋掉瓦，震后于 11 时 41 分又发生了一次 7.7 级的大地震，这是自 1920 年 6 月 5 日在台湾省大港口东海中发生的 8 级巨大地震后 50 多年来发生的又一次大地震。这次预报的日期与发生的日期只相差 1 天。预报的地震三要素基本正确。

在这次台湾省 8 级巨大地震发生时，上海市有两个单位迅速打电话给我们，一个是水平仪器厂，报告了他们生产的水平泡来回移动非常激烈。另一个单位是上海酿造厂，报告了他们有一个四米见方的酱油池，水面突然波浪翻腾。当台湾省 8 级巨大地震发生后，上海市委马上发出解除警报的通知。1972 年 1 月 25 日国家地震局印发的《地震简报》第 6 期中对此地震的预报成功作了报道，在 1972 年召开的全国地震工作会议的《简报》第 12 期上以《上海佘山地震台较好地预报了台湾 8 级地震》为题予以报道，并在 1972 年第 3 期的《地震战线》刊登了一篇题为《利用磁偏角二倍法较好地预报了台湾 8 级地震》的文章。中央地震办公室在第三次全国地震工作会议上的报告中，对我这次台湾 8 级巨大地震的成功预报给予了肯定。

由于这次台湾 8 级巨大地震的预报成功，中央地震办公室派到上海来参加地震会战的刘蒲雄同志直接打电话向北京作了汇报，随即中央地震办公室领导打电话给中国科学院上海天文台领导指名要我去北京汇报。到了北京后在汇报的那天，我记得当时有国家地震局刘英勇局长，党委书记卫一清，军代表董铁城，还有分析预报研究室的马宗晋、汪成民等同志，还邀请了张铁铮同志来到北京。张铁铮首先祝贺我预报了这次台湾 8 级巨大地震，心里非常高兴和激动。同时国家地震局还邀请了中国科学院地球物理研究所的陈志强、周寿民两位老先生和陈培善同志，中国科学院北京天文台的李启斌同志，还有中国科学院地质研究所的好几位同志参会。

在汇报会上提出了好多问题，特别是对"二倍"提出了很多的问题。有

人提出 $\sqrt{2}$ 倍行不行，自然对数的常数 e 倍行不行，3 倍行不行，磁暴为什么能够预报地震，预报大地震的正确率到底有多少等一系列问题。而这些问题一时都很难以解答，最后由马宗晋建议把"倍数"的问题交给李启斌同志去解决，理论的问题请二位老先生去探讨，正确率的问题请陈培善同志去帮助计算一下。

汇报将要结束的时候党委书记卫一清说："这次你预报了台湾 8 级大地震，那么你是否再计算一下今后还有没有 8 级大地震可能会发生？"因为在科学上必须有重复性，如果没有重复性，那就是碰巧的。我随即就回答了这个问题，我说："根据我的计算下一次是 1973 年 9 月 27 日 ±1 天，根据大地震的迁移情况来看，很有可能在日本与阿留申群岛之间发生一次 8 级左右的大地震。"

汇报会结束后，中国科学院北京天文台的李启斌同志用磁偏角异常日期的资料，大华北地区的地震目录，从 $\sqrt{2}$ 倍开始，包括自然对数的常数 e 倍一直到 3 倍。经过了半个月的电子计算机编程后进行计算，到最后发现 2 倍对应的地震最多。至于磁暴与地震到底是怎样的因果关系，确实是个难题，至于正确率的问题，由于全球大震的预报次数较少，目前还无法判断。只有通过今后不断的预报才能判断此方法的有效性。

1972 年 3 月 8 日在北京召开了第三次全国地震工作会议，我以特邀代表的资格参加了这次会议。在会上我介绍了这次台湾 8 级巨大地震的预报全过程，同时又向代表们提出了下一个 8 级左右大地震的预报意见：1973 年 9 月 27 日 ±1 天，在日本到阿留申群岛之间可能发生一次 8 级左右的大地震。希望大家给予验证。

1972 年 11 月 16 日—12 月 1 日，国家地震局在山西临汾召开了一次中期地震预报会议，我受邀参加。会上大家对我的预报方法觉得不可思议。南开大学王梓坤教授专门来了解我是怎么样预报台湾 8 级大地震的，同时又是怎样预报 1973 年 9 月 27 日 ±1 天的日本到阿留申群岛之间 8 级左右大地震的。我毫无保留地向他作了汇报，他都认真地抄录在自己的笔记本上，以便今后对我的预报进行检验。在这个会议上，我提交了一篇题为《用磁偏角二倍法作中期预报的试探》的文章，这篇文章后由国家地震局的《地震战线》编辑部于 1973 年收入《地震》技术资料汇编 2 中。1973 年 9 月 29 日 8 时 44 分在日本海发生了一次 8 级深震，与这次预报的日期与发生的日期只相差 2 天。预报的地震三要素基本正确。

日本海 8 级深震发生时我国东北地区的长春、沈阳、丹东等地的部分人有感，北京市、天津市和邻近的河北省北部等地区个别人亦有轻微感觉。由于是深震，所以没有造成重大的破坏。这次我从预报开始日 1972 年 1 月 31 日到大地震发生 1973 年 9 月 29 日一共经过了整整 20 个月，是否可以说是作了一次中期的短临预报？

# C1 附件 有关 1972 年台湾大地震预测的资料 *

## 一、我国台湾省东部沿海地区发生八级强烈地震

### 国家地震局 地震简报（第 6 期） 1972 年 1 月 25 日

据地震台网测定，元月廿五日十时六分，在我国台湾省东部沿海地区（北纬 23 度，东经 122 度）发生 8 级强烈地震。据福州地震大队报告，此地震福建省沿海地区大都有感，福州市个别房屋掉瓦。震后于十一时四十一分又发生 7.7 级地震一次，震中向台湾海岸迁移了约 30~40 公里，福州市亦有感。

此地震前，上海佘山台据地磁偏角异常二倍法曾预报一九七二年一月廿六日（误差前后一天）在华东地区（包括台湾）有大于 6 级地震。海洋局情报所、科学院地质所、天文台地震预报组也曾预报七二年一至二月在台湾地区可能有大于 6 级地震。据此，福州地震大队廿四日会商认为在福建不会发生较大地震，如有地震可能在台湾，并将此意见报告了有关领导单位。

报：国务院、军委办公会议、中央办公厅。

总参谋部、国务院办公室、科教组

国家计委、建委、水电、交通、冶金、燃化、卫生部、中国科学院、国家海洋局、中央气象局、电信、民航总局、计委地质局。福建省革委会、福州军区。

中央地震工作小组成员。

送：新华社及有关单位。

---

* 编者注：本篇中有较多有关部门和人员的原文件，保留原有行文格式。

## 二、上海佘山地震台较好地预报了台湾 8 级地震

1972 年全国地震工作会议（简报）第 12 期

1972 年 3 月 24 日

会议秘书组：

1972 年一月二十五日上午，我国台湾省东部附近海中发生了近五十年来最大的一次 8 级强烈地震。这次地震发生前，上海佘山地震台利用磁偏角二倍法，于一月三日向上海市革委会提出了"1972 年 1 月 26 日（误差前后一天）在华东地区（包括台湾省）或在日本可能发生大于 6 级的地震"的预报意见。上海市委于一月二十三日向上海市各区、县、局发出了"关于华东地区 1 月 26 日可能出现地震的通知"，要求各单位作好防震工作。一月二十五日上午台湾地震发生后，上海市委又发出了解除地震警报的通知。

磁偏角二倍法就是用地磁偏角的两次异常在时间上的倍数关系预报地震的方法。这种方法，有过一段反复实践、逐步提高的认识过程。1966 年邢台地震后，在邢台地区的地震工作者，根据大量地震活动与地磁观测曲线的对比研究，发现了两次地磁异常间隔的时间，往往就是从第二次异常算起直到发生地震的时间。这种二倍关系是在近万次的资料对比中发现的。佘山地震台的同志学习了这种二倍法后，专门用于地磁偏角的异常分析，从而摸索出了利用磁偏角二倍法预报地震的一些经验。

用磁偏角二倍法，虽然较好地预报了台湾和其他一些地震，但也还存在许多问题，如预报时间较好，但范围较大；不同地区预报效果差别较大。佘山地震台的同志表示，一定要遵照毛主席关于"一个正确的认识，往往需要经过由物质到精神，由精神到物质，即由实践到认识，由认识到实践这样多次的反复，才能够完成"的教导，认真总结经验，反复实践，逐步提高预报水平，为地震预报作出贡献。

# C2  有关秘鲁、智利几次大地震预测的三份震情

## 一、秘鲁利马附近发生 7.5 级强烈地震

**震情**

**第 35 期**

国家地震局

1974 年 11 月 11 日

据我国地震台网测定，十一月九日二十时五十九分，在秘鲁利马附近（约南纬 11.5 度，西经 77 度）发生 7.5 级强烈地震。

对这次地震有些单位曾做过较好的估计。

今年六月上海天文台地震研究室利用"地磁偏角二倍法"预报：十一月十一日前后三天在哥伦比亚或秘鲁可能发生 8 级左右地震。七月在地磁总结会上北京大学地球物理系和有关地震队的同志又做了进一步的研究，一致同意上述预报。

注：地磁偏角二倍法是以先后出现两个异常（两个地磁台偏角的幅度差大于一定数量为异常）的日期进行二倍，预报地震的发震时间（这次预报是根据北京地磁台减上海地磁台七二年八月五日和七三年九月二十三日磁偏角出现异常确定七四年十一月十一日为发震时间），用异常的幅度估算震级，预报地区参考大地震迁移。

二倍法预报时间示意图

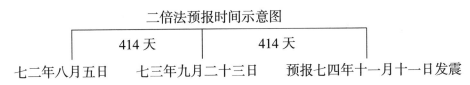

报：中央办公厅，国务院各同志，军委办公会议总参谋部，国务院办公室、科教组

国家计委、建委，水电、交通、冶金、燃化、邮电、财政、卫生部，中国科学院，国家海洋局，中央气象局，民航总局

中央地震工作小组成员

送：新华社及有关单位

## 二、智利中部地区发生 6.8 级地震

震情

第 17 期

国家地震局

1975 年 3 月 18 日

据我国地震台网测定，1975 年三月十三日二十三时二十六分，在南美洲智利拉塞雷纳以西太平洋中（南纬 29.8 度，西经 71.5 度）发生 6.8 级地震。

这次地震前，上海天文台地震研究室利用地磁偏角二倍法于三月二日向国家地震局预报：1975 年三月十一日左右在南美洲的智利中部地区可能会发生 8 级左右地震。这次预报的发震时间和地点与实际情况基本相符，但震级偏高。

地磁偏角二倍法，是用两个地磁台先后出现大于一定数值的磁偏角幅度之差的间隔时间，再延续一倍日期为发震时间。用异常幅度估算震级，预报地区参考大地震的迁移规律。利用这种方法曾报准过几次太平洋沿岸的 7.5 级以上地震，但也有虚报、漏报。

地磁偏角二倍法预报这次地震示意图

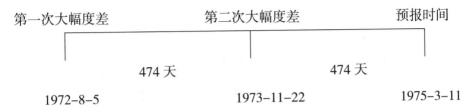

| 第一次大幅度差 | 第二次大幅度差 | 预报时间 |
|---|---|---|
| 474 天 | 474 天 | |
| 1972-8-5 | 1973-11-22 | 1975-3-11 |

报：国务院，中央办公厅，中央军委，中国科学院，总参谋部，国家计委、建委，各省、自治区、市党委、革委，各大军区

中央地震工作小组成员

送：新华社及各有关部门

## 三、智利南部发生 7.8 级地震

### 震情

### 第 30 期

国家地震局

1975 年 5 月 11 日

据我国地震台网测定，1975 年五月十日二十二时二十七分，在智利南部（南纬 41 度，西经 73 度）发生 7.8 级地震。

上海天文台地震研究室运用地磁偏角二倍法，在 1975 年四月二十二日曾经预报过五月八日前后三天，在智利南部将发生 7.5 级左右地震或在环太平洋（不包括汤加、斐济一带）将有 8 级左右（在太平洋西岸可报 7.5 级以上；在太平洋东岸可报 7.7 级以上）的大震。五月八日十时再次预报，八日至十一日，在智利南部将有 7.5 级左右地震，或是在菲律宾和我国台湾地区将有 7.5 级以上地震。

# C3　记 1976 年四川省松潘、平武两次 7.2 级大震的短临预测的经历[①]

沈宗丕

1975 年 4 月 22 日我们运用"磁偏角二倍法"向国家地震局有关部门预报：1975 年 5 月 8 日 ±3 天，根据大地震迁移的规律在智利南部可能发生一次 8 级左右的大地震，结果确实于 1975 年 5 月 10 日在智利南部发生了一次 7.8 级大地震，与预报的时间、地点、震级完全一致。1975 年 5 月 11 日国家地震局《震情》第 30 期对此地震的预报作了报道。

当时正好国家地震局在北京西颐宾馆召开全国地震工作会议，中央地震工作领导小组组长胡克实知道我们在智利南部发生 7.8 级地震前作了较好的预报，就亲自会见我说："国外大地震的预报要继续深入研究，从中找出规律性的东西来，但是今后的重点要放在国内，为预报国内的大地震做出贡献。"

会议期间中国科技大学地球物理系徐世浙老师随即前来与我联系，希望能在 75 届地球物理系毕业生中选写毕业论文时与我合作，用"磁偏角二倍法"搞一下我国西部地区大地震的预报研究工作，时间定在 1975 年 8 月份。第一步计划是首先去西南地区收集磁偏角资料，第二步计划是 10 月份与科大毕业的学生们一起进行工作，最后写出毕业论文报告。

1975 年 8 月份，由我、秦俊高（我台工作人员）和徐世浙（中科大老

---

① 见：中国地球物理学会天灾预测专业委员会编：《2006 年天灾预测总结研讨学术会议论文集》，第 299—303 页。（内部）

师）一起出发去云南，到达昆明后，云南省地震局派李立平和任职洪与我们同行，收集云南省境内台站的磁偏角记录数据（包括群测点中有自动照相记录的台站），主要是收集和量算在磁暴中的磁偏角幅度值。我们几乎跑遍了整个云南省，收集到20多个台站的记录资料，10月份回到了佘山台。我负责指导中国科学技术大学三位同学的毕业实践。实践报告的题目是《磁偏角二倍法预报我国西南地区的地震》。

根据"二倍法"预报的原则，分别计算出东部台站（北京减红山，北京减佘山）与西部台站（甘肃省的河西堡减云南省的易门）的磁偏角异常日期，然后去对应已经发生的地震，与科大学生一起进行了大量的分析处理工作。

在完成中科大同学毕业实践的基础上，我们又进一步探索预报我国西部地震的发生规律，最后计算出我国西部的地区性异常日期，然后依次进行二倍，根据已经发生地震的对应情况来预报今后可能发生的地震，随即预报：1976年8月17日±3天，在我国西部地区（特别要注意川、滇、藏交界处）可能发生一次6.5级左右的破坏性地震。1975年12月15日—1976年1月9日，在国家地震局于北京西颐宾馆召开的海城地震科技经验交流会暨1976年全国地震趋势会商会上，我们正式作出这个预报意见。当时以幻灯片形式投放在科学会堂的大屏幕上，因此到会的同志都知道有这一预报意见。预报意见亮出来以后，北京地震队的耿庆国到我这里来与我讨论，他说："我用旱震关系预报武都—南坪—松潘—茂汶一带有破坏性地震，而你预报的是1976年8月17日±3天在我国西部地区，是不是就是同一个地震？"我对他说："因为我用的磁偏角台站是大距离的，只能预报我国西部地区，而不能预报到局部地区，有可能是同一个地震，大家一起来检验吧！"

1976年5月23日起，为了搜集西南地区的异常情况，我随同中国科学院上海天文台第一研究室的罗时芳、林一梅两位女同志一起到西南地区出差，她们此行的目的是同西南地区的地震部门共同交流地球自转速度与西南地区地震之间的对应关系。第一站我们先到达贵阳，与贵州省地震办公室的业务人员进行了交流，我把用磁偏角二倍法预报我国西部地区地震的情况也向他们作了汇报。

1976 年 5 月 28 日到达昆明的第二天，5 月 29 日云南省龙陵发生了一次 7.6 级（速报震级）大地震，原定于在 1976 年 6 月 1 日由国家地震局与云南省地震局在昆明翠湖宾馆召开的地震紧急会商会上讨论震情，而大震却在会前发生了。6 月 1 日的会商会继续在昆明翠湖宾馆召开，除了云南省各地地震办公室外，参加的还有四川、青海、甘肃的地震部门，河北省三河地震大队等单位，我们三位同志也被邀请参加了。

在这个会议上各方各自带来的资料中，大多数认为 5 月底或 6 月初云南省境内有发生大地震的可能，我通过"磁偏角二倍法"的计算结果是：1976 年 6 月 1 日 ±3 天，也正好在预报期内。就在这个会商会上我再次预报：1976 年 8 月 17 日 ±3 天，在我国西部地区（特别要注意川、滇、藏交界处）可能发生一次 6.5 级左右破坏性地震。同时以现有的磁偏角资料又预报：1976 年 8 月 22 日 ±3 天，在我国西部地区可能发生一次 8 级左右的大地震，但也可能是同一个地震，即 1976 年 8 月 17 日—22 日发生，到底是一次还是两次，当时很难作出判断。后来经过反复思考，认为应该是两次地震较为妥当。因为 1976 年 8 月 17 日 ±3 天是以地区性异常依次二倍进行预报的，而 1976 年 8 月 22 日 ±3 天是以特大异常与地区性异常逐个二倍进行预报的，所以应该是两次地震而不是一次地震。后一次地震应该比前一次地震大，所以后一次可以预报 8 级左右的大地震。

会议结束后我们就随同云南省地震局的同志直达龙陵地震现场去进行考察和搜集资料，我被分配在路西（芒市）分析预报组工作，预报组组长是丁国瑜研究员，我主要是收集土地电的资料，进行监视和总结工作，龙陵县地办的同志利用"三土"（土地电、土地磁、土倾斜）、"一洋"（水氡），运用"二倍法"较好地预报了这次龙陵大地震，结果龙陵县城无一人死亡，为人民立下了功绩。

1976 年 7 月初，我离开了龙陵震区，于 1976 年 7 月 12 日单独去了四川。第一站首先去西昌，在西昌地震办公室程式同志的陪同下，收集了那里的有关资料，询问了当地的异常情况，第二站到了成都，第三站到了灌县，第四站到了汶川（已是 1976 年 7 月 18 日—20 日）。根据汶川地震办的同志介绍，当时异常仍然很大，地震办自制的感磁仪能较好地对应上 1976 年 5 月 29 日的云南龙陵大地震，而且异常很明显。这几天又在大幅度地下降，看来又一个大地震不久将会到来。第五站准备去松潘收集资料，汶川地震办的同志对我说："目前是雨季，山洪暴发随时有可能发生，走进来容易，出去就难了。"建议我不要再进去了。于是我于 7 月 21 日回到了成都，7 月 23 日下午四川省地震局召开地震会商会，四川省地震局分析预报室主任罗灼礼同志邀请我参加。

在这个会议上，我听到同志们介绍龙泉有一口 39 米的深井，于 7 月 22 日晚上 9 时水位下降了约 10 米。在会上又反映晚上看到火球的事例很多，最早是在 4 月份的邛崃发现的，5 月份到了大邑，7 月份好像在这条断裂带上往北迁移。这些火球多数发生在河边、水沟旁，颜色一般是红带些蓝，出现的时间一般是在晚上 8 时半至 9 时半，即太阳落山后才能见到。地震局同志也实地做了调查，完全排除了发射信号弹的可能。

在这个会上听到的异常特别多，在这种情况下，我再次预报了这两个地震：（1）1976 年 8 月 17 日 ±3 天，在我国西部地区（特别要注意川、滇、藏交界处）可能发生一次 6.5 级以上的破坏性地震。（在这次会议上震级的预报由 6.5 级左右改为 6.5 级以上。）（2）1976 年 8 月 22 日 ±3 天（最大可能在 22 日—25 日），在我国西部地区可能发生一次 8 级左右的大地震。当时四川省地震局刘兴怀局长也参加了这次会议。会商会结束后，我对罗灼礼同志说："如果你们那里发生地震，我就立即到你们那里去。"他说："我们非常欢迎您来。"最后我就请他们为我代购一张 7 月 28 日回上海的火车票。

1976 年 7 月 28 日上午，四川省地震局的同志带来了一个极坏的消息：当天凌晨 3 时 42 分河北省唐山发生了一次大地震，四川省地震局准备派专机到唐山去支援，问我去不去，我说："让我回上海后再说，不能同你们一起去了。"当时我的心情极不平静，7 月底回到了佘山台，准备把以往的磁偏角资料重新进行计算。就在这个时候，中央抗震指挥部在 8 月 3 日晚上直接打电话给我，要我带好所有资料去北京参加会战。因为我个人是不能作出决定的，我就请支部书记施柱中听电话，施柱中在电话中说："中央有规定，我们不能随便进入北京，去北京出差必须到上海市革委会办理进京介绍信后，方可购买去北京的飞机票或火车票。"于是中央抗震指挥部又直接打电话给上海市革委会主任马天水，当时马天水表示同意。

1976 年 8 月 4 日上午我到市革委会科技组办了进京介绍信后，就购买了一张去北京的飞机票并于中午到达，下午到了国家地震局向国务院政工组组长贾如峰同志、中央抗震指挥部周村同志、国家地震局刘英勇局长、中国科学院党的核心小组组长王光炜同志等汇报了我预报我国西部地区的两个大地震的时间、地点和震级。在汇报过程中，张铁铮同志预报：8 月 12 日±2 天在唐山老震区可能有 6~7 级地震；丁鉴海同志预报：8 月 13 日±3 天在唐山老震区或在新疆、青海一带可能有 6~7 级地震。中央领导同志听了我们三个人的预报意见后，贾如峰同志说："今天请你们来到北京，是为了保卫毛主席，保卫党中央，保卫首都，保卫首都人民生命财产的安全，希望你们抓紧时间，在三天内再拿出个预报意见来，至于我国西部地区的地震预报意见，由四川省、云南省的地震部门去考虑，你们的着重点就是看今后在我们这个地区有没有比唐山更大的地震。你们需要什么资料尽管提出来，可随时向全国各地方台站要资料，希望你们（张铁铮、丁鉴海和我）在三天之内再作出个预报意见来。"

会上我对刘局长说："这次唐山地震我震前没有预报出来，但是在我带来的资料中看是否有异常反应，如果有反应的话，我可以判断今后是否还有更大的地震，如果没有反应，我也没有办法作出正确的判断了。"刘局长说："好吧，你就做一做吧！"在这个会上，我还建议是否能在内蒙古的满洲里再建一个地磁台，当时就立即同意并派国家地震局地球物理所刘成瑞去满洲里选点建台。

汇报结束后，领导把我们三个人的预报意见由国家地震局以绝密形式写成报告向中央汇报，并安排我们住在同一个宿舍。我首先将带来的资料用一个晚上的时间清理和计算，发现有一个异常能反映唐山大地震，经过反复计算是 1976 年 7 月 31 日 ±3 天（即 7 月 28 日—8 月 3 日）。在这个大异常的后面再没有发现比它更大的了，因此随即就计算出三个预报日期，即 1976 年 8 月 10 日 ±1 天、8 月 29 日 ±2 天、9 月 23 日 ±3 天。预报的震级可能是 6~7 级，预报的地区是大华北地区，包括唐山老震区。

1976 年 8 月 6 日国家地震局《〈震情〉特刊 6》以绝密形式向中央汇报，题为"地磁方法预报地震的会商会"。内容：8 月 4 日、5 日，国家地震局根据中央领导同志的指示，邀请用地磁方法预报地震的张铁铮、沈宗丕、丁鉴海等同志在他们原来工作的基础上认真分析了全国其他有关地磁台的资料，对他们原来的预报意见（特刊 4）进行了研究、会商。现将结果报告如下：摘录其中的一段："沈宗丕同志根据北京的白家疃、河北的红山和广州等地磁台资料，用磁偏角二倍法计算，认为 1976 年 8 月 10 日前后一天，在大华北地区（包括唐山老震区）或在我国台湾省有可能发生 6 级以上地震。他还根据甘肃省河西堡和云南省易门地磁台的资料，计算分析认为：第一，1976 年 8 月 17 日前后三天，在西南地区（可能在西藏东部）发生 6.5 级左右地震。第二，1976 年 8 月 22 日前后三天（可能在 22—25 日）也在西南地区（可能在川、滇、藏交界处）发生 8 级左右大地震。"

以上这些预报意见将在 8 月 7 日举行的京津地区的会商会上进一步研究。

在这三天里，张铁铮仍坚持预报：1976 年 8 月 12 日 ±2 天在华北可能发生 6.5~7 级或更大一些的地震；丁鉴海预报：1976 年 8 月 13 日 ±3 天最大可能在后三天在唐山老震区发生 6~7 级地震。最后由我代表三个人于 8 月 7 日由国家地震局在北京科学会堂召开的地震会商会上作出预报：1976 年 8 月 9 日—16 日在唐山老震区可能发生一次 6~7 级的强余震，结果 8 月 9 日果然发生了一次 6.2 级强余震（速报震级），预报获得成功；我预报的 8

月 29 日±2 天的地震，后来于 8 月 31 日在唐山老震区发生了两次 6 级强余震（速报震级）；预报 9 月 23 日±3 天的地震，后来于 9 月 23 日在内蒙古的磴口（属大华北地区）发生了一次 6.3 级地震（速报震级）。

我过去在预报大华北地区的地震时，除了用北京台和红山台的磁偏角资料外，还经常用到山西省临汾台的资料。我觉得这次有必要到临汾台去收集和复核有关异常日期的资料，我于 8 月 14 日由国家地震局派车去了临汾，受到临汾市地办同志的热烈欢迎。我首先去了临汾地震台，把我需要的日期资料复核了一次。

在参观学习过程中，给我印象最深的是临汾台地倾斜的南北向在唐山大地震前走了一个大 8 字形后断丝，并立即发生了唐山大地震。地倾斜的南北向异常是从 1976 年 6 月 27 日开始的，到唐山大地震发生，整整有一个月的时间，我个人认为这是一个很明显的前兆异常。

在临汾市地震办的安排下，8 月 15 日我来到侯马市地震办。参观学习的群测点有红卫机械厂、515 单位、省建工局一公司、风雷厂、38532 部队等。红卫机械厂的群测点曾用"磁暴二倍法"预报了龙陵和唐山大地震的时间和大致方向，误差为±1 天，而且在地震前向地震办作了预报。8 月 16 日在他们的安排下我又回到了临汾，又参观学习了冶金局物探队、213 地质队、动力机械厂、市邮电局等群测点。

在参观学习过程中，我感触最深的是临汾动力机械厂，他们于 1975 年 11 月 17 日建立了一个重锤悬挂式地倾斜，用直径 0.07 毫米、长 3.5 米的铁丝吊了一个 100 克重的物体，固定在大梁上，四周封闭起来，东西开两个窗口，每天每人轮流值班目视观测。1976 年 7 月 1 日开始用数据画图。在这次唐山大地震前于 7 月 28 日 3 时 10 分开始发现南北向有 20 毫米的摆幅，以后就逐渐增大；到 3 时 56 分时南北向增大到 110 毫米，东西向增大到 100 毫米。（注：唐山大地震是 7 月 28 日 3 时 42 分发生的。）

经过两天的参观学习，临汾市地办的领导要我介绍一下我的预报方法和经验，安排在 8 月 16 日晚上 8 点 30 分进行。在汇报过程中不断有人提问，我都一一作了解答。当我在向同志们汇报我是怎样预报 1976 年 8 月 17 日 ±3 天，在我国西部地区（特别要注意川、滇、藏交界处）可能发生一次 6.5 级以上地震时，吊在屋内的日光灯开始来回地摇晃起来，到会的同志们都异口同声地叫喊："有地震！有地震！"同时还听到外面有拉长的汽笛警报声和敲锣声，提示大家赶快跑出来。随即地办同志与临汾地震台通了电话，回答我们是我国西部地区发生了强烈地震，但还不能马上知道震中在什么地方。过了 1 个小时后，我们才知道这次地震发生在四川省松潘、平武一带，震级是 7.2 级。临汾市地办领导同志赞扬我预报得相当正确，并且说："还是人家庙里的菩萨灵啊！"

第二天我就回到了北京，国家地震局的领导和周围的同志们都赞扬我这次地震预报得相当成功。当时张铁铮提出张家口一带可能有些情况，要我和他一起去收集一下张家口地磁台的资料。我们二人于 8 月 19 日在国家地震局的安排下，乘一辆小吉普到了张家口地震台。

我们一起去参观学习了两个群测点：张家口市第二十二中学和第十中学，在参观中得知，这次唐山大地震之前他们的土应力和土地磁都有异常反应，而且都作了预报：7—8 月之间在天津、唐山、渤海周围地区可能有 6.5 级以上地震。第二十二中学的土地磁曾经用单台的"磁偏角二倍法"在 1975 年 1 月份向张家口市地办预报：1975 年 2 月 4 日可能有大地震发生，结果在辽宁省海城发生了一次 7.3 级破坏性地震。这次唐山大地震是用 1976 年 5 月 31 日与 6 月 29 日的异常日期二倍，也能倍到 7 月 28 日，说明在唐山大地震前群测报点上的一些手段和方法也或多或少地都有异常反应，有些还作出了较好的预报。8 月 21 日我们经过河北省沙城地震台后回到了北京。

1976 年 8 月 22 日下午由国家地震局分析预报中心副主任马宗晋主持召开了一个在京单位参加的地震趋势会商会，因为国家地震局收集到我国东部的一些省局报来的宏观异常，牵涉到 19 个省，其中有 15 个省局向国家地震局提出了不同震级的预报，而且大部分地区的老百姓都搬了出来。

为了缩小范围，请大家提个意见出来。参加这次会议的同志都认为：今年我国到目前为止已经发生了五次 7 级以上的大地震（即龙陵两次，唐山两次，松潘一次），如果再发生 7 级以上的大地震，还要等上三个月的时间，因为地震能量必须有足够的时间来积聚，因此可以断定目前我国不再可能有 7 级以上大地震了，如果的确没有 7 级以上大地震发生的话，即是大家所欢迎的事。但是地震的发生是不以人们的意志为转移的。

在这个会上我说："大华北地区我预报的两个日期还没有来到（即 8 月 29 日 ±2 天和 9 月 23 日 ±3 天可能有 6~7 级地震），我国西部地区（包括四川省松潘老震区）8 月 22 日—25 日有可能发生一次 7~8 级的大地震。"

在向大会作预报的时候，四川省地震局来电话，指名要我去接电话，并询问一下是否还有大地震发生。在座的丁鉴海说："让我给你去接电话，你继续讲下去。"我对丁鉴海说："你可以回答他们，还有 7~8 级大震可能会发生。"结果确实于 8 月 23 日四川省松潘一带在离原震区 10 公里的地方又发生了一次 7.2 级强余震。

1976 年初，四川省地震局通过发出的《地震简报》明确指出 8 月 13 日、17 日、22 日可能是发震的时间。

1976 年 8 月 16 日和 23 日在我国西部地区的四川省松潘、平武一带发生两次 7.2 级破坏性地震，证明磁偏角的异常在地震前确实有所反应，而且作出了正确的预报。当这两次地震平静后不久于 1976 年 9、10 月间，我清楚地记得四川省地震局罗灼礼同志从四川省成都打电话给我，祝贺我成功地预报了这两次地震，以此表示感谢！

由于我参与了 1976 年四川省松潘、平武 7.2 级地震的中短期预报，于 1987 年补获了国家地震局科学技术进步一等奖的批准书和奖金。最大的遗憾是到我退休的时候还没有享受到国务院政府特殊津贴。

注：由于 1976 年四川省松潘、平武两次 7.2 级大地震的成功预测预报，我分别获得了 1979 年全国科学大会奖和四川省科学大会奖，1982 年获国家地震局科学技术进步一等奖和国家地震局科技成果一等奖，受到党中央、国务院的表彰和联合国教科文组织的赞誉。这是我国继 1975 年辽宁省海

城7.3级大地震后又一次成功预测预报地震的实例。由于决策果断,部署到位,及时动员组织群众,各级地方政府采取了有效的预防和应急措施,大大减轻了地震灾害造成的人员伤亡和财产损失,取得了显著的社会效益和经济效益。

# C3　附件　与松潘、平武大地震有关的资料

## 一、震情

**特刊 6**

**国家地震局　1976 年 8 月 6 日**

### 地磁方法预报地震的会商意见

八月四日、五日，国家地震局根据中央领导同志的指示，邀请用地磁方法预报地震的张铁铮、沈宗丕、丁鉴海等同志，在他们原来工作的基础上，认真分析了全国其他有关地磁台站的资料，对他们原来的预报意见（见震情特刊 4），进行了研究会商。现将结果报告如下：

他们用磁暴二倍法、磁偏角二倍法和地磁红绿灯等方法计算，共同认为：八月十二日前后三天，在唐山老震区及周围地区可能发生 6~7 级地震，怀来一带有些异常，也应引起重视。另外，八月中、下旬，在我国西部地区（主要是新疆东部及新、青、藏交界一带）也有可能发生 7 级以上地震。

张铁铮同志经过两天工作，补充分析了一些资料，他根据 1975 年十二月二十二日和七六年四月二日的磁暴推断，七六年八月十二日前后，在华北可能发生 6.5~7 级或更大一些的地震。因磁暴强度最大值集中在昌黎和怀来一带，所以要注意在怀来发震的可能性。他估计在怀来发震，震级将会比老震区小。

沈宗丕同志根据北京、河北红山和广州等地磁台的资料，用磁偏角二倍法计算，认为七六年八月十日前后一天，在华北地区（包括唐山老震区）或在我国台湾省有可能发生 6 级以上地震。他还根据甘肃省河西堡和云南省易

门地磁台的资料，计算分析认为：1. 七六年八月十七日前后三天，在西南地区（可能在西藏东部），发生 6.5 级左右地震。2. 七六年八月二十二日前后三天（可能在二十二日～二十五日），也是在西南地区（可能在川、滇、藏交界处），发生 8 级左右地震。

丁鉴海同志用红绿灯方法，预报唐山老震区在八月十四日前后三天（最大可能在前三天）发生 6~7 级地震。如在新疆东部或台湾发震，震级可达 7 级，时间可能在十四日后三天。

这些预报意见，将在七日举行的京津地区的会商会上进一步研究。

报：在京政治局各同志，各位副总理，素文、连蔚同志

中央抗震救灾指挥部

中共北京、天津市委，河北省委

庆彤、作珍同志

总参谋部、北京军区、国家计委、国家建委

中国科学院

## 二、耿庆国、安振声、徐道一、董老伯、罗时芳、黄相宁的证明

### 1. 耿庆国的证明

沈宗丕是 1976 年 8 月 16 日松潘 7.2 级强震中短期预报的参与者之一

国家地震局于 1975 年十二月十五日在北京召开了海城地震科技经验交流和一九七六年全国地震趋势会商会议。在会议期间，沈宗丕（现上海市地震局，原上海天文台地震研究室）依据磁偏角二倍法，正式提出：1976 年 8 月 17 日 ±3 天在中国西部（川滇藏交界处）地区，可能发生 $M_S \geqslant 6.5$ 级地震。在会上，我曾专门找他进行讨论，我特别问他："你这个 1976 年 8 月 17 日的地震危险点，会不会落在我提出的 1974 年川甘交界大旱区的松潘特旱区

内？"我希望能与他互相配合。

1976 年 8 月 16 日发生四川松潘平武 $M_S$7.2 级强震时，我不禁拍案叫绝。旱震关系研究给出"1974 年川甘交界大旱区的特旱区为康定—雅安—灌县—平武—松潘—若尔盖—武都一带，1975—1976 年可能有 6 级以上强震"与沈宗丕磁偏角二倍法给出的发震危险日期"1976 年 8 月 17 日 ±3 天"，配合果然默契。事实和预报实践检验证明，沈宗丕研究提出的发震危险日期是与强震发生有关的真实信息。1976 年 8 月 16 日松潘 7.2 级地震的中短期预报，上海天文台地震研究室沈宗丕是做出了自己的独到贡献的。"论功行赏"——松潘平武地震的中短期预报，参加单位之一，必须包括原上海天文台地震研究室沈宗丕在内。特此证明，以正视听。

耿庆国

1986 年 11 月 12 日于北京

2. 安振声的证明

1976 年 6 月由国家地震局分析预报中心和四川省地震局联合在成都召开地震会商会，会议由梅世蓉同志主持。上海天文台地震研究室林命周同志参加了此会（据悉，当时沈宗丕同志赴云南龙陵参加抗震救灾工作了），林同志在这次会上代表沈宗丕同志用磁偏角二倍法提出的预报意见是：1976 年 8 月 17 日 ±3 天，在我国西部地区（川滇藏交界一带）可能发生 7 级左右地震。

结果于 1976 年 8 月 16 日在我国四川松潘发生了 7.2 级地震。预报与实况相符。特此证明。

国家海洋局情报所

安振声

1986 年 11 月 12 日

3. 徐道一的证明

1975 年 12 月在北京西颐宾馆召开的海城地震总结和全国地震趋势会商会上，上海天文台地震研究室沈宗丕同志用磁偏角二倍法在这个会议上预报：

"1976 年 8 月 17 日 ±3 天在我国西部地区（川滇藏交界处）可能发生一次 6.5 级左右的破坏性地震"，结果于 1976 年 8 月 16 日在四川省松潘、平武发生了一次 7.2 级强烈地震。

预报与实际发震相符。特此证明

国家地震局地质所

徐道一（副研究员）

1986 年 11 月

### 4. 董老伯、柯兴弱的证明

1976 年 6 月 1 日在云南省昆明市翠湖宾馆，国家地震局与云南省地震局联合召开了紧急会商会。当时邀请了正在昆明出差的上海天文台沈宗丕同志参加了会议。我记得沈宗丕同志在这次会议上用磁偏角二倍法预报了两个地震。

① 1976 年 8 月 17 日 ±3 天在我国西部地区（川、滇、藏交会处）可能发生一次 6.5 级左右的破坏性地震。② 1976 年 8 月 23 日 ±3 天（最大可能是 8 月 22—25 日）在我国西南地区，可能发生一次 7~8 级的大地震。

我是以特邀代表参加了这次会议。

我们地办于 8 月 10 日宣布："指名由上海天文台沈宗丕同志预报 8 月 17 日及 8 月 22—25 日西南地区（包括我们元生桥地区）可能发生 7 级大震的预报意见，请大家注意防震等等。"

结果 1976 年 8 月 16 日和 8 月 23 日我国四川松潘发生了两次 7.2 级地震。该报与实际发震情况基本正确。

特此证明

以上情况属实

云南农业大学　原武装部董老伯　1986 年 12 月 2 日

地震办公室　柯兴弱

1986 年 11 月 30 日

5. 罗时芳的证明

1976 年 5 月我与林一梅及当时我台地震室的沈宗丕同志一起去西南地区收集地震资料，5 月 28 日我们到达昆明。29 日凌晨发生了龙陵地震。国家地震局与云南省地震局即于 6 月 1 日在昆明翠湖宾馆召开了紧急会商会，会议由云南省地震局张局长主持，经联系，我们一行三人也参加了这个会议。

在这个会上，沈宗丕同志用磁偏角二倍法预报了两个地震：

1. 1976 年 8 月 17 日 ±3 天在我国西部地区可能发生一次 6.5 级左右的破坏性地震。

2. 1976 年 8 月 22 日 ±3 天（最大可能在 8 月 22—25 日）在我国西部地区可能发生一次 8 级左右的大地震。

会议结束后，我们随云南地震局的汽车去龙陵地震灾区去做了一些考察工作。

事后得知，1976 年 8 月 16 日和 8 月 23 日在四川省松潘、平武一带发生了两次 7.2 级破坏性地震，说明沈宗丕同志成功地预报了这次地震。

特此证明

上海天文台一室

罗时芳（副研）

1986 年 12 月 2 日

6. 黄相宁的证明

1976 年 8 月 16 日在四川省松潘、平武发生了一次 7.2 级破坏性地震后，国家地震局于 8 月 22 日由分析预报中心马宗晋副主任主持，召开了一个在京单位参加的地震趋势紧急会商会，我本人参加了这次会议。在这个会上宣读了沈宗丕的预测意见：1976 年 8 月 22—25 日在我国西部地区（包括四川省松潘、平武老震区）还有可能发生一次 7~8 级的大地震。当时沈宗丕也参加了这次会议，并在会上再次坚持这一预测意见。这是继 1975 年 12 月在北京西颐宾馆召开的海城地震总结和全国地震趋势会商会上，由上海天文台地震研究室的沈宗丕用"磁偏角二倍法"预测：1976 年 8 月 17 日 ±3 天，在我国西部地区（特别要注意川、滇、藏交界处）可能发生一次 6.5 级左右破坏性地震后的又一次临震预测。

　　果然，1976 年 8 月 23 日在四川省松潘、平武间发生了一次 7.2 级强烈地震，这与沈宗丕的临震预测完全符合。沈宗丕的这次临震预测完全正确。

　　特此证明

国家地震局地壳应力研究所

黄相宁

1986 年 12 月 20 日于北京

注：黄相宁是原地震地质大队分析预报室地震短临预报组组长。

# C4 1985 年沈宗丕获国家地震局科学技术进步奖一等奖的证明

国 家 地 震 局

科 学 技 术 进 步 奖

批

准

书

局 编 号：

颁发日期：

颁发单位：

（盖章）

*尾上海天文台*   主要完成者（按贡献大小排列）：

上海市地震局 转 沈宗丕 同志：

你参加的科技项目 一九七六年松潘 平武

7.2 级地震 中短期预报

经国家地震局学术委员会审定，被批准授予国家地
震局科学技术进步奖 壹 等奖。

本项目主要完成单位：四川省地震局、

国家地震局分析预报中心

本项目参加单位：上海天文台是协作单位

项目负责人：罗灼礼

| 序号 | 姓名 | 序号 | 姓名 |
|---|---|---|---|
| 1 | 沈宗丕 | 11 | |
| 2 | | 12 | |
| 3 | | 13 | |
| 4 | | 14 | |
| 5 | | 15 | |
| 6 | | 16 | |
| 7 | | 17 | |
| 8 | | 18 | |
| 9 | | 19 | |
| 10 | | 20 | |

注：每项一等奖获得者限20人，二等奖获得限10人

# C5 关于 2000 年 8 月上旬大震预测的小结

徐道一

上海地震局佘山地震台沈宗丕高级工程师与我协作一起承担《应用磁暴与地震二倍关系进行强震时间预测》（国家 863 计划智能机主题的地震预报智能决策支持系统项目中的子课题）。近来，对 2000 年 8 月上旬发生的大地震作了较好预测，把情况简要报告如下：

沈宗丕依据磁暴月相二倍法于 1999 年 12 月 1 日在"天灾年度预测报告简表"中预测 2000 年 6 个发震时间，其中之一为 2000 年 8 月 5 日 ±3 天；地点 5 个，其中有"日本国境内（特别要注意南部地区）；震级为 $M_S$=6.5~7.5（或 7~8 级）"。（刊于：天灾预测专业委员会 2000 年 4 月印的《二〇〇〇年天灾预测意见汇编》，第 44 页，附件 1。）

在 2000 年 6 月下旬我所召开我国的"东部下半年地震趋势会商会"上，我介绍了他这一预测意见。2000 年 7 月 1 日沈宗丕填了国家地震局发的短临预报卡片，预测发震：时间 2000 年 8 月 2 日—8 月 8 日；震级 7~8 级。地区 5 个，其中包括日本国南部地区（特别要注意 32° ~36° N，134° ~142° E）。此卡片（附件 2）寄中国地震局。

2000 年 7 月 27 日他给我、耿庆国、任振球信（附件 3）中，把预报地点缩小为 2 个：国内可能在大华北地区发生一次 7~8 级大震；国外很可能在日本南部伊豆发生一次 7~8 级地震。同样内容的信寄给张国民研究员。

由于 7 月 30 日在日本伊豆发生了一次 7.0 级地震，张国民同志于 7 月 31 日约 13：30 打电话问沈宗丕：这一地震是否对应了他预测的地震？沈回答说：

可能还会有。

耿庆国（天灾预测专业委员会常务副主任）于 2000 年 8 月 2 日召集会议，我所徐好民、强祖基、徐道一参加，研究沈宗丕等预测意见。大家一致认为：华北在 8 月 5 日左右不会有大地震。

实况是：2000 年 8 月 5 日在库页岛发生 7.6 级地震，

8 月 6 日在日本本州以南发生 7.0 级地震。

由上所述，应用磁暴与地震关系再一次较为准确地预测了 8 月 5—6 日地震，以及 7 月 30 日的 7.0 级地震；在发震时间和震级上准确性相当高，在发震地点上逐步逼近。因此这是一次较为成功的大地震的预测。这进一步增强了我们开展地震预测的信心。

对比之下，国内外广泛流传的"地震不能预测"的看法是错误的。

2000 年 9 月 13 日

（附件 1、2、3 略）

# C6 短临预测 2001 年 11 月 14 日青海西 8.1 级巨大地震的回顾 ①

沈宗丕

2001 年 11 月 14 日我国青海西发生了一次 8.1 级巨大地震，这次地震是中国大陆自 1950 年 8 月 15 日西藏察隅 8.6 级特大巨震后 50 年来的一次超过 8 级的巨大地震，也是我国全面开展地震监测预报以来发生的首次巨大地震，这次地震形成了长达 462 公里的地震破裂带，所幸这次地震发生在人烟稀少的青藏高原，没有造成人员的重大伤亡。在这次巨大地震发生前，我作出了较好的短临预测意见。

## 一、预测经过

1. 2000 年 12 月 31 日我运用"磁暴月相二倍法"向中国地球物理学会天灾预测专业委员会提交了一份"2001 年度天灾预测报告简表"，一共预测了两次地震：（1）2001 年 1 月 23 日 ±3 天或 ±6 天；（2）2001 年 11 月 22 日 ±3 天或 ±6 天，在我国四川省中、西部等五个地区或在其他地区内可能发生一次 7~8 级的大地震。

2. 我于 2001 年 10 月份以挂号信邮寄给中国地震局分析预报中心一份"地震短临预测卡片"，根据大地震的组合周期、大地震的迁移方向和磁暴月相二倍法预测：2001 年 11 月 22 日 ±6 天在我国四川省中、西部或在新疆北部

---

① 见：中国地球物理学会天灾预测专业委员会编：《2012 年天灾预测总结研讨学术会议文集》，2012 年 11 月，（内部）第 101—104 页。

地区可能发生一次 7~8 级的大地震（最大可能在 7.5 级以上），但不排除在其他地区内发生。

3. 于 2001 年 11 月 5 日，我参加了在上海市地震局举行的 2002 年度地震趋势会商会，在这个会议上我提交了一篇《近期对全球 8 级左右大地震的短临预测意见》，应用大地震的组合周期、大地震的迁移方向和磁暴月相二倍法预测：2001 年 11 月 22 日 ±6 天，在新疆及其边邻地区（以北纬 46.5 度，东经 85.0 度或北纬 40.0 度，东经 90.0 度为中心的 300 公里范围内）可能发生一次 8 级左右的大地震。

## 二、预测依据

1. 大地震组合周期：经过统计分析发现，我国西部地区的 8 级左右大地震存在着 90 年 ±1 年的序列，1911 年发生在新疆邻近地区的阿拉木图 8.4 级巨大地震后 90 年 ±1 年就是 2001 年（±1 年）。

2. 大地震迁移方向：经过经验测算阿拉木图 8.4 级地震，地震的迁移方向可能有两个地方值得注意，一个往东北方向即以北纬 46.5 度，东经 85.0 度为中心的 300 公里范围内，另一个往东南方向即以北纬 40.0 度，东经 90.0 度为中心的 300 公里范围内。

3. 磁暴月相二倍法：起倍磁暴日用 1998 年 5 月 4 日，阴历四月初九（上弦），磁暴日最大扰动 $K=8$。被倍磁暴日用 2000 年 2 月 12 日，阴历正月初八（上弦），磁暴日最大扰动 $K=7$。起倍磁暴日与被倍磁暴日二者相差 649 天，二倍后测算的发震日期为 2001 年 11 月 22 日。

## 三、预测结果

根据中国地震台网测定：北京时间 2001 年 11 月 14 日 17 时 26 分在新疆和青海交界处（北纬 36.2 度，东经 90.9 度）发生了一次 8.1 级巨大地震。

这次实际发生的地震与预测发生的时间相差 8 天，与预测发生的震级相差 0.1 级，与预测发生的地区以北纬 40.0 度、东经 90.0 度为中心的 300 公里范围内，存在着一定的误差。

2001年11月14日在新疆、青海交界处发生了一次8.1级巨大地震后：

（1）中国地球物理学会天灾预测专业委员会常委徐道一研究员首先打电话给我，对这次地震的成功预测表示祝贺；

（2）上海市地震局地震预报研究所所长林命周研究员打电话给我，对这次地震的成功预测表示认可；

（3）中国地震局分析预报中心副主任张晓东研究员致函给我，对这次地震的成功预测表示祝贺，并认为地磁对大地震发生时间的预报是有一定的可信度的；

（4）中国地球物理学会天灾预测专业委员会主任郭增建研究员致函给我，他认为2001年1月26日印度7.8级大地震和11月14日青海西8.1级巨大地震的日期和震级预报得很好，对此成功预测表示祝贺，并认为"磁暴月相二倍法"预报地震是有科学价值的；

（5）中国地震局在"中震发测（2001）238号"文件中对我在2001年地震短临预测中取得一定的成绩给予了表扬；

（6）上海市地震局科技监测处和离退休干部处颁发给我对这次地震成功预测的荣誉证书和奖金300元，以资鼓励；

（7）因为我参加了由中国地震局地质研究所徐道一研究员承担和中国地震局分析预报中心汪成民研究员牵头的国家863地震预测项目（2001AA115012），并较好地预测了这次8.1级巨大地震，因此授予我奖金5000元，同时这一成果在国家科技展览会上展出期间得到科技部部长徐冠华的赞扬；

（8）中国地球物理学会天灾预测专业委员会顾问陈一文先生，特地从北京到我家里来表示祝贺，并通过当地的企业家赞助我1万元科研经费；

（9）2002年4月8日《科技日报》第五版，记者沈英甲先生发表了一篇文章《地震能不能预测》，对我成功预测这次8.1级巨大地震作了报道。

### 四、预测感想

周恩来总理 1966 年三次到达邢台地震现场，他指出："地震是有前兆的，是可以预测预报的。希望在你们这一代解决这个问题。国外没有解决的问题，难道我们不可以提前解决吗？"我们是否可以通过天文、气象、热红外、地震、地磁、地倾斜、地电阻率、重力波、应力波、动物异常、井水变化等的前兆手段和方法，再加上群众测报的丰富经验，密切配合起来，经过综合研究与分析后最终作出正确的预测？如 1975 年辽宁海城，1976 年云南龙陵、四川松潘，尤其是 1976 年河北省青龙"奇迹"等等都是执行了一个中国特色的地震工作方针："在党的领导下，以预防为主，专群结合，土洋结合，依靠广大人民群众，做好预测预防工作。"有了这一个工作方针，我们完全可以相信这一地震预测的世界性科学难题，一定会在中国人的手中解决。

# C6　附件　荣誉证书

荣誉证书

沈宗玉同志：

　　对2001年11月14日昆仑山口以西Ms8.1地震作出了较好的短临预测，特此表扬，以资鼓励。

# C7　近期对全球 8 级左右大震的短临预测意见 [①]

## 沈宗丕

## 一、预测时间：

1. 2001 年 11 月 22 日 ±6 天（最大可能 ±3 天）

2. 2002 年 7 月 14 日 ±6 天（最大可能 ±3 天）

**预测地区：**

1. 我国新疆及边邻地区

（46.5° N，85° E 或 40° N，90° E 为中心的 300 公里范围内）

2. 日本国南部地区

（34° N，138° E 为中心的 300 公里范围内）

**预测震级：**

$M_S$=8 级左右（不小于 7.5 级）

**预测正确率：**

在 70% 左右

注：不排除在其他地区内发生

## 二、预测依据：

1. 时间的预测

方法："磁暴月相二倍法"

---

① 见上海市地震局编：《上海市 2002 年度地震趋势研究报告》（内部），2001 年 12 月，第 277—278 页。

起倍磁暴日：1998 年 5 月 4 日，农历四月初九（上弦），K=8，与上弦磁暴日二倍，见下表：

| 被倍磁暴日 | 农历 | K | 间隔 | 预测日 | 实际发生地震 | 误差 | 备注 |
|---|---|---|---|---|---|---|---|
| 1998–7–31 | 六月初九 | 6 | 88 天 | 1998–10–27 | 1998–10–29 乌鲁古海峡 6.3 级 | 2 天 | 偏小 |
| 1998–12–25 | 十一月初七 | 6 | 235 天 | 1999–8–17 | 1999–8–17 土耳其西部 8.0 级 | 0 | △ |
| 2000–2–12 | 一月初八 | 7 | 649 天 | 2001–11–22 | ？？ | | |
| 2000–6–8 | 五月初七 | 6 | 766 天 | 2002–7–14 | ？？ | | |

△向中国地球物理学会天灾预测专业委员会作过发展时间与震级的预测

2. 地区的预测

方法："大震的组合周期""大震的迁移方向"

（1）新疆及边邻地区的大震似乎有 90 年 ±1 年的组合周期存在[1]。由于发生于新疆边邻地区的 1911 年 1 月 3 日阿拉木图 8.4 级大震后 90 年即 2001 年 ±1 年，因此 2001—2002 年在新疆及边邻地区有可能发生一次 8 级左右的大震。

（2）阿拉木图 8.4 级大震后的迁移方向可能有两个：第一，向东北方向迁移，即以 46.5° N，85° E 为中心的 300 公里范围内。第二，向东部迁移，即以 40° N，90° E 为中心的 300 公里范围内。

（3）日本国境内的大震似乎有 50 年 ±1 年的组合周期存在[2]，因此发生于 1952 年 3 月 4 日北海道 8.3 级的大震后 50 年，即 2002 年 ±1 年内，在日本国境内很有可能发生一次 8 级左右的大震。

（4）日本国境内的大震似乎有两头跳现象，北海道 8.3 级大震后可能向南方地区迁移，因此极可能在日本的南部地区发生，即以 34° N，138° E 为中心的 300 公里范围内。

3. 震级的预测

使用的震级资料均在 7.5 级以上，故预测在 8 级左右。

## 4. 正确率的估计

应用"磁暴月相二倍法"对 1998 年 5 月—2001 年 1 月全球 $M_S \geqslant 7.5$ 大地震进行了统计。在此期间共发生 16 次，用 9 个起倍磁暴日和相应多个被倍磁暴日二倍后得到 16 个预测日期，其中 2 个预测日相同，按 15 次统计，误差在 ±5 天内发生 7.5 级以上大震的能对应到 13 次，其中有 2 次属于重复，命中率为 73%，虚 4 次，漏 3 次。这与 1991 年 12 月—1994 年 11 月间全球发生 $M_S \geqslant 7.5$ 大地震，用"磁暴月相二倍法"预测的效果基本一致[3]。

2001 年 11 月 3 日完稿

### 参考文献

［1］沈宗丕：《我国未来 25 年内八级左右大震的中期预测》，《中国地球物理学会年刊》论文集，云南科技出版社 2001 年版。

［2］沈宗丕：《日本国东部地区强震活动的周期分析与可能发生 8 级左右大震的探讨》，《首届东亚地震学术研讨会》论文集，日本鸟取 1993 年版。

［3］沈宗丕，徐道一：《应用磁暴月相二倍法对全球 $M_S \geqslant 7.5$ 大地震的预报效果分析》，《西北地震学报》1996 年第 18 期。

*此预测意见是在 2001 年 11 月 5 日上海市地震局召开的 2002 年度地震趋势会商会上提交的预测报告。

# C8 较好预测 2001 年与 2002 年我国境内两次 7.5 级以上大地震的短临预测小结①

沈宗丕

　　我们对 2002 年 3 月 31 日我国台湾省东部海域发生的 7.5 级大地震的预测是继 2001 年 11 月 14 日我国新疆、青海交界处发生的 8.1 级巨震的预测后又一次较为成功的短临预测。这两次大地震的预测方法与过程基本相同，现在向大家作如下汇报。

　　早在 1998 年 10 月《中国地球物理学会》年刊论文集中，我发表了一篇文章《2000 年前后我国境内强震的中期预测》。在文章中明确指出：我国新疆及边邻地区的地震似乎有 30 年左右的高潮期（活跃期）与 60 年左右的低潮期（相对平静期）。在 30 年左右的活跃期中必定有 8 级左右的巨震发生，因此可以预测在 1997—1998 年内必定有 8 级左右的巨震发生[1]。结果确实于 1998 年 11 月 8 日在新疆的边邻地区——西藏的玛尼发生了一次 $M_{sz}7.9$ 级的巨震。同样在这篇文章中明确指出：我国台湾省东部地区的地震，有 26 年左右的高潮期（活跃期）与 24 年左右的低潮期（相对平静期），在 26 年左右的活跃期中必定有 8 级左右的巨震发生。因此，可以预测在 1998—2000 年内必定有 8 级左右的大地震发生[1]。结果确实于 1999 年 9 月 21 日在台湾省南投发生了一次 $M_{sz}7.7$ 级的巨震。

　　在 2001 年 4 月与 2001 年 10 月分别向中国地球物理学会天灾预测专业委

---

　　① 见：中国地球物理学会天灾预测专业委员会编：《2002 年天灾预测总结研讨学术会议文集》（内部），2002 年 12 月，第 89—92 页。

员会和中国地球物理学会提交了一篇预测文章《我国未来 25 年内八级左右大震的中期预测》，分别发表在《2001 年天灾预测研讨会论文集》和《2001 年中国地球物理学会年刊》上，在这篇文章中明确提出：我国新疆及边邻地区的大震似乎存在着 90 年左右的组合周期。我国台湾省东部地区的大震，似乎存在着 50 年左右的组合周期[2]。

在 2000 年 12 月 31 日用"磁暴月相二倍法"与"大震组合周期"等方法向天灾预测委员会提交的 2001 年度天灾预测报告简表中提出 2001 年 1 月 23 日 ±3 天和 11 月 22 日 ±3 天，可能有大地震发生。2001 年 1 月 10 日向中国地震局分析预报中心预报部提交了一份地震短临预测卡片，编号为 2001-1。预测 2001 年 1 月 23 日 ±3 天，国内或国外可能发生一次 7~8 级大地震。结果于 2001 年 1 月 26 日在印度发生了一次 $M_S7.8$ 级的巨大地震。根据有关报道，这是印度 50 年来的最大地震，伤亡有好几万人，直接经济损失达 45 亿美元。2001 年 10 月 31 日向中国地震局分析预报中心预报部提交了一份地震短临预测卡片，编号为 2001-8，预测 2001 年 11 月 22 日 ±6 天在新疆北部地区或新疆的中蒙边境地区可能发生 7~8 级大震（最大可能在 7.5 级以上）。2001 年 11 月 5 日上海市地震局召开的 2002 年的年度地震趋势会上又提交了一篇《近期对全球 8 级左右大震的短临预测意见》。在这篇文章中明确指出 2001 年 11 月 22 日 ±6 天在我国新疆及边邻地区（46.5°N，85.0°E 或 40.0°N，90.0°E 为中心的 300 公里范围内）可能发生一次 $M_S8$ 级左右（不小于 7.5 级）的大地震[3]。结果于 2001 年 11 月 14 日 17 时 26 分在新疆的边邻地区（36.2°N，90.9°E）发生了一次 8.1 级巨震。这是自 1950 年西藏察隅 8.6 级巨震后 50 多年来在我国境内超过 8 级的最大地震，也是本年度全球最大的一次地震。（见图 1）

根据有关报道，这次地震是我国境内 50 多年来超过 8 级的一次最大地震，值得庆幸的是没有造成毁灭性的灾难，只造成新疆的巴音郭楞蒙古自治州若羌县境内的 12 户牧民 63 人受灾，3 人受轻伤，但巨大的地表破裂带和强烈的震动仍破坏了一些重要的工程设施，如青藏公路多处断裂，"藏—

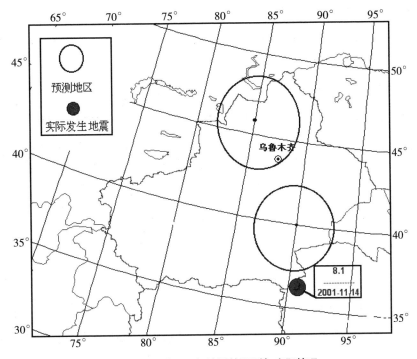

图 1　新疆地区 8 级地震的预测与实际情况

西—拉"光缆的"刚察—海北州"段和"纳赤台—五道梁"段发生中断，青藏铁路的工程建设也遭受了重大的影响，地表破裂带位于昆仑山南麓，西端止于布喀达板峰，东端消失在青藏公路东 70 公里处，主破裂带长度可达 350公里。

**预测依据：**

1. 大震组合周期：

1911 年新疆边邻地区发生的阿拉木图 8.4 级地震 +90 年 ±1 年 =2000 年—2002 年（估计在 2001 年内发生）

2. *磁暴月相二倍法*：

起倍磁暴日：1998 年 5 月 4 日，农历四月初九（上弦），K=8 ；被倍磁暴日：2000 年 2 月 12 日，农历正月初八（上弦），K=7，相隔 649 天，二倍后得 2001 年 11 月 22 日。

根据中国地震局分析预报中心预报部关于对地震短临预测的一级标准要求如下：

| 等级标准一级 | 震级（$M_s$）≥ 7.5 | 时间（天）≤ 40 | 最大直距（公里）≤ 300 |
|---|---|---|---|
| 地震预测情况 | 8 级左右<br>（不小于 7.5） | 11 月 22 日 ±6 天<br>（11 月 16 日—28 日） | 40.0°N，90.0°E<br>为中心的 300 公里范围内 |
| 地震发生情况 | 8.1 | 2001-11-14 | 36.2°N，90.9°E |
| 地震对应情况 | 差 0.1 级 | 小于 2—14 天 | 直距为 420 公里左右 |
| 与一级标准要求 | 符合 | 符合 | 差约为 120 公里 |

2001 年 11 月 14 日新疆、青海交界处发生 8.1 级巨震后，中国地球物理学会天灾预测专业委员会常委徐道一首先打电话给我，对此次成功预测表示祝贺；上海市地震局地震预报研究所所长林命周打电话给我表示认可；中国地震局分析预报中心副主任张晓东致信向我表示祝贺，认为地磁对地震发震时间的预测具有一定的可信度；中国地球物理学会天灾预测委员会主任郭增建致信，首先认为对 2001 年 1 月 26 日印度 7.8 级大震和 11 月 14 日青海西 8.1 级大震的日期和震级预报得极好，对此成功预测表示祝贺，并认为磁暴月相二倍法是有科学价值的；上海市地震局科技监测处和离退休干部处给我荣誉证书一份，奖金 300 元，以资鼓励；中国地震局以中震发测〔2001〕238 号文件中对我在 2001 年地震短临预测中取得一定成绩给予表扬；2002 年 4 月 8 日《科技日报》第五版由该报记者沈英甲发表的一篇文章《地震能不能预测》中又作了报道。

在 2001 年 12 月 31 日用"磁暴月相二倍法"与"大震组合周期"等方法向天灾预测委员会提交 2002 年度天灾预测报告简报中提出 6 次预测时间，其中预测 2001 年 3 月 20 日 ±6 天，预测 7 个地区，其中预测我国台湾省境内（23.5°N，122.0°E 为中心的 300 公里范围内），预测震级为 $M_s$7~8 级（最大可能在 7.5 级以上）；2002 年 3 月 8 日，又向中国地震局分析预报中心预报部

提交了一份地震短临预测卡片，编号为 2002-3，预测 2002 年 3 月 18 日±6
天，预测三个地区，其中第一个地区就是台湾省境内（23.5°N，122.0°E 为中
心 300 公里范围内）可能发生 7~8 级大震（最大可能在 7.5 级以上）。结果于
2002 年 3 月 31 日在我国台湾省东部海域（24.4°N，122.1°E）发生了一次 7.5
级大地震。（见图 2）

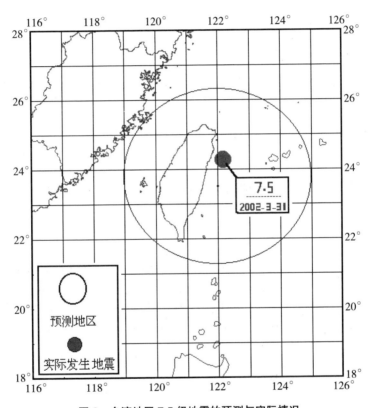

图 2　台湾地区 7.5 级地震的预测与实际情况

　　根据有关报道，这次地震发生在台湾省东部海域，台北市的灾害现场有
两处，分别是发生在吊臂坠落的台北国际金融大楼工地上和承德路上的一幢
倒塌的四层楼居民房，造成 4 名建筑工人和 1 名路过的市民死亡。270 多人
受伤，台北市电信一度中断，地铁全面停运两个多小时，夜晚时有数千居民
家停电，花莲、宜兰有数人受轻伤。据初步了解，福建、浙江南部沿海地区

震感强烈，上海地区十五层楼以上市民也有轻微感觉。

**预测依据：**

1. 大震组合周期：

1951 年台湾省东部地区发生的台东东北海中 7.5 级地震 +50 年 ±1 年 =2000 年—2002 年（估计在 2002 年内发生）

2. 磁暴月相二倍法：

起倍磁暴日：1997 年 5 月 15 日，农历四月初九（上弦），$K=7$；被倍磁暴日：1999 年 10 月 16 日，农历九月初八（上弦），$K=5$。相隔 884 天，二倍后得 2002 年 3 月 18 日。

如果用被倍磁暴日：1999 年 10 月 22 日，农历九月十四（望日），$K=7$，相隔 890 天，二倍后得 2002 年 3 月 30 日，则更为理想。

根据中国地震局分析预报中心预报部关于地震短临预测的一级标准要求如下：

| 等级标准一级 | 震级（$M_s$）≥ 7.5 | 时间（天）≤ 40 | 最大直距（公里）≤ 300 |
|---|---|---|---|
| 地震预测情况 | $M_s$7~8 级（最大可能在 7.5 级以上） | 3 月 18 日 ±6 天（3 月 12 日 ~24 日） | 23.5°N，122.0°E 为中心 300 公里范围内 |
| 地震发生情况 | $M_s$7.5 | 2001−3−31 | 24.4°N，122.1°E |
| 地震对应情况 | 正确 | 小于 7 天 ~19 天 | 直距差 105 公里 |
| 与一级标准要求 | 符合 | 符合 | 符合 |

2002 年 3 月 31 日我国台湾省东部海域发生 7.5 级大震后，中国地球物理学会天灾预测专业委员会主任郭增建致信对我成功预测表示祝贺，并作出预测证明；上海市地震局科学技术委员会副主任张奕麟致信给中国地震局分析预报中心预报部，认为我的这次预测似乎符合中国地震局规定的地震预报评比一级标准，建议予以表彰。

**参考文献**

［1］沈宗丕：《2000 年前后我国境内强震的中期预测》,《中国地球物理学会年刊》论文集，西安地图出版社 1998 年版。

［2］沈宗丕：《我国未来 25 年内八级左右大震的中期预测》,《中国地球物理学会年刊》论文集，云南科技出版社 2001 年版。

［3］沈宗丕：《近期对全球 8 级左右大震的短临预测意见》,《上海市 2002 年度地震趋势研究报告》，上海市地震局编印 2001 年版。

# C8　附件　张晓东、郭增建、张奕麟等来信证明

## 一、张晓东信

沈宗丕先生：

您好！我感谢您多年来对地震预报事业的热爱和积极的参与，同时也感谢您对青海 8.1 级地震发震时间和震级的准确预测。地震预测是世界难题，攻克这一世界难题需要许多学科的通力合作，需要新的观测技术的发展和地震预报科学实践的检验。地磁对于强地震发震时间的预测，具有一定的信度。在孕震系统进入临界（高应力）状态时，可能易受外界因素的作用，是进行地震临震预测必须考虑的问题。

中国地震局分析预报中心　张晓东

2001 年 11 月 26 日

## 二、郭增建信（一）

宗丕同志：

你对今年元月 26 日印度 7.8 级大震和 11 月 14 日青海西 8.1 级大震的日期和震级预报得很好。这说明磁暴月相二倍法是有科学价值的。对此我代表天灾预测会对你的预报成功表示祝贺。祝再接再厉，取得更大成就。

郭增建

2001 年 12 月 30 日

### 三、张奕麟信

中国地震局分析预报中心预报部：

我的老朋友沈宗丕同志于 2002 年 3 月 8 日预测 2002 年 3 月 18 日 ±6 天在我国台湾省境内北纬 13.5° 东经 122° 为中心 300 公里范围内将可能发生 7~8 级（最大可能 7.5 级以上）地震。结果于 2002 年 3 月 31 日在台湾省东部泊城（24.4° N，122.1° E）发生 7.5 级地震。

根据中国地震局规定的地震预报评比标准，我个人认为沈宗丕同志的这次预报似乎符合一级标准，故我建议予以表彰。当否请酌。

张奕麟

2002 年 6 月 5 日于上海

### 四、郭增建信（二）

宗丕同志：

你用磁暴月相二倍法并结合组合周期以及缺震现象成功地预报了 2002 年 3 月 31 日台湾省东部海中发生的 7.5 级大震。特写此信表示祝贺，并作为预报证明。祝再接再厉，取得更大成绩，特别是在位置预报上。

郭增建

2002 年 6 月 10 日

### 五、863 项目拨款协议书

#### 拨款协议书

甲方：中国地震局地质研究所

乙方：上海市地震局

中国地震局地质研究所（甲方）徐道一研究员承担由中国地震局分析预报中心汪成民研究员率头的 863 项目（2001AA115012）中部分工作。

由于上海地震局（乙方）沈宗丕高工对 2001 年 11 月 14 日青海西部 8.1 级地震和 2002 年 3 月 31 日台湾 7.4 级地震在震前作了较好预测，甲方拨乙方 5000 元奖金，以志对沈宗丕高工奖励。

本协议一式 5 份，甲方留存 3 份，乙方留存 2 份，具同等效力。

甲方签字盖章：徐道一　　盖章

乙方签字盖章：沈宗丕　　盖章

2003 年 8 月

# C9　2001年与2002年我国境内
# 两次8级左右大地震的短临预测 ①

沈宗丕

对2002年3月31日我国台湾省东部海域发生的7.5级大地震的预测是继2001年11月14日我国新疆、青海交界发生的8.1级巨大地震的预测后的又一次较为成功的短临预测，这两次8级左右大地震的预测方法与过程基本相同。

1. 对新疆及边邻地区1997—1998年内将发生大地震的中期预测

在1998年10月《中国地球物理学会年刊》论文集中，刊登了一篇文章《2000年前后我国境内强震的中期预测》（注：此文是在1996年初完稿的）。在文章中明确指出：我国新疆及边邻地区的大地震似乎有30年左右的高潮期（活跃期）与60年左右的低潮期（相对平静期）。

在30年左右的活跃期中必定有8级左右的巨震发生，因此，可以预测在1997—1998年内必定有8级左右的巨震发生[2,3]。结果确实于1997年11月8日在新疆的毗邻地区——西藏的玛尼发生了一次$M_S$7.9级的巨震。

2. 对台湾省东部地区1998—2000年内将发生大地震的中期预测

同样在这篇文章中明确指出：我国台湾省东部地区的大震，似乎有26年左右的高潮期（活跃期）与24年左右的低潮期（相对平静期）。在26年左右

---

① 见：王明太、耿庆国编：《中国天灾信息预测研究进展》，石油工业出版社2004年版，第153—155页。

的活跃期中必定有 8 级左右的巨震发生。因此，可以预测在 1998—2000 年内必定有 8 级左右巨震发生[2]。结果确实于 1999 年 9 月 21 日在台湾省南投发生了一次 $M_S$7.7 级的巨震。

3. 对新疆及毗邻地区的大震似乎存在着 90 年左右的组合周期和台湾省东部地区的大震似乎存在着 50 年左右组合周期的预测

在 2000 年 4 月与 2001 年 10 月分别向中国地球物理学会天灾预测专业委员会和中国地球物理学会提交了内容相同的一篇文章《我国未来 25 年内 8 级左右大震的中期预测》，分别发表在《2001 年天灾预测研讨会论文集》和《中国地球物理学会年刊 2001》上，在这篇文章中明确提出：我国新疆及毗邻地区的大震似乎存在着 90 年左右的组合周期和我国台湾省东部地区的大震似乎存在着 50 年左右的组合周期[3]。

4. 对 2001 年 1 月 23 日（±3 天），可能发生一次 7~8 级大地震的短临预测

在 2001 年 12 月 31 日用"大震组合周期"与"磁暴月相二倍法"等方法向天灾预测专业委员会提交的 2001 年度天灾预测报告简表中提出 2001 年 1 月 23 日（±3 天）和 11 月 22 日（±3 天），可能有 7~8 级的大地震发生。2001 年 1 月 10 日向中国地震局分析预报中心预报部提交了一份地震短临预测卡片，编号为 2001-1。预测 2001 年 1 月 23 日（±3 天），国内或国外可能发生一次 7~8 级大地震（最大可能在 7.5 级以上）。结果于 2001 年 1 月 26 日在印度发生了一次 $M_S$7.8 级的巨大地震。根据有关报道，这是印度 50 年来发生的一次最大地震，伤亡有好几万人，直接经济损失达 45 亿美元。

5. 对 2001 年 11 月 22 日（±6 天），在新疆及毗邻地区，可能发生 8 级左右大震的短临预测

在 2001 年 11 月 5 日上海市地震局召开的 2002 年的年度地震趋势会上提交了一篇《近期对全球 8 级左右大震的短临预测意见》。在这篇文章中明确指出：2001 年 11 月 22 日（±6 天）在新疆及毗邻地区（46.5°N，85.0°E 或 40.0°N，90.0°E 为中心 300km 范围内），可能发生一次 $M_S$8 级左右（不小于 7.5

级）的大地震[4]。

结果于 2001 年 11 月 14 日在新疆的边邻地区（36.2°N，90.9°E）发生了一次 8.1 级巨大地震，这是自 1950 年西藏察隅 8.6 级巨震后 50 多年来在我国境内超过 8 级的一次最大地震[5]。

## 预测依据：

1. 大震组合周期

1911 年（新疆边邻地区的阿拉木图 8.4 级巨震）+90 年（±1 年）=2000—2002 年（估计在 2001 年内发生）。

2. 磁暴月相二倍法

起倍磁暴日：1998 年 5 月 4 日，农历四月初九（上弦），$K$=8；被倍磁暴日：2000 年 2 月 12 日，农历一月初八（上弦），$K$=7。相隔 649 天，二倍后得 2001 年 11 月 22 日[6]。检验结果：预测的时间差 8 天，预测的地区最短距离差约 400km。预测的震级差 0.1 级。

3. 对台湾省等 7 个地区 2002 年 3 月 20 日（±6 天），可能发生一次 $M_S$=7~8 级的短临预测

在 2001 年 12 月 31 日用"大震组合周期"与"磁暴月相二倍法"等方法向天灾预测专业委员会提交的 2002 年度天灾预测报告简表中提出 6 次预测时间，其中预测 2002 年 3 月 20 日（±6 天），预测 7 个特别要注意的地区，其中预测我国台湾省境内（23.5°N，122.0°E 为中心 300km 范围内），预测的震级为 $M_S$=7~8（最大可能在 7.5 级以上）。

4. 对台湾省等 3 个地区 2002 年 3 月 18 日（±6 天），可能发生一次 $M_S$=7~8 级的短临预测

在 2002 年 3 月 8 日向中国地震局分析预报中心预报部提交了一份地震短临预测卡片，预测日期为 2002 年 3 月 l8 日（±6 天），预测三个地区，其中第一个地区就是台湾省境内（23°N，122°E 为中心 300km 范围内），可能发生一次 $M_S$=7~8 级大地震（最大可能在 7.5 级以上）。结果于 2002 年 3 月 31

日在我国台湾省东部海域（24.4°N，122.1°E）发生了一次 $M_S$7.5 级大地震。

**预测依据：**

1. 大震组合周期

1951 年（台湾省台东东北海中 7.5 级大震）+50 年（±1 年）=2000—2002 年（估计在 2002 年内发生）。

2. 磁暴月相二倍法

起倍磁暴日：1997 年 5 月 15 日，农历四月初九（上弦），$K$=7；被倍磁暴日：1999 年 10 月 16 日，农历九月初八（上弦），$K$=5。相隔 884 天，二倍后得 2002 年 3 月 18 日。

如果用被倍磁暴日：1999 年 10 月 22 日，农历九月十四日（望日），$K$=7，相隔 890 天，二倍后得 2002 年 3 月 30 日，则更为理想[6]。

**检验结果：**

1. 预测的时间差 13 天，预测的地区最短距离差约 105km，预测的震级完全正确。

2. 预测的时间差 1 天，预测的地区最短距离差约 105km，预测的震级完全正确。

本研究得到国家 863 计划"地震预报智能决策支持系统"课题（863-306-ZT04-03-01）经费赞助。

**参考文献**

［1］沈宗丕、朱锡其：《新疆及边邻地区强震活动的周期分析与可能发生 8 级左右大地震的探讨》，《中国地球物理学会年刊》，中国建材工业出版社 1996 年版。

［2］沈宗丕：《2000 年前后我国境内强震的中期预测》，《中国地球物理学会年刊》，西安地图出版社 1998 年版。

［3］沈宗丕：《我国未来 25 年内 8 级左右大震的中期预测》，《中国地球物理学会年刊》，云南科技出版社 2001 年版。

［4］沈宗丕：《近期对全球 8 级左右大震的短临预测意见》，上海市地震局编印：《上海市 2002 年度地震趋势研究报告》。

［5］沈宗丕：《地震能不能预测》，《科技日报》2002 年 4 月 8 日第 5 版。

［6］沈宗丕、徐道一、张晓东、汪成民：《磁暴月相二倍法的计算地震日期与全球 $M_S \geqslant 7.5$ 大地震的对应关系》，《西北地震学报》2002 年第 24 期。

# C10　短临预测 2003 年 9 月 26 日日本北海道 8 级大震的经过情况 [①]

沈宗丕

2003 年 9 月 18 日下午，中国地球物理学会天灾预测专业委员会顾问陈一文先生打电话给我说："北京理工大学郑联达教授预测 9 月 19 日左右在日本南部可能发生一次 8 级左右地震，请你用磁暴月相资料，能否再反推一下 9 月下旬还有没有预测日期，最好在今天下午 6 时前告诉我。"我对陈先生说："我最近又计算了一下日本 8 级左右的大震，似乎有 35 年左右的组合周期存在，根据大震的迁移情况，可能在日本的北部地区发生，具体的经纬度是 42.0° N，144.5° E 附近。"

经过半个多小时的计算，于下午 6 时前打通了陈先生的电话，我告诉他说："经过反推可以预测三个日期，第一个日期为 9 月 17 日，被倍磁暴日的 $K=9$，一般不太可能发生大地震，第二个日期为 9 月 24 日，第三个日期为 10 月 10 日，被倍磁暴日的 $K=6$ 好像小了一些（注：被倍磁暴日一般采用 $K=6~7$ 或 $K=7$ 的磁暴日），如果需要用的话就是这个日期，但是我比较关心的是 2003 年 10 月中旬的预测日期附近，有可能发生一次 8 级左右的大地震。"陈先生告诉我说："9 月 18 日用电子邮件预报给日本上田诚野院士（日本、美国、俄罗斯三国科学院院士）和日本东京大学地震研究所孙文科博士等日

---

[①] 见：王明太、耿庆国编：《中国天灾信息预测研究进展》，石油工业出版社 2004 年版，第 158—160 页。原载：天灾预测专业委员会编：《2003 年天灾预测总结学术会议文集》（内部），2003 年 12 月，第 24—27 页。

本地震预测研究者。"

　　因为中国地震局不受理国外大地震的预测，所以我于 2003 年 9 月 19 日分别向国家 863 计划地震预测课题项目负责人之一、中国地震局分析预报中心汪成民研究员和中国地球物理学会天灾预测专业委员会常委徐道一研究员，提交了一份"磁暴月相二倍法"预测表，同时在信中明确预测 2003 年 10 月 10 日（±5 天或 ±10 天）和 10 月 14 日（±5 天或 ±10 天）国外有三个要特别注意的地区：第一个地区就是日本北部（以 42.0°N，144.5°E 为中心 300 公里范围内）或日本南部（以 34.0°N，138.0°E 为中心 300 公里范围内）可能发生一次 $M_S$ =7~8 级（最大可能在 7.5 级以上）的大地震。

　　2003 年 9 月 24 日下午中国地震局分析预报中心杨亚荔同志直接打电话给我说："宋瑞祥局长指名要你参加 9 月 28 日在北京召开的地震会商会，请做好准备，一定要参加，现在将传真内容传给你。"我说："我这里没有传真设备，请将传真内容传给上海市地震局。"

　　9 月 22 日在中国以南的缅甸发生了一次 7.2 级破坏性地震后，由于印度洋板块向北推挤，很可能在我国境内发生大地震，我就连夜翻阅资料，写了《近期对全球 8 级左右大地震的短临预测意见》一文，在文章中提出了两个预测日期，即 2003 年 10 月 10 日左右和 10 月 14 日左右，国内提出了三个地区、国外提出了三个国家和地区，由于中国地震局对预测国外地震不受理的规定，凡是文章中牵涉到预测国外地区的后面用"略"表示。9 月 25 日我到青浦区地震办公室请他们帮我把这一文章打印出来，当天下午又接到上海市地震局的来电说："由于有些专家出差在外，一时难以集中，故此会议将延期进行。"9 月 26 日我一早去邮电局将这一文章用挂号信邮寄给中国地震局分析预报中心预报部，回家后接到陈一文先生来电说："世界时 9 月 25 日 19 时 50 分（北京时 9 月 26 日 03 时 50 分）在日本北部地区（42.2°N，144.1°E）发生了一次 8 级大地震。"9 月 26 日日本北海道 8 级大地震发生后，陈先生向中国地球物理学会提出报告，汇报了上述预报情况以及对这次地震向日本地震科学家作了震前预报的情况，同时抄送给中国地球物理学会天灾预测专业委员会各位专家以及中国地震局地震信息网、中国地震局分析预报中心、中国地震学会等单位。

这次预测日本北部地区可能发生 8 级左右大地震的方法是用"大震组合周期"与"大震迁移方向"提出来的，具体情况如下：

1. 大震组合周期：

1897 年 8 月 5 日仙台近海（38.0°N，143.0°E）8.7 级

1933 年 3 月 2 日三陆近海（39.3°N，144.5°E）8.9 级

36 年

1968 年 5 月 16 日十胜近海（40.8°N，143.2°E）8.6 级

35 年

1968 年 +35 年 =2003 年（±1 年）（估计在 2003 年内发生）。

2. 大震迁移方向：

（38.0°N，143.0°E）→（39.3°N，144.5°E）→（40.8°N，143.2°E）→
预测未来 8 级左右大震的具体经纬度在 42.0°N，144.5°E 附近（图 1）。

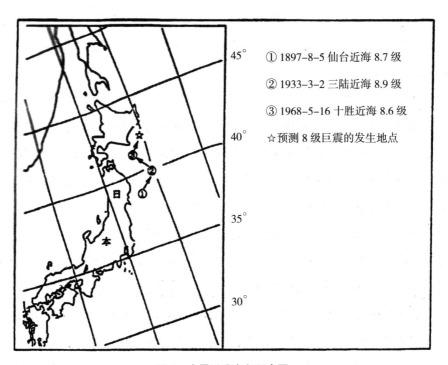

① 1897–8–5 仙台近海 8.7 级

② 1933–3–2 三陆近海 8.9 级

③ 1968–5–16 十胜近海 8.6 级

☆预测 8 级巨震的发生地点

图 1　大震迁移方向示意图

## 一、时间对应情况

本次预测 2003 年 10 月 10 日（±5 天）和 10 月 14 日（±5 天），以 10 月 14 日作为预测日中心，地震发生在中国地震局预报部所规定的一级标准的允许范围内（图 2）。

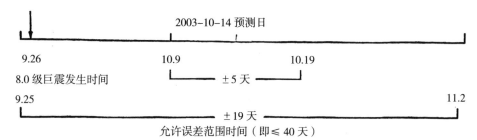

图 2　短临预测 2003 年 9 月 26 日日本北海道 8.0 级巨震的示意图

## 二、地区对应情况

本次预测地区是以北纬 42.0°、东经 144.5° 为中心 300km 范围内（图 3），实际发生地震在北纬 42.2°、东经 144.1°（中国地震台网测定），与预测点相距约 70km，符合中国地震局预报部所规定的直距 ≤ 300km 一级标准。

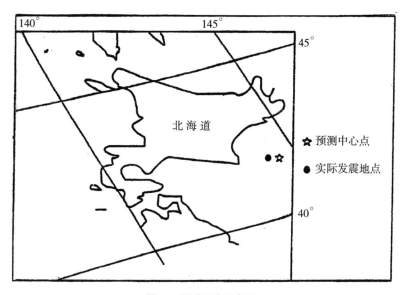

图 3　预测区域示意图

### 三、震级对应情况

本次预测震级为 8 级左右，实际发生 8.0 级。

因此，这次预测的三要素全部符合中国地震局分析预报中心预报部所规定的一级标准，应视为一次较为成功的一级预测。

# C11　致中国地球物理学会公开信

陈一文

## Subject: 中国人对日本北海道地震的成功预报

中国地球物理学会，你们好！

由于我 2001 年以来的有关活动，中国地球物理学会于 2002 年 5 月批准聘任我担任中国地球物理学会天灾预测专业委员会顾问。

我非常珍惜该项荣誉，加强对中国天灾预测科学发展的有关调查研究活动，促进国内外该领域的交流与合作，决心为中国和世界天灾预测科学事业的发展更加努力地工作。

现在特此向你们和大家报告一个由我亲自证实的好消息。

2003 年 9 月 18 日，我将沈宗丕先生和郑联达教授对日本近期可能要发生巨震的预测意见发给我尊敬的老朋友上田诚野院士〔日本、俄罗斯、美国科学院院士〕等日本地震预测研究学者以及东京大学地震研究所孙文科博士，我转告有关预测内容摘录如下：

**摘录开始**

2）Prediction by Prof. Zheng Lian-da, Beijing Science & Industry University

2）北京理工大学郑联达教授

According to his calculation, based on occurrence distribution of historical EQs and their magnitudes around specific areas, he expects a very very strong EQ these days in Japan.

根据他的计算，依据历史地震震级在不同区域和发震时间的分布，他计算出近日内将在日本发生一次非常非常强的地震。

Magnitude: Very very strong EQ

震级：非常非常强的地震。

Location: 35N; 139.5E

地点：北纬 35 度；东经 139.5 度。

Date: Around Sep. 19 ( tomorrow )

日期：大约 9 月 19 日〔明天〕

Note: Prof. Zheng Lian-da published three books in the past:

注：郑联达教授过去出版过三本书：

a ) Studies of the Laws of Strong Earthquakes, Beijing Science & Industry University Press, 1996, P440.

a )《大地震规律研究》，北京理工大学出版社 1996 年版，第 440 页。

b ) Studies of Tangshan Earthquake, Beijing Science & Industry University Press, 1997, P301.

b )《唐山地震研究》，北京理工大学出版社 1997 年版，第 301 页。

c ) Studies of Tangshan Earthquake – Follow-up, Beijing Science & Industry University Press, 2002, P106.

c )《唐山地震研究［续］》，北京理工大学出版社 2002 年版，第 106 页。

The above books explained all details of his long-term EQ prediction calculation method for very strong EQs, which contained an allowance of about 2 years.

上述书中介绍了他对强地震进行长期地震预测的详细方法，可包括大约 2 年的偏差。

On page 64 of book b ), i.e. back in 1997, Prof. Zheng listed his prediction of a Ms8.4 EQ may occur in Japan on Sep. 13, 2001. No such EQ occurred in Japan in 2001.

在 1997 年出版的第二本书第 64 页上，郑教授列出他预测日本在 2001 年 9 月 13 日可能发生一次 8 级强震。但是，2001 年在日本没有发生这样的强震。

Based on occurrence of further EQs since 1997, 2001 until now, Zheng considers that a very very strong EQ might occur in Japan close the above area within a few days.

根据 1997 年和 2001 年以来所发生的进一步地震，郑教授认为近日内可能在日本发生一次非常非常强的地震。

3 ) Prediction by Shen Zong-pi, retired, use to work at Shanghai Astronomy Observatory Sheshan Earthquake Observation Station

3 ) 沈宗丕，现已退休，1956 年在上海天文台佘山地震台工作

〔陈一文注：1976 年在上海市地震局佘山地震台工作〕

Some time ago, using the "Magnetic Storm-Moon Phase Double Time Method", Shen made prediction as follow:

相当时期之前，采用"磁暴月相二倍法"，沈先生做出预测如下：

Magnitude: EQ $\geqslant M_S 7.5$

震级：$\geqslant M_S 7.5$

Occurrence date: Around mid-Oct. 2003.

发震日期：大约 2003 年 10 月中旬

Location: Several possible locations on the Earth, Japan is one of such possible locations.

发震地点：地球上有几个发生这次地震的可能地点，日本是其中一个可能的地点。

Shen predicts that the above very strong $\geq M_S 7.5$ may occur Northern Japan or Southern Japan.

沈先生预测一次大于等于 $M_S 7.5$ 级的地震可能发生在日本北部或南部。

If in Northern Japan: around 42N 144.5E; Mid–Oct; $\geq M_S 7.5{\sim}8$

Based on 34–36 year occurrence cycle of very strong EQs in Northern Japan.

基于日本北部 34 年至 36 年的地震周期，如果发生在日本北部：大约于 10 月中旬发生在北纬 42 度，东经 144.5 度的地方，震级大于等于 $M_S 7.5{\sim}8$ 级。

If in Southern Japan: around 34N 138E; Mid–Oct; $\geq M_S 7.5+$.

如果发生在日本南部：大约于 10 月中旬发生在北纬 34 度，东经 138 度的地方，震级大于等于 $M_S 7.5$。

It should be noticed that he predicts that the magnitude of this very strong EQ if occur in Northern Japan could reach $M_S 7.5{\sim}8$, and only $M_S 7.5+$ if in Southern Japan.

应注意：他所预测的这个震级非常大的地震，如果发生在日本北部，震级可达 $M_S 7.5{\sim}8$ 级；如果发生在日本南部，震级则只有 $M_S 7.5$ 级。

摘录结束

注：上述地震预测的日期还没有结束。

根据美国 USGS 确认的报告：

2003/09/25 19:50 M 8.0 HOKKAIDO，JAPAN REGION Z= 33km 42.17N 143.72E

日本有关部门确认的报告：

2003 年 9 月 26 日午前 4 時 50 分、釧路沖（北緯 42.0 度、東経 143.9 度）の深さ 25km を震源とするマグニチュード 8.0（気象庁）の地震が発生した。震央は、襟裳岬の東約 60km の位置である。

现将他们预测的情况与实际发震情况比较如下：

| | Date & Time Announce Prediction | Occurrence Date of EQ | Time (UTC) | $M_S$ | Location | Depth | Longitude | Latitude |
|---|---|---|---|---|---|---|---|---|
| Actual EQ | | 2003.9.25 | 19:50 | 8.0 | HOKKAIDO | 33km | 42.17 | 143.72 |
| Prof. Zheng Lian-da prediction | 2003-9-18 0:00 | Abt Sep. 19 | | Very very strong EQ | | | 35.5 | 139.5 |
| Shen Zong-pi prediction | 2003-9-18 0:00 | Mid-Oct. | | $M_S$7.5-8.0 | Northern Japan | | 42 | 144.5 |
| Shen Zong-pi prediction | 2003-9-18 0:00 | Mid-Oct. | | $M_S$7.5+ | Southern Japan | | 34 | 138 |

也就是说：

1. 震级 $M_S$8 级：

郑联达教授和沈宗丕先生关于震级的预测非常准确〔$M_S$8.0，Very very strong EQ〕。

注：郑联达教授实际预测为 $M_S$8 级，为了留有余地，我在转达时描述为"Very very strong EQ"〔非常非常强的地震〕。

2. 地点 42.17° N，143.72° E：

——郑联达教授预测的发震地点为北纬 35.5 度，东经 139.5 度。

——沈宗丕预测的发震地点为北纬 42 度，东经 144.5 度。

显然，沈宗丕预测的发震地点惊人地准确！

3. 发震日期〔2003 年 9 月 26 日〕：

——郑联达教授预测的发震日期为 9 月 19 日左右〔比实际发震日期早了仅 7 天〕。

——沈宗丕预测的发震日期为 10 月中旬〔向我提供的具体日期为 10 月 10 日左右〕。

注：再强调一句，上述地震预测的日期还没有结束。

中国国家地震局对 $\geqslant M_S7.5$ 级地震的一级预测标准规定，允许的发震地点预测偏差为 $\geqslant 300km$，允许的发震日期预测偏差为 $\geqslant 40$ 天。

根据这个标准，沈宗丕的上述预测完全正确！

必须指出，采用"磁暴月相二倍法"和地震发震周期分析法，沈宗丕先生已经成为世界上唯一的一位世界 $\geqslant M_S7.5$ 级地震预测"专业户"，几年来成功预测过中国境内和国外的许多次 $\geqslant M_S7.5$ 级地震。


致意

陈一文〔英籍华人〕中国地球物理学会"天灾预测专业委员会"顾问，中国地球物理学会会员，欧洲地球物理学会会员，美国地球物理学会会员。

# C12 印尼特大巨震的预测和信息有序性 [①]

沈宗丕 徐道一

**摘要** 2004 年 12 月 26 日在印度尼西亚苏门答腊西北地区发生了 8.7 级特大巨震。作者在 2004 年 10 月对这一巨震作过预测：预测发震时间为 2004 年 12 月 20 日 ±5 天（或 ±10 天）；预测震级为 $M_S$=7.5–8.5，与实际发震时间和震级符合较好。预测地区（在日本南部）与实际相差较大。印尼特大巨震的发生具有 53—54 年的信息有序性，因此，特大巨震的发生是有可能预测的。

**关键词：** 地震预测 巨震 信息有序性

2004 年 12 月 26 日在印度尼西亚苏门答腊西北地区发生了 8.7 级特大巨震（以下简称为：印尼特大巨震），地震形成的巨大海啸造成了二十多万人死亡，损失十分严重。中国地震台网测定印尼特大巨震的震级是 8.7 级，而美国 USGS 测定的震级是 $M_W$=9.0。

一些科学家认为：在人类现存记忆中，这次印度洋海啸理论上是"第一次全球性地球物理学事件"。人们十分关心：这么大的地震能否在震前进行预测？

本文目的是介绍应用磁暴月相二倍法、磁暴二倍法对印尼特大巨震的预测和依据。它们对于以后将要发生的全球性灾难事件的研究和预测都会有重要作用。

---

① 见：《西北地震学报》，2005 年第 3 期，第 282—286 页。

### 一、对印尼特大巨震的预测

在 2004 年 10 月—11 月，沈宗丕曾应用磁暴月相二倍法作出了对印尼特大巨震的发震时间和震级预测。他在 2004 年 10 月 30 日填写了"天灾年度预测报告简表"，秘书在"简表"中作出了如下的短临地震预测：

预测时间：2004 年 12 月 20 日 ±5 天（或 ±10 天）

预测地区：特别要注意以下两个地区

（1）日本本州南部近海（以 34° N，138° E 为中心 150 km）

（2）日本四国南部近海（以 31.5° N，132.5° E 为中心 150 km）

预测震级：$M_S$=7.5~8.5

注：不排除在其他地区内发生

该简表分别邮寄给中国地震预测咨询委员会郭增建主任和中国地球物理学会天灾预测专业委员会汪纬林秘书长，其后又将预测内容以电子邮件形式发给了国际地震预测委员会许绍燮秘书长，中国地震预测咨询委员会副主任徐道一、汪成民，委员李均之、任振球、林命周等，以及中国地球物理学会天灾预测专业委员会顾问陈一文先生和上海福岛自然灾害预测技术开发公司宋期副总经理。

实际情况是：2004 年 12 月 23 日在澳大利亚东南方向的麦阔里岛发生了 8.1 级巨震，2004 年 12 月 26 日在印度尼西亚苏门答腊西北地区发生了 8.7 级特大巨震。上述预测在发震时间与震级方面和两个巨震都对应得十分好：预测发震时间的中心点（12 月 20 日）与巨震实际发生时间分别相差 3 天和 6 天，都在预测范围内；预测震级分别为符合和相差 0.2 级；对发震地区的预测，提出发生在亚洲东部的东北区的"日本南部"，而印尼特大巨震发生在亚洲东部的南区，误差较大。

### 二、预测依据

巨震是指 8 级左右的大地震。地震预测很难，对巨震的预测非常困难，而应用磁暴月相二倍法方法在过去十多年中已经有过多次成功预测大地震

（包括 8 级巨震）[1-4] 的经历，所以这次才对印尼特大巨震作出了较好的预测。

### 1. 对发震时间的预测

应用磁暴月相二倍法有：

起倍磁暴日：2001 年 11 月 6 日，农历九月二十一（下弦），$K=9$；

被倍磁暴日：2003 年 5 月 30 日，农历四月三十（朔日），$K=7$。

两者相隔 570 天，被倍磁暴日加 570 天后，得预测发震日期：2004 年 12 月 20 日。

这一起倍磁暴日（2001 年 11 月 6 日），$K=9$ 与发生在朔日的被倍磁暴日（$K \geq 6$）在以前也有很好的预测震例（见表 1）：

表 1 起倍磁暴日（2001 年 11 月 6 日）与发生在朔日的被倍磁暴日（$K \geq 6$）对应震例

| 被倍磁暴日期 | 农历 | $K$ | 相隔天数（天） | 预测日期 | 地震情况 | | 地区 | 误差（天） |
|---|---|---|---|---|---|---|---|---|
| | | | | | 日期 | 震级 | | |
| 2002-5-11 | 三月二十九 | 6 | 186 天 | 2002-11-13 | 2002-11-4 | 8.1 | 美国阿拉斯加 | -9 |
| 2002-9-8 | 八月初二 | 6 | 306 天 | 2003-7-11 | 2003-7-16 | 7.9 | 卡尔斯伯格海岭 | 5 |
| 2003-5-30 | 四月三十 | 7 | 570 天 | 2004-12-20 | 2004-12-26 | 8.7 | 印尼苏门答腊 | 6 |

由表 1 可见，前两个震例在预测日期的对应方面也是很好的。

又有：

起倍磁暴日：1999 年 9 月 23 日，农历八月十四（望日），$K=7\sim8$；

被倍磁暴日：2002 年 5 月 11 日，农历三月二十九（朔日），$K=6$。

两者相隔 961 天，被倍磁暴日加 961 天后，得预测发震日期：2004 年 12 月 27 日。由于以上两个预测日期非常靠近，因此，在 2004 年 10 月笔者认为很可能是同一次地震，故作出了上述有关发震时间的预测。

### 2. 对震级的预测

对震级的预测主要依据起倍磁暴的特性。例如：2001 年 11 月 6 日的起倍磁暴开始于 11 月 5 日 10 时（世界时），首先产生了一个无急始型的磁暴，这个磁暴还没有结束，紧接着于 11 月 6 日 1 时 52 分又产生了一个急始型特大磁暴，水平强度（$H$）的最大急始变幅高达 176 nT，磁暴最大幅度达到 523 nT，磁暴三小时的最大活动程度 $K$ 指数达到最高值 9，像这样强烈的特大磁暴在第 23 周太阳峰年（2000—2001 年）中几乎是最大、最强烈的一次特大的复合磁暴，在以往的磁暴目录中是很少见到的。这表明：太阳上喷发出来的带电粒子流冲击地球磁场的能量是相当大的，用这个日期作为预测地震的起倍磁暴日有可能对应较大的巨震。

由表 1 可见，前两个震例的被倍磁暴日的 $K$ 指数都为 6，所对应地震的震级都较大，为 8 级左右。在预测印尼特大巨震时所应用的 2003 年 5 月 30 日的被倍磁暴日的 $K$ 指数达到 7，比表 1 中用来对应 8 级左右大震的两个被倍磁暴日的 $K$ 指数都要大一个数量级。

在这种情况下，因此估计可以预测发生最大为 8.5 级的巨大地震，实际上发生的印尼特大巨震的震级为 8.7 级，与预测的震级相差 0.2 级。

### 3. 对发震地区的预测

"磁暴月相二倍法"最大的薄弱环节是在发震地区的预测上。这一方法本身尚不能用以对发震地区作出预测，通常是利用一些地区的地震周期、大震的迁移方向等作为对发震地区的预测依据，应用"磁暴月相二倍法"作出的预测意见，对发震地区的预测虽有成功的例子，但是它们的比例并不高。因此在预测印尼特大巨震时，把发震地区预测为"日本南部"，误差较大。

## 三、印尼特大巨震的信息有序性

由徐道一发现的应用于研究中国大陆 8 级巨震的思路和方法（信息有序性、可公度性等）[5]，也可用于研究印尼特大巨震。

从 19 世纪末开始有现代地震记录以来，在亚洲发生的最大的三次特大巨震，见表 2。

表 2　亚洲三次特大巨震（$M \geqslant 8.6$）目录

| 编号 | 发震日期 | 震中位置 | | 震级 | 地区 |
|---|---|---|---|---|---|
| | | 北纬（度） | 东经（度） | | |
| 1 | 1897-6-12 | 26.0 | 91.0 | 8.7 | 印度阿萨姆 |
| 2 | 1950-8-15 | 28.4 | 96.7 | 8.6 | 中国西藏 |
| 3 | 2004-12-26 | 3.9 | 95.9 | 8.7 | 印度尼西亚苏门答腊 |

由表 2 可见，2 号与 1 号特大巨震相隔 53 年，3 号与 2 号特大巨震相隔 54 年。两个时间间距几乎相等，仅相差 1 年。三个特大巨震显示了很好的时间有序性，它也是一种可公度性[6]，这与中国大陆 8 级巨震的信息有序性很相似。三个特大巨震发生的纬度都局限于在东经 90~97 度的小范围内，也是很值得注意的一个现象。这些特性对今后的巨震研究和预测具有重要意义。

总之，对于亚洲的特大巨震这种十分罕见的天灾，它们的发生具有一定的有序性，是有序发生的，不是随机的，因而是有可能预测的。

## 参考文献

［1］沈宗丕、徐道一：《应用磁暴月相二倍法对全球 $M_S \geqslant 7.5$ 大地震的预测效果分析》，《西北地震学报》1996 年第 18 期，第 84—86 页。

［2］沈宗丕、徐道一、张晓东、汪成民：《磁暴月相二倍法的计算发震日期与全球 $M_S \geqslant 7.5$ 大地震的对应关系》，《西北地震学报》2002 年第 24 期，第 335—339 页。

［3］沈宗丕：《2001 年与 2002 年我国境内二次 8 级左右大震的短临预测［A］》，《中国地球物理 2003》，南京师范大学出版社 2003 年版，第 353—354 页。

［4］沈宗丕：《2003 年 9 月全球二次 8 级巨震的短临预测》，《中国地球物理 2004》，西安地图出版社 2004 年版，第 317—318 页。

［5］徐道一：《中国大陆 8 级巨震的时间信息有序性及其预测意义》，王明太、耿庆国编：《中国天灾信息预测研究进展》，石油工业出版社 2003 年版，第 142—146 页。

［6］徐道一：《二倍关系的元创新性质》，王明太、耿庆国编：《中国天灾信息预测研究进展》，石油工业出版社 2004 年版，第 41—43 页。

# FORECASTING OF SUPER-GREAT EARTHQUAKES
# IN INDONESIA AND IT'S INFORMATIONAL ORDER

SHEN Zong pi[1]  XU Dao yi[2]

（ 1. Shanghai Earthquake Administration，Shanghai 200062，China ；2. Institute of Geology，CEA Beijing 100029，China ）

**Abstract**  It was a super−great earthquake（ $M_S$=8.7 ）occurred in Sumatera, Indonesia on Dec. 26, 2004. On Oct. 30, 2004 the list author of this paper had given a prediction: great earthquake  date is on Dec. 20, 2004 with a range of ±5 days（or ±10 days）; magnitude is $M_S$=7.5−8.5. Both the predicted date and magnitude are agreed well with the Indonesia earthquake. The predicted region was mentioned to be in the South Japan, which is far away from the Sumatera region.

It is proved that the Indonesia earthquake and other two super−great earthquakes in Asia are characterized by the informational orderliness of 53−54 years. Therefore, it means that  super−great earthquakes in Asia are possible to be predicted.

**Key words:** Earthquake prediction   Great earthquake  Informational orderliness

# C12 附件 有关 2004 年 12 月印尼特大地震等 预测的资料

## 一、天灾年度预测报告简表

沈宗丕，2004

内部文件

附件

天灾年度预测报告简表

预测人：沈宗丕　通讯处：上海市青浦区李浜沙村18-303室　(邮政编码) 201700
预测项目：洪水　干旱　暴雨　地震✓　其他
预测原理：石碣菩月相＝信息，方案有序性，大态进列多阶等.

| 日期 (年、月、日) | 地点(省市区县站) | 灾情：洪峰 (m³/s)、水位 (米)、干旱 (程度)、暴雨 (mm/d) 地震 (Ms、Ml) 其他 ( ) |
|---|---|---|

预测时间：2004年12月20℡±5天.(窗±10天).
预测地点：特别注意表 Ms 下二弓地区.
　　　　　(1) 吗苏苏门南部近海 (Ms34°N, 138°E弹中心150公里).
　　　　　(2) 吗苏日南南色海 (Ms31.5°N, 1325°E弹中心150公里).
预测震级：Ms = 7.5～8.5
　　　　　注：石排除是其他地区内发生.

收到日期：2004年11月30日

〔中国地球物理学会 天灾预测 专业委员会 印章〕

预测提出日期：2004 年 10 月 30 日　　　签名〔沈宗丕 印〕

## 二、福岛公司证明

 **上海福島自然災害預測技術開發有限公司**

Shanghai FUDAO Natural Disaster Prediction Technology Developing Corp. ( NDPC,CHINA)

## 证 明

　　上海福岛自然灾害预测技术开发有限公司副总经理、解译中心主任宋期先生曾于 2004 年 11 月 15 日收到沈宗丕教授的电话和发来的电子邮件。沈宗丕教授根据自己研创的《磁暴月相二倍法》向宋期先生通报了 2004 年 12 月 20 日前后日本南部及太平洋西部将发生 Ms=7.5~8.5 级大地震的预测意见，[预测意见编号：2004-(6)]. 宋期先生即刻将沈宗丕教授的地震预测意见呈报给上海福岛自然灾害减灾基金会和上海福岛自然灾害预测技术开发有限公司领导备案。结果：2004 年 12 月 23 日在澳洲南部海域的麦阔里岛发生了 $M_s$8.1 级地震（USGS）、2004 年 12 月 26 日在印尼西部苏门达腊发生了 Ms8.7 级或 Mw9.0 级大地震（USGS）。事实证明，沈宗丕教授对这次特大巨震海啸灾害前准确预测了发震时间和震级二个要素，震中位置接近东印度洋与西太平洋板块连接地带。

　　特此证明。

上海福岛自然灾害减灾基金会　　　　　　　　上海福岛自然灾害预测技术开发

2005 年 1 月 10 日

**附件：印度地震海啸前后有关原始记录材料**

 **上海福島自然灾害減灾基金會**
SHANGHAI FUDAO NATURAL DISASTER REDUCTION FOUNDATION

**附件：印度地震海啸前后原始记录材料**

—— Original Message ——
From: "SONGQI" <songqi75@sina.com>
To: "shenzongpi" <shenzongpi@sina.com>
Cc: "zgl" <zgl@fd-ndpc.com>
Sent: Saturday, January 08, 2005 1:21 PM
Subject: 祝贺您预测印尼强烈地震取得成功
沈教授：您好，
您在 2004 年 11 月 15 日发来的预测意见（见下方）已得到很好的验证．
您曾在 2004 年 11 月 15 日做出以下预测：在 2004 年 12 月 20 日±5 天（或±10 天）在日本南部或太平洋西部海域将发生 7.5-8.5 级强烈地震．
结果，在 2004 年 12 月 23 日夜间（北京时间），在澳大利亚南部海域发生 8.1 级地震；又于 2004 年 12 月 26 日上午在印尼苏门达腊西部近海发生 Ms8.7 级或 Mw9.0 级的巨大地震．
您准确预测了发震时间和震级两个要素．这次印尼 9.0 级地震位于印度洋东部，与您预测的西太平洋海域较接近．
再次祝贺您在全球范围预测强烈地震所取得的又一重大成果！
宋期
解译中心主任，
上海福岛自然灾害预测技术开发有限公司
050108

> —— Original Message ——
> From: "shenzongpi" <shenzongpi@sina.com>
> To: <songqi75@126.com>
> Cc: <wayren@public3.bta.net.cn>; <bpuquake@163bj.com>
> Sent: Monday, November 15, 2004 9:59 AM
> Subject: 沈宗丕地震预测 2004-(6)
> > 宋期先生：
> >      您好！
> > 2004-(6)号地震短临预测
> > 根据"磁暴月相二倍法"计算得：
> > 时间：2004 年 12 月 20 日±5 天（或±10 天）
> > 地点：特别要注意以下二个地区：
> > （1）日本本州南部近海（以北纬 34 度、东经 138 度为中心 150 公里）
> > （2）日本四国南部近海（以北纬 31.5 度、东经 132.5 度为中心 150 公里）
> > 震级：Ms=7.5 — 8.5
> > 注：不排除在其他地区内发生，请注意加强观测。
> > 预测人：沈宗丕
> > 2004.11.15

### 三、郭增建给沈宗丕的贺信

宗丕同志：

2004 年 12 月 26 日印尼 9 级大震，死伤惨重。您在震前给我寄的预测表上指出 2004 年 12 月 20 日 ±5 天（或 ±10 天）可能有 7.5~8.5 级大震。这一时间预测是正确的。特写此信，以表祝贺。愿我国学者共同努力，当达到三要素预报时即可减轻灾害。祝春节好！

郭增建

2005 年 1 月 23 日于兰州

中国兰州　**国家地震局兰州地震研究所**
LANZHOU CHINA　SEISMOLOGICAL INSTITUTE OF LANZHOU STATE SEISMOLOGICAL BUREAU

宗丕同志：

2004年12月26日印尼9级大震，死伤惨重。您在震前给我寄的预测表上指出 2004年12月20日±5天（或±10天）可能有7.5~8.5级大震。这一时间预测是正确的。特写此信，以表祝贺。愿我国学者共同努力，当达到三要素预拟时即可减轻灾害。祝春节好！

郭增建

2005.1.23 於兰州

# C13  2004 年 12 月全球两次 8.5 级左右 特大巨震的预测经验总结 [①]

沈宗丕

2004 年 12 月 23 日在澳大利亚东南的麦阔里岛以北地区发生了一次 8.1 级巨震和 12 月 26 日在印尼的苏门答腊西北地区发生了一次 8.7 级巨震，在这两次巨大地震发生前都通过"磁暴月相二倍法"特别是在发震的时间和震级上均作出了较好的短临预测。

## 一、预测地震的"磁暴月相二倍法"由来

"磁暴月相二倍法"预测地震是在"磁偏角异常二倍法"的基础上发展起来的，"磁偏角异常二倍法"是通过南北相距较远的两个地磁台同一天的磁偏角的幅度值相减，并经过适当的纬度"校正"，选出突出的地区性异常来估计地震发生的大致地点；根据出现磁偏角异常的日期及其所持续的天数，从第二次异常日期算起，往后推同样的天数，这就是预测发震的时间；震级的大小是根据异常的大小来估计的。

在使用北京白家疃地磁台与上海佘山地磁台的磁偏角数据做"磁偏角异常二倍法"预测地震的过程中，发现可以预测环太平洋地震带上 8 级左右的大地震，但是还存在着一定的虚报，通过不断的总结发现，两个异常日期之间的天数必须符合 29.6 天的倍数方可进行预测，才能对应上 8 级左右的大

---

① 见：中国地球物理学会编：《中国地球物理 2005——第二十一届年会》，吉林大学出版社 2005 年版，第 341—342 页。

地震，否则会带来虚报（指小于 7 级地震）。29.6 天正好是近似月球的朔、望周期，从中又发现所选用的异常日期大多是太阳面上发生的大耀斑和质子事件所引起的磁暴，因此"磁暴月相二倍法"预测地震的方法由此而生。

## 二、"磁暴月相二倍法"预测地震的方法介绍

月相是反映日、月、地三个天体相互位置变化的一个天象。如朔、望表示地球位于太阳与月球的连线上，在天文学中，月相与月球和太阳之间的黄经差有对应关系，当黄经差为 0°、90°、180° 和 270° 时，月相的位置为朔、上弦、望和下弦。农历的每月初一必定为朔，至于严格意义的望则可能为十四、十五、十六这三天中的一天，以十五、十六这两天为多，严格意义的上弦、下弦时间亦相应在 2~3 天内波动，在日常应用中把农历上弦、下弦中每个用 2~3 天的时间段来表示是可能的，因此我们把农历每月二十一、二十二、二十三作为下弦，每月初七、初八、初九作为上弦，每月（二十九）三十、初一、初二作为朔日，每月十四、十五、十六（十七）作为望日。

"磁暴月相二倍法"要区分两种性质的磁暴："起倍磁暴"（$M_S1$）和"被倍磁暴"（$M_S2$），预测地震发生的时间计算是求出"起倍磁暴日"和"被倍磁暴日"之间的时间间隔（D），即 $D=M_S2-M_S1$。以天为单位，在"被倍磁暴日"的日期上加上 D 值，即为预测"发震日期"（Tc），即 $Tc=M_S2+D$，误差一般为 ±3 天（或 ±6 天），预测 8 级左右巨震的误差一般为 ±5 天（或 ±10 天）。

"起倍磁暴日"与"被倍磁暴日"的选取：大的磁暴日大多是太阳面上发生的大耀斑或质子事件所引起的，在选取"起倍磁暴日"的时候必须选 K 指数大的磁暴。

我们国家的地磁台采用三小时时段内（国际时）水平强度（H）的最大幅度与 K 指数之间的关系如下：

$R$（$H$ 幅度）= 0　3　6　12　24　40　70　120　200　300 以上（nT）

$K$ 指数 = 0　1　2　3　4　5　6　7　8　9

以三小时的时段来量算，分别为 0 h~3 h 为第一时段；3 h~6 h 为第二时段……21 h~24 h 为第八时段。当 $K=5$ 时为中常磁暴（以 m 表示）；$K=6$ 或 7 时为中型磁暴（以 ms 表示）；$K=8$ 或 9 时为强烈磁暴（以 s 表示）。在选取"起倍磁暴日"时必须 $K \geqslant 7$，在选取"被倍磁暴日"时，必须 $K \geqslant 6$，而且都应该在月相的日期中选取，但"被倍磁暴日"的 $K$ 指数一般不允许超过"起倍磁暴日"的 $K$ 指数（个别情况下例外）。

### 三、对 2004 年 12 月全球两次 8.5 级左右特大巨震的短临预测回顾

1. 对 2004 年 12 月 23 日澳大利亚东南麦阔里岛 8.1 级巨震的预测

起倍磁暴日：2001 年 11 月 6 日，农历九月二十一（下弦），$K=9$

被倍磁暴日：2003 年 5 月 30 日，农历四月三十（朔日），$K=7$

相隔 570 天，二倍后得 2004 年 12 月 20 日

2. 对 2004 年 12 月 26 日印尼苏门答腊西北 8.7 级特大巨震的短临预测

起倍磁暴日：1999 年 9 月 23 日，农历八月十四（望日），$K=8$

被倍磁暴日：2002 年 5 月 11 日，农历三月二十九（朔日），$K=6$

相隔 961 天，二倍后得 2004 年 12 月 27 日

由于以上两个预测日期特别靠近，因此当时认为很可能是同一次地震，故于 2004 年 10 月 30 日填写了"天灾年度预测报告简表"邮寄给中国地震预测咨询委员会郭增建主任和中国地球物理学会天灾预测专业委员会汪纬林秘书长，作了如下的地震短临预测：

预测时间：2004 年 12 月 20 日 ±5 天（或 ±10 天）

预测地区：特别要注意以下两个地区：

①日本本州南部近海（经纬度略）

②日本四国南部近海（经纬度略）

预测震级：$M_S$=7.5~8.5

注：不排除在其他地区内发生。

2004 年 11 月 15 日以同样的预测内容给国际地震预报委员会许绍燮秘书长发了 E-mail，同时转发给中国地震预测咨询委员会副主任徐道一、汪成民，委员李均之、任振球、林命周等，以及中国地球物理学会天灾预测专业委员会顾问陈一文先生和上海福岛自然灾害预测技术开发公司宋期副总经理。大震发生前也曾与中国地球物理学会天灾预测专业委员会耿庆国副主任进行过讨论。

本文是在国家 863 项目（2001AA115012）和地震科学联合基金会老专家预报专项（304054 号）资助下完成的。

# C14　2005 年 10 月 8 日巴基斯坦 7.8 级
# 巨震的短临预测小结 ①

沈宗丕

**摘要**　2005 年 10 月 8 日在巴基斯坦发生了一次 7.8 级巨震，造成了 8 万多人死亡，损失十分严重。中国地震台网测定巴基斯坦大震的震级是 7.8 级，而美国 USGS 测定的震级为 7.6 级。在这次大地震发生前，作者于 2005 年 9 月 26 日向中国地震局预报部门提交该次地震的短临预测意见。

**关键词：**巨震　短临预测

## 一、对巴基斯坦大震的预测

2005 年 4 月 16 日，笔者填写了"天灾年度预测报告简表"，分别邮寄给中国地球物理学会天灾预测专业委员会郭增建主任和汪纬林秘书长，在"简表"中用"磁暴月相二倍法"等预测方法作如下的地震短临预测：

预测时间：2005 年 10 月 12 日 ±5 天（或 ±10 天）

预测地区：

（1）日本东部地区（以 35.5° N，140.5° E 为中心 150 公里范围内）

（2）日本南部地区（以 33.5° N，130.0° E 为中心 150 公里范围内）

预测震级：$M_S$=7.5~8.5 级（最大可能在 8 级以上）

注：不排除在其他地区内发生

---

①　见：中国地球物理学会编：《中国地球物理 2005》，四川科学技术出版社 2006 年版，第 387—388 页。

在这份"简表"中同时还预测了我国西部有两个地区可能发生 $M_S$=6.5~7.5 级的大地震，这一预测意见曾于 2005 年 4 月在北京召开的 2005 年度天灾预测研讨会上由作者作过预测报告。

作者于 2005 年 9 月 26 日填写了"地震短临预测卡片"，编号为 2005-5，用挂号信邮寄给中国地震局预报部门，重新作如下的预测：

预测时间：2005 年 10 月 12 日 ±5 天（或 ±10 天）

预测地区：我国西部或我国四川省西部地区

预测震级：$M_S$=6.5~7.5 级（最大可能在 7 级以上）

注：不排除在其他地区内发生 7.5 级以上的大地震

这一"预测卡片"的复印件同时分别邮寄给中国地震预测咨询委员会郭增建主任和中国地球物理学会天灾预测专业委员会耿庆国常务副主任以及汪纬林秘书长，后来又补寄给国际地震预测委员会许绍燮秘书长。

实际情况是：2005 年 10 月 8 日在我国西部邻国巴基斯坦发生了一次 7.8 级巨震，对照上述的预测意见，结果如下：

发震时间的预测在 2005 年 10 月 12 日 ±5 天的范围内。

发震地区的预测在我国西部地区的大方向上是基本一致的。

发震震级的预测在 7.5 级以上是完全正确的。


## 二、预测依据

1. 对发震时间的预测

作者应用"磁暴月相二倍法"作如下的预测：

起倍磁暴日：2001 年 11 月 6 日，农历九月二十一（下弦），$K$=9。

被倍磁暴日：2003 年 10 月 25 日，农历十月初一（朔日），$K$=6。

两者相隔 718 天，被倍磁暴日加 718 天后，得预测发震日期：2005 年 10 月 12 日。

这一起倍磁暴日（2001 年 11 月 6 日）$K$=9 与另外几个发生在朔日的被倍磁暴日（$K \geq 6$）在以前也有很好的预测震例（见表 1）：

表 1　起倍磁暴日（2001 年 11 月 6 日）与发生在朔日的被倍磁暴日（$K \geq 6$）对应震例

| 被倍磁暴日 期 | 农历 | $K$ | 相隔天数（天） | 预测日期 | 地震情况 | | 地区 | 误差（天） |
| --- | --- | --- | --- | --- | --- | --- | --- | --- |
| | | | | | 日期 | 震级 | | |
| 2002-5-11 | 三月二十九 | 6 | 186 天 | 2002-11-13 | 2002-11-4 | 8.1 | 美国阿拉斯加 | -9 |
| 2002-9-8 | 八月初二 | 6 | 306 天 | 2003-7-11 | 2003-7-16 | 7.9 | 卡尔斯伯格海岭 | 5 |
| 2003-5-30 | 四月三十 | 7 | 570 天 | 2004-12-20 | 2004-12-26 | 8.7 | 印尼苏门答腊* | 6 |

注：＊震前曾向中国地球物理学会天灾预测专业委员会和上海福岛自然灾害预测技术开发有限公司作过短临预测。

### 2. 对发震震级的预测

笔者考虑到这次在震级的预测方面，认为在成功预测印尼 8.7 级特大巨震发震日期时采用的被倍磁暴日 $K=7$，而这次预测采用的被倍磁暴日 $K=6$，说明这一磁暴对该地区触发的能量可能要小一些，这就势必在预测的震级上相应也要小一些，所以只能预测在 7.5 级以上（即 7.5~8.0 之间），这完全是根据笔者以往成功的预测经验而作出的。

### 3. 对发震地区的预测

"磁暴月相二倍法"是根据太阳耀斑爆发产生的大量高能粒子对地球作用后诱发地壳运动来进行地震预测研究的，因太阳耀斑爆发产生的大量高能粒子对地球作用是全球性的，所以上述发震时间和发震地区也是对全球范围较大地震的预测，考虑到印尼 8.7 级特大巨震后可能对印度洋板块活跃性有所增强，因此对发震地区的预测方向偏重于欧亚地震带上。因此，利用大震迁移方向的办法作了如下的两点分析：

（1）用起倍磁暴日 2001 年 11 月 6 日所对应的三次巨震，其中后两次在欧亚地震带上，即 2003 年 7 月 16 日卡尔斯伯格海岭（3.1° S，67.3° E）7.9 级→ 2004 年 12 月 26 日印尼苏门答腊西北（3.9° N，95.9° E）8.7 级→由于印度洋板块往北挤压可能使发震地区向北迁移至我国西部地区（包括邻近地区）。

（2）1933 年 8 月 25 日四川茂汶地区（32.0° N，103.7° E）7.5 级→1955 年 4 月 14 日四川康定地区（30.0° N，101.8° E）7.5 级→1973 年 2 月 6 日四川炉霍地区（31.5° N，100.5° E）7.6 级→由于板块内部的挤压可能往四川西部（即巴塘、理塘一带）迁移。

基于以上的分析研究，最后的发震地区预测为我国西部或四川省西部地区，但并不排除在其他地区发生 7.5 级以上的大地震。

本文是在国家 863 项目（2001AA115012）和地震科学联合基金会老专家预报专项（305012）资助下完成的。

# C14　附件　郭增建 2005 年 10 月 10 日给沈宗丕的贺信

宗丕同志：

　　2005 年 10 月 8 日巴基斯坦发生 7.8 级地震。在此震前您于 9 月 26 日寄来预测意见，指出 2005 年 10 月 12 日 ±5 天（或 ±10 天）在我国西部或四川省西部地区可能发生 $M_S$=6.5~7.5 级（最大可能在 7 级以上），但不排除在其他地区内发生 7.5 级以上地震。您的上述预测意见正好对应了我国西部以西巴基斯坦 7.8 级地震。特致祝贺，并望再接再厉。

郭增建

2005 年 10 月 10 日

# C15　2006 年初全球两次 7.5 级大震的短临预测小结①

沈宗丕

**摘要**　2006 年 1 月 2 日在南半球的南桑威奇群岛东发生了一次 7.5 级大震，2 月 23 日在南非的莫桑比克又发生了一次 7.5 级大震，在这两次大震前作者运用"磁暴月相二倍法"特别在发震的时间和震级上均作出了较好的短临预测。

**关键词**：磁暴月相二倍法　7.5 级大震　短临预测

## 一、对南桑威奇群岛东 7.5 级大震的短临预测

1. 预测经过

2005 年 12 月 10 日，作者填写了"天灾年度预测报告简表"，分别邮寄给中国地震预测咨询委员会兼中国地球物理学会天灾预测专业委员会郭增建主任和汪纬林秘书长以及国际地震预测委员会许绍燮秘书长，在"简表"中用"磁暴月相二倍法"等预测方法作如下的地震短临预测：

预测时间：2006 年 1 月 8 日 ±5 天（或 ±10 天）

预测地区：

（1）国内：新疆北部等三个地区

（2）国外：智利中部等三个地区

预测震级：$M_S \geqslant 7.5$

---

① 见：中国地球物理学会天灾预测专业委员会编：《2006 天灾预测学术研讨会议文集》，2006 年 4 月（内部），第 99—100 页。

注：不排除在其他地区内发生 8 级左右大震

作者又于 2005 年 12 月 26 日填写了"地震短临预测卡片"，编号为 2006-1，用挂号信邮寄给中国地震局预报部门，作了如下的短临预测：

预测时间：2006 年 1 月 8 日 ±3 天（或 ±6 天）

预测地区：我国新疆北部地区

预测震级：$M_S$=7.3~7.7

注：不排除在其他地区内发生 7.5 级以上的大震

为了真正达到地震三要素的正确预测，作者向浙江师范大学卫星遥感研究中心徐秀登教授提出了以上同样的短临预测意见，希望通过对卫星热红外异常区的研究进一步提高对发震地区预测的准确性。

实际情况是：2006 年 1 月 2 日在南半球的南桑威奇群岛东发生了一次 7.5 级大震，对照上述的预测意见结果如下：

发震时间的预测在 2006 年 1 月 8 日 ±6 天的范围内。

发震地区的预测未能得到卫星热红外异常区的印证。

发震震级的预测在 7.5 级以上是完全正确的。

2. 预测依据

（1）对发震时间的预测

作者应用"磁暴月相二倍法"作如下的预测：

起倍磁暴日：2005 年 5 月 15 日，农历四月初八（上弦），$K$=9

被倍磁暴日：2005 年 9 月 11 日，农历八月初八（上弦），$K$=7

两者相隔 119 天，被倍磁暴日加 119 天后，得预测发震日期：2006 年 1 月 8 日。

（2）对发震震级的预测

作者通过长期的预测经验积累，运用"磁暴月相二倍法"，当起倍磁暴日 $K$ 指数为 9，被倍磁暴日的 $K$ 指数为 6~7 时，一般可预测 $M_S \geq 7.5$ 的大地震。

（3）对发震地区的预测

"磁暴月相二倍法"是根据太阳耀斑爆发产生的大量高能粒子对地球作用

后诱发地壳运动来进行地震预测研究的，因太阳耀斑爆发产生的大量高能粒子对地球作用是全球性的，所以上述发震时间和发震地区也是对全球范围较大地震的预测。考虑到地震是一个能量积累、爆发的过程，因此，作者与浙江师范大学卫星遥感研究中心徐秀登教授合作，通过卫星热红外异常区的研究进一步提高对发震地区预测的准确性。

## 二  对莫桑比克 7.6 级大震的短临预测

1. 预测经过

作者为配合卫星热红外异常区预测地震的工作，于 2006 年 2 月 12 日通过电话向浙江师范大学卫星遥感研究中心徐秀登教授再次预测：3 月 1 日或 3 月 5 日的 ±5 天可能有一次 7.5 级以上的大地震，希望能加强卫星红外异常的观测，共同捕捉到这次大震。

实际情况是：2006 年 2 月 23 日在南非的莫桑比克发生了一次 7.5 级大震，对照预测结果如下：发震时间的预测在 2006 年 3 月 1 日 ±6 天的范围内。

发震地区的预测未能得到卫星热红外异常区的印证。

发震震级的预测在 7.5 级以上是完全正确的。

2. 预测依据

（1）对发震时间的预测

作者应用"磁暴月相二倍法"作如下的预测：

起倍磁暴日：2000 年 7 月 16 日，农历六月十五（望日），$K=9$

被倍磁暴日：2003 年 5 月 9 日，农历四月初九（上弦），$K=6$

两者相隔 1027 天，被倍磁暴日加 1027 天后，得预测发震日期：2006 年 3 月 1 日。这一被倍磁暴日（2003 年 5 月 9 日）$K=6$ 与另外几个 $K=9$ 的起倍磁暴日在以前也有很好的预测震例（见表 1）：

表1 被倍磁暴日（2003年5月9日）K=6与另外几个K=9的起倍磁暴日对应震例

| 起倍磁暴日期 | 农历 | K | 相隔天数（天） | 预测日期 | 地震情况 | | 地区 | 误差（天） |
|---|---|---|---|---|---|---|---|---|
| | | | | | 日期 | 震级 | | |
| 2001-11-6 | 九月二十一 | 9 | 549 | 2004-11-8 | 2004-11-12 | 7.4 | 印尼帝汶岛 | 4 |
| 2001-3-31 | 三月初七 | 9 | 769 | 2005-6-16 | 2005-6-14 | 8.1 | 智利北部 | -2 |

（2）对发震震级的预测

作者通过长期的预测经验积累：运用"磁暴月相二倍法"，当起倍磁暴日 K 指数为9，被倍磁暴日的 K 指数为6~7时，一般可预测 $M_S \geq 7.5$ 的大地震。

（3）对发震地区的预测

同上（一、对南桑威奇群岛东7.5级大震的短临预测中2.3）。

本文是在地震科学联合基金会老专家预报专项（305012）资助下完成的。

# C16　短临预测 2006 年 11 月 15 日千岛群岛 8.1 级巨震的经过情况 [①]

沈宗丕

2006 年 10 月 15 日作者运用 "磁暴月相二倍法" 作如下的预测：

预测时间：2006 年 11 月 18 日 ±5 天（或 ±10 天）

预测地区：四川省的西部地区

预测震级：$M_S$=7~7.6

注：不排除在其他地区内发生 7.5 级以上地震。

预测依据：

被倍磁暴日：2003.9.17，八月廿一，$K$=7 与 $K \geqslant 8$ 的起倍磁暴日二倍

| 起倍磁暴日 | 农历 | $K$ | 间隔 | 预测日 | 实际发生地震情况 | 误差 |
|---|---|---|---|---|---|---|
| 2001–11–6 | 八月廿一 | 9 | 680 天 | 2005–7–28 | 2005.7.24 尼科巴群岛 $M_S$7.5 | 4 天 |
| 2001–3–31 | 三月初七 | 9 | 900 天 | 2006–3–5 | 2006.2.23 莫桑比克 $M_S$7.5 | 10 天 |
| 2000–9–18 | 八月廿一 | 8 | 1094 天 | 2006–9–15 | ———— | — |
| 2000–7–16 | 六月十五 | 9 | 1158 天 | 2006–11–18 | ? | ? |

以上这一预测意见首先用挂号信邮寄给中国地震局预报部门，编号为 2006-6，然后分别用电子邮件发给中国地震预测咨询委员会、中国老科协地震分会以及中国地球物理学会天灾预测专业委员会徐道一常委、许绍燮院士

---

[①]　见：中国地球物理学会天灾预测专业委员会编：《2007 天灾预测学术研讨会议文集》(内部)，2007 年 4 月，第 74—75 页。

和上海市地震局林命周研究员。在预测前也曾与中国地球物理学会天灾预测专业委员会耿庆国副主任共同讨论会商过，他用"磁暴二倍法"预测的时间与震级基本一致。

而后又将这一预测意见通过电话告诉中国地震局地壳应力研究所戴梁焕高工，请他用自己多年来做全球地震活动的动态分析方法提供可能发震的具体地区。在 2006 年 10 月 22 日的来信中他提出了四个具体地区：（1）堪察加半岛北纬 50° 左右；（2）海参崴地区；（3）菲律宾萨马岛—棉兰老岛地区；（4）兴都库什的帕米尔地区。同时他也希望再通过强祖基研究员的卫星热红外异常作最后的确定。戴梁焕高工特别强调堪察加半岛是最有可能再次发生巨震的地区，因为 2006 年 4 月 21 日堪察加半岛发生了 8 级地震（61.0° N，167.2° E），是在 2004—2005 年日本发生 8 次 7 级以上大震即 2003 年 9 月 26 日日本北海道 8.2 级巨震之后发生的，因此显示出构造带的显著活动，未来的大震可能往南迁移至北纬 50° 左右。经与强祖基研究员电话联系，得知他近来身体不佳而未能进行。

结果于 2006 年 11 月 15 日在千岛群岛（46.6° N，153.3° E）发生了一次 8.1 级巨震。

如果将我的预测意见与戴梁焕高工的预测意见综合起来看：时间上差 3 天，地点相差约 400 公里，震级完全正确。

本文是在地震科学联合基金老专家预报专项（305012）资助下完成的。

2006 年 11 月 17 日

# C17 2006 年 11 月 15 日千岛群岛 8 级巨震的短临预测小结 ①

沈宗丕　戴梁焕

2006 年 11 月 15 日在千岛群岛（46.6° N，153.3° E）发生了一次 8 级巨震，中国地震台网测定为 8.0 级，而美国 USGS 测定为 8.1 级，是该年度全球发生的最大地震。作者在此次巨大地震发生前作过较好的短临预测。

## 一、预测经过

沈宗丕运用"磁暴月相二倍法"预测 2006 年 11 月 18 日 ±5 天（或 ±10 天）在我国西部地区可能发生 7~7.6 级大震，但不排除在其他地区发生 7.5 级以上的大地震。这一预测意见于 2006 年 10 月 15 日首先用挂号信邮寄给中国地震局预报部门，编号为 2006–6，然后分别用电子邮件发给中国地震预测咨询委员会、中国老科协地震分会以及中国地球物理学会天灾预测专业委员会徐道一常委、许绍燮院士和上海市地震局林命周研究员。在预测前也曾与中国地球物理学会天灾预测专业委员会耿庆国副主任共同讨论会商过，他用"磁暴二倍法"预测的时间与震级基本一致。

而后沈宗丕又将这一预测意见通过电话告诉中国地震局地壳应力研究所高级工程师戴梁焕，请他用自己多年来作全球大震活动的动态分析方法提供可能发震的具体地区，在 2006 年 10 月 22 日的来信中他提出了四个具体地区：

---

① 见：中国地球物理学会编：《中国地球物理 2007》，海洋出版社 2007 年版，第 684 页。

1.堪察加半岛北纬 50° 左右；2.海参崴地区；3.菲律宾萨马岛—棉兰老岛地区；4.兴都库什的帕米尔地区。最大可能在堪察加半岛南部地区。

## 二、预测依据

1. 对发震时间的预测：

起倍磁暴日：2000 年 7 月 16 日，农历六月十五（望日），$K=9$

被倍磁暴日：2003 年 9 月 17 日，农历八月廿一（下弦），$K=7$

两者相隔 1158 天，被倍磁暴日加 1158 天后，得预测发震日期为 2006 年 11 月 18 日。

这一被倍磁暴日（2003 年 9 月 17 日）$K=7$ 与另外两个发生在有月相的起倍磁暴日（$K=9$），在以前也有较好的预测震例（见表 1）。

表 1　被倍磁暴日：2003 年 9 月 17 日，农历八月二十一（下弦），
$K=7$ 与 $K=9$ 的起倍磁暴日二倍

| 起始磁暴日 | 农历 | 月相 | $K$ | 相隔天数 | 预测日期 | 实际发生地震情况 | 误差 |
|---|---|---|---|---|---|---|---|
| 2001-11-6 | 八月廿一 | 下弦 | 9 | 680 天 | 2005-7-28 | 2005-7-24<br>尼科巴群岛 7.5 级 | 4 天 |
| 2001-3-31 | 三月初七 | 上弦 | 9 | 900 天 | 2006-3-5 | 2006-2-23<br>莫桑比克 7.5 级 | 10 天 |
| 2000-7-16 | 六月十五 | 望日 | 9 | 1158 天 | 2006-11-18 | ？ | |

2. 对发震震级的预测：

沈宗丕在平时应用"磁暴月相二倍法"预测大震的过程中凭自己多年经验认为，凡是起倍磁暴日的 $K=8\sim9$ 而被倍磁暴日的 $K=6\sim7$ 时，可预测全球 $M_S \geq 7.5$ 的大地震。

3. 对发震地区的预测：

戴梁焕通过 1900—2006 年堪察加半岛与千岛群岛 $M_S \geq 7.7$ 的巨震分析，发现 85% 的地震在这二地有前后呼应的分布特征，从构造上分析北部的堪察加断裂为 NNE 走向，南部的千岛群岛弧形断裂也为 NNE 走向，可以互相连

通，所以当北部堪察加半岛发生大震后，应力会急剧沿着断裂向南部调整。

戴梁焕又根据全球大震活动的动态分析认为，2003 年 9 月 26 日日本北海道 8.2 级巨震之后的 2004—2005 年内日本连续发生了 8 次 7 级以上大震，说明近期内这一构造的地震活动明显增强，接着于 2006 年 4 月 21 日在堪察加半岛（61.0° N，167.2° E）发生了一次 8 级巨震，因此未来的 8 级左右巨震很可能往南迁移至北纬 50° 左右地区，从地壳运动的规律分析 11—12 月是该带的发震时段。

如果将沈宗丕的预测意见与戴梁焕的预测意见综合起来看：时间上差 3 天，地点相差约 350 km，震级完全正确。今后可以联合起来研究，以达到对地震三要素的正确预测。

本研究由地震科学联合基金老专家预报专项（305009，305012）资助。

# C18 短临预测 2007 年 9 月中旬印尼苏门答腊南部 两次 8 级以上巨大地震的经过情况 ①

沈宗丕

北京时间 2007 年 9 月 12 日 19 时 10 分，震中位于印尼鸣古鲁省西南 159 公里处，震源在海面以下 10 公里，印尼宣布地震强度为里氏 7.9 级，根据我国地震台网测定，在印尼苏门答腊南部（南纬 4.4 度，东经 101.5 度），发生了一次 8.5 级的巨大地震。美国地质勘探局起先测定为 8.2 级，后修正为 8.4 级。北京时间 9 月 13 日 7 时 49 分，根据我国地震台网测定，在印尼苏门答腊南部（南纬 2.5 度，东经 100.9 度）再次发生 8.3 级巨大地震。

这次地震是 2004 年海啸灾难以来又一次强烈的地震。澳大利亚、马来西亚、新加坡、泰国以及斯里兰卡均采取了对策，以防出现 2004 年 12 月 26 日的大海啸灾难。根据有关报道，这次巨大地震死亡 23 人，受伤 88 人，有 32 间房屋严重倒塌。

作者在这次巨大地震前运用"磁暴月相二倍法"曾较好地做过短临预测，特别在时间与震级的预测上有较好对应。2007 年 1 月 19 日，来自深圳的张建国同志与我就 2007 年的震情通过电话做了交流与讨论。张建国提出：2 月 18 日—3 月 18 日，或 8 月 13 日—9 月 13 日，可能在云南省境内发生 7 级以上的大震。我提出：有二组磁暴分别计算出 9 月 10 日和 9 月 11 日，在我国

---

① 见：中国地球物理天灾预测专业委员会编：《2007 天灾预测学术研讨会议文集》（内部），第 202—203 页。

西部或西南地区可能发生 6.5~7.5 级的地震，但不排除在国外可能发生 7.5 级以上的大地震。（见张建国的证明）

作者于 2007 年 3 月 25 日用书面形式向伍岳明同志提供 2007 年全球可能发生 7.5 级以上大震的五个短临预测日期，请他运用"星球运动与地震关系"的预测方法提供可能发生的具体地区，其中第四个预测日期是 2007 年 9 月 10 日 ±10 天。（见伍岳明的证明）

以上的预测日期分别对应 2007 年 9 月 12 日与 9 月 13 日印尼苏门答腊南部 8.5 级和 8.3 级的巨大地震，与发震日期相差 1~3 天。

这两次巨大地震发生前没有向有关单位和部门填写短临预测卡片，进行具体的预测，这是最大的遗憾，但是在地震发生前确实向有关同行们进行过预测。我也非常感谢他们为我的预测作出了证明。

本文是在地震科学基金老专家预报项目（D07021）资助下完成的。

2007 年 9 月 15 完稿

# C18　附件　有关 2007 年 9 月印尼大地震的预测资料

## 一、张建国证明

### 证　　明

### 《磁暴月相二倍法》预测 8 级以上巨大地震再显神灵

以前，我仅从大量文献报告中，得知沈宗丕教授创造发展的《磁暴月相二倍法》在预测全球 7—8 级以上地震的时间上有非常高的准确率。

2007 年 1 月 19 日，我用《干支强震序列》方法确定云南省境内将在 2 月 18 日—3 月 18 日或 8 月 13 日—9 月 13 日可能发生 7 级以上的强烈地震。但是，是否真有 7 级以上地震？是否在这个时段内发生？我犹豫不定，于是我打电话向沈宗丕教授询问《磁暴月相二倍法》有无此信息。

沈宗丕教授查询后，没有支持在 2 月 18 日—3 月 18 日有 7 级以上强震的意见。而指出在 9 月 10 日或 9 月 11 日左右可能有一个 6.5—7.5 级的地震，但不排除在国外发生 7.5 级以上的强烈地震。最后，我没有考虑沈教授的意见，还是按原意见报出。

结果于 2007 年 6 月 3 日，在云南省境内的普洱发生了 6.4 级强震。而在 2007 年 9 月 12 日和 9 月 13 日，在印尼苏门答腊南部发生了 8.5 级和 8.3 级的巨大地震。

《磁暴月相二倍法》再显神灵，印尼发生了两次 8 级以上大地震的时间与沈教授预测的日期只差 1—3 天。以上亲历的两件事说明：

《磁暴月相二倍法》是检验全球什么时间范围内是否有可能发生 7.5 级以上大地震的最好方法。

因而，在对国内某一地区，某一时间段内预测有无 7 级以上大地震前，一定要考虑《磁暴月相二倍法》在这段时间内有无此信息。

证明人：

深圳三九基因工程有限公司

张建国

2007.9.20

*2007.9.20*

## 二、伍岳明证明

### 证　　明

中国地震预测咨询委员会委员、上海市地震局高级工程师沈宗丕运用《磁暴月相二倍法》于 2007 年 3 月 25 日向我提供 2007 年全球可能发生 7.5 级以上大震的五个短临预测日期，要我运用 "星球运动与地震关系"的预测方法，提供可能发生的具体地区，其中第四个预测日期是 2007 年 9 月 10 日±10 天。

根据我国地震台网测定：2007 年 9 月 12 日在印尼苏门答腊南部发生一次 8.5 级巨震，9 月 13 日再次发生 8.3 级巨震。沈宗丕先生预测的时间与震级基本正确，特此证明。

证明人：伍岳明（副研）

浙江杭州师范大学

2007.10.4

# C19　2007 年 11 月 14 日智利北部 7.9 级巨大地震的短临预测小结 [①]

沈宗丕

根据我国地震台网测定，2007 年 11 月 14 日 23 时 40 分（北京时间）在智利北部（南纬 22.2 度，西经 69.7 度）发生了一次 7.9 级巨大地震，美国地质勘探局测定的震级为里氏 7.7 级。作者在这次巨大地震前运用"磁暴月相二倍法"曾较好地作出了地震的短临预测，特别在时间与震级的预测上有较好的对应。

## 一、预测经过

作者于 2007 年 4 月 30 日向中国地球物理学会天灾预测专业委员会提交了 2007 年下半年度的"天灾年度预测报告简表"，其中预测 2007 年 11 月 3 日 ±5 天或 ±10 天等三个时间段，预测的地区为国内的新疆西部等四个地区，预测的震级为 7.3±0.3 级。注：不排除在国外发生 8 级左右的大地震。

作者于 2007 年 9 月 17 日向伍岳明、王斌、强祖基、钱复业、刘德富等几位搞地震预测的专家发了 E-mail，主题是地震短临预测。根据"磁暴月相二倍法"预测 2007 年 11 月 3 日 ±5 天或 ±10 天，在我国西部或西南地区可能发生 6.5~7.5 级的地震，在西太平洋沿岸或南太平洋地区可能发生 7.5 级以

---

[①]　见：中国地球物理学会天灾预测专业委员会编：《2008 天灾预测学术研讨会议文集》（内部），第 261—262 页。

上的巨大地震，希望通过自己的手段和预测方法，请提供可能发震的具体地区（包括大致的经纬度）。

作者又于 2007 年 10 月 1 日向中国地震局预报部门提交了"地震短临预测卡片"，编号为 2007-3（注：这是我个人的预测编号）。根据"磁暴月相二倍法"预测：2007 年 11 月 3 日 ±5 天或 ±10 天在国内特别要注意我国西部或西南地区可能发生 6.5~7.5 级的地震，在国外特别要注意西太平洋沿岸或南太平洋地区可能发生 7.5~8.5 级的巨大地震。注：不排除在其他地区发生 7.5 级以上大震。

作者于 2007 年 10 月 11 日收到伍岳明副研究员发来的 E-mail，他运用"星球运动与地震关系"的分析方法，指出 10 月 26 日为望日（三星一线），同时当天又是月球过近地点，11 月 10 日为朔日（三星一线），11 月 13 日是木星合月，根据这几个"天象"资料经过计算其引潮力，梯力矩使中太平洋等地区发生地震的可能性较大。

作者于 2007 年 10 月 22 日上午 9 时接到耿庆国研究员的电话，他与我进行了交流和讨论，并用"强磁暴二倍组合法"预测 2007 年 10 月 22 日—11 月 20 日在我国西部（乾陵—天水—成都—银川）或川、甘、青交界处可能发生 7.5 级左右的大地震，所用的强磁暴资料有 2001 年 11 月 24 日对 2004 年 11 月 8 日和 11 月 10 日，以及 2001 年 11 月 6 日对 2004 年 11 月 8 日和 11 月 10 日，经过我的电脑计算分别为 2007 年 10 月 24 日—28 日和 2007 年 11 月 11 日—15 日，因为磁暴的发生是全球性的，所以有可能在国外发生。当 2007 年 10 月 25 日在印尼苏门答腊西南海中发生 7.1 级大震后，耿庆国于 11 月 5 日又来电话进行交流与讨论，大家一致认为 7.5 级以上大地震还未到来，必须继续密切关注与观察。

结果于 2007 年 11 月 14 日 23 时 40 分（北京时间）在智利北部发生了一次 7.9 级巨大地震。

## 二、预测依据

1. 对发震时间的预测

根据"磁暴月相二倍法"作如下预测：

起倍磁暴日：2001 年 3 月 31 日，农历三月初七（上弦），$K=9$。

被倍磁暴日：2004 年 7 月 17 日，农历六月初一（朔日），$K=6$。

二者相隔 1204 天，二倍后得预测日期 2007 年 11 月 3 日，与发震日相差 11 天。这一起倍磁暴日期（2001 年 3 月 31 日）$K=9$ 与发生在朔日的被倍磁暴日 $K=6~7$ 在以往也有较好的预测震例（见表 1）。

表 1　起倍磁暴日 2001 年 3 月 31 日，农历三月初七（上弦），$K=9$ 与朔日 $K=6~7$ 磁暴日二倍

| 被倍磁暴日期 | 农历 | $K$ | 相隔天数 | 预测日期 | 地震情况 | | | 误差（天） |
| --- | --- | --- | --- | --- | --- | --- | --- | --- |
| | | | | | 日期 | 震级 | 地区 | |
| 2001-8-18 | 六月廿九（朔日） | 6 | 140 天 | 2002-1-5 | 2002-1-3 | 7.5 | 新赫布里底 * | 2 |
| 2002-5-11 | 三月廿九（朔日） | 6 | 406 天 | 2003-6-21 | 2003-6-20 | 7.0 | 智利中部 * | 1 |
| 2002-9-8 | 八月初二（朔日） | 6 | 526 天 | 2004-2-16 | 2004-2-7 | 7.5 | 印尼伊里岛 * | 9 |
| 2003-5-30 | 四月三十（朔日） | 7 | 790 天 | 2005-7-28 | 2005-7-24 | 7.5 | 尼科巴群岛 ** | 4 |
| 2003-10-25 | 十月初一（朔日） | 6 | 938 天 | 2006-5-20 | 2006-5-16 | 7.5 | 克马德克群岛 ** | 4 |
| 2004-1-22 | 一月初一（朔日） | 7 | 1027 天 | 2006-11-14 | 2006-1-15 | 8.0 | 千岛群岛 ** | 1 |
| 2004-7-17 | 六月初一（朔日） | 6 | 1204 天 | 2007-11-3 | ? | ≥7.5 | ? | |

注：* 震后有所对应。
** 震前向有关单位和部门作过时间与震级的短临预测。

如果用被倍磁暴日 2004 年 7 月 23 日，农历六月初七（上弦），$K=6$，二者相隔 1210 天，二倍后得测日期为 2007 年 11 月 15 日，与发震日期只相差 1 天，则更为理想。

### 2. 对发震震级的预测

作者在平时应用"磁暴月相二倍法"预测大震的过程中凭自己多年经验得出：凡是起倍磁暴日的 $K=8\sim9$ 而被倍磁暴日的 $K=6\sim7$ 时可预测全球 $M_S \geqslant 7.5$ 的大地震。

## 三、感想与建议

作者运用单一磁暴资料进行地震预测时往往感觉到有一定的局限性，受现今能接触到地震及前兆观测资料的限制，在实际地震预测中还无法做到地震三要素的准确预测（比如发震地点）。最近在与戴梁焕"全球大震活动的动态分析法"和伍岳明"星球运动与地震关系预测法"的合作中，大家取长补短。今后还可以与王斌的"卫星云图震兆云与卫星红外分析法"、任振球的"多个引潮力共振叠加法"、钱复业的"HRT 波预测法"和强祖基的"卫星热红外增温异常区"等预测方法结合起来。依靠大家的智慧和力量经过综合分析后进行预测，相信一定能大大提高 7 级以上大地震的预报水平。

本文是在地震科学联合基金老专家预报专项（D07021）资助下完成的。

2007 年 11 月 20 日

# C20　2008 年 3 月 21 日新疆和田地区 7.3 级大震的短临预测小结 [①]

沈宗丕　林命周　赵伦　郝长安

我国地震台网测定：北京时间 2008 年 3 月 21 日 6 时 33 分在新疆和田地区于田县（北纬 35.6 度，东经 81.6 度）发生了一次 7.3 级的大地震，这是自 1996 年 11 月 19 日新疆喀喇昆仑山 7.1 级大震（北纬 35.2 度，东经 78.0 度）后发生的又一次超过 7 级的地震。作者在这次大震前运用"磁暴月相二倍法"曾较好地作出了地震的短临预测，特别在时间与震级的预测上有较好的对应，发震地点与作者预测的我国西部地区基本一致。

这次新疆和田地区发生 7.3 级地震后，据 3 月 23 日调查和初步估计，地震灾区面积约 1 万平方公里，受灾人口 7 万余人，造成房屋倒塌 500 余间，损坏房屋 2 万余间，造成大量牲畜棚圈损坏，对学校、卫生所、村委会、桥涵及水厂等设施造成不同程度的破坏。这次地震未造成人员伤亡，直接经济损失达到 1000 多万元人民币。

## 一、预测经过

沈宗丕与林命周、赵伦、郝长安于 2007 年 11 月 5 日首先向中国地震预测咨询委员会提交了一篇《2007 年全球 7.5 级以上大地震的对应情况及短临预测》[1]，同时由林命周研究员在 2007 年 12 月北京召开的中国地震预测咨

---

①　见：中国地球物理学会天灾预测专业委员会编：《2008 天灾预测学术研讨会议文集》（内部），第 231—233 页。

询会议上作了报告，首先预测 2008 年 4 月 1 日 ±5 天或 ±10 天可能发生一次 $M_S \geq 7.5$ 的大地震。这篇文章由第一作者用 E-mail 陆续发给中国老科协地震分会、中国地球物理学会天灾预测专业委员会、陈一文顾问、许绍燮院士、马宗晋院士、张国民研究员、李志雄研究员、孙士铉研究员等，希望能给予指导、检验和研究，其中陈一文顾问、许绍燮院士、李志雄研究员等均给第一作者进行了回复。

沈宗丕于 2007 年 12 月 31 日向中国地球物理学会天灾预测专业委员会提交了"天灾年度预测报告简表"。其中首先预测 2008 年 4 月 1 日 ±5 天或 ±10 天等全年六个短临预测时间的日期，预测地区为：1. 在欧亚地震带和我国西部（东经 104 度以西）或西南（川、滇、藏）地区；2. 环太平洋地震带和我国台湾省（以北纬 24 度、东经 122 度为中心 150 公里）地区。预测的震级为 7.5 级以上。

沈宗丕于 2008 年 2 月 25 日向伍岳明、王斌、强祖基、刘德富、钱复业、任振球等几位地震预测专家发了 E-mail，主题是地震短临预测：内容是"根据磁暴月相二倍法预测：2008 年 4 月 1 日 ±5 天或 ±10 天可能发生一次 7.5~8.5 级的大震，请您用自己的手段和方法提供具体的发震地区（包括大致的经纬度），谢谢配合和合作"。

沈宗丕于 2008 年 2 月 29 日向中国地震局预报部门提交了"地震短临预测卡片"，编号为 2008-1，根据"磁暴月相二倍法"预测 2008 年 4 月 1 日 ±5 天或 ±10 天在"1. 欧亚地震带；2. 环太平洋地震带"，可能发生一次 7.5~8.5 级的大地震。注：不排除在我国西南地区或台湾地区发生。

沈宗丕于 2008 年 3 月 9 日收到伍岳明副研究员来的 E-mail，他运用"星球运动与地震关系"的分析方法提供了 3 月 27 日—4 月 12 日可能发生大震的具体地区，他首先根据 3 月 27 日月球过远地点，经过测算为阿富汗及我国西部地区，即北纬 27°~50°、东经 70°~100° 的范围内。

## 二、预测依据

### 1. 对发震时间的预测

沈宗丕根据"磁暴月相二倍法"作如下预测：

起倍磁暴日：2001 年 11 月 6 日，农历九月廿一（下弦），$K$=9。

被倍磁暴日：2005 年 1 月 18 日，农历十二月初九（上弦），$K$=7。

两者相隔 1169 天，被倍磁暴日加 1169 天后，得预测发震日期：2008 年 4 月 1 日。

表 1  起倍磁暴日 2001 年 11 月 6 日，农历九月廿一（下弦），$K$=9 与上弦 $K$=6~7 磁暴日二倍

| 被倍磁暴日期 | 农历 | $K$ | 相隔天数 | 预测日期 | 地震发生情况 | | | 误差（天） |
| --- | --- | --- | --- | --- | --- | --- | --- | --- |
| | | | | | 日期 | 震级 | 地区 | |
| 2002-4-20 | 三月初八 | 6 | 165 天 | 2002-10-2 | 2002-10-10 | 7.5 | 印尼伊里安岛 * | 8 |
| 2003-5-9 | 四月初九 | 6 | 549 天 | 2004-11-8 | 2004-11-12 | 7.3 | 印尼帝汶岛 * | 4 |
| 2004-7-23 | 六月初七 | 6 | 990 天 | 2007-4-9 | 2007-4-2 | 7.8 | 所罗门群岛 ** | 7 |
| 2005-1-18 | 十二月初九 | 7 | 1169 天 | 2008-4-1 | ? | ≥ 7.5 | ? | |

注：* 震后有所对应。
** 震前向中国地震局预报部门、中国地震预测咨询委员会、中国老科协地震分会和中国地球物理学会天灾预测委员会作过时间与震级的短临预测。

### 2. 对发震地区的预测

（1）根据表 1 中所对应的大震均发生在欧亚地震带的南端，未来的大震很可能在欧亚地震带上发生，我国西部和西南地区也属于欧亚地震带的一部分。

（2）沈宗丕与赵伦曾发表过一篇文章《我国西部大三角形地区的大震活动周期与 8 级左右巨震的中期预测》[2]，文章中指出目前（2004—2014 年）趋于地震活动的相对平静期，虽然不可能发生 7.7 级以上的巨大地震，但有

可能发生 4 次左右 7.0~7.6 级的地震，因此在每次作短临预测全球 7.5 级以上地震时不能忘记预测我国的西部或西南地区。这次 7.3 级大震正是在这一相对平静期内发生的第一次 7 级以上地震，估计还有 3 次左右。

（3）伍岳明副研究员运用"星球运动与地震关系"的分析方法对阿富汗及我国西部地区（北纬 27°~50°，东经 70°~100°）的范围进行了预测。

3. 对发震震级的预测

沈宗丕在应用"磁暴月相二倍法"预测大震的过程中总结了自己多年的经验：凡是起倍磁暴日的 $K$=8~9 而被倍磁暴日的 $K$=6~7 时可预测全球 $M_S \geqslant 7.5$ 的大地震，这次对应的地震小了 0.2 级，估计在这一预测期内（2008年 4 月 1 日 ±10 天）可能再次发生 7.5 级以上的大地震。

### 三、检验与比较

1. 本次预测的时间为 2008 年 4 月 1 日 ±5 天或 ±10 天，以 4 月 1 日作为中心预测日，相差 11 天，与中国地震局预报部门规定的一级预测标准：7.0~7.4 级为 ≤ 30 天（即 ±15 天）相符合。

2. 本次预测地区为欧亚地震带和我国西部地区，虽然未达到中国地震局预报部门的一级预测标准，但与预测意见中提出的我国西部（东经 104 度以西）地区相符合。

3. 本次预测的震级为 $M_S \geqslant 7.5$，与中国地震局预报部门规定的一级预测标准可允许误差 ±0.2 级相符合。

### 四、感想与建议

作者运用单一磁暴资料进行地震预测时往往感觉到有一定的局限性。作者受现今能接触到的地震及前兆观测资料的限制，在实际地震预测中还无法做到地震三要素的准确预测（比如发震地点），最近在与戴梁焕"全球大震活动的动态分析法"和伍岳明"星球运动与地震关系预测法"的合作中，大家取长补短。今后还可以与王斌的"卫星云图震兆云与卫星红外分析法"、任振球的"多个引潮力共振叠加法"、钱复业的"HRT波预测法"和强祖基的"卫星热红外增温异常区"等预测方法结合起来。依靠大家的智慧和力量经过综合分析后进行预测,相信一定能大大提高7级以上大地震的预报水平。

本文是在地震科学联合基金老专家预报专项(D07021)资助下完成的。

2008年3月26日完稿

## 参考文献

[1] 沈宗丕、林命周、赵伦、郝长安:《2007年全球7.5级以上大地震的对应情况及短临预测》。(待发表)

[2] 沈宗丕、赵伦:《我国西部大三角形地区的大震活动周期与8级左右巨震的中期预测》,《西北地震学报》2005年第27卷增刊,第129—131页。

附一

短临预测2008年3月21日新疆和田地区7.3级大震的示意图

1. 时间对应情况:

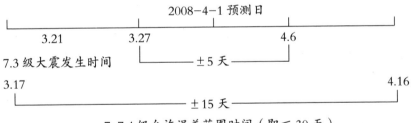

本次预测2008年4月1日 ±5天或 ±10天,以4月1日作为中心预测日相差11天,地震就发生在中国地震局预报部门所规定的一级短临预测标准范围内。

2. 地区对应情况:

本次预测地区是在欧亚地震带内和我国西部(即东经104度以西)地区,新疆和田地区(北纬35.6度,东经81.6度)属于我国西部地区。

3. 震级对应情况:

本次预测震级为 $M_S \geq 7.5$,实际发生7.3级地震,根据中国地震局预报部门的规定,震级的误差允许 ±0.2级,因此符合一级短临预测标准。

本次的短临预测时间与震级完全符合中国地震局预报部门所规定的一级短临预测标准，唯有地区的预测有一定的差距。

注：这是在 2007 年 11 月 15 日向中国地震预测咨询委员会和 12 月 31 日向中国地球物理学会天灾预测专业委员会提供的"天灾年度预测报告简表"中运用"磁暴月相二倍法"与"大震活动性研究"等方法作的第一个预测。

预报人：沈宗丕

附二

证　明

中国地震预测咨询委员会沈宗丕委员及其研究组成员赵伦在 2007 年 12 月下旬中国地震预测咨询会年度会商会上提交的 2008 年上半年度预测意见中有如下内容：

对全球目前大震活动强度的看法：

作者在对今年 7.5 级以上大震的研究分析中，发现全球目前大震的频次和强度都在增多和增强，表明当今地壳的活动性在加剧。这种活动性的加剧必然会导致今后一段时间内 7.5 级以上乃至 8 级左右大震发生的可能性增大，作者将对此密切关注。

预测意见＜一＞

根据以上分析，用"磁暴月相二倍法"作如下的地震短临预测：

预测时间：2008 年 4 月 1 日 ±5 天（或 ±10 天）

预测地区：初步判断为欧亚地震带和环太平洋地震带内，我国境内须特别注意西部和西南地区

预测震级：$M_S \geq 7.5$

特此证明。

中国地震预测咨询委员会<br>二〇〇九年九月二十日

# C21  2008年5月12日四川省汶川8级巨大地震的漏报与反思[①]

沈宗丕  林命周  赵 伦  郝长安

北京时间 2008 年 5 月 12 日 14 时 28 分在我国四川省汶川（北纬 31.0°，东经 103.4°）发生了一次里氏 8.0 级的巨大地震，这是自 1976 年 8 月 16 日和 8 月 23 日在四川省松潘、平武发生两次 7.2 级大震后时隔 32 年在四川省境内发生的一次最大地震。

2007 年 12 月，在北京召开的中国地震预测咨询会议上，提交了《2007 年全球 7.5 级以上大震的对应情况及短临预测》一文，在幻灯片中提出当今 8 级左右的巨大地震不但次数增加，而且强度也在增大，地壳活动正在加剧，这种活动性的加剧必然会导致包括我国西部或西南地区发生 7.5 级以上乃至 8 级左右巨大地震的可能性增大。在这篇文章中提出了三个 7.5 级以上大震的具体日期。

第一作者沈宗丕在 2007 年 12 月 31 日向中国地球物理学会天灾预测专业委员会提交的一份"天灾年度预测报告简表"中提出了六个 $M \geqslant 7.5$ 的地震短临预测日期，预测的地区是：①全球的两条地震带；②我国西部（东经 104° 以西）地区；③我国西南（四川、云南、西藏）地区；④我国台湾（以北纬 24°，东经 122° 为中心 150 公里）地区。（刊登在《2008 年天灾预测意见汇编》上，第 9 页）

---

①  见：中国地球物理学会编：《中国地球物理 2008》，中国大地出版社 2008 年版，第 508—509 页。

沈宗丕在运用"磁暴月相二倍法"以 1998 年 5 月 4 日作起倍磁暴日期与以后 K=6~7 的磁暴日二倍（摘自原始测算记录本）。

表1　起倍磁暴日 1998 年 5 月 4 日，农历四月初九（上弦），
K=8 与以后的上弦 K=6~7 磁暴日二倍

| 被倍磁暴日期 | 农历 | K | 相隔天数（天） | 测算日期 | 地震对应情况 | | | 误差（天） |
|---|---|---|---|---|---|---|---|---|
| | | | | | 日期 | 震级 | 地区 | |
| 1998-12-25 | 十一月初七 | 6 | 235 | 1999-8-17 | 1999-8-17 | 8.0 | 土耳其西部* | 0 |
| 2000-2-12 | 一月初八 | 7 | 649 | 2001-11-22 | 2001-11-14 | 8.1 | 青海西** | -8 |
| 2000-6-8 | 五月初七 | 6 | 766 | 2002-7-14 | 2002-7-4 | 6.1 | 新几内亚 | -10 |
| 2000-10-5 | 九月初八 | 7 | 885 | 2003-3-9 | 2003-3-18 | 7.2 | 拉特群岛 | +9 |
| 2001-3-31 | 三月初七 | 9 | 1062 | 2004-2-26 | △ | | | |
| 2001-9-23 | 八月初七 | 6 | 1236 | 2005-2-12 | 2005-2-22 | 6.7 | 伊朗 | +10 |
| 2002-4-20 | 三月初八 | 6 | 1447 | 2006-4-6 | 2006-4-1 | 6.7 | 中国台湾东南 | -5 |
| 2003-5-9 | 四月初九 | 6 | 1831 | 2008-5-13 | | ? | | |

注：* 表示震前向有关单位作过时间与震级的短临预测。
** 表示震前向有关单位预报部门作过时间、地点和震级的短临预测。
△ 表示被倍磁暴日的 K 指数不能高于起倍磁暴日的 K 指数，否则无效。

从以上地震测算表中可以清楚地看出起倍磁暴日 1998 年 5 月 4 日只对应上两次 8 级巨大地震，从被倍磁暴日 2000 年 6 月 8 日开始的测算情况来看，震级已经在下降，均未达到 $M \geqslant 7.5$ 的地震对应，感到该"二倍序列"实况不佳，因此放弃了继续向后的预测工作，2008 年 5 月 13 日这个测算时间点没有被列入"天灾预测年度报告简表"中，因此也就没有上报给中国地震局预报部门。

总之，据表 1，虽然能测算到 5 月 13 日这个日期，但未能作出预报，而

正是这一次即 2008 年 5 月 12 日四川省汶川 8 级巨震的发生日期，也就是漏了表 1 中第八次的预测。

汶川巨大地震发生后，经研究和分析，若将作为被倍磁暴日的 2003 年 5 月 9 日与以往有月相的而且 $K \geq 8$ 的大磁暴日逐个进行二倍则可构成如下具体测算（见表 2）。

表 2　被倍磁暴日 2003 年 5 月 9 日，农历四月初九（上弦），$K=6$
与以往有月相的 $K \geq 8$ 磁暴日进行二倍

| 起倍磁暴日期 | 农历 | $K$ | 相隔天数（天） | 测算日期 | 地震对应情况 | | | 误差（天） |
|---|---|---|---|---|---|---|---|---|
| | | | | | 日期 | 震级 | 地区 | |
| 2001-11-6 | 九月廿二 | 9 | 549 | 2004-11-8 | 2004-11-12 | 7.4 | 印尼帝汶岛 | +4 |
| 2001-3-31 | 三月初七 | 9 | 769 | 2005-6-16 | 2005-6-14 | 8.1 | 智利北部 | -2 |
| 2000-9-18 | 八月廿一 | 8 | 963 | 2005-12-27 | 2006-1-2 | 7.5 | 南桑维奇 | +6 |
| 2000-7-16 | 六月十五 | 9 | 1027 | 2006-3-1 | 2006-2-23 | 7.5 | 莫桑比克 | -6 |
| 2000-5-24 | 四月廿一 | 8 | 1080 | 2006-4-23 | 2006-4-21 | 8.0 | 堪察加半岛 | -2 |
| 1999-10-22 | 九月十四 | 8 | 1295 | 2006-11-24 | 2006-11-15 | 8.0 | 千岛群岛 | -9 |
| 1999-9-23 | 八月十四 | 8 | 1324 | 2006-12-23 | 2006-12-26 | 7.2 | 中国台湾南部 | +3 |
| 1998-5-4 | 四月初九 | 8 | 1831 | 2008-5-13 | | ? | | |

根据表 2 可见，在 7 次测算中有 5 次能对应上 $M \geq 7.5$ 的大地震，其中 2 次 8.0 级和 1 次 8.1 级，并可后验 2008 年 5 月 13 日 ±5 天或 ±10 天，可能发生一次 $M \geq 7.5$ 的大地震，此即对应 2008 年 5 月 12 日四川省汶川 8.0 级的巨大地震，而且误差只有 1 天。

这次四川省汶川 8 级巨大地震在震前虽然没有向上级预报部门作出短临预测，可它给我们以一个重大的启发和教训："磁暴月相二倍法"不能光用同一个起倍磁暴日与以后的 $K$=6~7 的磁暴日二倍，而应该将以往 $K \geq 8$ 的大磁暴日与同一个 $K$=6~7 的磁暴日二倍，这应该成为一种新的预测模式。

为进一步检验这一新的预测方法是否有效，目前采用另一个被倍磁暴日作如下测算（见表 3）：

表 3　被倍磁暴日 2003 年 5 月 30 日，农历四月三十（朔日），$K$=7
与以往有月相的 $K \geq 8$ 磁暴日进行二倍

| 起倍磁暴日期 | 农历 | K | 相隔天数（天） | 测算日期 | 地震对应情况 | | | 误差（天） |
|---|---|---|---|---|---|---|---|---|
| | | | | | 日期 | 震级 | 地区 | |
| 2001–11–6 | 九月廿二 | 9 | 570 | 2004–12–20 | 2004–12–23 | 8.0 | 麦阔里岛以北 | +3 |
| | | | | | 2004–12–26 | 8.7 | 苏门答腊西北 | +6 |
| 2001–3–31 | 三月初七 | 9 | 790 | 2005–7–28 | 2005–7–24 | 7.5 | 尼科巴群岛 | –4 |
| 2000–9–18 | 八月廿一 | 8 | 984 | 2006–2–7 | 2006–1–28 | 7.6 | 班达海 | –10 |
| 2000–7–16 | 六月十五 | 9 | 1048 | 2006–4–12 | 2006–4–21 | 8.3 | 堪察加半岛 | +9 |
| 2000–5–24 | 四月廿一 | 8 | 1101 | 2006–6–4 | 2006–5–22 | 7.3 | 堪察加半岛 | –12 |
| 1999–10–22 | 九月十四 | 8 | 1316 | 2007–1–5 | 2007–1–13 | 8.1 | 千岛群岛 | +8 |
| 1999–9–23 | 八月十四 | 8 | 1345 | 2007–2–3 | 2007–1–21 | 7.5 | 马鲁古海峡 | –13 |
| 1998–5–4 | 四月初九 | 8 | 1852 | 2008–6–24 | ? | | | |

据表 3 可见，共测算 7 次，对应 7.5 级以上大震有 7 次（包括 1 次对应 2 个 8 级以上巨震），其中有 4 次 8 级以上巨震，包括著名的印尼苏门答腊 8.7 级海啸特大巨震。根据这一新的测算模式，我们可以预测 2008 年 6 月 24 日 ±7 天或 ±14 天（这是根据实际对应地震情况而作出的）可能发生一次 $M \geq 7.5$ 的大地震。

作者运用单一磁暴资料进行地震预测时往往感觉有一定的局限性，作者受现今能接触到的地震及前兆观测资料的限制，在实际地震预测中还无法做到地震三要素的精确预测（比如发震地点），如果能和较好地预测地点的手段和方法配合起来，大家取长补短、相互合作，相信一定能大大提高预报水平。

本文是在地震科学联合基金老专家预报专项（D07021）资助下完成的。

2008 年 6 月 8 日

# C22  短临预测 2009 年 1 月 4 日印尼 7.7 级大震等对应情况的通报 [①]

沈宗丕  林命周

根据"磁暴月相二倍法"，我们于 2008 年 12 月 8 日在北京召开中国地震预测咨询会议，在会议期间的 2009 年 1 月 6 日，我们向中国地震局预报部门提交编号为 2009－（1）"地震短临预测卡片"，预测：2009 年 1 月 18 日 ±10 天或 ±14 天：（1）在环太平洋地震带内特别要注意我国台湾或邻近海域；（2）在欧亚地震带内特别要注意我国西部或西南地区，可能发生一次 7.5 级以上或 8 级左右的大地震，同时希望能通过或结合其他手段和方法进一步缩小地区的预测范围。

根据我国地震台网测定：（1）2009 年 1 月 4 日在印尼巴布亚群岛北部（南纬 0.7 度，东经 132.8 度）发生了一次里氏 7.7 级巨大地震；（2）2009 年 1 月 16 日 1 时 49 分，在千岛群岛（北纬 46.8 度，东经 155.3 度）发生了一次里氏 7.3 级大震，美国的 USGS 测定其震级为里氏 7.4 级。

本次预测的时间为 2009 年 1 月 18 日 ±10 天或 ±14 天，与发震的时间 2009 年 1 月 4 日和 16 日，相差 14 天和相差 2 天，在预测期内完全符合。本次预测的地区为环太平洋地震带或欧亚地震带内，发震的地区为巴布亚群岛北部地区和千岛群岛，正好位于环太平洋地震带的西部海域。本次预测的震级为 7.5 级以上，与发生的震级为 7.7 级和 7.3 级基本符合。

---

① 见：中国地球物理学会天灾预测专业委员会编：《2009 天灾预测学术研讨会议文集》( 内部 )，第 169—171 页。

这次地震发生前曾向中国地震预测咨询委员会的全体委员、中国老科协地震分会、中国地球物理学会天灾预测专业委员会，同时又向许绍燮院士，张国民、李志雄、孙士宏研究员和陈一文顾问等发了地震短临预测意见的E-mail。

预测的方法和依据——"磁暴月相二倍法"如下：

表1 被倍磁暴日2005年6月13日，农历五月初七（上弦），$K=6$
与以往有月相的$K=9$磁暴日二倍

| 起倍磁暴日期 | 农历 | $K$ | 相隔天数（天） | 测算日期 | 地震发生对应情况 | | | 误差 |
| --- | --- | --- | --- | --- | --- | --- | --- | --- |
| | | | | | 日期 | 震级 | 地区 | （天） |
| 2005-5-15 | 四月初八 | 9 | 29天 | 2005-7-12 | 2005-7-24 | 7.6 | 尼科巴群岛 | +12 |
| 2003-10-31 | 十月初七 | 9 | 591天 | 2007-1-25 | 2007-1-13 | 8.1 | 千岛群岛 | -12 |
| 2001-11-6 | 九月廿一 | 9 | 1315天 | 2009-1-18 | ? | ≥ 7.5 | ? | |

附一：短临预测2009年1月4日印度尼西亚巴布亚群岛北部7.7级巨震的对应情况

附二：短临预测2009年1月16日千岛群岛7.4级大震的对应情况

## 附一

## 短临预测2009年1月4日印度尼西亚
## 巴布亚群岛北部7.7级巨震的对应情况

**一、时间对应情况：**

本次预测2009年1月18日 ±10天或 ±14天，以2009年1月18日作为中心预测日相差14天（在预测期内），地震发生在中国地震局预报部门所规定的一级短临预测标准的允许范围内。

**二、地区对应情况：**

本次预测地区在环太平洋地震带或欧亚地震带内，印度尼西亚巴布亚群岛北部（南纬0.7度，东经132.8度）在环太平洋地震带和欧亚地震带的汇合地段。

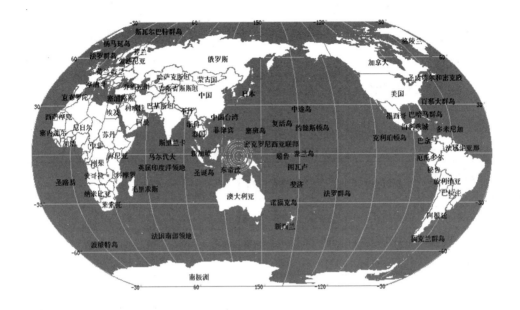

### 三、震级对应情况：

本次预测震级为 7.5 级以上或 8 级左右，实际发生里氏 7.7 级巨震，符合中国地震局短临预测规定的一级短临预测标准。

本次的短临预测时间与震级完全符合中国地震局预报部门所规定的一级短临预测标准；地区的预测，地震虽发生在环太平洋地震带和欧亚地震带的汇合地段，但未能达到短临预测的一级标准。

注：根据"磁暴月相二倍法"，我们于 2008 年 12 月 8 日在北京召开的中国地震预测咨询会议上和 2009 年 1 月 6 日向中国地震局预报部门提交的"地震短临预测卡片"［编号为 2009-（1）］中预测：2009 年 1 月 18 日 ±10 天或 ±14 天：①在环太平洋地震带内特别要注意我国台湾或邻近海域，②在欧亚地震带内特别要注意我国西部或西南地区，可能发生一次 7.5 级以上或 8 级左右的大地震。我们还向许绍燮院士，张国民、李志雄、孙士鋐研究员和陈一文顾问等发了地震短临预测意见的 E-mail。

预报人：沈宗丕　林命周

## 附二

### 短临预测 2009 年 1 月 16 日千岛群岛 7.4 级大震的对应情况

#### 一、时间对应情况：

本次预测 2009 年 1 月 18 日 ±10 天或 ±14 天，以 2009 年 1 月 18 日作为中心预测日相差 2 天（在预测期内），地震发生在中国地震局预报部门所规定的一级短临预测标准的允许范围内。

#### 二、地区对应情况：

本次预测地区在环太平洋地震带或欧亚地震带内，实际发震地千岛群岛（北纬 46.8 度，东经 155.3 度）位于环太平洋地震带的西部海域。

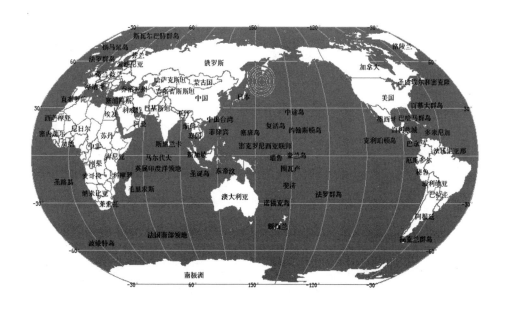

#### 三、震级对应情况：

本次预测震级为 8 级左右，实际发生里氏 7.3 级（中国台网测定）或里氏 7.4 级（美国 USGS 测定）地震。根据中国地震局预报部门的规定，震级的误差允许 ±0.2 级，符合中国地震局短临预测规定的一级短临预测标准。

本次的短临预测时间与震级完全符合中国地震局预报部门所规定的一级

短临预测标准，唯有地区的预测有一定的差距。

　　注：根据"磁暴月相二倍法"，我们于 2008 年 12 月 8 日在北京召开的中国地震预测咨询会议上和 2009 年 1 月 6 日向中国地震局预报部门提交的"地震短临预测卡片"[编号为 2009-（1）]中预测：2009 年 1 月 18 日 ±10 天或 ±14 天：①在环太平洋地震带内特别要注意我国台湾或邻近海域，②在欧亚地震带内特别要注意我国西部或西南地区，可能发生一次 7.5 级以上或 8 级左右的大地震。我们还向许绍燮院士，张国民、李志雄、孙士鋐研究员和陈一文顾问等发了地震短临预测意见的 E-mail。

预报人：沈宗丕　林命周

# C23 短临预测 2009 年 7 月 15 日新西兰 7.8 级大震对应情况的通报 [①]

沈宗丕 林命周

根据"磁暴月相二倍法",我们于 2009 年 6 月 30 日向中国地震预测咨询委员会和中国地球物理学会天灾预测专业委员会发了 E-mail,主题是地震短临预测,内容是:根据"磁暴月相二倍法"预测,2009 年 7 月 17 日 ±5 天或 ±10 天,在环太平洋地震带内特别要注意我国台湾省及邻近海域,或在欧亚地震带内特别要注意我国西部或西南地区,可能发生一次 7.5~8 级的大地震。同时又发给许绍燮院士、郭增建、汪成民、徐道一、孙加林、任振球、刘德富、李均之、徐好民、耿庆国、钱复业、黄相宁、强祖基、林云芳、尹祥础、罗灼礼等研究员,"希望通过你们的手段和方法,结合起来,进一步缩小地区的预测范围"。

根据我国地震台网测定,2009 年 7 月 15 日 17 时 22 分,在新西兰南岛(166.4° E,45.7° S)发生了一次里氏 7.8 级巨大地震。

本次预测的时间为 2009 年 7 月 17 日 ±5 天或 ±10 天,与发震时间 2009 年 7 月 15 日只相差 2 天,完全符合,而且在预测期内。本次预测的地区为环太平洋地震带内,发震的地区为新西兰南岛,位于环太平洋地震带南端。本次预测的震级为 7.5 级以上或 8 级左右,与发生的震级里氏 7.8 级完全一致。

---

① 见:中国地球物理学会天灾预测专业委员会编:《2009 天灾预测学术研讨会议文集》(内部),第 172—173 页。

地震短临预测的依据和方法——"磁暴月相二倍法"如下：

表 1　起倍磁暴日 2001 年 11 月 6 日，农历九月廿一（下弦），K=9 与上弦 K= 6~7 磁暴日二倍

| 被倍磁暴日期 | 农历 | K | 相隔天数（天） | 测算日期 | 地震发生情况 | | | 误差（天） |
|---|---|---|---|---|---|---|---|---|
| | | | | | 日期 | 震级 | 地区 | |
| 2002-4-20 | 三月初八 | 6 | 165 | 2002-10-2 | 2002-10-10 | 7.5 | 印尼伊里安 | +8 |
| 2003-5-9 | 四月初八 | 6 | 549 | 2004-11-8 | 2004-11-12 | 7.4 | 印尼帝汶岛 | +4 |
| 2004-7-25 | 六月初九 | 6 | 992 | 2007-4-13 | 2007-4-2 | 7.8 | 所罗门群岛 | -11 |
| 2001-1-18 | 十二月初九 | 7 | 1169 | 2008-4-1 | 2008-3-21 | 7.5 | 中国新疆和田 | -11 |
| 2005-6-13 | 五月初七 | 6 | 1315 | 2009-1-18 | 2009-1-4 | 7.7 | 印尼东部地区 | -14 |
| 2005-7-13 | 六月初八 | 6 | 1345 | 2009-3-19 | 2009-3-20 | 7.9 | 汤加附近海域 | +1 |
| 2005-9-11 | 八月初八 | 7 | 1405 | 2009-7-17 | ? | ≥ 7.5 | | ? |

2009-7-16

**附：**

## 短临预测 2009 年 7 月 15 日新西兰南岛 7.8 级巨震的对应情况

**一、时间对应情况**

本次预测 2009 年 7 月 17 日 ±5 天或 ±20 天，以 2009 年 7 月 17 日作为中心预测日相差 2 天（在预测期内），地震发生在中国地震局预报部门所规定的一级短临预测标准的允许范围内。

**二、地区对应情况**

本次预测地区在环太平洋地震带或欧亚地震带内，新西兰南岛（166.4° E，45.7° S）在环太平洋地震带的南端。

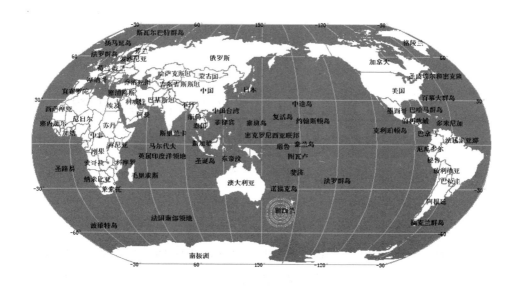

### 三、震级对应情况

本次预测震级为7.5级以上或8级左右，实际发生里氏7.8级巨大地震，符合中国地震局短临预测规定的一级短临预测标准。

注：根据"磁暴月相二倍法"，我们于2009年6月30日向中国地震预测咨询委员会和中国地球物理学会天灾预测专业委员会发了E-mail，主题是地震短临预测，内容是：根据"磁暴月相二倍法"预测：2009年7月17日±5天或±10天，在环太平洋地震带内特别要注意我国台湾省及邻近海域或在欧亚地震带内，特别要注意我国西部或西南地区，可能发生一次7.5—8级的大地震，同时又发给许绍燮院士，郭增建、汪成民、徐道一、孙加林、任振球、刘德富、李均之、徐好民、耿庆国、钱复业、黄相宁、强祖基、林云芳、尹祥础、罗灼礼等研究员"希望通过你们的手段和方法，结合起来，进一步缩小地区的预测范围"。

预报人：沈宗丕　林命周

# C24 短临预测 2009 年 9 月 30 日萨摩亚群岛 8.0 级大震等对应情况的通报 [①]

沈宗丕 林命周

根据"磁暴月相二倍法"，我们于 2009 年 9 月 18 日向有关部门预测：2009 年 9 月 25 日 ±5 天在环太平洋地震带、欧亚地震带或在我国大华北地区可能发生一次 7.5~8.0 级的大地震，希望通过与其他一些前兆手段和方法相互结合起来进一步缩小地区的预测范围。

2009 年 9 月 21 日 14 时左右沈宗丕打通了张铁铮先生家的电话，目的是想了解他最近的身体健康状况。接电话是张铁铮的儿子，他告诉沈宗丕一个非常不幸的消息，张铁铮由于心脏病复发于当天上午 9 时 05 分逝世了。听到这突如其来的消息，沈宗丕感到非常痛心，以沉重的心情向他们全家表示沉痛的哀悼。张铁铮是我国运用"磁暴二倍法"预报地震的创始人，他的去世对我们地震界来说是一个重大的损失，我们一定要化悲痛为力量，将他开创的"磁暴二倍法"预报地震事业进行到底。

沈宗丕随即打电话给天灾预测专业委员会顾问陈一文先生，告诉他这一不幸的消息，但他早已知道并准备带一个记者前往吊唁；接着又打电话给耿庆国副主任，告诉他这一不幸的消息，他也早已知道，准备以天灾预测专业委员会的名义对张铁铮先生的家属进行慰问，同时耿庆国主任又告

---

① 见：中国地球物理学会天灾预测专业委员会编：《2009 天灾预测学术研讨会议文集》( 内部 )，第 176—178 页。

诉沈宗丕："我们（指任振球、耿庆国、李均之、曾小苹等）曾向有关部门预测：2009 年 9 月 22 日 ±10 天在我国的三峡库区可能发生一次大的滑坡或 6.5 级左右的中强地震，但也不排除在国外发生 7.5 级以上的大地震。"目前还在预报期内。沈宗丕完全支持耿庆国的预测意见，因为我们也同样有这个预测意见。果然是 2009 年 9 月 20 日下午 4 时 50 分在重庆万县巫溪地区发生了一次 100 万立方米的大滑坡，据说当地的群众测报点也作了预测，房屋倒塌 80 余间，56 个人迅速逃跑，无一人死亡，这次预报获得了成功。

中国地震台网测定 2009 年 9 月 30 日 1 时 48 分在萨摩亚群岛（15.5° S，172.2° W）发生一次 8 级巨震，又测定 2009 年 9 月 30 日 18 时 16 分在印尼苏门答腊南部（0.8° S，99.8° E）发生一次 7.7 级巨震。

预测的方法和依据——"磁暴月相二倍法"如下：

表 1　被倍磁暴日 1999 年 10 月 22 日，农历五月初七（上弦），K=7
与以往有月相的 K= 8~9 磁暴日二倍

| 起倍磁暴日期 | 农历 | K | 相隔天数（天） | 测算日期 | 地震发生对应情况 | | | 误差（天） |
|---|---|---|---|---|---|---|---|---|
| | | | | | 日期 | 震级 | 地区 | |
| 1998-5-4 | 四月初九 | 9 | 563 | 2001-4-10 | 2001-4-9 | 6.8 | 中智利海岸 | -1 |
| 1992-5-10 | 四月初八 | 8 | 2721 | 2007-4-4 | 2007-4-2 | 7.9 | 所罗门群岛 | -2 |
| 1991-10-28 | 九月廿一 | 9 | 2916 | 2007-10-16 | 2007-10-15 | 6.7 | 新西兰南岛 | -1 |
| 1991-6-13 | 五月初二 | 8 | 3053 | 2008-3-1 | 2008-2-25 | 7.7 | 苏门答腊南 | -5 |
| 1991-3-24 | 二月初九 | 9 | 3134 | 2008-5-21 | 2008-5-12 | 8.0 | 中国四川汶川 | -9 |
| 1989-11-18 | 十月廿一 | 8 | 3625 | 2009-9-25 | ? | ≥ 7.5 | ? | |

2009-10-1

## 附一

## 短临预测 2009 年 9 月 30 日萨摩亚群岛 8 级巨震的对应情况

### 一、时间对应情况

本次预测时间为 2009 年 9 月 25 日 ±5 天，以 2009 年 9 月 25 日作为中心预测日相差 5 天（在预测期内），地震发生在中国地震局预报部门所规定的一级短临预测标准的允许范围内。

### 二、地区对应情况

本次预测地区是在环太平洋地震带内，萨摩亚群岛（南纬 15.5 度，西经 172.2 度）位于环太平洋地震带的南部。

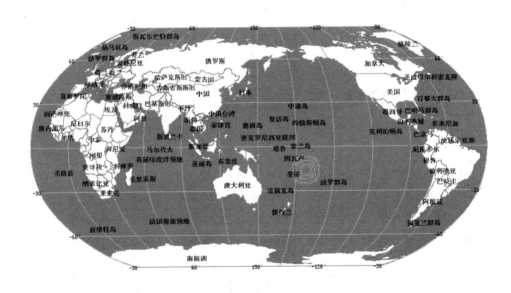

### 三、震级对应情况

本次预测震级为 7.5 级以上或 8 级左右，实际发生里氏 8.0 级巨震，符合中国地震局预报部门所规定的一级短临预测标准。

预报人：沈宗丕　林命周

## 附二

## 短临预测 2009 年 9 月 30 日印尼苏门答腊南 7.7 级巨震的对应情况

### 一、时间对应情况

本次预测时间为 2009 年 9 月 25 日 ±5 天，以 2009 年 9 月 25 日作为中心预测日相差 5 天（在预测期内），地震发生在中国地震局预报部门所规定的一级短临预测标准的允许范围内。

### 二、地区对应情况

本次预测地区是在环太平洋地震带内，印尼苏门答腊南部（南纬 0.8 度，东经 99.8 度）位于环太平洋地震带的西南部。

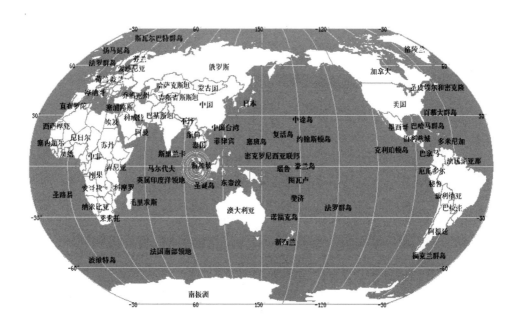

### 三、震级对应情况

本次预测震级为 7.5 级以上或 8 级左右，实际发生里氏 7.7 级地震，符合中国地震局预报部门所规定的一级短临预测标准。

注：根据"磁暴月相二倍法"，我们于 2009 年 9 月 18 日向有关方面预测：

2009 年 9 月 25 日 ±5 天，在环太平洋地震带、欧亚地震带或在我国大华北地区，可能发生一次 7.5 级以上或 8 级左右的大地震，这与耿庆国运用"强磁暴组合法"向有关部门预测：2009 年 9 月 22 日 ±10 天在重庆周围地区可能发生 6.5 级左右的地震，但也不排除在国外发生 7.5 级以上大震的预测意见基本一致。

预报人：沈宗丕　林命周

# C25 2009年全球8级左右大震的对应情况及其短临预测意见 [①]

沈宗丕 林命周 赵 伦 郝长安

据我国地震台网测定，从2009年1月1日—2009年12月31日的一年中，全球共发生8次8级左右大地震：2009年1月4日印尼巴布亚群岛7.7级和7.5级，3月20日汤加附近海域7.9级，7月15日新西兰南岛西海域7.8级，8月11日印度安达曼群岛7.5级，9月30日萨摩亚群岛8.0级和印尼苏门答腊南部7.7级，10月8日瓦努阿图7.7级。震前运用"磁暴月相二倍法"向中国地震局预报部门、中国地震预测咨询委员会、中国老科协地震分会和中国地球物理学会天灾预测专业委员会等单位作过地震的短临预测，特别是在时间与震级的预测上对某些大地震有较好的对应。现进一步提出对2010年上半年可能发生8级左右巨大地震的短临预测意见。

## 一、已发生8级左右大震的对应情况：

1. 2009年1月4日印尼巴布亚群岛7.7级和7.5级地震

起倍磁暴日：2001年11月6日，农历九月廿一 （下弦），$K=9$。

被倍磁暴日：2005年6月13日，农历五月初七 （上弦），$K=6$。

二者相隔1315天，二倍后得测算日期为2009年1月18日，与发震日相差14天。

---

① 见：中国地球物理学会天灾预测专业委员会编：《2010天灾预测学术研讨会议文集》(内部)，第84—86页。

2. 2009 年 3 月 20 日汤加附近海域 7.9 级地震

起倍磁暴日：2001 年 11 月 6 日，农历九月廿一（下弦），$K=9$。

被倍磁暴日：2005 年 7 月 13 日，农历六月初八（上弦），$K=6$。

二者相隔 1345 天，二倍后得测算日期为 2009 年 3 月 19 日，与发震日相差 1 天。

3. 2009 年 7 月 15 日新西兰南岛西海域 7.8 级地震

起倍磁暴日：2001 年 11 月 6 日，农历九月廿一（下弦），$K=9$。

被倍磁暴日：2005 年 9 月 11 日，农历八月初八（上弦），$K=7$。

二者相隔 1405 天，二倍后得测算日期为 2009 年 7 月 17 日，与发震日相差 2 天。

4. 2009 年 8 月 11 日印度安达曼群岛 7.5 级地震

起倍磁暴日：2001 年 3 月 31 日，农历三月初七（上弦），$K=9$。

被倍磁暴日：2005 年 6 月 13 日，农历五月初七（上弦），$K=6$。

二者相隔 1535 天，二倍后得测算日期为 2009 年 8 月 26 日，与发震日相差 15 天。

5. 2009 年 9 月 30 日印尼苏门答腊南部 7.7 级地震

起倍磁暴日：1989 年 11 月 18 日，农历十月廿一（下弦），$K=8$。

被倍磁暴日：1999 年 10 月 22 日，农历五月初七（上弦），$K=7$。

二者相隔 3625 天，二倍后得测算日期为 2009 年 9 月 25 日，与发震日相差 5 天。

6. 2009 年 10 月 8 日瓦努阿图 7.7 级地震

起倍磁暴日：1998 年 5 月 4 日，农历四月初九（上弦），$K=8$。

被倍磁暴日：2004 年 1 月 22 日，农历一月初一（朔日），$K=7$。

二者相隔 2089 天，二倍后得测算日期为 2009 年 10 月 11 日，与发震日相差 3 天。

## 二、对未来 8 级左右大地震的预测意见

1. 根据"磁暴月相二倍法"预测：2010 年 2 月 22 日 ±7 天或 ±14 天，可能发生一次 8 级左右的大地震（这是根据已经发生地震的对应情况而作出的），预测的依据如下：

表 1　被倍磁暴日 2005 年 9 月 11 日，农历八月初八（上弦），K=7 与以往有月相 K=9 的磁暴日二倍

| 起倍磁暴日期 | 农历 | K | 相隔天数（天） | 测算日期 | 地震发生情况 | | | 误差（天） |
| --- | --- | --- | --- | --- | --- | --- | --- | --- |
| | | | | | 日期 | 震级 | 地区 | |
| 2005-5-15 | 四月初八 | 9 | 119 | 2006-1-8 | 2006-1-2 | 7.5 | 南桑威奇群岛 | -6 |
| 2003-10-31 | 十月初七 | 9 | 681 | 2007-8-8 | 2007-8-9 | 7.8 | 印尼爪哇岛北 | +1 |
| 2001-11-6 | 九月廿一 | 9 | 1405 | 2009-7-17 | 2009-7-15 | 7.8 | 新西兰南岛西 | -2 |
| 2001-3-31 | 三月初七 | 9 | 1625 | 2010-2-22 | ? | ≥7.5 | ? | |

2. 根据"磁暴月相二倍法"预测：2010 年 4 月 13 日 ±7 天或 ±14 天，可能发生一次 8 级左右的大地震（这是根据已经发生地震的对应情况而作出的），预测的依据如下：

表 2　被倍磁暴日 2005 年 5 月 30 日，农历四月廿三（下弦），K=7 与以往有月相 K=9 的磁暴日二倍

| 起倍磁暴日期 | 农历 | K | 相隔天数（天） | 测算日期 | 地震发生情况 | | | 误差（天） |
| --- | --- | --- | --- | --- | --- | --- | --- | --- |
| | | | | | 日期 | 震级 | 地区 | |
| 2005-5-15 | 四月初八 | 9 | 15 | 2005-6-14 | 2006-6-14 | 8.1 | 智利北部 | 0 |
| 2003-10-31 | 十月初七 | 9 | 577 | 2006-12-28 | 2006-12-26 | 7.4 | 中国台湾 | -2 |
| 2001-11-6 | 九月廿一 | 9 | 1301 | 2008-12-21 | 2008-1-4 | 7.7 | 巴布亚群岛 | +14 |
| 2001-3-31 | 三月初九 | 9 | 1521 | 2009-7-29 | 2009-8-11 | 7.6 | 安达曼群岛 | +13 |
| 2000-7-16 | 六月十五 | 9 | 1779 | 2010-4-13 | ? | ≥7.5 | ? | |

3. 根据"磁暴月相二倍法"预测：2010 年 5 月 11 日 ±7 天或 ±14 天，可能发生一次 7.5~8.5 级的巨大地震（这是根据已经发生地震的对应情况而作出的），预测的依据如下：

表3　被倍磁暴日 2005 年 6 月 13 日，农历五月初七（上弦），K=6 与以往有月相 K=9 的磁暴日二倍

| 起倍磁暴日期 | 农历 | K | 相隔天数（天） | 测算日期 | 地震发生情况 | | | 误差（天） |
|---|---|---|---|---|---|---|---|---|
| | | | | | 日期 | 震级 | 地区 | |
| 2005-5-15 | 四月初八 | 9 | 29 | 2005-7-12 | 2005-7-24 | 7.6 | 尼科巴群岛 | +12 |
| 2003-10-31 | 十月初七 | 9 | 591 | 2007-1-25 | 2007-1-13 | 8.1 | 千岛群岛 | -12 |
| 2001-11-6 | 九月廿一 | 9 | 1315 | 2009-1-18 | 2009-1-4 | 7.7 | 巴布亚群岛 | -14 |
| 2001-3-31 | 三月初九 | 9 | 1535 | 2009-8-26 | 2009-8-11 | 7.6 | 安达曼群岛 | -15 |
| 2000-7-16 | 六月十五 | 9 | 1793 | 2010-5-11 | | ? | | ? |

## 三、对未来 8 级左右大震发生的地区预测

1. 环太平洋地震带内，特别要注意我国台湾省及邻近海域。

2. 欧亚地震带内，特别要注意我国西部及西南（川、滇、藏）地区。

3. 我国大华北地区内，特别要注意小华北地区。

## 四、感想与建议

作者运用单一磁暴资料进行地震预测时往往感觉到有一定的局限性，受现今能接触到地震及前兆观测资料的限制，作者在实际地震预测中还无法做到对地震三要素的准确预测（比如发震地点），如果能和较好的预测手段和方法配合起来，进一步缩小时间、地点和震级，那就好了。依靠大家的智慧和力量，取长补短、相互合作、经过综合分析后进行预测，相信一定能大大提高大地震的预报水平。

2010 年 1 月 1 日

### 参考文献

［1］罗葆荣：《太阳耀斑活动对地磁二倍法预报地震的调制作用》，云南天文台台刊，1978 年第 1 期，第 50—55 页。

［2］沈宗丕、徐道一：《应用磁暴月相二倍法对全球 $M_S \geq 7.5$ 大地震的预测效果分析》，《西北地震学报》1996 年第 18 期，第 84—86 页。

［3］徐道一：《二倍关系的元创新性质》。王明太、耿庆国编：《中国天灾信

息预测研究进展》，石油工业出版社 2004 年版，第 44—46 页。

　［4］沈宗丕、林命周、赵伦、郝长安：《2007 年全球 7.5 级以上大震的对应情况及短临预测》。中国地球物理学会天灾预测专业委员会编：《2008 年天灾预测研讨会议文集》（内部），第 263—266 页。

　［5］沈宗丕、林命周、赵伦、郝长安：《2008 年 5 月 12 日四川省汶川 8 级巨大地震漏报反思》。中国地球物理学会编：《中国地球物理 2008 年刊》，中国大地出版社 2008 年版，第 508—509 页。

# C26　短临预测 2010 年 2 月 27 日智利 8.8 级特大巨震对应情况的通报 [①]

沈宗丕　林命周

根据"磁暴月相二倍法"，我们于 2009 年 12 月 31 日向中国地球物理学会天灾预测专业委员会提交"2010 年天灾预测年度报告简表"，表中的第一个预测意见是：2010 年 2 月 22 日 ±7 天或 ±14 天在环太平洋地震带内（特别要注意我国台湾省及邻近海域），欧亚地震带内（特别要注意我国西部或西南地区），我国大华北地区（特别要注意小华北地区）可能发生一次 7.5~8.5 级的大地震，同时希望能与有关手段和方法结合起来进一步缩小地区的预测范围。

2010 年 1 月底，我们又向中国地震预测咨询委员会等单位和部门以及咨询委员会的郭增建主任，汪成民、徐道一副主任，天灾预测专业委员会的耿庆国主任，高建国、李均之副主任和陈一文顾问等作出以上的短临预测意见。同时，又向强祖基等 28 位预测专家发出 E-mail，希望通过各自的手段和方法，密切配合，进一步缩小地区的预测范围。2010 年 2 月 2 日我们向中国地震台网中心提交了"地震短临预测卡片"，编号为 2010-（1）的短临预测意见。2 月 14 日收到中国地震台网中心地震预报部的回执。

2010 年 2 月 9 日 11：35，收到刘国昌预测专家的 E-mail。他经过天文计算认为，2 月 10 日、20 日、24 日是发生大地震的时间；2 月 24 日 14 点 46

---

① 见：中国地球物理学会天灾预测专业委员会编：《2010 天灾预测总结研讨学术会议文集》（内部），第 246—247 页。

分又收到他的 8 级预警信号。

2010 年 2 月 9 日 14：37，收到杨学祥预测专家的 E-mail，他认为 2010 年是 8.5 级以上大地震爆发的危险年，值得关注，特别是沿海地区。2 月 10 日 5：24，收到他的 E-mail，认为 2 月 13 日为月亮远地潮，2 月 14 日为日月大潮；2 月 28 日为月亮近地潮，3 月 1 日为日月大潮，均可激发地震火山活动。

2010 年 2 月 21 日 21：38，收到宋松预测专家的 E-mail，他认为 2010 年内日本的北部和南部发生大地震的可能性极大。

中国地震台网测定北京时间 2010 年 2 月 27 日 14：34，在智利（南纬 35.8 度，西经 72.7 度）发生了一次里氏 8.5 级的巨大地震（后修正为 8.8 级）。美国地质调查局（USGS）原测定为里氏 8.3 级巨大地震（后修正为 8.8 级）。

地震短临预测的依据与方法——"磁暴月相二倍法"如下：

表 1　被倍磁暴日 2005 年 9 月 11 日，农历八月初八（上弦），$K=7$
与以往有月相的 $K=9$ 磁暴日二倍

| 起倍磁暴日期 | 农历 | $K$ | 相隔天数（天） | 测算日期 | 地震发生对应情况 | | | 误差（天） |
|---|---|---|---|---|---|---|---|---|
| | | | | | 日期 | 震级 | 地区 | |
| 2005-8-24 | 七月二十 | 9 | 18 | 2005-9-29 | 2005-10-8 | 7.9 | 巴基斯坦 | +9 |
| 2005-5-15 | 四月初八 | 9 | 119 | 2006-1-8 | 2006-1-2 | 7.5 | 南桑维奇 | -6 |
| 2003-10-31 | 十月初七 | 9 | 681 | 2007-7-24 | 2007-8-9 | 7.8 | 印尼爪哇 | +16 |
| 2001-11-6 | 九月廿一 | 9 | 1405 | 2009-7-17 | 2007-7-15 | 7.8 | 新西兰南岛 | -2 |
| 2001-3-31 | 三月初七 | 9 | 1625 | 2010-2-22 | ？ | ≥7.5 | ？ | |

## 附

### 短临预测 2010 年 2 月 27 日智利 8.8 级特大巨震的对应情况

**一、时间对应情况：**

本次预测时间为 2010 年 2 月 22 日 ±7 天或 ±14 天，以 2010 年 2 月 22 日作为中心预测日相差 5 天（在预测期内），地震发生在中国地震局预报部门所规定的一级短临预测标准的允许范围内。

**二、地区对应情况：**

本次预测地区在环太平洋地震带内（特别要注意我国台湾省及邻近海域），实际发震地智利（南纬 35.8 度，西经 72.7 度）在环太平洋地震带内，但预测的区域太大。

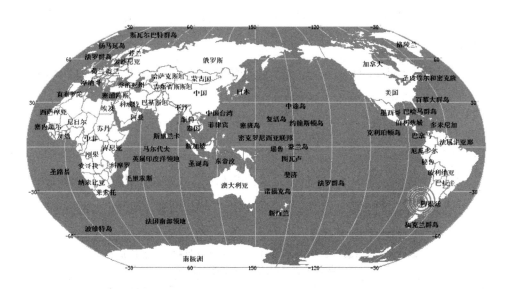

**三、震级对应情况：**

本次预测震级为 $M_S \geq 7.5$（或 7.5~8.5 级），实际发生里氏 8.8 级特大巨震，基本上符合中国地震局短临预测规定的一级短临预测标准。

预报人：沈宗丕　林命周

2010 年 2 月 27 日

# C26　附件　有关智利 8.8 级地震预测的四份资料

## 一、刘长发的证明

### 证明

2010 年 2 月 8 日晚上，我打电话给沈宗丕同志时，告诉他：去年 7 月 22 日在中国发生的日全食，在此期间因有磁暴干扰而资料分析工作没有做。并问他：最近我国西部有些小地震活动，你做了哪些工作？他说：我是预报 8 级以上地震的。并说：最近我预报了今年 2 月 22 日，正负 5—10 天有一个 8 级以上地震，地点在环太平洋地震带，具体地点还估计不了，等等。当时我预祝他成功，并相互提前祝贺新年快乐！

2 月 27 日晚上，我在电视上看到智利发生 8.8 级地震时，我马上打电话给沈宗丕同志，问他是否书面向国家地震局报告了。他说：正式报了。我说：这次抓到了，祝贺成功。并说：希望你对这次已预报的地震和过去漏报的 8 级以上的地震，要认真对比总结一下，不断积累经验；要把地磁场变化和其他星球活动，如太阳、月球和地球三者的天体运行、活动的相互关系等进行整体考虑，综合分析研究，探讨其内在联系；要继续努力，不怕挫折，争取不断胜利等。

特此证明

中国科学院地质与地球物理研究所退休职工

刘长发

2010 年 3 月 6 日

## 二、沈宗丕的天灾年度预测报告简表

附件　　　　　　　　　　　内部文件

### 天灾年度预测报告简表

预测人：沈宗丕　通讯处：上海市青浦区章浦许村18-303室　（邮政编码）201700

预测项目：洪水　干旱　暴雨　地震✓　其他

预测原理：磁暴月相二倍法

| | | 预测要素 |
|---|---|---|
| 日　期<br>年、月、日 | 地点（省市<br>区县站） | 灾情：洪峰（m³/s）、水位（米）、干旱（程度）、暴雨（mm/d）<br>地震（Ms、Ml）　其他（　　　　　　　） |

预测时间：2010年2月22日 ±7天 或 ±14天．

2010年4月13日 ±7天 或 ±14天．

2010年5月11日 ±7天 或 ±14天．

2010年7月10日 ±7天 或 ±14天．

2010年9月2日 ±7天 或 ±14天．

2010年11月7日 ±7天 或 ±14天．

预测地点：环太平洋地震带内 特别是东经线附近及其邻近区域，欧亚地震带内 特别是东经线附近的西南地区，我国大华北地区 特别是华北地区．

预测震级：Ms = 8 ± 0.5级

注：希望通过其他方法手段来加以配合进一步缩小地点的预测范围．

本表于2009年12月22日（邮戳日期）从上海发出，2009年12月27日（邮戳日期）收到。

天灾预测专业委员会

预测提出日期：2009 年 12 月 31 日　签名（沈宗丕）

336

### 三、张金生来信

地震临震预测报告　　2010-（1）

预测19条：

1. 时间：2010年2月22日±10天　或±14天.

2. 地点：1.环太平洋地震带内

　　　　将到来注意利国及邻近国地间.

　　　　2.欧亚地震带内

　　　　将到来注意利国西部及西南地区；

　　　　3.我国及华北地区内

　　　　将到来注意我华北地区.

3. 震级：　Ms=8级左右

注：本利过也可手段、方法结合起来进一步缩小地区的预测范围.

预测依据如下：

起信利发养日：2001年3月31日农历三月初七（上弦）K=9

被信利发养日：2005年3月11日农历八月初八（上弦）K=7

二者相通1625天．二信后预测达日期为2010年2月22日.

　　　　　　　　　　　　　　　预测人：

　　　　　　　　　　　　　　　（书宗立〔印〕）

　　　　　　　　　　　　　　　林命园〔印〕

收到此预测意见后请给予回发.谢.　　　　　　2010年1月30日

沈亲先先生：

　　今年1月6日收到您来的上级报告．1月二十七日果然在智利发表8.8级大地震．在此将祝贺您。此次地震预测成功.

　　　　　　　　　　　　16开　单线报告纸　　　　第　　页

中华伏羲预测科技研发中心负责人张金生〔印〕〔张金印〕

2010.3.4.

## 四、福都公司的见证函

 **北京福都自然灾害预测技术应用有限公司**
Beijing FUDU Natural Disaster Prediction Techniques Application Co.,Ltd

### 见 证 函

沈宗丕、林命周二位教授：您们好！

我公司解译研究中心主任、中国地球物理学会天灾预测专业委员会委员宋期，于 2010 年 2 月 9 日收到您二位发来的《沈宗丕对全球 8 级左右大地震的短临预测意见 编号：2010-(1)》（原件附后）预测意见。此次预测确与 2010 年 2 月 27 日在环太平洋地震带内的智利发生的 8.8 级地震相对应。

特此见证并向您们表示祝贺！

北京福都自然灾害预测技术应用有限公司

20100304

附 20100209 邮件原文：

------ Original Message ------

From: shenzongpi

To: 吴祖基；王斌；王文祥；徐秀登；伍岳明；徐好民；郑联达；任振球；宋期；黄相宁；林云芳；xiazi@bjut.dcu.cn；mkp@163.net；Liugonshen-00@163.com；刘德富；荣知林；钱复业；尹祥础；罗灼礼；孙士宏；杨学祥；宋捷；左仲浩；刘国昌；杨幻遥；许兆康；姚庆军；郑春潆

Sent: Tuesday, February 09, 2010 9:09 AM

Subject: 沈宗丕对全球 8 级左右大地震的短临预测意见 编号：2010-(1)

各位先生：

你们好！

全球 8 级左右大地震的短临预测意见 编号：2010-(1)

根据"磁暴月相二倍法"预测：

2010 年 2 月 22 日 ±10 天或 ±14 天在环太平洋地震带内，特别要注意我国台湾省及邻近海域；欧亚地震带内，特别要注意我国西部及西南地区；我国大华北地区，特别要注意小华北，可能发生一次 8 级左右的大地震，希望通过各自有关手段和方法密切配合，进一步缩小地区的预测范围。

预测依据如下：

起倍磁暴日：2001 年 3 月 31 日 农历三月初七（上弦）K=9
被倍磁暴日：2005 年 9 月 11 日 农历八月初八（上弦）K=7
二者相隔 1625 天，二倍后得测算日期为 2010 年 2 月 22 日。

预测人：沈宗丕 林命周
2010.1.30

-1-

# C27 短临预测 2010 年 4 月 14 日中国青海玉树 7.1 级大地震等对应情况的通报 [①]

沈宗丕

根据"磁暴月相二倍法",作者首先于 2009 年 12 月 31 日向中国地球物理学会天灾预测专业委员会提交的"2010 年天灾预测年度报告简表"中的第二个预测意见:2010 年 4 月 13 日 ±7 天或 ±14 天在环太平洋地震带内(特别要注意我国台湾省及邻近海域),欧亚地震带内(特别要注意我国西部或西南地区),我国大华北地区(特别要注意小华北)可能发生一次 7.5—8.5 级的大地震,同时希望能与有关手段和方法结合起来进一步缩短预测时间和缩小预测地区。

2010 年 3 月 13 日,沈宗丕等以特快邮件将同样的预测内容向中国地震台网中心提交了"地震短临预测卡片"——编号为 2010-(3)的短临预测意见。3 月 25 日收到中国地震台网中心地震预报部的回执,登记编号为 201001010028。

2010 年 4 月 1 日以挂号信形式呈交中国地震局监测预报司和中国地震局党组,内容是:根据全球地震的迁移情况来看,好像正在向欧亚地震带内迁移。3 月 31 日安达曼群岛 6.6 级地震就发生在缅甸的南部,下一次地震在我国境内发生不是没有可能的,希望能引起注意!

2010 年 4 月 3 日我们又向中国地震预测咨询委员会、中国地球物理学会

---

① 见:中国地球物理学会天灾预测专业委员会编:《2010 天灾预测总结研讨学术会议文集》(内部),第 248—250 页。

天灾预测专业委员会和许绍燮院士、陈一文顾问以及咨询委员会的郭增建主任，汪成民、徐道一副主任，天灾预测专业委员会的耿庆国主任，高建国、李均之副主任等同样作出以上的短临预测意见。同时，又向强祖基等 28 位预测专家发出了 E-mail，希望通过各自的手段和方法，密切配合，进一步缩短预测时间和缩小预测范围。

2010 年 4 月 3 日 18：52，收到杨学祥预测专家的 E-mail。他认为 2010 年 4 月 12 日月亮赤纬角达到最小值，南纬 0.00038 度，4 月 14 日为月日大潮，两者叠加，两极和赤道的潮汐变化最大，可激发地震、火山活动。2010 年 4 月 25 日为日月近地潮，25 日月亮赤纬角达到最小值 0.00003 度，28 日为日月大潮，三者弱叠加，可激发地震、火山。

2010 年 4 月 22—25 日，由徐道一先生分别（我们因故未能参加会议）在中国地震预测咨询会议和天灾预测会议上，作题为"2009 年全球 8 级左右大地震的对应情况及其短临预测意见"的报告，其中预测了 2010 年 4 月 13 日 ±7 天或 ±14 天在环太平洋地震带内、在欧亚地震带内（特别要注意我国西部和西南地区）……可能发生一次 7.5 级以上的大地震。

根据中国地震台网测定：北京时间 2010 年 4 月 7 日，在印度尼西亚苏门答腊北部（北纬 2.4 度，东经 97.1 度）发生了一次里氏 7.8 级的巨大地震。本次预测与该地震的时间相差 6 天，（在预测期内）与震级完全一致，与地区相差太大（虽属环太平洋地震带内）。

根据中国地震台网测定：北京时间 2010 年 4 月 14 日，在中国青海省玉树（北纬 33.2 度，东经 96.6 度）发生了一次里氏 7.1 级的大地震。本次预测与该地震的时间相差 1 天，（在预测期内）与最低震级相差 0.4 级，与地区相差较大（虽属我国西部地区）。

本次地震的短临预测总的在时间和震级的预测上均符合中国地震局预报部门所规定的里氏 7.0 级以上的一级短临预测标准，唯有在地区的预测上偏差明显太大，希望能通过有关手段或方法密切配合，进一步达到对三要素的正确预报。

地震短临预测的依据与方法——"磁暴月相二倍法"如下：

起倍磁暴日：2000 年 7 月 16 日，农历六月十五（望日），$K=9$。

被倍磁暴日：2005 年 5 月 30 日，农历四月廿三（下弦），$K=7$。

二者相差 1779 天，二倍后得测算日期为 2010 年 4 月 13 日。

## 附一

## 短临预测 2010 年 4 月 7 日印尼苏门答腊北部 7.8 级巨震的对应情况

### 一、时间对应情况

本次预测 2010 年 4 月 13 日 ±7 天或 ±14 天，以 2010 年 4 月 13 日作为中心预测日相差 6 天（在预测期内），地震发生在中国地震局预报部门所规定的一级短临预测标准的允许范围内。

### 二、地区对应情况

本次预测地区是在环太平洋地震带内（特别要注意我国台湾省及邻近海域），印尼苏门答腊北部（北纬 2.4 度，东经 97.1 度）在环太平洋地震带内，但预测的区域偏差太大。

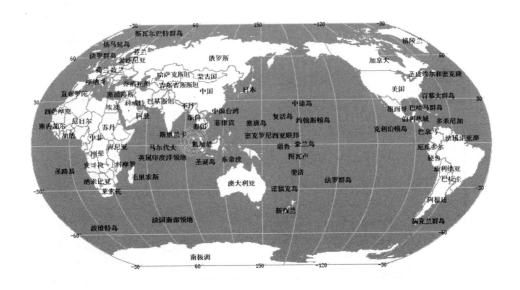

### 三、震级对应情况

本次预测震级为 $M_S \geq 7.5$（或 7.5~8.5 级），实际发生里氏 7.8 级巨震，基本上符合中国地震局规定的一级短临预测标准。

预报人：沈宗丕　林命周　赵伦

## 附二

## 短临预测 2010 年 4 月 14 日青海省玉树 7.1 级大震的对应情况

### 一、时间对应情况

本次预测 2010 年 4 月 13 日 ±7 天或 ±14 天，以 2010 年 4 月 13 日作为中心预测日相差 1 天（在预测期内），地震发生在中国地震局预报部门所规定的一级短临预测标准的允许范围内。

### 二、地区对应情况

本次预测地区是在欧亚地震带内（特别要注意我国西部或西南地区），青海玉树（北纬 33.2 度，东经 96.6 度）在欧亚地震带内的我国西部地区，但预

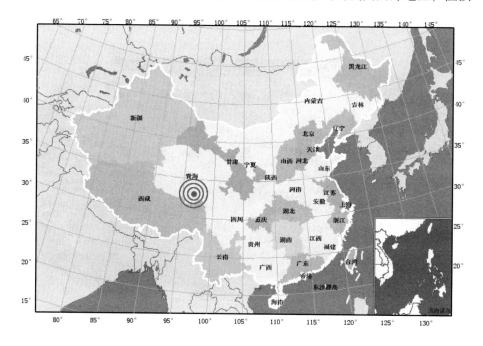

测的区域较大。

### 三、震级对应情况

本次预测震级为 $M_S \geq 7.5$，实际发生里氏 7.1 级大震，与预测的最低震级相差 0.4 级，基本上符合中国地震局规定的 7.0~7.4 级的一级短临预测标准。

预报人：沈宗丕　林命周　赵伦

# C28　短临预测 2010 年 7 月 23 日菲律宾棉兰老岛 7.6 级大地震对应情况的通报 ①

沈宗丕

　　根据"磁暴月相二倍法"，沈宗丕于 2009 年 12 月 31 日向中国地球物理学会天灾预测专业委员会提交"2010 年天灾预测年度报告简表"，其中的第四个预测意见是：2010 年 7 月 10 日 ±7 天或 ±14 天在环太平洋地震带内（特别要注意我国台湾省及邻近海域）、欧亚地震带内（特别要注意我国西部及西南地区）和我国大华北地区（特别要注意小华北）可能发生一次 7.5 级以上的大地震，同时希望能与有关手段和方法结合起来，进一步缩短预测时间和缩小预测地区。

　　2010 年 5 月 30 日沈宗丕向中国地震预测咨询委员会发了有同样的预测内容的 E-mail；6 月 1 日，沈宗丕与林命周用挂号邮件向中国地震台网中心提交了同样预测内容的"地震短临预测卡片"——编号为 2010-（5）的短临预测意见。6 月 20 日收到中国地震台网中心地震预报部回执，登记编号为 201001010141。

　　根据中国地震台网测定：北京时间 2010 年 7 月 24 日，在菲律宾棉兰老岛附近海域（北纬 6.5 度，东经 123.6 度）发生了一次里氏 7.2 级的大地震。又根据美国地质勘探调查局（USGS）地震台网测定：世界时间 2010 年 7 月 23 日，在菲律宾棉兰老岛附近海域（北纬 6.47 度，东经 123.53 度）发生了

---

　　①　见：中国地球物理学会天灾预测专业委员会编：《2010 天灾预测总结研讨学术会议文集》（内部），2010 年 2 月，第 253—254 页。

一次里氏 7.6 级的大地震。本次预测与该地震时间相差 13~14 天（在预测期内），地区的预测误差较大（但离我国台湾省较近），震级的预测基本正确。

地震短临预测的依据与方法——"磁暴月相二倍法"如下：

起倍磁暴日为 2000 年 7 月 16 日，农历六月十五（望日），$K=9$。

被倍磁暴日为 2005 年 7 月 13 日，农历六月初八（上弦），$K=6$。

二者相隔 1823 天，二倍后得测算日期为 2010 年 7 月 10 日 ±14 天。

## 附：

## 短临预测 2010 年 7 月 23 日菲律宾棉兰老岛 7.6 级大震的对应情况

### 一、时间对应情况

本次预测时间为 2010 年 7 月 10 日 ±7 天或 ±14 天，以 2010 年 7 月 10 日作为中心预测日相差 13 天（在预测期内）。

### 二、地区对应情况

本次预测地区是在环太平洋地震带内，特别要注意我国台湾省及邻近海域。菲律宾棉兰老岛（北纬 6.47 度，东经 123.53 度）在环太平洋地震带内，

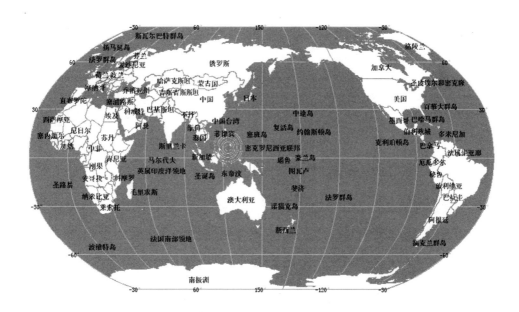

预测的区域太大（但离我国台湾省较近）。

### 三、震级对应情况

本次预测震级为 $M_S \geq 7.5$，实际发生里氏 7.6 级（USGS）地震，属基本符合。

预报人：沈宗丕　林命周

2010 年 7 月 24 日

# C29 短临预测 2010 年 10 月 25 日苏门答腊西南部 7.7 级巨大地震对应情况的通报 [①]

沈宗丕

根据"磁暴月相二倍法",沈宗丕于 2009 年 12 月 31 日向中国地球物理学会天灾预测专业委员会提交了"2010 年天灾预测年度报告简表",其中的第六个预测意见是:2010 年 11 月 7 日 ±7 天或 ±14 天在环太平洋地震带内(特别要注意我国台湾省及邻近海域)、欧亚地震带内(特别要注意我国西部及西南地区)和我国大华北地区(特别要注意小华北)可能发生一次 7.5 级以上的大地震,同时希望能与有关手段和方法结合起来,进一步缩短预测时间和缩小预测地区。

2010 年 10 月 1 日,沈宗丕与林命周用挂号邮件以同样的预测内容向中国地震台网中心提交了"地震短临预测卡片"——编号为 2010-(6)的短临预测意见;同时又向许绍燮院士,中国地震咨询委员会汪成民副主任,天灾预测委员会耿庆国主任发了有同样预测内容的 E-mail,2010 年 10 月 16 日收到中国地震台网中心地震预报部的回执,登记编号为 201001010207。10 月21 日又向强祖基等 18 位预测专家发了 E-mail,希望通过各自的手段和方法,密切配合,进一步缩短预测时间和缩小预测地区。

2010 年 10 月 24 日 5:03 收到杨学祥预测专家的 E-mail,他认为 2010 年10 月 20 日月亮赤纬角达到最小值南纬 0.00019 度,赤道和低纬度潮汐变小;

---

① 见:中国地球物理学会天灾预测专业委员会编:《2011 天灾预测总结研讨学术会议文集》(内部),第 70—71 页。

2 月 23 日为日月大潮，两者弱叠加（超过三天），地球扁率变大，自转变慢，有利于拉尼娜发展，可激发地震、火山等活动。

2010 年 10 月 24 日 9：26 收到杨幻遥预测专家的 E-mail，他认为 2010 年 10 月中旬的后半年至一年内应该警惕大的地震发生，如中国的中北部、台湾、西藏，美国的阿拉斯加，印尼，海地和智利之间的部分地区应加强监测。

根据美国地质调查局（USGS）测定：世界时间 2010 年 10 月 25 日 14：42 在苏门答腊西南部（南纬 3.848 度，东经 100.114 度）发生了一次 $M_W$7.7 级的巨大地震。本次的预测与实际发震时间相差 13 天，震级的预测基本正确，地区的预测相差太大。

地震短临预测的依据与方法——"磁暴月相二倍法"如下：

起倍磁暴日为 2000 年 7 月 16 日，农历六月十五（望日），K=9。

被倍磁暴日为 2005 年 9 月 11 日，农历八月初八（上弦），K=7。

二者相隔 1883 天，二倍后得测算日期为 2010 年 11 月 7 日 ±14 天。

## 附：

## 短临预测 2010 年 10 月 25 日苏门答腊西南部 7.7 级巨大地震的对应情况

### 一、时间对应情况

本次预测 2010 年 11 月 7 日 ±7 天或 ±14 天，以 2010 年 11 月 7 日作为中心预测日相差 13 天（在预测期内）。

### 二、地区对应情况

本次预测地区是在环太平洋地震带内，特别要注意我国台湾省及邻近海域。苏门答腊西南部（南纬 3.848 度，东经 100.114 度）在环太平洋地震带内，预测的区域太大。

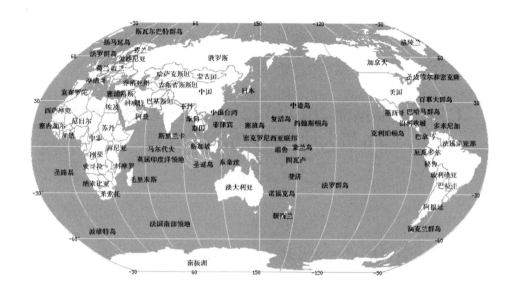

## 三、震级对应情况

本次预测震级为 $M_S \geq 7.5$（或 7.5~8.5），实际发生 $M_W 7.7$ 级的巨大地震（USGS），属基本准确。

预报人：沈宗丕　林命周

2010 年 11 月 22 日

# C30 短临预测 2010 年 12 月 25 日瓦努阿图群岛 7.6 级大地震对应情况的通报 [①]

沈宗丕

2010 年 12 月 1 日，由沈宗丕、林命周以挂号信的形式向中国地震台网中心预报部提交了编号为 2011-（1）的地震短临预测卡片，根据"磁暴月相二倍法"预测：2011 年 1 月 5 日 ±7 天或 ±14 天在环太平洋地震带内（特别要注意我国台湾省及邻近海域）、欧亚地震带内（特别要注意我国西部及西南地区）、我国大华北地区内（特别要注意小华北）可能发生一次 7.5~8.5 级的大地震，希望与有关手段和方法密切配合，进一步缩短预测时间和缩小预测地区。2010 年 12 月 16 日收到中国地震台网中心预报部的回执，编号为 201001010236。

2010 年 12 月 1 日向中国地震预测咨询委员会、天灾预测专业委员会、中国地震局离退休干部办公室、国际天灾研究会和民间地震研究会等单位，以及许绍燮院士、咨询委员会汪成民副主任、天灾预测专业委员会耿庆国主任发了有同样地震短临预测内容的 E-mail。2010 年 12 月 4 日向强祖基等 32 位预测专家发了有同样地震短临预测内容的 E-mail，希望能把各自的手段和方法密切配合起来，进一步缩短预测时间和缩小预测地区。

2010 年 12 月 6 日—7 日在中国地震局召开的中国地震预测咨询委员会的年度预测会议上作了题为"2010 年全球 8 级左右大地震的对应情况及其短

---

① 见：中国地球物理学会天灾预测专业委员会编：《2011 天灾预测总结研讨学术会议文集》（内部），第 72—73 页。

临预测意见"的报告，其中第一个预测意见就是 2011 年 1 月 5 日 ±7 天或 ±14 天在环太平洋地震带内……可能发生一次 7.5~8.5 级的大地震。2010 年 12 月 10 日向中国地球物理学会大灾预测专业委员会提交了"2011 年度天灾预测报告简表"，其中的第一个预测意见也是 2011 年 1 月 5 日 ±7 天或 ±14 天在环太平洋地震带内……可能发生一次 7.5~8.5 级的大地震。

2010 年 12 月 5 日 7：34 收到印显吉预测专家发来的 E-mail，根据他的预测方法，他认为 2011 年 1 月 5 日 ±14 天内发生 7.5 级以上大地震的可能性较大。2010 年 12 月 5 日 11：32 收到刘国昌预测专家发来的 E-mail，根据他的预测方法，他确信 2010 年 1 月 5 日 ±14 天内在环太平洋地震带内（特别要注意我国台湾省及邻近海域）、欧亚地震带（特别要注意我国西部及西南地区）可能有 7~8 级的大地震。2010 年 12 月 20 日 15：45 收到杨幻遥预测专家发来的 E-mail，根据他的预测方法，他认为 12 月 21 日—2011 年 1 月初，印尼—所罗门群岛一带有可能发生 7~8 级的大地震。2010 年 12 月 25 日 21：23 收到宋松预测专家发来的 E-mail，根据他的预测方法，他认为 12 月 25 日—2011 年 1 月 5 日 10 天左右，全球有较大的自然灾害，如发生暴风雨雪、大地震、火山爆发等。

根据中国地震台网测定：北京时间 2010 年 12 月 25 日 21：16 在瓦努阿图群岛（南纬 19.7 度，东经 168.0 度）发生了一次 $M_S$7.6 级的大地震（$M_W$ 为 7.9 级）。本次的短临预测时间与实际发震时间相差 11 天（在预测期内）；预测震级与实际发震基本符合；地区的预测相差太大（虽然在环太平洋地震带内）。

地震短临预测的依据与方法——"磁暴月相二倍法"如下：

起倍磁暴日：1999 年 9 月 23 日，农历八月十四（望日），$K$=9。

被倍磁暴日：2005 年 5 月 15 日，农历四月初八（上弦），$K$=9。

二者相隔 2061 天，二倍后得测算日期为 2011 年 1 月 5 日 ±14 天。

## 附　短临预测 2010 年 12 月 25 日瓦努阿图群岛 7.6 级大震的对应情况

### 一、时间对应情况

本次预测时间为 2011 年 1 月 5 日 ±7 天或 ±14 天，实际发生在 2010 年 12 月 25 日，以 2011 年 1 月 5 日作为中心预测日相差 11 天（在预测期内）。

### 二、地区对应情况

本次预测地区是在环太平洋地震带内（特别要注意我国台湾省及邻近海域），实际发生在瓦努阿图群岛（南纬 19.7 度，东经 168.0 度），在环太平洋地震带的南段，预测的区域太大。

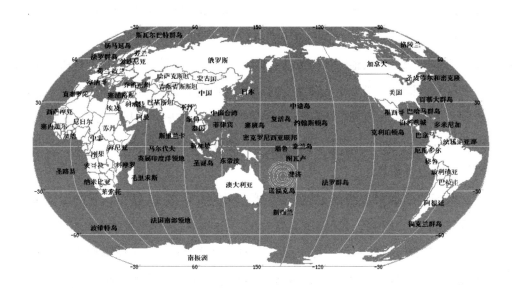

### 三、震级对应情况

本次预测震级为 $M_S \geq 7.5$（或 7.5~8.5），实际震级为 $M_S 7.6$（$M_W 7.9$）级，属基本准确。

预报人：沈宗丕　林命周

2011 年 1 月 20 日

# C31 近年来全球二次 8.8 级特大巨震的短临预测与对应情况 [①]

沈宗丕 林命周

汶川巨大地震发生后，沈宗丕运用"磁暴月相二倍法"经过研究和分析反思，将作为被倍磁暴日的 2003 年 5 月 9 日与以往符合月相条件的而且 $K \geq 8$ 的大磁暴日逐个进行二倍可构成如表 1 所示的具体测算结果。

表 1 被倍磁暴日 2003 年 5 月 9 日农历四月初九（上弦）$K$=6
与以往有月相的 $K \geq 8$ 磁暴日的二倍关系

| 起倍磁暴日期 | 农历 | $K$ | 相隔天数（天） | 测算日期 | 实际对应地震情况 | | | 误差 |
|---|---|---|---|---|---|---|---|---|
| | | | | | 日期 | 震级 | 地区 | （天） |
| 2001–11–6 | 九月廿二 | 9 | 549 | 2004–11–8 | 2004–11–12 | 7.4 | 印尼帝汶岛 | +4 |
| 2001–3–31 | 三月初七 | 9 | 769 | 2005–6–16 | 2005–6–14 | 8.1 | 智利北部 | –2 |
| 2000–9–18 | 八月廿一 | 8 | 963 | 2005–12–27 | 2006–1–2 | 7.5 | 南桑维奇 | +6 |
| 2000–7–16 | 六月十五 | 9 | 1027 | 2006–3–1 | 2006–2–23 | 7.5 | 莫桑比克 | –6 |
| 2000–5–24 | 四月廿一 | 8 | 1080 | 2006–4–23 | 2006–4–21 | 8.3 | 堪察加半岛 | –2 |
| 1999–10–22 | 九月十四 | 8 | 1295 | 2006–11–24 | 2006–11–15 | 8.0 | 千岛群岛 | –9 |
| 1999–9–23 | 八月十四 | 8 | 1324 | 2006–12–23 | 2006–12–26 | 7.2 | 中国台湾南部 | +3 |
| 1998–5–4 | 四月初九 | 8 | 1831 | 2008–5–13 | ? | $\geq 7.5$ | ? | |

---

[①] 见：中国地球物理学会天灾预测专业委员会编：《2011 天灾预测学术研讨会文集》（内部），第 191~192 页。

根据表 1，在 7 次测算中有 5 次能对应上 $M \geq 7.5$ 的大地震，其中 3 次对应 $M \geq 8.0$ 级，并可后验 2008 年 5 月 13 日 $\pm 5$ 天或 $\pm 10$ 天，可能发生一次 $M \geq 7.5$ 的大地震，此即对应 2008 年 5 月 12 日四川省汶川 8.0 级的巨大地震，而且误差只有 1 天。这次四川省汶川 8 级巨大地震在震前虽然没有向上级预报部门作出短临预测，可它给我们一个重大的启发和教训："磁暴月相二倍法"不能仅用同一个起倍磁暴日与以后的 $K=6\sim7$ 的磁暴日二倍，而应将以往 $K \geq 8$ 的大磁暴日与同一个 $K=6\sim7$ 的磁暴日二倍，这应该成为一种新的预测模式。

为进一步检验这一新的预测方法是否有效，我们根据"磁暴月相二倍法"于 2009 年 12 月 31 日向中国地球物理学会天灾预测专业委员会提交"2010 年天灾预测年度报告简表"，其中的第一个预测意见是：2010 年 2 月 22 日 $\pm 7$ 天或 $\pm 14$ 天在环太平洋地震带内（特别要注意我国台湾省及邻近海域）、欧亚地震带内（特别要注意我国西部或西南地区）……可能发生一次 7.5~8.5 级的大地震，同时希望与有关手段和方法密切结合起来，进一步缩短预测时间和缩小预测地区。

2010 年 1 月底，我们又向中国地震预测咨询委员会等单位和部门以及咨询委员会的郭增建主任，汪成民、徐道一副主任；天灾预测专业委员会的耿庆国主任，高建国、李均之副主任和陈一文顾问等发出以上的短临预测意见。同时，又向强祖基等 28 位预测专家发出了 E-mail，希望通过各自的手段和方法，密切配合，进一步缩短预测时间和缩小预测地区。2010 年 2 月 2 日，沈宗丕与林命周向中国地震台网中心提交了"地震短临预测卡片"——编号为 2010-（1）的短临预测意见。2 月 14 日收到中国地震台网中心地震预报部的回执，登记编号为 201001010011。

根据中国地震台网测定：北京时间 2010 年 2 月 27 日 14：34，在智利（南纬 35.8 度，西经 72.7 度）发生了一次里氏 8.5 级的巨大地震（后修正为 $M_W 8.8$ 级特大巨震）。美国地质调查局（USGS）原测定为里氏 8.3 级巨大地震（后修正为 $M_W 8.8$ 级特大巨震）。

地震短临预测的依据与方法 ——"磁暴月相二倍法",如表 2 所示。

表 2 被倍磁暴日 2005 年 9 月 11 日 农历八月初八(上弦)K=7
与以往有月相的 K= 9 磁暴日的二倍关系

| 起倍磁暴日期 | 农历 | K | 相隔天数(天) | 测算日期 | 地震发生对应情况 | | | 误差(天) |
| --- | --- | --- | --- | --- | --- | --- | --- | --- |
| | | | | | 日期 | 震级 | 地区 | |
| 2005-8-24 | 七月二十 | 9 | 18 | 2005-9-29 | 2005-10-8 | 7.9 | 巴基斯坦 | +9 |
| 2005-5-15 | 四月初八 | 9 | 119 | 2006-1-8 | 2006-1-2 | 7.5 | 南桑维奇 | -6 |
| 2003-10-31 | 十月初七 | 9 | 681 | 2007-7-24 | 2007-8-9 | 7.8 | 印尼爪哇 | +16 |
| 2001-11-6 | 九月廿一 | 9 | 1405 | 2009-7-17 | 2009-7-15 | 7.8 | 新西兰南岛 | -2 |
| 2001-3-31 | 三月初七 | 9 | 1625 | 2010-2-22 | ? | ≥ 7.5 | ? | |

2010 年 2 月 27 日在智利发生的一次 8.8 级特大巨震与 2010 年 2 月 22 日的中心预测日期相差 5 天(在预测期内),与预测的震级 M=7.5~8.5 级只相差 0.3 级,预测的地区在环太平洋地震带内,基本上准确但预测的区域偏差太大。

2011 年 3 月 11 日日本发生 8.8 级特大巨震,震前虽然没有向有关单位和部门作预测,但经过以同样的预测新方法也可以对应到这次特大巨震,具体情况如下:

地震短临预测的依据与方法——"磁暴月相二倍法",如表 3 所示。

表 3 被倍磁暴日:2005 年 6 月 13 日 农历五月初七(上弦)K=6,
与以往有月相 K ≥ 8 的大磁暴日二倍

| 起倍磁暴日 | 农历 | K | 相隔天数(天) | 测算日期 | 实际发生地震情况 | | | 误差(天) |
| --- | --- | --- | --- | --- | --- | --- | --- | --- |
| | | | | | 日期 | 震级 | 地区 | |
| 2005-5-15 | 四月初八 | 9 | 29 | 2005-7-12 | 2005-7-24 | 7.6 | 尼科巴群岛 | +12 |
| 2003-10-31 | 十月初七 | 9 | 571 | 2007-1-25 | 2007-1-13 | 8.1 | 千岛群岛 | -12 |
| 2001-11-6 | 九月廿一 | 9 | 1315 | 2009-1-18 | 2009-1-4 | 7.7 | 印尼东部 | -14 |
| 2003-3-31 | 三月初七 | 9 | 1535 | 2009-8-26 | 2009-8-11 | 7.6 | 安达曼群岛 | -15 |
| 2000-9-18 | 八月廿一 | 8 | 1729 | 2010-3-8 | 2010-2-27 | 8.8 | 智利 | -9 |
| 2000-7-16 | 六月十五 | 9 | 1793 | 2010-5-11 | 2010-5-9 | 7.4 | 苏门答腊 | -2 |
| 1999-9-23 | 八月十五 | 8 | 2090 | 2011-3-4 | ? | ≥ 7.5 | ? | |

2011 年 3 月 11 日日本本州东海岸发生的一次 8.8 级特大巨震与测算的 2011 年 3 月 4 日中心日期相差 7 天，与测算的 7.5 级以上是基本符合的，预测的地区只能说在地球上或在环太平洋地震带内。这一方法的不足之处就是无法确定具体的发震地点，只有与有关手段和方法密切配合，进一步缩短预测时间和缩小预测地区，才能真正做到对三要素（时间、地点、震级）的正确预测。

注：2011 年 3 月 11 日日本特大巨震发生后，中国地震台网测定为 $M8.6$ 级，3 月 17 日中国台网中心利用国家台网和全球台网资料将震级修订为 $M_W9.0$ 级，日本对这次地震的震级也经历了多次修订，从 $M7.9$、$M8.2$、$M8.4$、$M8.8$ 到最终修订为 $M9.0$ 级，而美国初定的震级为 $M7.9$，后修订为 8.9 级，到最后正式发布时也修订为 $M_W9.0$ 级。

# C32 短临预测 2012 年 4 月 11 日印尼苏门答腊 8.6 级特大地震对应情况的通报 ①

沈宗丕

根据"磁暴月相二倍法"，沈宗丕于 2011 年 12 月 15 日向中国地球物理学会天灾预测专业委员会提交了"2012 年天灾年度预测报告简表"，其中第二个预测意见是：2012 年 3 月 25 日 ±7 天或 ±14 天在环太平洋地震带内（特别要注意我国台湾省及其邻近海域）、在欧亚地震带内（特别要注意我国西部或西南地区）、在我国大华北地区（特别要注意小华北），可能发生一次 7.5~8.5 级的大地震，同时也不排除在 ±3 天内可能发生一次火山大喷发。

2012 年 2 月 1 日，沈宗丕和林命周以挂号信（邮件编号 XA 4439 1548 3 31）形式以同样的预测内容向中国地震台网中心预报部提交了"地震短临预测卡片"——编号为 2012-（2）的地震短临预测意见。2012 年 3 月 10 日收到中国地震台网中心预报部的回执，登记编号为 201201010009。

2012 年 2 月 1 日，我们分别向中国地震预测咨询委员会的汪成民、徐道一副主任，中国地球物理学会天灾预测专业委员会的耿庆国主任，高建国、李均之副主任，许绍燮院士、叶叔华院士，中国地震局监测预报司的李克司长、车时副司长等有关单位和有关领导发了上述地震短临预测意见的 E-mail。

同时又向强祖基等 40 位预测专家发了同样预测内容的 E-mail，希望能

---

① 见：中国地球物理学会天灾预测专业委员会编：《2012 天灾预测总结研讨学术会议文集》（内部），2012 年，第 97 页。

将各自的方法和手段密切配合起来，进一步缩短预测时间和缩小预测地区。

2012 年 3 月 8 日再一次向上述单位和领导及其预测专家们提交预测意见，并希望将各自的手段和方法密切配合起来，进一步缩短预测时间和缩小预测地区。

2012 年 3 月 9 日 5：48 收到杨学祥预测专家的 E-mail，他认为 2012 年 3 月 22 日为日月大潮，21 日月亮赤纬角达到最小值北纬 0.00036 度。两者强叠加，赤道和两极潮汐变化较大，地球扁率变大，地球自转变慢，不利于厄尔尼诺发展，可激发地震、火山活动等。

2012 年 3 月 9 日 10：45 收到季东预测专家的 E-mail，根据他的预测方法，他认为：2012 年 3 月 14 日—23 日可能是全球发生大地震的时间段。

根据中国地震台网测定：北京时间 2012 年 3 月 21 日 2 时 2 分在墨西哥南部（北纬 16.7 度，西经 98.2 度）发生了一次 7.6 级大地震（墨西哥国家地震局测定为 7.8 级）。这是 1985 年 9 月 19 日以来墨西哥境内发生的最大一次地震，也是 2011 年 10 月 23 日以来全球发生的最大一次地震。

根据有关报道，这次地震已造成 500 座房屋受损，70 多间房屋倒塌，11 人受伤。

本次地震短临预测的中心预测时间误差为 4 天（在预测期内），预测震级与实际发震震级基本符合，地震虽然发生在环太平洋地震带内，但是预测的范围太大。

又根据中国地震台网测定：北京时间 2012 年 4 月 11 日 16 时 38 分在苏门答腊北部附近海域（北纬 2.3 度，东经 93.1 度）发生了一次 8.6 级特大地震。18 时 43 分又在苏门答腊北部附近海域（北纬 0.8 度，东经 92.4 度）发生了一次 8.2 级大地震。这是 2004 年 12 月 26 日以来苏门答腊境内发生的一次最大地震，也是 2011 年 3 月 11 日以来全球发生的一次最大地震。

本次地震短临预测的中心预测时间误差为 17 天（在预测期后的第三天发生），预测震级基本符合，地震虽然发生在欧亚地震带内，但是预测的范围太大了。

地震短临预测的依据与方法——"磁暴月相二倍法"如下：

起倍磁暴日为 1989 年 3 月 14 日，农历二月初七（上弦），磁暴日扰动 $K=9$。

被倍磁暴日为 2000 年 9 月 18 日，农历八月廿一（下弦），磁暴日扰动 $K=8$。

二者相隔 4206 天，二倍后得测算日期为 2012 年 3 月 25 日。

# C33  短临预测 2012 年 8 月 14 日俄鄂霍次克海 7.7 级大地震对应情况的通报 [①]

沈宗丕

根据"磁暴月相二倍法"，我们于 2011 年 12 月 15 日向中国地球物理天灾预测专业委员会提交了"2012 年天灾年度预测报告简表"，其中第五个预测意见是：2012 年 8 月 12 日 ±7 天或 ±14 天在环太平洋地震带内（特别要注意我国台湾省及其邻近海域）、在欧亚地震带内（特别要注意我国西部或西南地区）、在我国大华北地区（特别要注意小华北），可能发生一次 7.5~8.5 级的大地震。同时也不排除在 ±3 天内可能发生一次火山大喷发。

2012 年 7 月 7 日，我们分别向中国地震预测咨询委员会的汪成民、徐道一副主任，中国地球物理学会天灾预测专业委员会的耿庆国主任、高建国副主任，许绍燮院士、李坪院士、叶叔华院士，中国地震局监测预报司的李克司长、车时副司长等有关单位和有关领导，发了内容为上述地震短临预测意见的 E-mail。

同时我们又向强祖基等 40 位预测家发了同样的预测内容的 E-mail。希望能把各自的手段和方法密切配合起来，进一步缩短预测时间和缩小预测地区。

2012 年 7 月 9 日由沈宗丕和林命周发了挂号信（邮件编号：XA 4438 1368 8 31），以同样的预测内容向中国地震台网中心提交了"地震短临预测卡

---

① 见：中国地球物理学会天灾预测专业委员会编：《2012 天灾预测总结研讨学术会议文集》(内部)，第 98 页。

片"——编号为 2012-（5）的地震短临预测意见。8 月 29 日收到中国地震台网中心的回执，登记编号为：201201010118。

2012 年 7 月 16 日 11：00 收到季东预测专家的 E-mail，用他自己的手段和方法预测：从 7 月 16 日起首先要注意日本本州东、俄罗斯库页岛和共青城一带，可能有 7 级以上大地震。

2012 年 8 月 8 日 18：24 收到周胜刚预测专家的 E-mail，用他自己的手段和方法预测：从 8 月 8 日的 2~6 天内，全球可能会发生一次 7 级左右的大地震，特别要注意亚太地区。

根据中国地震台网测定：北京时间 2012 年 8 月 14 日 10 时 59 分在俄罗斯鄂霍次克海（北纬 49.6 度，东经 145.4 度）发生了一次 7.2 级大地震（速报震级），深度为 625.9 公里。美国地质勘探局（USGS）测定为里氏 7.7 级大地震。

根据日本气象厅消息：北海道东南部和青森县、岩手县等地区有强烈震感，本次地震尚未引发海啸，尚无人员伤亡和财产损失的报道。

本次的地震短临预测时间误差为 2 天（在预测期内），震级的预测基本符合，地震虽发生在环太平洋地震带内，但是预测的范围太大。

地震短临预测的依据——"磁暴月相二倍法"如下：

起倍磁暴日为 2001 年 3 月 31 日，阴历三月初七（上弦），最大扰动 $K=9$。

被倍磁暴日为 2006 年 12 月 6 日，阴历十月十六（望日），最大扰动 $K=6$。

二者相隔 2076 天，二倍后得测算日期为 2012 年 8 月 12 日。

# C34 短临预测 2013 年 1 月 5 日阿拉斯加东南部海域 7.8 级大地震对应情况的通报 ①

沈宗丕

2012 年 11 月 22 日—25 日，中国地震预测咨询委员会和中国地球物理学会天灾预测专业委员会的年度总结和地震预测会议先后在北京召开。在这两次会议之前，我们分别提交了一篇《2013 年上半年度全球 8 级左右大地震的短临预测意见》。（注：发表在中国地球物理学会天灾预测专业委员会编写的《2012 天灾预测总结研讨学术会议文集》第 99—100 页。）由于当年北京的天气特别寒冷，我们都没有参加，我们请中国地震预测咨询委员会副主任兼中国地球物理学会天灾预测专业委员会常委徐道一先生代我们在会上作了地震的短临预测报告。

根据"磁暴月相二倍法"，第一个预测意见是：2013 年 1 月 19 日 ±5 天或 ±10 天在环太平洋地震带内（特别要注意我国台湾省及邻近海域）、在欧亚地震带内（特别要注意我国西部及西南地区）、在我国大华北地区（特别要注意小华北），可能发生一次 7.5~8.5 级的大地震，同时也不排除在 ±3 天内可能发生一次火山大爆发，希望能与各种手段和方法密切配合起来，进一步缩短预测时间和缩小预测地区。

2012 年 12 月 4 日，由沈宗丕和林命周发出了挂号信（邮件编号：XA 4526 6804 8 31），以同样的预测内容，向中国地震台网中心预报部提交了"地

① 见：中国地球物理学会天灾预测专业委员会编：《2013 天灾预测总结研讨学术会议文集》（内部），第 38—39 页。

震短临预测卡片"——编号为 2013-（1）的地震短临预测意见。2013 年 2 月 5 日收到预报部的回执，编号为：201201010151。

2012 年 12 月 12 日向中国地球物理学会天灾预测专业委员会提交了"2013 年天灾预测年度报告简表"，共提出了 6 次地震短临预测意见，第一个预测意见，也就是以上的预测内容。（注：预测意见刊登在中国地球物理学会天灾预测专业委员会机密资料《2013 年天灾预测意见汇编》，第 11 页。）

2013 年 1 月 1 日分别又向中国地震预测咨询委员会的汪成民和徐道一副主任，天灾预测专业委员会的耿庆国主任、高建国副主任和陈一文顾问，许绍燮院士、李坪院士、叶叔华院士，中国地震局监测预报司的李克司长、车时副司长等有关单位和领导，发了内容为上述短临预测意见的 E-mail。

同时又向强祖基等 40 位预测专家发了同样短临预测内容的 E-mail，希望能通过各自的手段和方法密切配合起来，进一步缩短预测时间和缩小预测地区。预测意见发出后，陆续收到预测专家们的预测意见。

2013 年 1 月 3 日 04 时 21 分收到杨学祥预测专家发来的 E-mail，他认为 2013 年 1 月 5 日月小潮（下弦），3 日月亮赤纬角达到极小值北纬 0.0002 度，两者强叠加，赤道和两极潮汐变化幅度变大，地球扁率变大，地球自转变慢，有利于拉尼娜发展（弱），可激发地震、火山和冷空气活动。

根据中国地震台网测定：北京时间 2013 年 1 月 5 日 16 时 58 分在阿拉斯加东南部海域（北纬 55.3 度，西经 134.7 度）发生了一次 7.8 级大地震，深度为 10 公里。

位于夏威夷的太平洋海啸预警中心称：目前地震没有引发大规模海啸的危险，但是对震中附近的阿拉斯加沿海发布了地区警报。目前还没有人员伤亡和财产损失的报告。

本次的地震短临预测时间误差为 14 天（是在预测期的前 4 天内发生的），基本符合中国地震局规定的凡是预测 7.5 级以上大地震的，可允许误差在 ±20 天之内的一级预测标准，震级的预测基本符合，大地震虽然发生在环太平洋地震带内，但是预测的范围太大。所以很希望同其他手段和方法密切配合起来，以缩小预测地区。

地震短临预测的依据——"磁暴月相二倍法"如下：

起倍磁暴日：1998 年 5 月 4 日，农历四月初九（上弦），磁暴日最大扰动 $K=8$。

被倍磁暴日：2005 年 9 月 11 日，农历八月初八（上弦），磁暴日最大扰动 $K=7$。

二者相隔 2687 天，二倍后得测算日期为 2013 年 1 月 19 日。

2013 年 2 月 5 日

# C35　短临预测 2013 年 2 月 6 日圣克鲁斯群岛 8.0 级巨大地震对应情况的通报 ①

沈宗丕

2012 年 11 月 22 日—25 日，中国地震预测咨询委员会和中国地球物理学会天灾预测专业委员会的年度总结和地震预测会议先后在北京召开，在这两次会议之前我们分别提交了一篇《2013 年上半年度全球 8 级左右大地震的短临预测意见》。（注：发表在中国地球物理学会天灾预测专业委员会编写的《2012 天灾预测总结研讨学术会议文集》，第 99—100 页。）一共提出了四次地震短临预测意见（注：第一次地震短临预测意见对应 2013 年 1 月 5 日美国阿拉斯加东南部 7.8 级大地震），由于 2011 年北京天气特别寒冷，所以我们都没有参加会议，而是请中国地震预测咨询委员会副主任兼中国地球物理学会天灾预测专业委员会常委徐道一先生为我们在这两个会议上作地震的短临预测报告。

根据"磁暴月相二倍法"，第二个预测意见是：2013 年 2 月 22 日 ±3 天或 ±7 天，特别要注意后 7 天内，在环太平洋地震带内（特别要注意我国台湾省及邻近海域）、在欧亚地震带内（特别要注意我国西部或西南地区）、在我国大华北地区（特别要注意小华北），可能发生一次 7.5~8.0 级的大地震，同时也不排除在 ±3 天内可能发生一次火山大喷发。希望能通过与各种手段和方法相互配合，进一步缩小地区和缩短时间的预测。（注：第一次地震短临

---

① 见：中国地球物理学会天灾预测专业委员会编：《2013 天灾预测总结研讨学术会议文集》（内部），2013 年 1 月，第 40—41 页。

预测意见对应 2013 年 1 月 5 日美国阿拉斯加东南部 7.8 级大地震。)

2012 年 12 月 12 日向中国地球物理学会天灾预测专业委员会提交了"2013 年天灾年度预测报告简表"，共提出了六个地震短临预测意见，第二个地震短临预测意见也就是以上的预测内容。（注：预测意见刊登在中国地球物理学会天灾预测专业委员会机密资料《2013 年天灾预测意见汇编》，第 11 页。）

2013 年 2 月 3 日分别将上述的短临预测意见以 E-mail 发给中国地震预测咨询委员会的汪成民和徐道一副主任，中国地球物理学会天灾预测专业委员会的耿庆国主任、高建国副主任和陈一文顾问，许绍燮院士、李坪院士、叶叔华院士，中国地震局监测预报司的李克司长、车时副司长等有关单位和领导。

同时接着又向强祖基等 40 位预测专家发了同样的短临预测内容的 E-mail，希望能把各自的手段和方法，相互配合起来，进一步作出缩短时间和缩小地区的预测。预测意见发出后，陆续收到预测专家们的预测意见。

2013 年 2 月 4 日由沈宗丕和林命周发出了挂号信（邮件编号：XA 4526 6603 3 31），以同样的预测内容，向中国地震台网中心地震预报部提交了"地震短临预测卡片"——编号为 2013-（2）的地震短临预测意见。2013 年 2 月 26 日收到中国地震台网中心地震预报部的回执，登记编号为：201301010013。

2013 年 2 月 4 日 10 时 06 分收到杨学祥预测专家发来的 E-mail，根据 2 月 3 日为月小潮（下弦），潮汐强度小，2 月 6 日月亮赤纬角达到最大值南纬 20.70113 度，二者弱叠加，2 月 7 日为月亮近地潮，比月亮远地潮强度增大 35%，潮汐南北摆动幅度较大，地球扁率变小，地球自转变快，有利于厄尔尼诺发展，可激发地震火山活动和冷空气活动。

2013 年 2 月 4 日收索到怀恩博客文章，他于 2013 年 2 月 3 日—8 月 20 日发现南太平洋有大断裂，预测的震级为 8.4 级。

根据中国地震台网测定：北京时间 2013 年 2 月 6 日 9 时 23 分在圣克鲁斯群岛（南纬 11.2 度，东经 165.0 度）发生了一次 7.6 级的大地震（美国

USGS 测定为 8.0 级），震源深度为 10 公里。

这次地震中心位于所罗门群岛基拉基拉东部海域 347 公里处，震源深度为 5.8 公里，太平洋海啸预警中心发布了海啸预警，引发了 1.5 米的海啸，海水倒灌涌入城市街道，当地居民慌乱逃窜。截至 2 月 6 日所罗门群岛海啸已造成 6 人死亡，3 人受伤，100 多间房屋被损坏。8 级大地震发生两个半小时后，太平洋海啸预警中心取消了海啸预警。所罗门群岛中 4 个村庄受到地震及海啸影响，大约有 60~70 间房屋被损坏，由于发生地震的岛屿地处偏僻，通信设施较差，难以统计出相关数据。

本次的地震短临预测与中心预测时间误差为 16 天（是在预测期前 6 天内发生的地震），基本符合中国地震局规定的，凡是预测 7.5 级以上大地震的，可允许误差在 ±20 天之内的一级短临预测标准；震级的预测基本准确，大地震虽发生在环太平洋地震带内，但是预测的范围偏差实在是太大了。所以很希望与其他有关手段和方法相互配合起来，以达到缩小地区范围的预测。

地震短临预测的依据——"磁暴月相二倍法"如下：

起倍磁暴日：2000 年 9 月 18 日，阴历八月廿一（下弦），磁暴日最大扰动 $K$=8。

被倍磁暴日：2006 年 12 月 6 日，阴历十月十六（望日），磁暴日最大扰动 $K$=6。

二者相隔 2270 天，二倍后得测算日期为 2013 年 2 月 22 日。

2013 年 3 月 5 日

# C36　短临预测 2013 年 4 月 16 日伊朗、巴基斯坦交界处 7.7 级大地震等对应情况的通报 ①

沈宗丕

2012 年 11 月 22 日—25 日中国地震预测咨询委员会和中国地球物理学会专业委员会的年度总结和地震预测会议先后在北京召开，在这两次会议之前我们分别提交了一篇《2013 年上半年度全球 8 级左右大地震的短临预测意见》。（注：发表在中国地球物理学会天灾预测专业委员会编写的《2012 天灾预测总结研讨学术会议文集》第 99—100 页。）一共提出了四个地震短临意见（注：第一个地震短临预测意见对应 2013 年 1 月 5 日美国阿拉斯加东南部 7.8 级大地震，第二个地震短临预测意见对应 2 月 6 日圣克鲁斯群岛 7.6 级大地震）。由于 2012 年冬天北京天气特别寒冷，所以我们都没有参加，而是请中国地震预测咨询委员会副主任兼中国地球物理学会天灾预测专业委员会常委徐道一先生为我们在这两个会议上作了地震的短临预测报告。

根据"磁暴月相二倍法"，第三个地震短临预测意见是：2013 年 4 月 27 日 ±3 天或 ±7 天，特别要注意后 7 天内，在环太平洋地震带内（特别要注意我国台湾省及邻近海域）、在欧亚地震带内（特别要注意我国西部及西南地区）、在我国大华北地区（特别要注意小华北），可能发生一次 7.5~8.0 级的大地震，同时也不排除在 ±3 天内可能发生一次火山大喷发。希望能通过与各种手段和方法相互配合，进一步缩短时间和缩小地区的预测。

---

① 见：中国地球物理学会天灾预测专业委员会编：《2013 天灾预测总结研讨学术会议文集》（内部），2013 年 1 月，第 42—43 页。

2012 年 12 月 12 日向中国地球物理学会天灾预测专业委员会提交了"2013 年天灾年度预报告简表",共提出了六次地震短临预测意见,第三次地震短临预测意见也就是以上的预测内容。(注:预测意见刊登在中国地球物理学会天灾预测专业委员会机密资料《2013 天灾预测意见汇编》,第 11 页。)

2013 年 3 月 7 日我们分别向中国地震预测咨询委员会的汪成民和徐道一副主任,天灾预测专业委员会的耿庆国主任、高建国副主任和陈一文顾问,许绍燮院士、李坪院士、叶叔华院士,中国地震局监测预报司李克司长、车时副司长等有关单位和领导发送了上述的地震短临预测意见的 E-mail。

同时也向强祖基等 40 位地震预测家以同样的地震短临预测内容发了 E-mail,希望能通过各自的手段和方法相互配合起来,进一步缩短时间和缩小地区的预测。预测意见发出后,陆续收到预测专家们的预测意见。

2013 年 4 月 1 日由沈宗丕和林命周二人发出了挂号信(邮件编号:XA 4526 6003 5 31),以同样的地震短临预测内容,向中国地震台网中心地震预报部提交了"地震短临预测卡片"——编号为:2013-(3)的地震短临预测意见。4 月 15 日收到中国地震台网中心地震预报部的回执,登记编号为:201301010047。

2013 年 4 月 1 日我们又给各有关单位和有关领导以及强祖基等 40 位地震预测专家发了 E-mail,再一次坚持预测 2013 年 4 月 27 日 ±3 天或 ±7 天,可能发生一次 7.5~8.0 级的大地震,希望能通过与有关手段和有关方法相互配合,进一步缩短时间和缩小地区的预测。

2013 年 3 月 7 日收到杨学祥预测专家发来的 E-mail,他认为 4 月 18 日为日月小潮(上弦),15 日月亮赤纬角达到最大值北纬 20.1123 度,16 日为月亮远地潮,三者强叠加,潮汐强度最小,潮汐南北摆动较大,地球扁率小,地球自转变快,有利于厄尔尼诺发展,可激发地震火山活动。4 月 22 日月亮赤纬角达到极小值北纬 0.0005 度,赤道和两极潮汐变化最大,地球扁率变大,地球自转变慢,有利于拉尼娜发展,可激发地震火山活动。

2013 年 4 月 3 日收到季东、陈伟、伍岳明等预测专家的 E-mail,他们都认为我国的川滇地区值得注意。

根据中国地震台网测定：北京时间 2013 年 4 月 16 日 18 时 44 分在伊朗、巴基斯坦交界处（北纬 28.1 度，东经 62.1 度）发生了一次 7.7 级的大地震，震源深度 75 公里。美国 USGS 测定的震级为 7.8 级（属欧亚地震带）。

根据有关报道：这次地震是 50 多年来该地区发生的最大一次地震，地震至少造成 50 人死亡，数十人受伤。伊朗官员预计，这次地震最终可能导致数百人丧生。这次地震伊朗、巴基斯坦、印度、阿富汗多国以及海湾地区均报告有震感。

又根据中国地震台网测定：北京时间 2013 年 4 月 20 日 8 时 02 分在四川省雅安（北纬 30.3 度，东经 103.0 度）发生了一次 7.0 级的大地震，震源深度 13 公里（属我国西南地区）。

根据有关报道：截至 2013 年 4 月 27 日 8 时，地震死亡人数升至 196 人，失踪 21 人，13484 人受伤，累计造成 231 余万人受灾。震区共发生余震 5402 次。截至 4 月 24 日已造成经济损失 19.81 亿元。有分析人士预计这次芦山地震造成的直接经济损失达到 500 亿元左右。

这两次 7 级以上大地震的发生时间与预测的中心时间误差分别为 11 天和 7 天，震级的预测基本正确，所以这两个要素基本上符合中国地震局规定的一级短临预测标准，但是预测的范围偏差都比较大，所以目前只能通过与有关手段和有关方法相互配合起来，进行地震三要素的短临预测。

地震短临预测的依据 —— "磁暴月相二倍法" 如下：

起倍磁暴日：2000 年 7 月 16 日，阴历六月十五（望日），磁暴日最大扰动 $K=9$。

被倍磁暴日：2006 年 12 月 6 日，阴历十月十六（望日），磁暴日最大扰动 $K=6$。

二者相隔 2334 天，二倍后得测算日期为 2013 年 4 月 27 日。

2013 年 5 月 12 日

# C37　短临预测 2013 年 9 月 24 日巴基斯坦 7.8 级大地震对应情况的通报 [①]

沈宗丕

　　2012 年 12 月 12 日，沈宗丕向中国地球物理学会天灾预测专业委员会提交了"2013 年天灾年度预测报告简报"，一共提出了六次地震短临预测意见，刊登在中国地球物理学会天灾预测专业委员会机密资料《2013 年天灾预测意见汇编》，第 11 页。（注：第一次地震短临预测意见对应 2013 年 1 月 5 日美国阿拉斯加东南部 7.8 级大地震；第二次地震短临预测意见对应 2 月 6 日圣克鲁斯群岛 7.6 级大地震；第三次地震短临预测意见对应 4 月 16 日伊朗与巴基斯坦交界处 7.7 级大地震；第四次地震短临预测意见对应 6 月 2 日中国台湾省南投 6.7 级强烈地震，震级偏小；第五次地震短临预测意见对应 7 月 22 日中国甘肃省定西 6.6 级强烈地震，震级偏小。）这是第六次的地震短临预测意见。

　　根据"磁暴月相二倍法"预测：2013 年 9 月 24 日 ±3 天或 ±7 天左右，在环太平洋地震带内（特别要注意我国台湾省及邻近海域）、在欧亚地震带内（特别要注意我国西部或西南地区）、我国大华北地区（特别要注意小华北），可能发生一次 7.5~8.5 级的大地震，希望通过与其他手段和方法密切配合，进一步缩短时间和缩小地区的预测。

　　2013 年 4 月 18 日—21 日中国地球物理学会天灾预测专业委员会在郑州

---

　　① 见：中国地球物理学会天灾预测专业委员会编：《2013 天灾预测总结研讨学术会议文集》（内部），2013 年 11 月，第 44—45 页。

召开"2013 年全国天灾预测研讨会"，会前我们提交了一篇《2013 年度全球
8 级左右大地震的短临预测意见》。（注：地震短临预测文章发表在中国地球
物理学会天灾预测专业委员会编的《2013 年天灾预测总结研讨学术会议文
集》，第 81—82 页。）由于家里有事没有参加会议，在这次会议上请中国地
震预测咨询委员会副主任兼中国地球物理学会天灾预测专业委员会常委徐道
一先生代作地震的短临预测报告。2013 年 5 月 16 日—17 日中国地震预测咨
询委员会在北京召开"2013 年年中全国地震形势讨论会"，同样提交了这篇
《2013 年度全球 8 级左右大地震的短临预测意见》，在这次会议上由我们自
己向大家作了地震短临预测的报告。由预测时间误差 ±5 天或 ±7 天左右改
为 ±5 天或 ±10 天左右。

2013 年 8 月 20 日向中国地震预测咨询委员会的汪成民和徐道一副主任，
中国地球物理学会天灾预测专业委员会的耿庆国主任、高建国副主任和陈一
文顾问、许绍燮院士、李坪院士、叶叔华院士，中国地震监测预报司李克司
长、车时副司长，中国地震局离退休办公室，老科协地震分会等有关单位和
领导提交了预测意见。

根据"磁暴月相二倍法"预测：2013 年 9 月 24 日 ±5 天或 ±10 天左右，
在环太平洋地震带内（特别要注意我国台湾省及邻近海域）、在欧亚地震带内
（特别要注意我国西部或西南地区）、我国大华北地区（特别要注意小华北），
可能发生一次 7.5~8.0 级的大地震，希望通过与其他手段和方法密切配合，进
一步缩短时间和缩小地区的预测。并向有关单位和领导发了上述地震短临预
测内容的 E-mail。

同时也向强祖基等 40 位预测专家发了同样的地震短临预测内容的
E-mail，希望把各自的手段和方法相互配合起来，进一步缩短时间和缩小地
区的预测。预测意见发出后，陆续收到预测专家们的预测意见。

2013 年 8 月 21 日，沈宗丕和林命周发出了挂号信（邮件编号：XA 4537
2894 0 31），以同样的预测内容，向中国地震台网中心地震预报部提交了"地
震短临预测卡片"——编号为 2013-（6）的地震短临预测意见。2013 年 9 月

27 日收到中国地震台网中心地震预报部的回执，登记编号为 2013010100122。

2013 年 8 月 20 日 16 时 16 分收到杨学祥预测专家发来的 E-mail，他根据潮汐组合 D：9 月 26 日月亮赤纬角达到极大值：北纬 19.59919 度，9 月 27 日为日月小潮（下弦），9 月 28 日为月亮远地潮，三者强叠加，潮汐强度最小，潮汐南北摆动较大，地球扁率变小，地球自转变快，有利于厄尔尼诺发展，可激发地震、火山活动和冷空气活动。

2013 年 9 月 16 日 7 时 42 分收到孙延好预测专家的 E-mail，他预测：2013 年 9 月 16 日 05 时 25 分测到 7 级以上地震的临震信号，可能在 78 小时以内发生大地震。

2013 年 9 月 17 日 6 时 48 分收到印显吉预测专家发来的 E-mail，根据他的预测手段和方法进行的的预测：2013 年 9 月 21 日—22 日（±1 天）在全球范围内将发生强烈的火山大喷发和 7.0 级（±0.3 级）的大地震。

根据中国地震台网测定：北京时间 2013 年 9 月 24 日 19 时 29 分在巴基斯坦（北纬 27.0 度，东经 65.5 度）发生了一次 7.8 级的大地震（美国 USGS 测定的震级为 7.7 级），震源深度为 40 公里。

根据有关报道，这次地震位于巴基斯坦西部的俾道路支斯坦达尔本丁地区的哈兰（Kharan）附近，当地多为戈壁和荒漠，民房以平房为主，没有人口密集的城市。9 月 28 日又发生了一次 7.2 级地震，造成至少 371 人死亡，超过 750 人受伤，数百间房屋坍塌，10 万多人无家可归。由于地震威力强大，导致海床上升，在巴濒临阿拉伯海的瓜达尔地区（Gwadar）海岸外约 600 米处出现一个山状小岛。

本次的地震短临预测与地震发生时间误差为 0 天，震级的预测也非常正确，完全符合中国地震局规定的一级短临预测标准，巴基斯坦 7.8 级大地震虽然发生在欧亚地震带内，但是预测的范围偏差实在是太大了，所以很希望与其他手段和方法配合起来，以达到缩小地区的预测。

地震短临预测的依据——"磁暴月相二倍法"如下：

起倍磁暴日：2003 年 10 月 31 日，阴历十月初七（上弦），磁暴日最大

扰动 $K=9$。

被倍磁暴日：2008 年 10 月 12 日，阴历九月十四（望日），磁暴日最大扰动 $K=6$。

二者相隔 1808 天，二倍后得测算日期为 2013 年 9 月 24 日。

2013 年 10 月 10 日

# C38 短临预测 2014 年 2 月 12 日中国新疆和田 7.3 级大地震对应情况的通报 [①]

沈宗丕

2013 年 12 月 5 日—8 日，中国地震预测咨询委员会和中国地球物理学会天灾预测专业委员会的年度总结与地震预测会议先后在北京召开，在这两个会议召开之前我们分别提交了一篇《2014 年上半年度全球 8 级左右大地震的短临预测意见》（注：发表在中国地球物理学会天灾预测专业委员会编的《2013 天灾预测总结研讨学术会议文集》第 46—47 页）。

根据"磁暴月相二倍法"，我们的第一个预测意见是：2014 年 2 月 18 日 ±5 天或 10 天左右，在环太平洋地震带内，特别要注意我国台湾省及邻近海域；在欧亚地震带内，特别要注意我国西部或西南地区；在我国大华北地区，特别要注意小华北。上述地区可能发生一次 7.5~8.0 级的大地震，同时不排除在其他地区内发生。希望能把各自的观测手段和预测方法相互配合起来，进一步达到缩短时间和缩小地区的预测。我们在这两个会议上分别作了预测报告。

2013 年 12 月 12 日沈宗丕向中国地球物理学会天灾预测专业委员会邮寄了一份"2014 年度天灾预测年度报告简表"，2014 年全年共提出了 5 次全球 8 级左右大地震的短临预测意见，其中第一个预测意见就是以上的预测内容。

2014 年 1 月 1 日我们分别向中国地震预测咨询委员会的汪成民和徐道一

---

① 见：中国地球物理学会天灾预测专业委员会编：《2014 天灾预测总结研讨学术会议文集》（内部），2014 年 11 月，第 38—39 页。

副主任，中国地球物理学会天灾预测专业委员会的耿庆国主任、高建国副主任和陈一文顾问、许绍燮院士、李坪院士、叶叔华院士，中国地震局监测预报司的李克司长、车时副司长等有关单位和领导发送了上述的地震短临预测意见的电子邮件。

同时也向强祖基等 40 位预测专家发送同样的地震短临预测内容的电子邮件，希望能把各自的观测手段和预测方法相互配合起来，进一步达到缩短时间和缩小地区的预测。预测意见发出后，陆续收到预测专家发来的预测意见。

2014 年 1 月 2 日，由沈宗丕和林命周邮寄了挂号信（邮件编号：XA 2986 6844 6 31），以同样的地震短临预测内容，向中国地震台网中心地震预报部提交了编号为 2014-（1）的"地震短临预测卡片"。2014 年 1 月 28 日收到中国地震台网中心地震预报部的回执，登记编号为：20140101004。

2014 年 2 月 1 日我们又给各有关单位和有关领导以及强祖基等 40 位地震预测家发了电子邮件，我们再一次坚持预测 2014 年 2 月 18 日 ±5 天或 10 天左右，可能发生一次 7.5~8.0 级的大地震，希望能把各自的观测手段和预测方法相互配合起来，进一步达到缩短时间和缩小地区的预测。

2014 年 1 月 2 日下午 5 时收到杨学祥预测专家的电子邮件，他根据潮汐组 C 认为：2 月 17 日月亮赤纬角达到极小值北纬 0.00017 度，2 月 15 日为日月大潮，12 日为月亮远地潮，两叠加，三者弱叠加，潮汐强度较大，地球扁率变大，地球自转变慢，有利于拉尼娜发展（弱），可激发地震、火山活动。

根据中国地震台网测定：北京时间 2014 年 2 月 12 日 17 时 19 分在新疆和田地区于田县（北纬 36.1 度，东经 82.5 度）发生了一次 7.3 级的大地震，震源深度为 12 公里（属于我国西部地区）。

这次地震发生后，我于 12 日当天发了电子邮件给平时观测卫星热红外的几位预测专家，询问他们在这次地震前有没有抓到异常。李志平预测专家随即发来电子邮件说"20 天前有异常，可惜我预测小了"。

这才知道李志平预测专家在地震发生前根据她的观测手段和预测方法

曾于 2014 年 1 月 23 日 22 时 34 分在新浪私密微群中发布："在新疆和田地区于田县，北纬 35.9（36.36±1）度，东经 82.5（81~83±1）度，地震 $M_S$4.8±0.5。时间是 2014.1.28—2014.3.31。"这 预测意见为什么没有发给我们呢？她认为我们是预测全球大地震的，所以没有给我们发电子邮件。

根据有关报道：由于这次地震发生在海拔 5000 米以上，是人烟稀少的地方，因此没有人员伤亡的报告，但是已造成 455573 人受灾，236808 间房屋倒塌或不同程度受损，严重损坏 91096 间，死亡牲畜 11515 头（只），桥涵受损 497 座，道路滑坡 113 处，给和田地区造成巨大经济损失。

本次的地震短临预测与地震发生时间误差为 6 天（是在预测期内发生的地震），与震级的误差为 0.2 级，这两项完全符合中国地震局规定的一级地震短临预测标准。于田县 7.3 级大地震虽然发生在我国西部地区，但是预测的范围实在是太大了，所以非常希望与有关观测手段和预测方法相互配合起来，以达到缩短时间和缩小地区的预测。如果这次能与李志平、杨学祥等预测专家们相互配合起来，就可以达到地震三要素的准确预报。

地震短临预测的依据——"磁暴月相二倍法"如下：

起倍磁暴日：1999 年 9 月 23 日，阴历八月十四（望日），磁暴日最大扰动 $K$=8。

被倍磁暴日：2006 年 12 月 6 日，阴历十月十六（望日），磁暴日最大扰动 $K$=6。

二者相隔 2631 天，二倍后得测算日期为 2014 年 2 月 18 日。

地震发生后，2 月 13 日上午 5 时 50 分杨学祥预测专家首先向我报告："祝贺地震预测得到证实：中网乌鲁木齐 2 月 12 日电（记者 程勇 陶拴科），仅隔一天，离昨日一天内连发三次地震后，今日 17 时 19 分，新疆和田地区于田县附近（北纬 36.2 度，东经 82.5 度）再发 7.3 级左右地震。"

2014 年 2 月 14 日下午 1 时 30 分左右，中国地震预测咨询委员会主任郭增建教授，专门从北京打电话给我，对于这次新疆和田地区于田县附近发生的 7.3 级大地震，特别在时间和震级上有较好的对应，对这次地震的成功预测表示祝贺！同时还有我们的同行如徐道一、张建国、杨幻遥、杨智敏、李丽、周胜刚、刘国昌、伍岳明、印显吉、郭广猛等预测家都给我发电子邮件表示祝贺！在此表示感谢！

2014 年 2 月 16 日下午 4 时 58 分中国地质大学曾佐勋教授，发来电子邮件表示祝贺！希望整理成文，欢迎投稿《地球科学》地震专辑。

2014 年 3 月 5 日

# C39　短临预测 2014 年 6 月 24 日拉特群岛 7.9 级大地震对应情况的通报 [①]

沈宗丕

2013 年 12 月 5 日—8 日先后在北京召开了中国地震预测咨询委员会和中国地球物理学会天灾预测专业委员会的年度总结与地震预测会议，在这两个会议召开之前，我分别提交了一篇《2014 年上半年度全球 8 级左右大地震的短临预测意见》，同时又向中国地球物理学会天灾预测专业委员会提交了《2013 年短临预测全球 8 级左右大地震对应情况的通报（1）（2）（3）（4）》（注：发表在中国地球物理学会天灾预测专业委员会编的《2013 天灾预测总结研讨学术会议文集》第 38—47 页）。预测文章是 2013 年 11 月 1 日编写完成的。

根据"磁暴月相二倍法"的第一个预测意见和第二个预测意见分别是：2014 年 2 月 18 日和 6 月 18 日 ±5 天或 ±10 天左右，在环太平洋地震带内，特别要注意我国台湾省及邻近海域；在欧亚地震带内，特别要注意我国西部或西南地区；在我国大华北地区，特别要注意小华北，可能发生一次 7.5~8.0 级的大地震，同时也不排除在其他地区内发生。希望能把各自的观测手段和预测方法相互配合起来，进一步达到缩短时间和缩小地区的预测。并且以幻灯片形式，分别在这两个会议上作了预测报告。［注：第一个预测意见，见《2014 年短临预测全球 8 级左右大地震对应情况的通报（一）》］。

2013 年 12 月 12 日沈宗丕向中国地球物理学会天灾预测专业委员会邮寄

---

① 见：中国地球物理学会天灾预测专业委员会编：《2014 天灾预测总结研讨学术会议文集》（内部），2014 年 11 月，第 40—41 页。

了一份"2014 年度天灾预测报告简表"，2014 年全年共预测了 5 次全球 8 级左右大地震的短临预测意见，其中第一个和第二个预测意见就是以上的预测内容。（注：预测意见发表在中国地球物理学会天灾预测专业委员会编《2014年天灾预测意见汇编》，第 18 页）

2014 年 4 月 18 日—22 日先后在北京分别召开了中国地球物理学会天灾预测专业委员会和中国地震预测咨询委员会的 2014 天灾预测学术研讨会议，在会议之前我们向二会分别提交了一篇《2014 年度全球 8 级左右大地震的短临预测意见》。（注：地震短临预测文章发表在中国地球物理学会天灾预测专业委员会编的《2014 天灾预测总结研讨学术会议文集》，第 87—88 页）同时我们以幻灯片形式向二会作了预测报告。在会上我们预测了全年 5 次 8 级左右的大地震，其中第二次是 2014 年 6 月 18 日左右。预测文章是 2014 年 1 月 1 日编写完成的。

2014 年 6 月 1 日由沈宗丕和林命周邮寄了挂号信（邮件编号：XA 2986 7530 5 31），向中国地震台网中心地震预报部提交了"地震短临预测卡片"——编号为 2014-（3）的地震短临预测意见。于 2014 年 7 月 6 日收到中国地震台网中心地震预报部的回执，登记编号为 2014010100133。根据"磁暴月相二倍法"等方法预测：2014 年 6 月 18 日 ±7 天左右，在我国西部或西南地区（特别要注意云南省盈江地区）可能发生一次 7.5~8.0 级的大地震，同时也不排除在其他地区发生。希望能把有关观测手段和预测方法相互配合起来，进一步缩短时间和缩小地区的预测。

2014 年 6 月 1 日我们又向有关单位和有关领导以及强祖基等 40 多位预测专家以同样的预测内容发了电子邮件，希望能把各自的观测手段和预测方法相互配合起来，进一步缩短时间和缩小地区的预测。预测意见发出后陆续收到预测专家们的预测意见。

2014 年 6 月 1 日下午 8 时 16 分收到杨学祥预测专家发来的电子邮件："2014 年 6—10 月为强潮汐时期，可激发地震、火山活动，6 月是强潮汐时期的第一个月。6 月是日月大潮与月亮赤纬角最大值叠加，增加潮汐南北振荡，有利于地震活动，全球强震将进入高潮"。随后有杨幻遥、刘国昌、季东、印显吉、李丽、周胜刚、郭广猛、刘根深、伍岳明等预测专家发来的电子邮件，都不同程度地提供了他们的预测意见，在这里向他们表示感谢。

2014年6月1日晚上9时25分收到杨幻遥预测专家发来的电子邮件：认为地震发生在中国川滇和东部的概率可能很小，我预测的地震可能会发生在中美洲近海，接着转向大洋洲，时间范围在6~8月中旬。

2014年6月2日上午8时32分收到刘国昌预测专家发来的电子邮件：根据2014年天文时空地震能量，在2014年9月24日前，我国不可能发生6.1级以上的地震，新疆7.3级地震已经在农历一月如期发生了。

根据中国地震台网测定：北京时间2014年6月24日5时11分在拉特群岛（北纬51.8度，东经178.8度）发生了一次7.9级的大地震，震源深度为100公里。

美国地质勘探局说：震中位于地震活跃区域周边250公里范围内，1900年至今经历7级以上地震26次，多数发生在太平洋板块与美洲板块交界处。地震学家先前认定，在这一地震活跃区域，太平洋板块向北移动，速率为每年大约59毫米，"嵌入"北美板块下方。依据震源深度推断说：这次地震发生在两大板块交界面以下，由太平洋板块触发。

本次的地震短临预测与地震发生时间误差为6天（是在预测期内），与震级的预测几乎完全一致。与地区的预测虽然发生在环太平洋地震带内，但是预测的范围实在是太大了，所以非常希望能把有关观测手段和预测方法相互配合起来，以达到缩短时间和缩小地区的预测。

地震短临预测的依据——"磁暴月相二倍法"如下：

起倍磁暴日：1992年5月10日，阴历四月初八（上弦），磁暴日最大扰动 $K=8$。

被倍磁暴日：2003年5月30日，阴历四月三十（朔日），磁暴日最大扰动 $K=7$。

二者相隔4037天，二倍后得测算日期为2014年6月18日。

地震发生后陆续收到杨学祥、杨幻遥、季东、曾佐勋、宋期、印显吉、宋松、郭广猛、孙延好等预测专家给我发的表示祝贺的电子邮件，在此我向大家表示衷心的感谢！

2014 年 7 月 7 日

# C40 中国西部三次 8 级左右巨震的短临预测 ①

沈宗丕 林命周 赵伦

## 一、对中国青海西 8.1 级巨震的短临预测

作者运用"磁暴月相二倍法"向在 2001 年 11 月 5 日上海市地震局召开的 2002 年的年度地震趋势会提交了一篇《近期对全球 8 级左右大震的短临预测意见》。在这篇文章中明确指出：2001 年 11 月 22 日 ±6 天在新疆及边邻地区（以 46.5° N，85.0° E 或 40.0° N，90.0° E 为中心 300 公里范围内），可能发生一次 $M_S$=8 左右的巨大地震。

结果于 2001 年 11 月 14 日在新疆的边邻地区（36.2° N，90.9° E）发生了一次 8.1 级巨大地震，这是自 1950 年西藏察隅 8.6 级巨震后 50 多年来在我国境内超过 8 级的一次最大地震。

## 二、对俄、蒙、中交界处 7.9 级巨震的短临预测

作者运用"磁暴月相二倍法"于 2003 年 9 月 19 日分别向国家 863 计划地震预测课题组、中国地球物理学会天灾预测专业委员会，并在 2003 年 9 月 24 日向中国地震局预报部门邮寄了一篇《近期对全球 8 级左右大地震的短临预测意见》。在这篇文章中明确指出：2003 年 10 月 10 日 ±5 天或 ±10 天，在新疆的中蒙边境地区（以 44.5° N，93.5° E 为中心 200 公里范围内）可能发生一次 $M_S$=8 级左右的巨大地震。

---

① 见:《第二届中俄地震监测预测学术研讨会论文摘要集》，2015 年 5 月，第 38—39 页。

结果于 2003 年 9 月 27 日在俄、蒙、中交界处（49.9° N，87.9° E）发生了一次 7.9 级巨大地震。

### 三、对巴基斯坦 7.8 级巨震的短临预测

作者运用"磁暴月相二倍法"于 2005 年 9 月 26 日填写了"地震短临预测卡片"（编号为 2005-5），用挂号信邮寄给中国地震局预报部门，其中预测：2005 年 10 月 12 日 ±5 天或 ±10 天，在我国西部或四川省西部地区，可能发生 $M_S$=6.5~7.5 级大震，但也不排除在其他地区内发生 7.5 级以上大震。同时将这一"预测卡片"的复印件分别邮寄给中国地震预测咨询委员会和中国地球物理学会天灾预测专业委员会以及许绍燮院士。

结果于 2005 年 10 月 8 日在我国西部邻国巴基斯坦发生了一次 7.8 级巨大地震。

### 四、结论和讨论

本方法属经验性的预测，特别在发震的时间和震级上有较好对应，地点偏差较大，有待进一步的完善和研究。

本文是在国家 863 项目（2001AA115012）和地震科学联合基金会老专家预报专项（305012）资助下完成的，在此表示深切感谢。

# The short term forcast
# on 3 large earthquakes around 8 magnitude

Shen Zong pi, Lin Ming zhou, Zhao Lun
（Shanghai Seismological Bureau, Shanghai 200062）

1. The short term forcast on large earthquake ($M_S$:8.1) in western Qinghai, China

On Nov. 5, 2001, at the Annual Earthquake Forecast on Year 2002 Conference held by Shanghai Seismological Bureau, the authors submit an article named " The recent forcast on large earthquake around 8 magnitude in the world" using the method of "Two times method of magnetic storm and lunar phase" . In this article it was clearly pointed out that on Nov. 22, 2001 or 6 days before or later, there would be probably a large earthquake around $M_S$: 8 in the Xinjiang province or nearby ( within the 300 km range centered 46.5° N, 85.0° E or 40.0° N, 90.0° E ) .

The fact is on Nov. 14, 2001 there occurred a large earthquake $M_S$ 8.1 in the nearby area of Xinjiang province, which was the largest earthquake over 8 magnitude in over 50 years in our territory since the large earthquake $M_S$ 8.6 in Tibet' s Chayu area in 1950.

## 2. The short term forecast on large earthquake ($M_S$ 7.9) on the boundary among Russia, Mongolia and China

Respectively on Sept. 19 and 24 of 2003 the authors mailed an article named " The recent forecast on large earthquake around 8 magnitude in the world" using the method of "Two times method of magnetic storm and lunar phase" . In this article it was clearly pointed out that on Oct. 10, 2003 or 5 or 10 days before or later, there would be probably a large earthquake around $M_S$ 8 on the boundary with Mongolia in Xin Jiang province ( within the 200 km range centered 44.5° N, 93.5° E ) .

The fact is on Sept. 27, 2003 there occurred a large earthquake $M_S$:7.9 on the boundary area of Russia, Mongolia and China (49.9° N, 87.9° E).

## 3. The short term forecast on large earthquake ($M_S$ 7.8) in Pakistan

On Sept. 26, 2005, the authors produced a card of short term forecast on earthquake with serial number "2005−5" using the method of "Two times method of magnetic storm and lunar phase", and posted to the forecast department of China Seismological Bureau with registed letter. This card forecasted that on Oct 12, 2005 or 5 or 10 days before or later, there would be probably a large earthquake between $M_S$ 6.5 and 7.5 in Western China area or western area of Sichuan, but not excluding the possibility of large earthquakes over 7.5 magnitude in other areas. The copies of this card were at the same time posted to the earthquake forecast and consulting committee of

China, the natural disaster forecast professional committee of China Geophysics and the academician Mr. Xu Shao xie.

The fact is on Oct. 8, 2005 there occurred a large earthquake $M_S$ 7.8 in Pakistan, our west neighbouring country.

## 4. The Conclusion and discussion

This method is a forecast based on former experience. There is good corresponding on the time and magnitude of earthquakes, but great discrepancy in spot. So it needs further improvement and research.

This article is achieved under the sponsorship from the national 863 project (2001AA115012) and the expert forecast special programme (305012) of the joint fund of seismological science. We are here to thank them all.

# C41　中国台湾三次 $M_S \geq 7.5$ 大震的短临预测 [①]

沈宗丕

## 一

1971 年 10 月 28 日作者应用"磁偏角二倍法"向国家地震局有关部门预测：1972 年 1 月 26 日 ±1 天，在中国台湾或日本可能发生一次 8 级左右大震。后于 1972 年 1 月 4 日向上海市革命委员会科技组，同时又再次向国家地震局有关部门预测：1972 年 1 月 26 日 ±1 天，在华东沿海地区（包括台湾省）可能发生 6 级以上破坏性地震。结果于 1972 年 1 月 25 日在台湾东部海域发生了一次 8 级大震，这是台湾地区 50 多年来发生的一次最大地震。当时此次预测得到国家地震局领导的肯定与认可。

**预测依据：**

起倍磁暴日：1970 年 3 月 9 日，北京台（D）减佘山台（D）的 $\Delta R_D$=13.8′

被倍磁暴日：1971 年 2 月 16 日，北京台（D）减佘山台（D）的 $\Delta R_D$=4.4′

两者相隔 344 天，被倍日期加 344 天后得发震日期为 1972 年 1 月 26 日

## 二

1999 年 9 月初，作者应用"磁暴月相二倍法"作过内部预测：1999 年 9 月 24 日 ±5 天，在日本南部地区或中国台湾地区可能发生一次不小于 7.5 级

---

① 见：《第二届中俄地震监测预测学术研讨会论文摘要集》，2015 年 5 月，第 51—53 页。

的大震。结果于 1999 年 9 月 21 日在台湾南投发生了一次 7.6 级大震。

**预测依据：**

起倍磁暴日：1998 年 8 月 6 日，农历六月十五（望日），$K=7$

被倍磁暴日：1999 年 3 月 1 日，农历一月十四（望日），$K=6$

两者相隔 207 天，被倍磁暴日加 207 天后得发震日期为 1999 年 9 月 24 日。

## 三

2002 年 3 月 8 日作者应用"磁暴月相二倍法"向中国地震局有关部门预测：2002 年 3 月 18 日 ±5 天（或 ±10 天）在台湾省境内，特别要注意在北纬 23.5 度，东经 122 度附近，可能发生一次不小于 7.5 级的大震。结果于 2002 年 3 月 31 日在台湾东部海域（24.4° N，122.1° E）发生了一次 7.5 级大震，完全符合中国地震局规定的一级预测标准（注：预测 $M_S \geq 7.5$ 的要求是时间不超过 20 天，地点不超过 150 公里），因此获得国家 863 计划地震预测项目（2001AA115012）的奖励。

**预测依据：**

起倍磁暴日：1997 年 5 月 15 日，农历四月初九（上弦），$K=7$

被倍磁暴日：1999 年 10 月 16 日，农历九月初八（上弦），$K=5$

两者相隔 884 天，被倍磁暴日加 884 天后得发震日期为 2002 年 3 月 18 日。

如果被倍磁暴日改用 1999 年 10 月 22 日，农历九月十四（望日），$K=6$，两者相隔 890 天，被倍磁暴日加 890 天后得发震日期为 2002 年 3 月 30 日，则更为理想。

**参考文献**

[1] 沈宗丕：《利用磁偏角二倍法较好预报了台湾 8 级大震》，《地震战线》1972 年第 3 期。

［2］沈宗丕：《谈谈磁偏角二倍法》,《地震战线》1977 年第 3 期。

［3］沈宗丕、徐道一：《应用磁暴月相二倍法对全球 $M_S \geqslant 7.5$ 大地震的预报效果》,《西北地震学报》1996 年第 18 期。

［4］沈宗丕、徐道一、张晓东、汪成民：《磁暴月相二倍法的计算发震日期与全球 $M_S \geqslant 7.5$ 大地震的对应关系》,《西北地震学报》2002 年第 24 期。

［5］沈宗丕：《2001 年与 2002 年我国境内二次 8 级左右大地震的短临预测》,《中国地球物理》, 南京师范大学出版社 2003 年版。

［6］沈宗丕：《2003 年 9 月全球二次 8 级巨震的短临预测》,《中国地球物理》, 西安地图出版社 2004 年版。

# C42 短临预测 2015 年 5 月 30 日日本小笠原群岛 8.0 级巨大地震对应情况的通报 [①]

沈宗丕　林命周

根据"磁暴月相二倍法"，我们于 2014 年 11 月 20 日—21 日和 22 日—23 日分别向在北京召开的天灾预测会议和地震预测咨询会议提出两个预测日期（第一个预测日期见通报 1），第二个预测日期为 2015 年 5 月 24 日 ±5 天或 10 天左右，可能发生一次 7.5~8.5 级的大地震，预测的地区有三个，其中第一个地区是在环太平洋地震带内，特别要注意我国台湾以及邻近海域。预测的文章发表在《2014 年 11 月天灾预测总结研讨学术会议文集》，第 42—43 页。

2014 年 12 月 1 日，在向中国地球物理学会天灾预测专业委员会提交的"2015 年度天灾预测报告简表"中也提出了上述预测意见。刊在《2015 年天灾预测意见汇编》，第 2 页。

2015 年 4 月 18—19 日和 5 月 14—15 日分别向在北京召开的天灾预测会议和地震预测咨询会议提出了一篇《2015 年度全球 8 级左右大地震的短临预测意见》，也提出了上述的预测意见，预测文章发表在《2015 年 4 月天灾预测总结研讨学术会议文集》，第 136—137 页。

2015 年 4 月 24 日我们用挂号信（邮件编号：XA 5429 4219 3 31）又向中国地震台网地震预报部提交了"地震短临预报卡片 2015—（2）"，预测：

---

① 见：中国地球物理学会天灾预测专业委员会编：《2015 天灾预测总结研讨学术会议文集》（内部），2015 年 11 月，第 49 页。

2015 年 5 月 24 日 ±5 天或 10 天左右在我国西部或西南地区，特别要注意云南省境内，可能发生一次 7.5~8.5 级的大地震，但也不排除在其他地区内发生 7.5 级以上地震的可能。希望能把有关手段和预测方法相互配合起来，以进一步缩短时间和缩小地区的预测。2015 年 6 月 12 日收到中国地震台网中心的回执，登记编号为 2015010100107。

2015 年 4 月 22 日收到伍岳明预测专家根据沈宗丕的预测，配合太阳系相互作用的天文奇点位预测地区：（1）云南与四川交界处；（2）台湾及南部地区；（3）日本南部海域。

2015 年 4 月 26 日收到杨学祥预测专家有关 2015 年 5 月的潮汐组合情况：5 月 28 日月亮赤纬角极小值北纬 0.00012 度，5 月 26 日为日月小潮，27 日为月亮远地潮，三者强叠加，潮汐强度最小，地球扁率变大，较弱，自转变慢，有利于拉尼娜发展（弱），两极冷空气和洋流向赤道运动，可激发地震、火山活动和冷空气活动（弱）。

2015 年 5 月 13 日收到杨幻遥预测专家的预测：如果 2015 年 4 月 23 日智利的火山活动相当于一次 7 级以上地震的能量，那么下一次大地震就会在日本发生，希望我们注意。

根据中国地震台网测定：2015 年 5 月 30 日 19 时 23 分在日本小笠原群岛地区（东经 140.5 度，北纬 27.9 度）发生了一次 8.0 级的巨大地震，震源深度为 690km，美国 USGS 测定为 7.8 级，日本气象厅测定为 8.5 级。据初步了解，浙江省的杭州、温州、宁波、嘉兴、湖州、台州和舟山等地区的高层建筑中的居民有明显震感。

本次地震有两大特点：（1）它是深度超过 600 公里的巨大地震，这在地震观测史上是十分少见的。（2）震源位于地幔中，地震波传播速度更快，能量衰减更慢，低频波携带的巨大能量得以传播得更远，这使得我国内陆的部分地区有震感。

据日本媒体 5 月 31 日报道，5 月 30 日晚发生在小笠原群岛海域的强震造成日本各个地区共 13 人受伤，大部分人摔倒或被砸伤等现象。受地震影响，包括距离小笠原群岛 1000 余公里的东京在内，日本的关东地区多地有明显震感，东京的居民能感受到约 30 秒的摇晃。这次地震没有海啸发生。

根据"磁暴月相二倍法"测算如下：

起倍磁暴日：1991 年 6 月 5 日，阴历五月初二（朔日），K=8。

被倍磁暴日：2003 年 5 月 30 日，阴历四月三十（朔日），K=7。

二者相隔 4369 天，二倍后得测算日期为 2015 年 5 月 24 日，与发震日期误差 6 天。

# C43 短临预测 2016 年 3 月 2 日印尼苏门答腊 7.8 级大地震对应情况的通报 [①]

沈宗丕 林命周

根据"磁暴月相二倍法",我们于 2015 年 11 月 6 日—9 日和 11 月 26 日—27 日分别向在浙江省台州市召开的天灾预测专业委员会总结研讨会和在北京市召开的中国地震预测咨询委员会的地震预测咨询会议,提交了一篇《2016 年上半年度全球 8 级左右大地震的短临预测意见》,其中预测:2016 年 3 月 4 日 ±5 天或 10 天左右,可能发生一次 7.5~8.5 级的大地震;预测的地区有三个,其中一个是预测环太平洋地震带内,特别要注意我国台湾省以及邻近海域,但也不排除在其他地区内发生 7.5 级以上的大地震。并在这两个会议上都作了预测报告,预测文章发表在《2015 天灾预测总结研讨学术会议文集》的第 50—51 页。文章完稿日期是 2015 年 10 月 1 日。由于北京的冬天较冷,我们没有参加这次地震预测咨询委员会的预测会议,地震短临预测的报告请徐道一先生在会上代为宣读。

2015 年 12 月 1 日我们又向中国地球物理学会天灾预测专业委员会提交了"2016 年度天灾预测报告简表",其中也提到了上述的地震短临预测意见,收录在《2016 年天灾预测意见汇编》内。

2016 年 2 月 4 日我们又以挂号信(邮件编号:XA 5777 2109 5 31 和邮

---

① 见:中国地球物理学会天灾预测专业委员会编:《2017 天灾预测学术研讨会文集》(内部),2017 年 4 月,第 45 页。

件编号：XA 5777 2108 7 31）向中国地球物理学会天灾预测专业委员会提交了"委员专家天灾预测信息清样"（短临预测）的预测表，向中国地震台网中心地震预报部提交了"地震短临预测卡片"，预测的内容基本相同，希望能把有关预测手段和预测方法相互配合起来，以进一步达到缩短时间和缩小地区的预测。

地震预测意见发出后，有些地震预测家向我们发来了电子邮件，摘录如下：

2016 年 2 月 14 日杨学祥预测专家向我们提供了潮汐组合预测情况：3 月 3 日为月亮赤纬角最大值南纬18.21039度，3 月 2 日为日月小潮，二者强叠加，潮汐强度最小，地球扁率变小，自转变快，有利于厄尔尼诺发展（弱），可激发地震、火山等活动。

2016 年 2 月 25 日收到杨幻遥预测专家的邮件，根据他的预测方法，他认为：近期内在印度尼西亚附近海域的苏门答腊，可能发生一次特大地震。

根据中国地震台网测定：2016 年 3 月 2 日 20 时 49 分在印度尼西亚苏门答腊附近海域（南纬 4.90 度，东经 94.21 度）发生了一次 7.8 级（美国 USGS 也测定为 7.8 级）的大地震，震源深度为 20 公里。

根据"磁暴月相二倍法"测算如下：

起倍磁暴日：1989 年 3 月 14 日，阴历二月初七（上弦），磁暴日最大扰动 $K=9$。

被倍磁暴日：2002 年 9 月 8 日，阴历八月初二（朔日），磁暴日最大扰动 $K=6$。

二者相隔 4926 天，二倍后得测算日期为 2016 年 3 月 4 日，与发震日期的误差为 2 天。

根据中心网 3 月 3 日综合报道：当地时间 2 日晚上，印度尼西亚苏门答腊海域发生大地震，印度尼西亚官方证实已有若干民众死亡，但还无法确定死亡人数，由于夜色昏暗，搜救行动受到影响。

地震后，印度尼西亚气象气候与地球物理局发布了苏门答腊西部与北部的海啸警告，澳大利亚联合海啸预警中心也对西澳大利亚部分地区发出了海啸警戒，随后即解除警报。

地震发生时，印度尼西亚首都雅加达也受到影响，有几秒钟的强烈震感，地震后人们纷纷从房子内跑出来，往较高的地方跑，当地的公路交通也陷入停顿状态。

2016 年 3 月 10 日

# C44　短临预测 2016 年 4 月 17 日厄瓜多尔 7.8 级大地震等对应情况的通报 [①]

沈宗丕　林命周

　　根据"磁暴月相二倍法"，我们于 2015 年 11 月 6 日—9 日和 11 月 26 日—27 日分别向在浙江省台州市召开的天灾预测专业委员会总结研讨会和在北京市召开的中国地震预测咨询委员会的地震预测咨询会议，提交了一篇《2016 年上半年度全球 8 级左右大地震的短临预测意见》，其中预测 2016 年 4 月 17 日 ±5 天或 10 天左右，可能发生一次 7.5~8.5 级的大地震，预测的地区有三个，第一个地区是在环太平洋地震带内，特别要注意西太平洋地震带；第二个地区是在欧亚地震带内，特别要注意我国西部和西南地区，但也不排除在其他地区内发生 7.5 级以上的大地震。并且在这两个会议上都作了预测报告，用幻灯片展示给到会的专家们。预测文章发表在《2015 天灾预测总结研讨学术会议文集》上，文章完稿日期为 2015 年 10 月 1 日。由于北京今年的冬天天气较冷，我们没有参加在北京召开的咨询会议，地震短临预测意见的报告请徐道一先生在会议上代为宣读。

　　2015 年 12 月 1 日我们又向中国地球物理学会天灾预测专业委员会提交了"2016 年度天灾预测报告简表"，其中也提出了上述的预测意见，发表于《2016 年天灾预测意见汇编》。

　　2016 年 3 月 20 日我们又以挂号信（邮件编号：XA　5773　0322　2　31 和

---

① 见：中国地球物理学会天灾预测专业委员会编：《2017 天灾预测总结研讨学术会议文集》（内部），2017 年 4 月，第 46—47 页。

邮件编号：XA 5773 0321 9 31）向中国地震台网中心地震预报部提交了"地震预测短临卡片"，向中国地球物理学会天灾预测专业委员会提交了"委员专家天灾预测信息清样"（短临预测）的预测表，根据"磁暴月相二倍法"，结合耿庆国先生"旱震关系研究"的方法，预测的内容是：2016 年 4 月 17 日 ±5 天或 10 天左右，（1）环太平洋地震带内，特别要注意西太平洋地震带；（2）我国西部和西南地区。可能发生一次 7.5~8.5 级的大地震，但也不排除在其他地区内发生 7.5 级以上的大地震。同时向有关地震预测专家们发了电子邮件，预测了这次地震，希望能把有关预测手段和预测方法相互配合起来，以进一步达到缩短时间和缩小地区的预测。

2016 年 3 月 21 日收到杨学祥预测专家的电子邮件，他提供了潮汐组合预测资料：4 月 12 日为月亮赤纬角最大值北纬 18.1714 度，4 月 14 日为日月小潮，二者强叠加，潮汐强度小，地球扁率小，地球自转变快，有利于厄尔尼诺发展（弱），潮汐使赤道空气向两极流动，可激发地震、火山等活动。

2016 年 2 月 17 日张建国预测专家根据他的"全球地震天象干支序列——中短期时区"预测方法，提出 2016 年 2 月 4 日—2017 年 2 月 8 日在缅甸实皆或实皆以北（北纬 23.20~24.20 度，东经 93.70~94.70 度）可能发生一次 6~7 级地震。

2015 年 3 月 29 日徐道一预测专家根据"信息有序性，地震相关性"预测：2015 年 4 月份~2016 年 3 月底在日本南部（北纬 31~34 度，东经 130~135 度）可能发生一次 7.5 级以上的大地震。

根据"磁暴月相二倍法"作地震的短临预测如下：

起倍磁暴日：1991 年 10 月 28 日，阴历九月廿一（下弦），磁暴日最大扰动 $K$=9。

被倍磁暴日：2004 年 1 月 22 日，阴历一月初一（朔日），磁暴日最大扰动 $K$=7。

二者相隔 4469 天，二倍后得测算日期为 2016 年 4 月 17 日。

根据中国地震台网测定：2016 年 4 月 10 日 18 时 28 分，在阿富汗（北纬 36.56 度，东经 71.31 度）发生了一次 7.1 级的大地震，震源深度为 200 公里，与预测发震日期误差为 7 天，地震发生在中国西部的边邻地区。

据报道：阿富汗地震已造成巴基斯坦境内至少有 3 人死亡，19 人受伤，阿富汗首都喀布尔震感明显，许多民众纷纷往外奔跑，印度首都新德里和巴基斯坦首都伊斯兰堡也有明显震感，由于地震靠近中国的新疆，位于南部的喀什、和田的民众也跑出屋外，称"震感明显"，而且影响了南疆的铁路运行。

根据中国地震台网测定：2016 年 4 月 13 日 21 时 55 分，在缅甸（北纬 23.14 度，东经 94.87 度）发生了一次 7.2 级的大地震，震源深度为 130 公里，与预测发震日期误差为 4 天，地震发生在中国西南的边邻地区。

据报道：印度加尔各答震感明显，中国西藏、四川、云南等地的震感也非常明显，但无伤亡情况。孟加拉国至少有 50 人在奔跑时受伤，大部分为腿部受伤。印度北部也接到有人受伤的报道，当地已暂停东北多个热能电站的运行。

根据中国地震台网测定：2016 年 4 月 16 日 0 时 25 分，在日本九州岛（北纬 32.75 度，东经 130.80 度）发生了一次 7.3 级的大地震，震源深度为 10 公里，与预测发震日期误差为 1 天，地震发生在环太平洋地震带的西太平洋地震带内。

据报道，日本这次地震已造成 45 人死亡。在九州大范围内有超过 1000 人不同程度受伤。在地震时，熊本、宫崎县等地已经有 20.2 万户停水、停电，约有 10.5 万户停止供气。九州地区交通出现瘫痪状态，九州的新干线和日本到九州的铁路全线停运，熊本机场航站楼 4 月 16 日全天封闭。据日本《朝日新闻》4 月 16 日报道，日本气象厅称，这次地震引发熊本县南部发生大规模山体滑坡，导致熊本市与阿苏市之间的阿苏大桥被冲毁。被视为日本三大"楼门"之一的遗产，阿苏神社"楼门"以及参拜殿也已经全部倒塌，熊本市的制造业也受到严重的打击。

根据中国地震台网测定：2016 年 4 月 17 日 7 时 58 分，在厄瓜多尔（北纬 0.35 度，西经 79.95 度）发生了一次 7.5 级（美国 USGS 原先测定为 7.4 级，最后修正为 7.8 级）的大地震，与预测发震日期的误差为 0 天，地震发生在环太平洋地震带内。

据报道，截至 4 月 24 日，这次地震共造成 646 人死亡，另有 130 人失踪，16 万余人受伤，近万栋建筑物被毁，造成 26 万人无家可归，搜救人员从废墟中救出 113 名幸存者。这次地震是厄瓜多尔自 1979 年以来震级最高的一次，有近 1000 公里的道路在地震中受损，沿海的马纳维省受灾最严重，其次是埃斯梅拉达斯。太平洋海啸中心发布了以地震为中心 300 公里范围内的海啸预警。4 月 23 日厄瓜多尔总统签署总统令，宣布厄瓜多尔全国将为地震遇难者举行为期 8 天的哀悼，重建家园的费用估计高达 30 亿美元。

地震发生后中国地震预测咨询委员会郭增建主任，在兰州专门打电话来向我们表示热烈的祝贺。对此我们表示衷心的感谢！

2016 年 4 月 25 日

# C45　短临预测 2016 年 11 月 13 日新西兰 8 级巨大地震等对应情况的通报 ①

沈宗丕　林命周

2015 年 12 月 1 日我们向中国地球物理学会天灾预测专业委员会提交了"2016 年天灾年度预测报告简表"，其中预测 2016 年 11 月 5 日 ±5 天或 10 天左右，（1）在环太平洋地震带内，特别要注意我国台湾省及邻近海域；（2）在欧亚地震带内，特别要注意我国西部或西南地区，可能发生一次 7.5~8.5 级的大地震。希望能把有关预测手段和预测方法相互配合起来，以进一步达到缩短时间和缩小地区的预测，预测文章刊登在《2016 年天灾预测意见汇编》第 9 页。

2016 年 4 月 23 日—24 日和 4 月 25 日—26 日在北京分别召开了 2016 年全国天灾预测研讨会议和中国地震预测咨询委员会的预测会议，在这两个会议上，我们分别提交了一篇《2016 年度全球 8 级左右大地震的短临预测意见》，在这篇文章中也提出过上述的预测内容，预测文章发表在 2016 年 4 月的《2016 年天灾预测学术研讨会议文集》第 28—29 页。这两个会议我们都没有参加，预测报告是请徐道一先生在预测大会上代为宣读的。

2016 年 9 月 15 日我们又以挂号信（邮件编号：XA 5777 1644 0 31 和邮件编号：XA 5777 1646 7 31）向中国地球物理学会天灾预测专业委员会提交了"委员专家天灾预测信息清样"（短临预测）的预测表，向中国地震台网中

---

① 见：中国地球物理学会天灾预测专业委员会编：《2017 天灾预测学术研讨会文集》（内部），2017 年 4 月，第 48—49 页。

心地震预报部提交了"地震短临预测卡片"，预测内容：（1）2016年10月27日±5天或10天左右；（2）2016年11月5日±5天或10天左右，国内6级左右，甚至7级以上，国外8级左右。国内最大可能在我国西部或西南地区，国外最大可能在环太平洋地震带内，希望能通过有关预测手段和预测方法，相互配合，以进一步达到缩短时间和缩小地区的预测。中国地震台网中心地震预报部于9月18日收到我们的预测意见，并给了我们回执。

2016年9月15日，又向有关地震预测家们发出了这个地震预测意见，希望能通过有关预测手段和预测方法相互配合，以进一步达到缩短时间和缩小地区的预测。

地震预测意见发出后收到很多地震预测专家发来的电子预测邮件。

2016年9月15日当天收到预测专家杨学祥发来的预测邮件：根据10月16日为日月大潮，10月15日为月亮赤纬角最小值南纬0.00029度，10月17日为月亮近地潮。三者强叠加，潮汐强度最大，地球扁率变大，自转变慢，有利于拉尼娜发展（强），潮汐使两极空气向赤道流动，可激发地震、火山活动等。

2016年10月1日又收到预测专家杨学祥发来的预测邮件：根据11月11日为月亮赤纬角最小值南纬0.147度，11月14日为日月大潮，11月14日为月亮近地潮。两者强叠加，三者弱叠加，潮汐强度最大，地球扁率变大，自转变慢，有利于拉尼娜发展（强），潮汐使两极空气向赤道流动，可激发地震、火山活动等。

2016年10月16日收到预测专家李丽发来的预测邮件：根据她的预测手段和预测方法，认为10月16—20日在台湾省东部海域可能发生一次6.5级左右的地震。

2016年10月17日我们又向杨学祥等11位预测专家发了电子邮件，内容如下：

我们运用"磁暴月相二倍法"于2016年9月15日早就预测：（1）2016年10月27日±5天或10天左右；（2）2016年11月5日±5天或10天左右，

在我国西部或西南地区，可能发生一次 6 级左右，甚至 7 级以上，但也不排除在其他地区发生 8 级或 8 级以上的大地震。

2016 年 10 月 17 日 15 时 17 分我国西部的青海省玉树发生了一次 6.2 级的中强地震，这是在预测期内发生的，预测期刚刚开始，我们必须密切注意监测，有可能会发生更大的地震。希望能通过有关预测手段和预测方法相互配合，以进一步缩短时间和缩小地区的预测。

最近几年来全球几乎每年都有 8 级或 8 级以上的大地震发生，但是 2016 年到目前为止全球还没有发生 8 级或 8 级以上的大地震，因此这是一个极好的机遇，机不可失，时不再来，让我们共同努力吧！

2016 年 10 月 19 日收到预测专家孙延好发来的预测邮件：预测在 20 天内，日本东部沿海将发生 8.5 级或更大的地震。

2016 年 11 月 10 日收到预测专家印显吉发来的预测邮件：预测在 11 月 12 日 ±0.5 天内，全球可能发生一次 7.2 级左右的大地震。

2016 年 11 月 11 日收到预测专家李丽发来的预测邮件：预测在 11 月 11—15 日在美国安德烈群岛（白令海海域）可能有 7.5 级左右的大地震发生。

根据中国地震台网测定：2016 年 10 月 17 日 15 时 14 分在青海省玉树州杂多县发生了一次 6.2 级的中强地震。

根据中国地震台网测定：2016 年 11 月 13 日 19 时 02 分在新西兰发生了一次 8.0 级的巨大地震。

根据"磁暴月相二倍法"测算如下：

（1）起倍磁暴日：1989 年 11 月 18 日，阴历十月廿一（下弦），磁暴日最大 $K$=8。

被倍磁暴日：2003 年 5 月 9 日，阴历四月初九（上弦），磁暴日最大 $K$=6。

二者相隔 4920 天，二倍后得测算日期为 2016 年 10 月 27 日。与青海省玉树州杂多县 6.2 级中强地震，误差为 10 天（在预测期内）。

（2）起倍磁暴日：2000 年 9 月 18 日，阴历八月廿一（下弦），磁暴日最

大 $K=8$。

被倍磁暴日：2008 年 10 月 12 日，阴历九月十四（望日），磁暴日最大 $K=6$。

二者相隔 2946 天，二倍后得测算日期为 2016 年 11 月 5 日。与新西兰 8.0 级巨大地震误差为 8 天（在预测期内）。

2016 年 10 月 17 日青海省玉树州杂多县发生 6.2 级地震时，阿多乡震感非常强烈，人站立不稳，家畜外逃，器皿散落，简陋棚舍损坏，一些房屋出现裂缝，但没有人员和牲畜伤亡的报告。

2016 年 11 月 13 日新西兰 8 级巨大地震发生地距离人口密集地区较远，因此没有造成严重的人员伤亡，经济损失大约在几百万美元，震中位于南岛中部，电力一度中断，多座房屋烟囱倒塌。

这次新西兰 8 级巨大地震发生在地震活跃的澳大利亚板块和太平洋板块汇聚地带上，为 1700 年以来在新西兰境内发生的最大震级的地震，最大烈度超过 11 度。

2016 年 11 月 30 日

# C46　短临预测 2016 年 12 月 25 日智利南部 7.6 级大地震对应情况的通报 [①]

沈宗丕　林命周

根据"磁暴月相二倍法"，我们于 2016 年 12 月 18 日以挂号信（邮件编号：XA 6047 0348 2 31 和邮件编号：XA 6047 0342 5 31）向中国地震台网中心地震预报部提交了"地震短临预测卡片"，向中国地球物理学会天灾预测专业委员会提交了"委员专家天灾预测信息清样"（短临预测）预测表。我们预测：2017 年 1 月 5 日 ± 5 天或 ± 10 天左右，最大可能在环太平洋地震带内，特别要注意我国台湾省及邻近海域，可能发生一次 8 级左右的大地震。希望能通过有关预测手段和预测方法相互配合，以进一步达到缩短时间和缩小地区的预测。

2016 年 12 月 21 日中国地震台网中心地震预报部收到了我们的预测意见，并给了我们回执。我们又向中国地震预测咨询委员会和有关单位及有关地震预测专家发了电子邮件。

2016 年 12 月 15 日收到预测专家杨学祥发来的电子邮件：根据他提供的潮汐预测资料认为 12 月 21 日为日月小潮，12 月 21 日为月亮赤纬角最小值南纬 0.00047 度，12 月 25 日为月亮远地潮，两者强叠加，三者弱叠加，潮汐强度小，地球扁率变大，自转变慢，有利于拉尼娜发展（弱），潮汐使两极空气向赤道流动，可激发地震、火山活动等。

---

① 见：中国地球物理学会天灾预测专业委员会编：《2017 天灾预测学术研讨会文集》（内部），2017 年 4 月，第 50 页。

2016 年 12 月 19 日收到预测专家印显吉发来的电子邮件：根据各种天文因素变化，短临预测：2016 年 12 月 22 日（±0.5 天）在全球范围内将发生一次 7.8 级左右的地震和火山喷发。

根据中国地震台网测定：2016 年 12 月 25 日 22 时 22 分在智利南部（南纬 43.38 度，西经 73.81 度）发生了一次 7.6 级的大地震。

根据"磁暴月相二倍法"测算如下：

起倍磁暴日：1989 年 10 月 21 日，阴历九月廿一（下弦），磁暴日最大 $K=8$。

被倍磁暴日：2003 年 5 月 30 日，阴历四月三十（望日），磁暴日最大 $K=7$。

二者相隔 4969 天，二倍后得测算日期为 2017 年 1 月 5 日，与发震日期误差为 11 天。

如果按照以下组合的测算，则较为理想：

起倍磁暴日：1990 年 4 月 10 日，阴历三月十五（望日），磁暴日最大 $K=8$。

被倍磁暴日：2003 年 8 月 19 日，阴历七月廿二（下弦），磁暴日最大 $K=6$。

二者相隔 4876 天，二倍后得测算日期为 2016 年 12 月 27 日，与发震日期误差仅为 2 天。

智利处于太平洋板块与南极洲板块相互碰撞的俯冲地带，处在环太平洋火山活动带上。特殊的地质结构，造成了它位于极不稳定的地表之上。

智利国家紧急情况办公室表示，目前暂时没有人员伤亡的报道，但该部门同时呼吁智利南部洛斯拉戈斯地区的居民尽快前往安全地带，远离海滩。

2017 年 1 月 20 日

# C47　短临预测 2017 年 1 月 22 日所罗门群岛 7.9 级大地震对应情况的通报 ①

沈宗丕　林命周

根据"磁暴月相二倍法"，我们于 2016 年 11 月 21—22 日和 12 月 9—11 日分别在北京召开的中国地震预测咨询委员会和中国地球物理学会天灾预测专业委员会的预测会议上提交了一篇《2017 年上半年度全球 8 级左右大地震的短临预测意见》。在这两个会议上同样提出了 2017 年 1 月 23 日 ±5 天或 ±10 天左右，可能发生一次 7.5~8.5 级的大地震，预测的地区有三个，其中第一个地区是在环太平洋地震带内，特别要注意我国台湾省及邻近海域。预测报告是请中国地震预测咨询委员会副主任徐道一先生在会议上代为宣读的。

2016 年 12 月 31 日又向中国地球物理学会天灾预测专业委员会提交了"2017 年度天灾预测报告简表"，第一个预测意见也就是这个内容。

2017 年 1 月 12 日我们又以挂号信件（邮件编号：XA 6047 1593 1 31 和邮件编号：XA 6047 1587 4 31）向中国地球物理学会天灾预测专业委员会提交了"委员专家天灾预测信息清样"（短临预测）的预测表，向中国地震台网中心地震预报部提交了"地震短临预测卡片"。预测的内容基本相同，希望能通过有关预测手段和预测方法相互配合，以进一步达到缩短时间和缩小地区的预测。2017 年 8 月 4 日收到中国地震台网中心地震预报部 8 月 1 日给我们

---

① 见：中国地球物理学会天灾预测专业委员会编：《2017 天灾预测总结研讨学术会议文集》（内部），2017 年 12 月，第 28 页。

的回执信件。

随即我们向有关的地震预测专家发了电子邮件，希望能相互配合，以进一步达到缩短时间和缩小地区预测的目的。地震预测意见发出后，有很多预测专家向我们发来了电子邮件，摘录如下：

2017年1月12日当天收到杨学祥预测专家发来的潮汐预测资料：1月20日为日月小潮，1月18日为月亮赤纬角最小值南纬0.00003度，1月22日为月亮远地潮，两者强叠加，三者弱叠加，潮汐强度最小，地球扁率变大，自转变慢，有利于拉尼娜发展（弱），潮汐使两极空气向赤道流动，可激发地震、火山活动等。

据报道，1月22—24日墨西哥圣安东尼的科利马，相继发生了火山大喷发。

根据中国地震台网测定：2017年1月22日12时30分，在所罗门群岛（南纬6.91度，东经155.41度）发生了一次7.9级的大地震，震源深度为160公里。

根据"磁暴月相二倍法"的测算如下：

起倍磁暴日：1970年3月9日，阴历二月初二（朔日），磁暴日最大活动 $K=8$。

被倍磁暴日：1993年8月16日，阴历六月廿九（朔日），磁暴日最大活动 $K=6$。

二者相隔8561天，二倍后得测算日期为2017年1月23日，与发震日期误差为1天。

这次地震的震中位于巴布亚新几内亚的布干维尔省，距离布干维尔省首府阿拉瓦约45公里，太平洋海啸预警中心发布海啸预警，有可能发生危险海啸，在地震发生三小时内，大面积的海啸有可能波及巴布亚新几内亚海岸地区、所罗门群岛、瓦努阿图及印度尼西亚等地。据美联社最新消息，尚无人员伤亡和财产损失的报告。

# C48　短临预测 2017 年 8 月 8 日四川省九寨沟 7 级大地震等对应情况的通报 [①]

沈宗丕　林命周

　　根据"磁暴月相二倍法"，我们向于 2017 年 4 月 21—24 日在张衡的故乡——南阳召开的"中国地震观察先驱者张衡学术研讨会"和中国地球物理学会天灾预测专业委员会在南阳同时召开的"2017 年全国天灾预测学术研讨会"分别提交了《2017 年—2018 年全球 8 级左右大地震的预测意见》和《2017 年度全球 8 级左右大地震的预测意见》。这两篇文章都预测了 2017 年 8 月 14 日 ± 5 天或 ± 10 天左右，（1）在我国西部或西南地区（特别要注意云南省境内）；（2）在环太平洋地震带内（特别要注意我国台湾省及邻近海域）；（3）在全球范围内不排除 7.5 级以上的大地震或火山大喷发。预测文章发表在 2017 年 4 月中国地球物理学会天灾预测专业委员会编的《2017 天灾预测研讨学术会文集》，第 42—43 页。预测报告是请中国地震预测咨询委员会副主任徐道一先生在大会上代为宣读的。

　　在以往运用"磁暴月相二倍法"预测全球大地震的过程中，有两个发现：（1）国内可能有 6 级左右或 6 级以上的地震发生；（2）全球范围内可能发生火山大喷发。因此在预测全球大地震时都不能排除在外。在这种情况下我们于 2017 年 7 月 18 日分别向中国地震局、中国地震台网中心和天灾预测专业委员会，以挂号信（邮件编号：XA 6047 0621 0 31，邮件编号：XA 6047

---

　　① 见：中国地球物理学会天灾预测专业委员会编：《2017 天灾预测学术研究会文集》（内部），2017 年 12 月，第 29—30 页。

0625 7 31 和邮件编号：XA 6047 0622 3 31）提交了地震短临预测卡片，预测内容如下：

预测时间：2017 年 8 月 14 日 ±5 天或 ±10 天左右

预测地区和震级：

1. 在我国西部或西南地区（特别要注意云南省境内），可能发生 6 级左右，甚至 7 级以上的大地震；

2. 在环太平洋地震带内（特别要注意我国台湾省及邻近海域），可能发生 8 级左右的大地震；

3. 在全球范围内不排除发生 7.5 级以上的大地震或火山大喷发。

注：希望能通过有关预测手段和预测方法相互配合，以进一步达到缩短时间和缩小地区的预测。

2017 年 8 月 4 日收到了中国地震台网中心地震预报部 8 月 1 日发给我们的回执信件。

根据上述地震预测意见，我们随即向有关的预测专家们发了电子邮件，希望能相互配合起来，以进一步达到缩短时间和缩小地区的预测。地震预测意见发出后有很多预测专家向我们发来了电子邮件，摘录如下：

2017 年 7 月 20 日收到杨学祥预测专家的潮汐预测资料：8 月 8 日为日月大潮（月偏食），8 月 5 日月亮赤纬角极大值南纬 19.2333 度，8 月 3 日为月亮远地潮，两者强叠加，潮汐强度大，地球扁率变小，自转变快，有利于厄尔尼诺发展（强），潮汐使赤道空气向两极流动，可激发地震、火山等活动。

根据中国地震台网测定：2017 年 8 月 8 日 21 时 19 分在四川省九寨沟（北纬 33.2 度，东经 103.82 度）发生了一次 7 级地震，震源深度为 20 公里。又于 8 月 9 日 7 时 27 分在新疆青河县（北纬 42.7 度，东经 82.89 度）发生了一次 6.6 级地震，震源深度为 11 公里。

根据"磁暴月相二倍法"的测算如下：

起倍磁暴日：1989 年 3 月 14 日，阴历二月初七（上弦），磁暴日最大活

动 $K$=9。

被倍磁暴日：2003 年 5 月 30 日，阴历四月三十（朔日），磁暴日最大活动 $K$=7。

二者相隔 5190 天，二倍后得测算日期为 2017 年 8 月 14 日，与发震日期误差为 5~6 天。

截至 2017 年 8 月 13 日 20 时，这次四川省九寨沟 7 级地震造成 25 人死亡，525 人受伤，6 人失联，176492 人（含游客）受灾，73671 间房屋不同程度受损（其中倒 76 间）。兰州、成都、重庆、绵阳、西安等地震感强烈，九寨沟景点多处受到破坏，共造成经济损失约有 1.1446 亿元。

这次新疆青河县 6.6 级地震，周围 5 公里内无村庄分布，20 公里内无乡镇分布，未收到人员伤亡的报告。

# C49 短临预测 2017 年 11 月 13 日伊拉克 7.8 级大地震等对应情况的通报 ①

沈宗丕 林命周

　　根据"磁暴月相二倍法"，我们向于 2017 年 4 月 21—24 日在张衡的故乡——南阳召开的"中国地震观察先驱者张衡学术研讨会"和中国地球物理学会天灾预测专业委员会在南阳同时召开的"2017 年全国天灾预测学术研讨会"分别提交了《2017 年—2018 年全球 8 级左右大地震的短临预测意见》和《2017 年度全球 8 级左右大地震的短临预测意见》两篇文章。这两篇预测文章，都预测了 2017 年 11 月 4 日 ±5 天或 ±10 天左右，（1）在我国西部或西南地区（特别要注意云南省境内）；（2）在环太平洋地震带内（特别要注意我国台湾省及邻近海域）；（3）在全球范围内，不排除发生 7.5 级以上的大地震或火山大喷发。预测文章发表在 2017 年 4 月中国地球物理学会天灾预测专业委员会编的《2017 天灾预测总结研讨学术会议文集》中。预测报告是请中国地震预测咨询委员会副主任徐道一先生在大会上代为宣读的。

　　在以往运用"磁暴月相二倍法"预测全球大地震的过程中，有两个发现：（1）国内可能有 6 级左右或 6 级以上的强烈地震发生；（2）在全球范围内可能发生火山大喷发。因此在预测全球大地震时都不能排除在外。在这种情况下我们于 2017 年 10 月 13 日分别向中国地震局和中国地震台网中心，以挂号

---

　　① 见：中国地球物理学会天灾预测专业委员会编：《2018 天灾预测总结研讨学术会议文集》（内部），2018 年 3 月，第 4 页。

信件（邮件编号：XA 6269 7028 1 31 和邮件编号：XA 6269 7027 8 31）提交了地震短临预测卡片，同时又向中国地震预测咨询委员会和中国地球物理学会天灾预测专业委员会发了电子邮件，预测了这次地震。希望能通过有关预测手段和预测方法相互配合，以进一步缩短时间和缩小地区的预测，同时我们还进一步要求与高科技的卫星热红外密切配合起来，以圈出未来可能发生地震的具体地区。

2017 年 11 月 13 日收到中国地震台网中心地震预报部 11 月 9 日发给我们的回执信件。

根据（中国新闻网）报道：当地时间 2017 年 10 月 31 日，印度尼西亚卡罗锡纳朋火山持续喷发，大量火山灰腾空而起似云朵；又于 11 月 5 日印度尼西亚北苏门答腊锡纳朋火山再次喷发，岩浆通红。

根据中国地震台网测定：2017 年 11 月 13 日 2 时 18 分在伊拉克（北纬 34.90 度，东经 45.75 度）发生了一次 7.8 级大地震，震源深度为 20 公里。与预测时间 11 月 4 日的误差为 9 天。

根据中国地震台网测定：2017 年 11 月 18 日 6 时 34 分在我国西藏林芝市米林县（北纬 39.75 度，东经 95.2 度）发生了一次 6.9 级强烈地震，震源深度为 10 公里。与预测时间 11 月 4 日的误差为 14 天。

根据"磁暴月相二倍法"的测算如下：

起倍磁暴日：1990 年 4 月 10 日，阴历三月十五（望日），磁暴日最大扰动 $K=8$。

被倍磁暴日：2004 年 1 月 22 日，阴历一月初一（朔日），磁暴日最大扰动 $K=7$。

二者相隔 5053 天，经过二倍测算后得 2017 年 11 月 4 日。

这次伊拉克 7.8 级大地震，根据（中国新闻网）报道，伊拉克北部靠近伊朗的边境地区，13 日发生 7 级以上强烈地震，目前死亡人数已上升至 530 人，另有超过 8000 人受伤，70000 人因地震无家可归。伊朗当局则表示，有超过 3 万栋房屋在地震中受损，至少有 2 个村庄被毁。

这次西藏林芝市米林县 6.9 级强烈地震，震中位于大峡谷核心无人区。经初步了解，米林县及震中附近地区的震感强烈，巴宜区鲁朗镇有房顶脱落，扎西岗村、罗布村房子震裂，拉月村全部停电，目前暂无人员伤亡的报告。

# C50　短临预测 2018 年 2 月 26 日巴布亚新几内亚 7.5 级大地震对应情况的通报

沈宗丕　林命周

根据"磁暴月相二倍法"，我们于 2018 年 1 月 21 日通过邮局以挂号信件（邮件编号：XA 6269 7803 3 31）向中国地震台网中心提交了一份"地震短临预测卡片"，预测：2018 年 2 月 26 日 ±5 天或 ±10 天左右，在太平洋地震带内，特别要注意我国台湾省及邻近海域，可能发生一次 7.5~8.5 级的大地震，但也不排除在全球范围内可能发生一次 7.5 级以上的大地震或火山大喷发。希望能通过有关预测手段和预测方法相互配合，以进一步达到缩小地区的预测，同时特别希望能与高科技的卫星热红外预测手段密切配合，以圈出未来可能发生大地震的具体地区。

2018 年 1 月 21 日又向中国地震预测咨询委员会和中国地球物理学会天灾预测专业委员会及有关领导发了电子邮件，预测了以上内容。

## 一、火山喷发情况

当地时间 2018 年 2 月 19 日，印度尼西亚卡罗锡纳朋火山再次喷发，喷出的火山灰高达 5000 米。又据日本气象厅 3 月 1 日宣布，新燃岳火山已发生火山喷发。此前，有报告位于鹿儿岛县、宫崎县交界的雾岛山、新燃岳山脚下有火山灰落下。

根据（中新网）3 月 6 日电，据俄罗斯卫星网报道，日本气象厅发布消息称：位于九州雾岛山中的活火山——新燃岳火山 6 日发生强烈喷发，火山灰柱高达 2300 米，火山喷发导致鹿儿岛机场至少有 44 个起降航班取消。

## 二、地震发生情况

根据中国地震台网测定：2018 年 2 月 26 日 1 时 44 分在巴布亚新几内亚（南纬 5.19 度，东经 142.77 度）发生了一次 7.5 级大地震，深度 20 公里。

巴布亚新几内亚地震发生的原因是：地处太平洋板块和印度洋板块以及澳大利亚板块的交接地带，目前地震造成死亡人数超过 30 人，财产损失相当严重，受到影响地区的学校已经停课，多家油气公司已通报暂时关闭生产运营设施，近几年来在这一地区多次发生 6 级以上地震。

## 三、地震预测情况

根据"磁暴月相二倍法"测算如下：

起倍磁暴日：1969 年 2 月 3 日，阴历十二月十七（望日），磁暴日最大扰动 $K=8$。

被倍磁暴日：1993 年 8 月 16 日，阴历六月廿九（朔日），磁暴日最大扰动 $K=6$。

二者相隔 8960 天，经过二倍后得 2018 年 2 月 26 日，与发震日期误差为 0 天。

# 第三编

## 磁暴与地震二倍关系专题
## 研究成果

# 《应用磁暴与地震二倍关系进行强震时间预测》软件研制报告 [①]

徐道一　沈宗丕　张铁铮

磁暴是地磁场在相对短时间内一种大幅度、不规则的突然变化现象。大磁暴可以穿透到地下几百公里。20 世纪 60 年代张铁铮提出磁暴二倍法。沈宗丕在 20 世纪 70 年代提出磁偏角二倍法，90 年代提出磁暴月相二倍法。将近 30 年的地震预测实践表明，磁暴和地震之间有一定的关系，即两个磁暴发生时间的间隔往后延长一倍时间，为地震发生的可能时间。第一个磁暴称为起倍磁暴，第二个称为被倍磁暴。这些方法的应用对应了不少大地震，在强震发震时间的预测方面有精度较高、预测提前时间长的优点。

本软件的主要功能就是通过对地磁资料的处理，使用"磁暴二倍法"和"磁暴月相二倍法"，给出强震发生的预测日期，可从中国或世界地震目录中列出已对应地震，以供研究。

## 一、本软件研制功能

1. 方法：磁暴二倍法（磁暴最大幅度异常，零点幅度异常），磁暴月相二倍法。

2. 对上述方法在 1995 年 1 月 1 日 ~1999 年 6 月期间，国内 $M \geq 6.0$ 级，亚洲（$M \geq 7.0$ 级）地震的时间预报和地点预报作出系统评价（预测的数量

---

① 本报告成文于 2000 年 6 月。

和虚漏的比例），具有追踪进行大地震三要素（主要是发震时间）预测功能。

3. 软件编制要求：（1）在中文 Windows 95 下用 Visual Basic 语言编程，所编程序可被主控程序调用；（2）要求操作简便；（3）提供详细的计算公式、程序清单（有注释语句，可读有关数据及使用说明等技术资料）；（4）用此软件对 1995—1998 年进行内符过程演算，对 1999 年进行外推校验，对 2000 年作出预报，并系统地列出 1995 年以来所有预报点及与地震的对应关系，以确定其可信度。

## 二、使用数据说明

### 1. 地磁数据

磁暴数据依据所用方法有不同的来源：地磁数据和磁暴月相数据目录。

（1）地磁数据　磁暴二倍法中应用的磁暴异常是依据地磁台记录的地磁场垂直分量数据的剧烈变化而确定的。按中国地震局的要求，一些基准地磁台把每日记录的地磁垂直分量的整点值（北京时）等发至分析预报中心。根据后者的数据库中该地磁台的数据来确定磁暴异常的日期和幅度。每个台每日由 32 个数据组成：年月日值、0 点至 23 点共 24 个值、均值、时刻值、第一最大值、时刻值、最小值、时刻值、第二最大值。一个台从 1992 年 1 月 1 日至 1999 年 6 月 30 日共有约 301KB 数据，此数据值可称为初始数据。

（2）磁暴月相数据目录　沈宗丕依据上海市佘山台地磁记录资料，参考北京台的地磁记录资料，并参考中国地震局地球物理研究所印发的《磁暴报告》，编辑了 1992 年 1 月至 1999 年 12 月磁暴月相目录（表 1，在本文中略），共 126 个。每个磁暴标出阳历年、月、日，$K$ 指数，反映月相的农历月、日，以及磁暴延续时间（以天为单位）。如磁暴延续时间长于 1 天，则取其开始第一天作为本磁暴的日期，通过标出延续天数，以表示其长度。

《磁暴报告》中选取的磁暴日一般都有主相，而未被选入《磁暴报告》的磁扰日一般都没有主相。在磁暴月相目录中列入了 $K \geqslant 5$ 的发生在月相中的大磁扰。

## 2. 地震目录

应用张晓东先生提供的 1995~1999 年 6 月中国及邻区（$M \geq 6$）地震初定目录和 1995—1998 年世界（$M \geq 7$）地震初定目录（两个目录已补充到 1999 年底）。

表 2　中国及邻区 $M \geq 6$ 地震目录

| 发震日期 | 震中 | | 震级 |
|---|---|---|---|
| | 纬度 | 经度 | |
| 1995-1-10 | 20.5 | 109.4 | 6.2 |
| 1995-2-23 | 24.2 | 121.9 | 6.6 |
| 1995-4-3 | 24.5 | 122 | 6 |
| 1995-6-25 | 24.6 | 121.7 | 6.2 |
| 1995-7-10 | 22 | 99.2 | 6.2 |
| 1995-7-12 | 22 | 99.3 | 7.3 |
| 1995-10-24 | 25.9 | 102.2 | 6.5 |
| 1995-12-18 | 34.6 | 97.3 | 6.2 |
| 1996-2-3 | 27.2 | 100.3 | 7 |
| 1996-2-5 | 27 | 100.3 | 6 |
| 1996-3-5 | 24.7 | 122 | 6.8 |
| 1996-3-6 | 24 | 122.3 | 6.2 |
| 1996-3-13 | 48.6 | 88 | 6.1 |
| 1996-3-19 | 39.91 | 76.8 | 6.9 |
| 1996-5-3 | 40.81 | 109.6 | 6.4 |
| 1996-7-3 | 29.7 | 87.8 | 6 |
| 1996-9-6 | 21.5 | 121.9 | 7.1 |
| 1996-11-9 | 31.7 | 123.1 | 6.1 |
| 1996-11-19 | 35.21 | 78 | 7.1 |
| 1997-1-21 | 39.6 | 77.4 | 6.4 |
| 1997-1-21 | 39.6 | 77.4 | 6.3 |
| 1997-3-1 | 39.51 | 76.9 | 6 |
| 1997-4-6 | 39.51 | 76.8 | 6.3 |

（续表2）

| 发震日期 | 震中 | | 震级 |
| --- | --- | --- | --- |
| | 纬度 | 经度 | |
| 1997-4-6 | 39.6 | 76.9 | 6.4 |
| 1997-4-11 | 39.71 | 76.8 | 6.6 |
| 1997-4-16 | 39.6 | 76.9 | 6.3 |
| 1997-11-8 | 35.21 | 87.3 | 7.5 |
| 1998-1-10 | 41.1 | 114.3 | 6.2 |
| 1998-3-19 | 40.21 | 76.8 | 6 |
| 1998-5-29 | 37.81 | 79.2 | 6.2 |
| 1998-7-17 | 23.7 | 120.4 | 6.3 |
| 1998-7-20 | 29.8 | 87.7 | 6.1 |
| 1998-8-2 | 39.6 | 77.5 | 6 |
| 1998-8-25 | 30.4 | 88.5 | 6 |
| 1998-8-27 | 39.91 | 77.9 | 6.6 |
| 1998-9-4 | 28.5 | 87.6 | 6.2 |
| 1998-11-19 | 27.3 | 100.9 | 6.2 |
| 1999-2-22 | 23.8 | 122.9 | 6.1 |
| 1999-4-8 | 43.41 | 130.3 | 7 |
| 1999-9-21 | 23.97 | 120.7 | 7.4 |
| 1999-9-21 | 23.84 | 120.6 | 7 |
| 1999-9-26 | 23.94 | 120.9 | 6.9 |
| 1999-10-22 | 23.7 | 120.3 | 6.3 |
| 1999-11-2 | 23.47 | 121.6 | 6.4 |

表3　亚洲 $M \geqslant 7$ 地震目录

| 发震日期 | 震中 | | 震级 |
| --- | --- | --- | --- |
| | 纬度 | 经度 | |
| 1995-1-7 | 40.3 | 142.9 | 7.1 |
| 1995-1-17 | 34.5 | 134.9 | 7.4 |
| 1995-3-20 | -4.3 | 136 | 7 |
| 1995-4-21 | 11.7 | 126.5 | 7 |

（续表 3）

| 发震日期 | 震中 | | 震级 |
|---|---|---|---|
| | 纬度 | 经度 | |
| 1995–4–21 | 12 | 125.6 | 7.2 |
| 1995–4–21 | 12.9 | 125.2 | 7.5 |
| 1995–4–21 | 13.2 | 125.6 | 7.2 |
| 1995–4–23 | 12.8 | 125.5 | 7 |
| 1995–4–29 | 43.8 | 147.6 | 7 |
| 1995–5–5 | 12.1 | 125.9 | 7.1 |
| 1995–5–27 | 52.5 | 143.1 | 7.6 |
| 1995–7–12 | 22 | 99.3 | 7.3 |
| 1995–8–16 | –4.3 | 154.7 | 7.8 |
| 1995–8–17 | –5.8 | 155.1 | 7 |
| 1995–10–7 | –1.8 | 100.9 | 7.5 |
| 1995–10–18 | 28 | 130.1 | 7.4 |
| 1995–10–19 | 27.7 | 130.6 | 7.2 |
| 1995–11–8 | 1.7 | 94.8 | 7.3 |
| 1995–11–22 | 28.3 | 35.3 | 7.5 |
| 1995–12–3 | 44.1 | 149.2 | 7 |
| 1995–12–4 | 44.4 | 149.2 | 7.6 |
| 1995–12–4 | 44.6 | 150.9 | 7.1 |
| 1996–1–1 | 7 | 120.2 | 7.6 |
| 1996–1–1 | 53.6 | 159.8 | 7.2 |
| 1996–2–3 | 27.2 | 100.3 | 7 |
| 1996–2–8 | 45.4 | 150 | 7 |
| 1996–2–17 | –8 | 137.4 | 7.9 |
| 1996–4–29 | –5.2 | 155.1 | 7 |
| 1996–6–12 | 13.1 | 125.3 | 7 |
| 1996–6–17 | –7.4 | 123.6 | 7.2 |
| 1996–6–21 | 51.4 | 157.5 | 7.3 |
| 1996–7–22 | 5 | 120.9 | 7.1 |
| 1996–9–6 | 21.5 | 121.9 | 7.1 |

（续表3）

| 发震日期 | 震中 | | 震级 |
|---|---|---|---|
| | 纬度 | 经度 | |
| 1996–10–9 | 34.1 | 32.5 | 7.2 |
| 1996–10–19 | 31.4 | 132.1 | 7.2 |
| 1996–11–19 | 35.2 | 78 | 7.1 |
| 1997–2–4 | 37.7 | 58.7 | 7.4 |
| 1997–2–28 | 30 | 68.3 | 7.3 |
| 1997–5–10 | 33.7 | 59 | 7.5 |
| 1997–11–8 | 35.2 | 87.3 | 7.5 |
| 1997–12–6 | 54 | 160 | 7 |
| 1998–3–15 | 30.6 | 57.8 | 7.4 |
| 1998–4–2 | –6 | 99.4 | 7.1 |
| 1998–5–4 | 22.7 | 125.6 | 7.7 |
| 1998–5–30 | 37.5 | 70.5 | 7.1 |
| 1998–7–17 | 8 | 144.5 | 7.2 |
| 1998–9–2 | 4.6 | 127.2 | 7.1 |
| 1998–11–9 | –6.8 | 129..7 | 7.1 |
| 1998–11–9 | –6.8 | 129.7 | 7.1 |
| 1998–11–29 | –2 | 124.7 | 7.8 |
| 1999–3–8 | 52.37 | 159 | 7.1 |
| 1999–4–8 | 43.61 | 130.3 | 7 |
| 1999–8–17 | 40.67 | 30.1 | 8 |
| 1999–9–21 | 23.97 | 120.7 | 7.4 |
| 1999–9–21 | 23.84 | 120.6 | 7 |
| 1999–11–13 | 40.8 | 31.2 | 7.6 |
| 1999–11–15 | –1.73 | 88.6 | 7.2 |

## 三、方法简介

### 1. 地磁数据预处理

由于磁暴二倍法预报地震的发震日期的方法仅需要每日的年月日值、零点值、最大值（MAX）3 个值，可称为零点幅度数据。每日地磁数据中除整点值外有该日的两个最大幅度值。选取两个最大幅度值中最大的一个为 MAX。

通过数据预处理可把每台每日数据压缩成为三个值，大大减少了硬盘的常驻容量。如每个地磁台 1992—1999 年 6 月数据量约为 301KB，而经预处理后的数据量为 30KB，约压缩到十分之一。另一优点是便于所用数据规范化。因为每台数据在 1992—1999 年期间数据量大，会有一些意料不到的差异和变化，压缩到零点幅度数据后，规范性可大大提高。

2. 磁暴二倍法

（1）主要内容　对选定地磁台的资料经预处理后的文件进行计算：

①选定起倍磁暴异常、被倍磁暴异常的阈值（下限），可得满足指定条件的异常，计算确定预测地震的发生日期；

②可选定使用零时值或最大幅度值的计算方法；

③在预测发震日期的误差范围内，在相应的《地震目录选取结果》文件中如有对应地震在计算发震日期下列出，得到相应的计算结果；

④改变打印开始年、结束年；

⑤列出指定时间范围的地震三要素的预测意见及其内符情况。

（2）磁暴异常的确定　张铁铮确定磁暴异常有两种方法：零点值法和最大幅度法。

①零点值法　每日零点值（北京时）是地磁台背向太阳的时刻，也是受太阳辐射影响最弱的时刻，从而有利于加强反映地磁记录中反映地内响应的部分。选取一段时间内该台零点值最大（M1）的日期，作为磁暴异常的日期。再选取此日期前 4 天内零点值的最小的值（M2），把两个值相减，即 M3=M1-M2，则为地磁异常的零点值。设定起倍磁暴和被倍磁暴幅度值的阈值。M3 大于或等于阈值则被定为磁暴零点异常。

②最大幅度法　选取一段时期内该台 MAX 值最大的日期作为地磁异常日期，再选取此日期前 4 天内零点值最小的值（M2），把两个值相减，即

M4=MAX−M2，则为地磁异常的最大幅度值。设定起倍磁暴和被倍磁暴幅度值的阈值。M4 大于或等于阈值则被定为磁暴零点异常。

（3）磁暴异常组合的确定

一个起倍磁暴异常如果与其后发生的所有被倍磁暴异常都进行二倍组合，则所作出的地震预测日期个数会很多，增加虚报率。

因此，起倍磁暴异常的幅度要大于被倍磁暴异常幅度。当被倍磁暴异常的幅度大于起倍时，则停止与此被倍磁暴异常以及其后的任何磁暴再进行组合，即终止此起倍磁暴的继续使用。

**3. 磁暴月相二倍法**

沈宗丕在地震预测实践中发现，应用发生在月相中的磁暴进行发震时间的预测效果较好，也可减小虚报次数。他把这种方法命名为磁暴月相二倍法。月相指农历月的上弦（初七～初九）、望日（十四～十六）、下弦（廿一～廿三）、朔日（廿九、卅、初一）。

（1）磁暴异常的确定　沈宗丕依据磁暴月相二倍法的预报实践经验总结，提出选取起倍磁暴的原则：① $K$ 必须 ≥ 7；②必须在有代表性的月相中选取。他选取了 9 个起倍磁暴（表 4）。起倍磁暴的月相是上弦日 4 个，望日 2 个，下弦日 2 个，朔日 1 个。起倍磁暴所依据的月相随着时间的推移是在变化的。被倍磁暴目录见表 1（本文略），它的月相可以与起倍磁暴的月相相同，亦可以不同。

（2）经验性限制　依据沈宗丕以往经验：

①两个磁暴之间的时间间隔（T），一般在 1500 天之内时才用于预测。

②起倍磁暴日的 $K$ 指数一般情况下应小于或等于被倍磁暴日的 $K$ 指数。

③预测发震时间的误差：对中国及邻区发生的 6 级以上地震，则为 ±5 天；对亚洲、世界 7 级以上地震为 ±3 天，7.5 级以上地震为 ±6 天。被倍磁暴的延续时间大于 1 天时，则按此磁暴开始日期往前计算误差值，磁暴结束日期往后计算误差值。

④由于月相是基于北京时制定的，所以磁暴时间亦是依据北京时，以天

为单位。

## 四、软件的主要功能

1. 地磁台数据预处理：对给定的地磁台记录数据进行预处理，得到每日的最大值和零时值，并存储在给定的文件中。

2. 数据绘图：对一个地磁台每日的最大值或零时值绘出曲线，可存储曲线的图像。

3. 地震目录处理：附 1995—1999 年中国地震目录（$M \geqslant 5$）和世界地震目录（$M \geqslant 7$）。具有对上述地震目录，按震级、时间（以年为单位）、北京时或世界时进行挑选功能。从世界地震目录中可挑选亚洲地区地震。挑选后的目录存入"地震目录选取结果"文件，供下一步使用。

4. 磁暴二倍法：

（1）选定起倍磁暴异常、被倍磁暴异常的阈值（下限），对选定地磁台的资料（经 1 项预处理后的文件）进行处理，可得满足指定条件的异常；

（2）选定使用零时值或最大幅度值的计算方法；

（3）计算并预测地震的发生日期；

（4）在一个预测发震日期的误差范围内，在相应的"地震目录选取结果"文件中如有对应地震，可在预测发震日期下列出；

（5）得到相应的计算结果文件；

（6）可修改预测日期开始年和结尾年；

（7）列出指定时间范围的地震三要素的预测意见及其内符情况。

5. 磁暴月相二倍法：

（1）给定 9 个起倍磁暴日期供选择；

（2）给定发生在 1992—1999 年在四个月相（上弦、望、下弦、朔）中的 126 个磁暴（$K \geqslant 5$）目录，存于文件中；

（3）给定 15 个月相组合供选择；

（4）计算并预测地震的发生日期；

（5）在一个预测发震日期的误差范围内，在相应的"地震目录选取结果"文件中如有对应地震，可在计算发震日期下列出；

（6）可修改预测发震日期与实际地震日期之间指定误差值；

（7）可修改预测日期开始年和结尾年；

（8）将计算结果存入"月相二倍法计算结果"文件；

（9）"二倍法计算结果"图形显示，可修改 X 轴上一天单位长度；

（10）绘制预报部分图件，可修改 X 轴上一天单位长度；

（11）列出指定时间范围的地震三要素的预测意见及其内符情况。

## 五、检验结果

### 1. 检验数据

通过软件中"地震数据处理"形成中国及邻区 $M \geqslant 6$ 地震目录（表2），亚洲 $M \geqslant 7$ 地震目录（表3）。亚洲的范围为南纬11° 至北纬70°，东经26° 至160°。

沈宗丕根据多年预测实践，选出 11 个起倍磁暴，列于表4。

表4　11 个起倍磁暴目录

|  | 阳历日期 | K 指数 | 农历日期 |
|---|---|---|---|
| 1 | 1991 年 8 月 30 日 | 7 | 七月廿一 |
| 2 | 1991 年 10 月 29 日 | 9 | 九月廿二 |
| 3 | 1992 年 5 月 10 日 | 8 | 四月初八 |
| 4 | 1992 年 10 月 9 日 | 7 | 九月十四 |
| 5 | 1993 年 4 月 5 日 | 7 | 三月十四 |
| 6 | 1994 年 4 月 17 日 | 7 | 三月初七 |
| 7 | 1997 年 5 月 15 日 | 7 | 四月初九 |
| 8 | 1998 年 5 月 4 日 | 8 | 四月初九 |
| 9 | 1998 年 8 月 6 日 | 7 | 六月十五 |
| 10 | 1998 年 10 月 19 日 | 7 | 八月廿九 |
| 11 | 1999 年 9 月 23 日 | 8 | 八月十四 |

2. 内符检验

在 1995~1999 期间内有 2191 天。应用研制软件，计算所有预测发震日期和对应地震。

（1）磁暴二倍法　零点值法和最大幅度法的对应情况见表 5 。

表 5　磁暴二倍法的预测发震日期次数（PN）与地震对应次数

| 方法 | PN | 中国 | 亚洲 | 合计 |
|------|------|--------|--------|--------|
| 零点值法 | 37 | 11（13） | 15（14） | 19（21） |
| 最大幅度法 | 36 | 10（12） | 10（13） | 18（24） |

由表可见：对应率在 30% 左右。

（2）磁暴月相二倍法　磁暴月相二倍法的计算结果列于表 6 中。在表中每一栏中，列出每个起倍磁暴在四个月相中的预测发震日期个数（PN）、中国及邻区地震的对应次数、亚洲地震的对应次数。由于有时一个预测发震日期在指定误差范围内可发生多次地震，故在括号内标出对应地震的数目。在"合计"一列中是前二列（中国、亚洲）值的和，但剔除重复部分，因为在"中国及邻区地震目录"中 $M \geqslant 7$ 的地震在亚洲地震目录中重复出现。在最后一栏中列出四个月相的总和。

由表 6 可见，一般的对应率都在 30%~40%，少数可达到 50%~60%。以前 3 个起倍磁暴来统计，共有预测发震日期 93 次，地震对应次数 47，对应率为 51%。

表6　11个起倍磁暴的预测发震日期次数（PN）与地震对应次数

| 起倍磁暴 日期 | 上弦 | | | | 望 | | | | 下弦 | | | | 朔 | | | | 共计 | | | |
|---|---|---|---|---|---|---|---|---|---|---|---|---|---|---|---|---|---|---|---|---|
| | PN | 中国 | 亚洲 | 合计 | PN | 中国 | 亚洲 | 合计 | PN | 中国 | 亚洲 | 合计 | PN | 中国 | 亚洲 | 合计 | PN | 中国 | 亚洲 | 合计 |
| 1991-8-30 | 7 | 3(4) | 2(2) | 4(6) | 7 | 2(3) | 4(6) | 5(7) | 11 | 6(6) | 4(4) | 7(8) | 7 | 3(4) | 4(4) | 4(6) | 32 | 14(17) | 14(16) | 20(27) |
| 1991-10-29 | 6 | 1(1) | 1(1) | 2(2) | 7 | 3(4) | 4(5) | 4(7) | 11 | 3(3) | 3(3) | 4(5) | 7 | 0(0) | 2(2) | 2(2) | 31 | 7(8) | 10(11) | 12(16) |
| 1992-5-10 | 6 | 3(3) | 2(2) | 3(3) | 5 | 1(1) | 2(3) | 3(4) | 12 | 3(4) | 4(8) | 6(10) | 7 | 2(2) | 2(2) | 3(4) | 30 | 9(10) | 10(15) | 15(21) |
| 1992-10-9 | 6 | 2(2) | 3(6) | 4(8) | 4 | 1(1) | 0(0) | 1(1) | 11 | 2(3) | 2(2) | 4(5) | 7 | 0(0) | 3(7) | 3(7) | 28 | 5(6) | 8(15) | 12(21) |
| 1993-4-5 | 5 | 3(5) | 2(2) | 4(7) | 3 | 0(0) | 0(0) | 0(0) | 11 | 1(1) | 1(1) | 2(2) | 5 | 1(2) | 1(4) | 2(6) | 24 | 5(8) | 4(7) | 8(15) |
| 1994-4-17 | 5 | 1(1) | 2(4) | 3(5) | 5 | 3(3) | 1(1) | 3(4) | 6 | 0(0) | 1(1) | 1(1) | 4 | 0(0) | 1(1) | 1(1) | 20 | 3(4) | 5(7) | 8(11) |
| 1997-5-15 | 4 | 1(2) | 2(2) | 2(4) | 3 | 1(1) | 1(2) | 2(3) | 8 | 3(4) | 4(5) | 4(7) | 4 | 1(1) | 1(1) | 1(1) | 19 | 6(8) | 8(10) | 9(11) |
| 1998-5-4 | 3 | 0(0) | 1(1) | 1(1) | 3 | 1(2) | 2(3) | 2(5) | 4 | 1(1) | 1(1) | 1(2) | 1 | 1(1) | 1(1) | 1(1) | 12 | 3(4) | 5(6) | 5(9) |
| 1998-8-6 | 2 | 0(0) | 0(0) | 0(0) | 1 | 1(3) | 1(1) | 1(3) | 3 | 0(0) | 0(0) | 0(0) | 1 | 0(0) | 0(0) | 0(0) | 7 | 1(3) | 1(1) | 1(3) |
| 1998-10-19 | 2 | 0(0) | 0(0) | 0(0) | 1 | 0(0) | 0(0) | 0(0) | 3 | 0(0) | 1(1) | 1(1) | 0 | 0(0) | 0(0) | 0(0) | 6 | 0(0) | 1(1) | 1(1) |
| 1999-9-23 | 1 | 0(0) | 0(0) | 0(0) | 1 | 0(0) | 1(1) | 1(1) | 1 | 0(0) | 0(0) | 0(0) | 1 | 0(0) | 0(0) | 0(0) | 3 | 0(0) | 2(3) | 2(3) |

# 附　录

# 回顾地震预测预报的往事 ①

沈宗丕

　　1970 年初，中国科学院地球物理研究所第五研究室领导决定：将全国老八台——北京、佘山、广州、兰州、武汉、拉萨、长春、乌鲁木齐拖欠的地磁资料出版，要求各台派一名代表集中于北京地球物理研究所五室，将各台积累的资料整理后出版。佘山台派我参加了这一工作。我台由于平时对地磁资料出版工作抓得紧，拖欠的资料并不多，所以很快就完成了任务。

　　当时正是"文化大革命"时期，极左思潮相当严重，有人提出我们不能为了资料的出版而出版，这是没有多大意义的，出版资料必须为地震预报服务，当时也不知道地磁这种手段是否能够预报地震。在群众的压力下，1970年 7 月中旬，第五研究室领导刘长发同志硬着头皮决定派我和高世玉二人到北京白家疃地磁台去做探索地震预报的实践与研究工作。

　　当时在地震预报战线上比较流行的"以磁报震"方法有"地磁红绿灯法""磁暴二倍法""日变形态法"等。但是如何用这些方法来预报地震，我仍停留在一知半解的状态。最使人想不通的是"磁暴二倍法"，认为磁暴是太阳表面引起的而且又是全球性的地磁扰动，怎么能够预报地震我很不理

---

① 　见：中国地球物理学会天灾预测专业委员会编：《2012 天灾预测总结学术研讨会文集》（内部），2012 年 11 月，第 140—149 页。
　　见：中国地震预测咨询委员会编：《地震预测咨询通讯》（内部），2016 年 1 月第六期，第 288—302 页。
　　见：世界文化艺术研究中心、世界华人交流协会、美国海外艺术家协会、国际经济文化中心编：《世界名人录》（新版），世界文物出版社、中国国际交流出版社 2019 年版，第 36—47 页。

解。"磁暴二倍法"预报地震是石油战线上一位名叫张铁铮的同志首创的，在
1970年8月的一天，趁张铁铮同志到白家疃地磁台来抄录磁暴目录的机会，
我们就向他学习。据说他用"磁暴二倍法"在震前较好地预报过1970年1月
5日云南通海7.7级大地震，受到国务院总理周恩来的亲切接见。我们在经
过不到一个小时的学习过程中，思想上老是接受不了，觉得这个方法实在过
于简单，使人难以相信，而且引出的一连串问题也难以理解。因为地震预报
目前在世界上还是没有解决的科学难题，不可能用那么简单的二倍就可以解
决，况且这与正统的思想、正统的学识也是完全背道而驰的。

张铁铮用的是地磁垂直强度（Z）这个要素来搞地震预报，我想用地磁
的磁偏角（D）这个要素来搞地震预报。因为我考虑到磁偏角有几个优点：
第一，不受温度影响，记录磁偏角的磁针始终指南指北；第二，只要仪器水
平，室内干燥，仪器不会有零漂现象；第三，容易被广大群众所使用，而且
能够推广。为了突出震磁信息，我使用二台（北京的白家疃台和河北省的红
山台）磁偏角幅度值相减的办法来消除外磁场的影响，来提取异常，方法也
是用二倍的关系来预报地震。我首先于1970年9月6日第一次在内部进行试
报：1970年9月9日±1天，在河北省邢台150公里范围内，可能发生一次
3级以上地震。果然于1970年9月8日凌晨3时31分，在牛家桥发生了一
次$M_L$=4.0的地震，离邢台约50公里，果真也能对应上地震，觉得这个方法
不错，自己称这个方法为"磁偏角异常二倍法"，简称为"磁偏角二倍法"。

当第一次内部试报获得成功后，张铁铮于1970年9月16日正式向中央
地震办公室（国家地震局的前身）预报：1970年9月29日±1天，在邢台
150公里范围内可能发生一次4级左右的地震。结果于1970年9月29日凌
晨5时32分在河北省磁县发生了一次$M_L$=4.5的有感地震，离邢台约70公里。
后来他就参加了中央地震办公室组织的多次地震会商会，而且在会商会上每
次都作预报，有时能报准，有时也虚报。

我记得国家地震局分析预报研究室的汪成民同志每次召开地震会商会时
总是把我向军代表董铁城推荐，在参加的几次地震会商会上我记得预报得较

好的地震有：1970 年 12 月 12 日山东省临清 4.3 级地震；1971 年 1 月 26 日辽宁省长山岛 4.7 级有感地震；2 月 22 日山东省黎城 4.7 级有感地震；3 月 25 日山西省垣曲 4.3 级地震；4 月 27 日山西省和顺 4.3 级地震等。

我记得 1970 年 10 月 20 日预报：1970 年 11 月 10 日 ±1 天，在邢台 150 公里范围内可能发生一次 5 级以上地震，结果邢台 150 公里范围内并没有发生，而 1970 年 11 月 10 日那天在内蒙古包头却发生了一次 5.5 级破坏性地震。从那时起，在地区的预报上就扩大至大华北地区。所以后来较好地预报了 1971 年 1 月 26 日辽宁省长山岛 4.7 级的有感地震等。

1971 年我在北京白家疃地磁台过了春节，4 月份我就回到了佘山地震台，平时除了台站的日常观测和计算工作外，还继续搞我的地震预报工作。我又增加了佘山台的磁偏角幅度值，做的方法是北京台减红山台和北京台减佘山台，于 1971 年 5 月中旬向中央地震办公室预报：1971 年 7 月 8 日 ±1 天，在大华北地区可能发生一次 5 级以上地震，同时在区外有可能发生一次 7 级以上地震。结果大华北地区并没有发生 5 级以上地震，而 1971 年 7 月 9 日在智利发生了一次 7.8 级的大地震，这就引起了我的注意：一定要把它抓住，千万不能让它溜走。后来又经过不断的研究、分析，我于 1971 年 9 月 13 日向中央地震办公室作了第一次预报：1972 年 1 月 26 日 ±1 天，在地球上可能发生一次 8 级左右的大地震，认为这一天世界上要发生一次巨大地震，至于在什么地方不知道，所以只能说在这个地球上可能会发生。如果确实发生的话，我个人认为也是很有意义的。因为经过人们的统计，每年全球发生 8 级大地震平均只有一次，而且预报日期的精度又那么高。

后来我又经过摸索于 1971 年 10 月 28 日向中央地震办公室作了第二次预报：1972 年 1 月 26 日 ±1 天，在我国台湾省或日本国境内可能发生一次 8 级左右的大地震。这是在总结对应了以往前两次 8 级左右大地震（即 1970 年 2 月 10 日秘鲁 7.9 级和 1971 年 7 月 9 日智利 7.8 级），基本上是在东太平洋地震带上发生的，第三次 8 级左右大地震是否有可能在西太平洋地震带上发生，所以我预报了我国的台湾省或日本国境内。

正在这时，1971 年 12 月 30 日下午 6 时 47 分在上海市长江口发生了一次 4.9 级有感地震后，中央地震办公室派了刘蒲雄，中国科学院地球物理研究所派了杨玉林，中国科学院地质研究所派了李献智等同志前来参加上海地震的会战工作。当时还有江苏省地震局的张德齐等同志到上海的周围地区建立了地震流动台，支援上海地震的会战工作。在此情况下，我于 1972 年 1 月 3 日又向上海市革命委员会科技组作出了第三次预报：1972 年 1 月 26 日 ±1 天，在华东沿海地区（包括台湾省）或在日本，可能发生一次 6 级以上破坏性地震。

当时为什么不预报 8 级左右大地震而预报 6 级以上呢？原因是怕群众有恐惧心理，因此从预报 8 级左右大地震降低到 6 级以上。为什么把地点改在华东沿海地区呢？原因是这次长江口 4.9 级有感地震，可能是即将发生的大地震的前震。

由于我预报了这次破坏性地震，上海市委于 1972 年 1 月 23 日向上海市各区、县、局发出了《关于华东地区 1 月 26 日可能出现地震的通知》。同时向华东沿海各省市发出了防震的通知，要求做好防范工作，并传达到干部与群众，传达到街道和农村，各单位就立即组织了抢救队，各医院组织了救护队，各工厂组织了纠察队……要求各地震台严密监测这次可能到来的大地震。通知发出后，果然于 1972 年 1 月 25 日上午 10 时 6 分在我国台湾省火烧岛东海中发生了一次 8 级巨大地震，福建省沿海地区大部分有感，福州市个别房屋掉瓦，震后于 11 时 41 分又发生了一次 7.7 级的大地震，这是自 1920 年 6 月 5 日在台湾省大港口东海中发生的 8 级巨大地震后 50 多年来发生的又一次大地震。这次预报的日期与发生的日期只相差 1 天。预报的地震三要素基本正确。

在这次台湾省 8 级巨大地震发生时，上海有两个单位迅速打电话给我们，一个是水平仪器厂，报告了他们生产的水平泡来回移动非常激烈；另一个单位是上海酿造厂，报告了他们有一个 4 平方米的酱油池，水面突然波浪翻腾。当台湾 8 级巨大地震发生后，上海市委马上发出解除警报的通知。1972 年 1

月 25 日国家地震局印发的《地震简报》第六期中对此地震的预报成功向中央作了汇报，在 1972 年召开的全国地震工作会议的《简报》第 12 期上以"上海佘山地震台较好地预报了台湾 8 级地震"为题进行报道，并又在 1972 年第三期的《地震战线》上刊登了一篇题为《利用磁偏角二倍法较好地预报了台湾 8 级地震》的报道。中央地震办公室在第三次全国地震工作会议上的大会报告中，对我这次台湾 8 级巨大地震的成功预报作出了肯定。物理学家周培源知道这一情况后，专程从北京到上海佘山天文台地震研究室来了解具体预报情况，我们向他作了详细的介绍，但是他总感到如此高的预报精度，难以理解和难以相信，也真是不可思议。

由于这次台湾 8 级巨大地震的预报成功，中央地震办公室派到上海来参加地震会战的刘蒲雄同志直接打电话向北京作了汇报，随即中央地震办公室领导打电话给中国科学院上海天文台领导指名要我去北京汇报。到了北京汇报的当天，我记得当时有国家地震局局长刘英勇，党委书记卫一清，军代表董铁城，还有分析预报研究室的马宗晋、汪成民等同志，还邀请了张铁铮同志来到北京。张铁铮首先祝贺我预报了这次台湾 8 级巨大地震，他非常高兴。同时国家地震局还邀请了中国科学院地球物理研究所的陈志强、周寿民两位老先生和陈培善同志，中国科学院北京天文台的李启斌同志，还有中国科学院地质研究所的几位同志。

在汇报会上提出了很多问题，特别是对"二倍"提出了很多问题。有人提出"$\sqrt{2}$ 倍行不行？自然对数 e 倍行不行？三倍行不行？磁暴为什么能够预报地震？预报大地震的正确率到底有多少？"等一系列问题。而这些问题一时都很难解答，最后由马宗晋建议把"倍数"的问题交给李启斌同志去解决，理论的问题请二位老先生去探讨，正确率的问题请陈培善同志去帮助计算一下。

汇报将要结束的时候党委书记卫一清说："这次你预报了台湾 8 级大地震，那么你是否再计算一下今后还有没有 8 级大地震发生的可能？"因为在科学上必须有重复性，如果没有重复性，那就是碰巧的。我随即就回答了这个问题，我说："根据我的计算，下一次是 1973 年 9 月 27 日 ±1 天，根据大地震的迁移情况来看，很有可能在日本与阿留申群岛之间发生一次 8 级左右的大地震。"

汇报会结束后，中国科学院北京天文台的李启斌同志用磁偏角异常日期的资料，大华北地区的地震目录，从 $\sqrt{2}$ 倍开始，包括自然对数的常数 e 倍一直到 3.0 倍。经过了半个月的电子计算机编程序后进行计算，到最后发现 2.0 倍对应的地震最多。至于磁暴与地震到底是怎样的因果关系，确实是个难题。至于正确率的问题，由于全球大震的预报次数较少，目前还无法作出。只有通过今后不断的预报才能验证此方法的有效性。

1972 年 3 月 8 日起北京召开了第三次全国地震工作会议，我以特邀代表的资格参加了这次会议，在会上我介绍了这次台湾 8 级巨大地震的预报全过程，同时又向代表们作出了下一个 8 级左右大地震的预报意见：1973 年 9 月 27 日 ±1 天，在日本到阿留申群岛之间可能发生一次 8 级左右的大地震。希望大家给予验证。

1972 年 11 月 16 日—12 月 1 日，国家地震局在山西省临汾召开了一次中期地震预报会议，我被邀请参加，会议上大家对我的预报方法觉得不可思议。南开大学王梓坤教授专门来了解我是怎么预报台湾 8 级大地震的，同时又是怎样预报 1973 年 9 月 27 日 ±1 天的日本到阿留申群岛之间会发生 8 级左右大地震的。我毫无保留地向他作了汇报。他都认真地抄录在自己的笔记本上，以便今后对我的预报进行检验。在这个会议上，我提交了一篇文章《用磁偏角二倍法作中期预报的试探》，后由国家地震局的《地震战线》编辑部于 1973 年收入《地震》技术资料汇编 2 中。我预报这次地震后，1973 年 9 月 29 日 8 时 44 分在日本海发生了一次 8 级深震。这次预报的日期与发生的日期只相差 2 天。预报的地震三要素基本正确。

日本海 8 级深震发生时，我国东北地区的长春、沈阳、丹东等地的部分人有感，北京市、天津市和邻近的河北省北部等地区个别人亦有轻微感觉。由于是深震，所以没有造成重大的破坏。这次我从预报开始日 1972 年 1 月

31 日到大地震发生 1973 年 9 月 29 日一共经过了整整 20 个月，可以说是作了一次中期的短临预报。

1973 年 9 月 29 日日本海 8 级深震预报成功后，根据磁偏角的异常与根据大地震向顺时针方向迁移的规律，随即又向国家地震局预报：1974 年 6 月 20 日 ±1 天，在阿留申群岛可能发生一次 8 级左右的大地震，结果这个大地震没有发生，虚报了。

1974 年 6 月底到 8 月初国家地震局为了进一步总结地磁预报地震的方法，就决定将这些方法（包括"红绿灯法"、"日变形态法"和"磁偏角二倍法"等）交给北京大学地球物理系即将毕业的同学，作为他们自己送交毕业论文的内容。于是分成了几个采用不同方法的预报小组。

我们"磁偏角二倍法"预报小组重点是对为什么预报 1974 年 6 月 20 日的 8 级大地震没有发生进行详细的总结和探讨。经过总结发现，两个磁偏角异常日期的间隔天数一定要符合 29.6 天的倍数方可预报，才会有大地震对应，否则会带来虚报，为什么预报 1974 年 6 月 20 日的 8 级左右大地震没有发生呢？问题就在这里，那么下一次能符合 29.6 天的倍数，又能预报 8 级左右大地震的日期是哪一天呢？经过测算是 1974 年 11 月 11 日 ±3 天（在总结时大家都认为误差 ±3 天较为妥当，因为一个磁暴全过程可能有 3 天左右的时间，预报 ±1 天，可能会带来虚报）再根据大地震发生向顺时针方向迁移的规律，大家一致认为未来 8 级左右的大地震很可能发生在南美洲。（注：29.6 天正好是近似月亮的朔、望周期。）

1974 年 8 月 5 日召开了地磁预报地震方法总结会，我们的"磁偏角二倍法"预报小组就向到会的刘英勇局长作了预报：1974 年 11 月 11 日 ±3 天在南美洲可能发生一次 8 级左右的大地震。总结会议结束后，同学们各自写自己的毕业论文，总结文章由北京大学地球物理系蒋邦本老师负责编写，我就回到了佘山地震台。

1974 年 10 月份蒋邦本老师写信给我说："我们预报的南美洲 8 级左右大地震 100% 会发生。"既然他说有 100% 的把握，那么我认为预报的地区实在太大了一点，是否可以再把它缩小一点呢？于是我就把以往发生过的而且又能对应到的 1973 年 1 月 31 日墨西哥 7.9 级大地震和 1974 年 7 月 13 日巴拿马 7.7 级大震的迁移方向和迁移速度计算了一下，认为我们这次要预报的 1974 年 11 月 11 日 ±3 天的南美洲 8 级左右大地震，很可能就在秘鲁发生。于是我就写了一封信给国务院办公室，在信中明确指出："我们预报 1974 年 11 月 11 日 ±3 天，在秘鲁境内很可能发生一次 8 级左右的大地震，是否能通过外交部门向秘鲁政府打个招呼？"

结果这封信并没有转给外交部，而是转到了国家地震局。分析预报中心副主任马宗晋在处理这封信时，他写信给我说："因为目前地震预报还没有过关，我们不能向秘鲁政府作预报，就是过了关也不能向国外发布预报。你预报秘鲁的地震，现在作为备案放在国家地震局，以后再作处理。"结果于 1974 年 11 月 9 日确实在秘鲁利马附近发生了一次 7.5 级破坏性大地震，与预报的时间、地点、震级完全一致。1974 年 11 月 11 日国家地震局在《震情》第 35 期中对此地震的成功预报向中央作了汇报。

接下来我又预报：1975 年 3 月 11 日 ±3 天，根据大地震的迁移方向和迁移速度，我们认为：在智利中部地区可能发生一次 8 级左右的大地震，结果于 1975 年 3 月 13 日 23 时 26 分确实在智利中部发生了一次 6.8 级（佘山地震台测定为 7 级）的强烈地震，预报的时间和地区完全正确，震级预报偏大了一些。1975 年 3 月 18 日国家地震局在《震情》第 17 期中对此地震的预报向中央作了汇报。

1975 年 4 月 22 日我们运用"磁偏角二倍法"向国家地震局有关部门预报：1975 年 5 月 8 日 ±3 天，根据大地震的迁移方向和迁移速度，我们认为：在智利南部地区可能发生一次 8 级左右的大地震，结果确实于 1975 年 5 月 10 日 22 时 27 分在智利南部发生了一次 7.8 级大地震，与预报的时间、地点、震级完全一致。1975 年 5 月 11 日国家地震局在《震情》第 30 期中对此地震的成功预报向中央作了汇报。

当时正好我参加了国家地震局在北京西郊宾馆召开的全国地震工作会

议，中央地震工作领导小组组长胡克实知道我们在智利南部发生 7.8 级大地震前作了较好的预报，就亲自召见我说："国外大地震的预报要继续深入研究，从中找出规律性的东西来；但是今后的重点要放在国内，为预报国内的大地震作出贡献。"

参加这次会议的中国科技大学地球物理系徐世浙老师随即前来与我联系，希望能在 75 届地球物理系毕业生中挑选与我合作写毕业论文的学生，设想用"磁偏角二倍法"搞一下我国西部地区大地震的预报研究工作，时间定在 1975 年 8 月份。第一步计划是去西南地区收集磁偏角资料，第二步计划是 10 月份与中科大毕业的学生们一起进行工作，最后写出他们的毕业论文。

1975 年 8 月份由我、秦俊高（我台工作人员）和徐世浙（中科大老师）一起出发去云南。到达昆明后，云南省地震局派李立平和任职洪与我们同行，收集云南省境内有磁偏角记录数据的台站（包括群测点中有自动照相记录的台站），主要是收集和量算磁暴中的磁偏角幅度值。我们几乎跑遍了整个云南省，收集到 20 多个台站的记录资料，10 月份回到了佘山地震台。我负责指导中国科学技术大学三位同学（韩守琦、朱文学、曾日祥）的毕业实践。实践报告的题目是《磁偏角异常二倍法预报我国西南地区的地震》。

根据"二倍法"预报地震的原则，分别计算和选出东部台站（北京台减红山台、北京台减佘山台）与西部台站（甘肃省的河西堡台减云南省的易门台）的磁偏角异常日期，然后去对应西部地区已经发生的地震。我们与中科大学生们一起进行了大量的分析处理工作，他们最后写出了毕业论文，完成了任务。

在完成科大同学毕业实践的基础上，我们又进一步探索预报我国西部地区的发震规律，最后又计算出我国西部的地区性异常日期，然后依次进行二倍，根据已经发生地震的对应情况来试报今后可能发生的地震，随即就预报：1976 年 8 月 17 日 ±3 天，在我国西部地区（特别要注意川、滇、藏交界处）可能发生一次 6.5 级左右的破坏性地震。这个预报意见是 1975 年 12 月 15 日—1976 年 1 月 9 日国家地震局在北京西郊宾馆召开的海城地震科技经验交流会暨 1976 年全国地震趋势会商会上所作的正式预报。当时以幻灯片形式展示在科学会堂的大屏幕上，因此到会的同志都知道中国科学院上海天文台应用"磁偏角二倍法"作出了这个预报意见。当这一预报意见提出来以后，北京地震队的耿庆国就到我这里来与我讨论，他说："我用旱震关系预报武都—南坪—松潘—茂汶一带可能有破坏性地震，而你预报的是 1976 年 8 月 17 日 ±3 天在我国西部地区，是不是就是同一个地震？"我对他说："因为我用的磁偏角台站是大距离的，只能预报我国西部地区，而不能预报到局部地区，有可能是同一个地震，大家一起来检验吧！"

1976 年 5 月 23 日起为了收集西南地区的异常情况，我随同中国科学院上海天文台第一研究室的罗时芳、林一梅两位女同志一起到西南地区出差，她们是为了同西南地区的地震部门共同交流地球自转速度与西南地区地震之间的对应关系。第一站我们先到达贵阳，与贵州省地震办公室的工作人员进行了交流，我把磁偏角二倍法预报我国西部地区的地震向他们作了汇报，同时又向他们作了一次短临预报。

1976 年 5 月 28 日我们到达昆明，5 月 29 日云南省龙陵发生了一次 7.6 级大地震，据说定于 1976 年 6 月 1 日由国家地震局与云南省地震局在昆明翠湖宾馆准备召开的地震紧急会商会讨论震情，而大震却在会前发生了。原定 6 月 1 日的会商会继续在昆明翠湖宾馆召开，除了云南省各地办外，参会的有四川、青海、甘肃的地震部门，还有河北省三河地震大队等单位，我们三位同志也被邀请参加。

在这个会议上各方带来的资料中大多数认为 5 月底或 6 月初云南省境内有发生大地震的可能。我通过自己的"磁偏角二倍法"资料的测算结果是：1976 年 6 月 1 日 ±3 天，也正好在预报期内。就在这个会商会上我再一次预报：1976 年 8 月 17 日 ±3 天，在我国西部地区（特别要注意川、滇、藏交界处）可能发生一次 6.5 级左右的破坏性地震，同时根据带来的磁偏角资料又预报：1976 年 8 月 22 日 ±3 天，在我国西部地区可能发生一次 8 级左右的大地震，但也可能是同一个地震，即 1976 年 8 月 17—22 日之间发生，到底是一次还是两次，当时很难作出判断。后来经过反复思考，我认为应该是两次地震。因为 1976 年 8 月 17 日 ±3 天是以地区性异常依次二倍进行预报的。而 1976 年 8 月 22 日 ±3 天是以特大异常与地区性异常逐个二倍进行预报的，所以应该是两次地震而不是一次地震。后一次地震应该比前一次地震大，所以后一次可以预报 8 级左右的大地震。

会议结束后我们三人随同云南省地震局的同志经过三天的时间直达龙陵地震现场去进行地震考察和收集资料，我被分配在路西（芒市）分析预报组工作，组长是丁国瑜研究员，我的主要工作是收集土地电的资料，进行监视和总结。龙陵县地办的同志说：我们是利用"三土"（土地电、土地磁、土倾斜）、"一洋"（水氡），运用中国科学院上海天文台的"二倍法"较好地预报了这次龙陵大地震。结果龙陵县城无一人死亡，为人民立了功。

我于 1976 年 7 月初离开了龙陵震区，于 1976 年 7 月 12 日单独去了四川，第一站去了西昌，在西昌地震办公室程式同志的陪同下，收集了那里的有关资料和询问了当地的异常情况，第二站到了成都，第三站到了灌县，第四站到了汶川（已是 1976 年 7 月 18—20 日），根据汶川地办的同志介绍目前异常仍然很大，地办自制的感磁仪能较好地对应 1976 年 5 月 29 日的云南龙陵大地震，而且异常很明显。这几天又在大幅度地下降，看来又一个大地震不久将会发生。第五站准备去松潘收集资料，汶川地办的同志对我说："目前是雨季，山洪暴发随时有可能发生，走进去容易，出来就难了。"建议我不要再进去了。于是我于 7 月 21 日回到了成都，7 月 23 日下午四川省地震局召开地震会商会，四川省地震局分析预报室主任罗灼礼同志邀请我参加。

在这个会议上，我听到同志们介绍龙泉有一口 39 米的深井，于 7 月 22 日晚上 9 时下降了约 10 米。在会上又反映晚上看到火球的事例很多，最早是 4 月份在邛崃发现的，5 月份到了大邑，7 月份好像在这条断裂带上往北迁移。这些火球多数发生在河边、水沟旁，颜色一般是红带些蓝，出现的时间一般是在晚上八时半至九时半，即太阳落山后才能见到。地震局的同志也实地做了调查，完全排除了发射信号弹的可能。

在这个会上听到的异常特别多，在这种情况下，最后我在这个会议上再次预报了两个地震：第一，1976 年 8 月 17 日 ±3 天，在我国西部地区（特别要注意川、滇、藏交界处）可能发生一次 6.5 级以上的破坏性地震。（在这次会议上将震级的预报由 6.5 级左右改为 6.5 级以上。）第二，1976 年 8 月 22 日 ±3 天（最大可能在 22—25 日）在我国西部地区可能发生一次 8 级左右的大地震。四川省地震局刘兴怀局长也参加了这次会议，会商会结束后，我对罗灼礼同志说："如果你们那里发生地震，我就立即到你们那里去。"他说："我们非常欢迎您来。"最后我就请他们为我代购一张 7 月 28 日去上海的火车票。

1976 年 7 月 28 日上午四川省地震局的同志带来了一个极坏的消息：当天凌晨 3 时 42 分河北省唐山发生了一次大地震，四川省地震局准备派专机到唐山去支援，问我去不去，我说："让我回上海后再说，不能同你们一起去了。"当时我的心情极不平静，7 月底我就回到了佘山地震台，准备把以往的磁偏角资料重新进行计算。

就在这个时候，中央抗震指挥部在 8 月 3 日晚上直接打电话给我，要我带好所有资料去北京参加会战。因为在"文化大革命"期间，我个人是不能作出决定的，我就请支部书记施柱中听电话，施柱中在电话中说："中央有规定，我们不能随便进入北京，去北京出差必须到上海市革委会办理进京介绍信后，方可购买去北京的飞机票或火车票。"于是中央抗震指挥部又直接打电话给上海市革委会主任马天水，当时马天水表示同意。

1976 年 8 月 4 日上午我到市革委会科技组办了去京介绍信后，就购买了一张去北京的飞机票并于中午到达，下午到了国家地震局向国务院政工组组长贾如峰同志、中央抗震指挥部周村同志、国家地震局刘英勇局长、中国科学院党的核心小组组长王光炜同志等汇报，参加汇报的还有张铁铮和丁鉴海，在汇报过程中我预报了我国西部地区的两个大地震的时间、地点和震级。张铁铮同志预报：8 月 12 日 ±2 天在唐山老震区可能有 6~7 级地震；丁鉴海同志预报：8 月 13 日 ±3 天在唐山老震区或在新疆、青海一带可能有

6~7级地震。中央领导同志听了我们三个人的预报意见后，贾如峰同志说："今天请你们来到北京，是为了保卫毛主席，保卫党中央，保卫首都，保卫首都人民生命财产的安全，希望你们抓紧时间，在三天内再拿出个预报意见来。至于我国西部地区的地震预报意见，由四川省、云南省的地震部门去考虑。你们的着重点就是看今后在我们这个地区内还有没有比唐山更大的地震，你们需要什么资料尽管提出来，可随时向全国各地方台站要资料，希望你们（张铁铮、丁鉴海和我）一定要在三天之内再作出个预报意见来。"

会上我对刘局长说："这次唐山地震我震前没有预报出来，但是在我带来的资料中看是否有异常反应，如果有反应的话，我可以判断今后是否还有更大的地震要发生，如果没有反应，我也没有办法作出正确的判断了。"刘局长说："好吧，那你就做一做吧！"在这个会上，同时我还建议在内蒙古的满洲里再建一个地磁台，当时刘局长就立即同意并派国家地震局地球物理研究所的刘成瑞等同志马上去满洲里选点建台。

汇报结束后领导将我们三个人的预报意见由国家地震局以绝密形式写成报告向中央汇报，并安排我们住在同一个宿舍内。我首先将带来的资料用一个晚上的时间清理和计算，发现有一个大华北的异常能反映唐山大地震，经过反复计算是1976年7月31日±3天（即7月28日—8月3日），在这个大异常的后面再也没有发现比它更大的了。随即我就测算出三个预报日期，即1976年8月10日±1天；8月29日±2天；9月23日±3天。预报的震级是6~7级，预报的地区是大华北包括唐山老震区。

1976年8月6日国家地震局的《〈震情〉特刊6》以绝密形式向中央汇报，题为《地磁方法预报地震的会商会》。具体内容：8月4日、5日国家地震局根据中央领导同志的指示，邀请用地磁方法预报地震的张铁铮、沈宗丕、丁鉴海等同志在他们原来工作的基础上认真分析了全国其他有关地磁台的资料，对他们原来的预报意见（特刊4）进行了研究、会商。现将结果报告如下：摘录其中一段："沈宗丕同志根据北京、河北的红山和广州等地磁台资料，用磁偏角二倍法计算，认为1976年8月10日前后一天，在大华北地区

（包括唐山老震区）或在我国台湾省有可能发生 6 级以上地震。他还根据甘肃省河西堡和云南省易门地磁台的资料，计算分析认为：第一，1976 年 8 月 17 日前后三天，在西南地区（可能在西藏东部）发生 6.5 级左右地震。第二，1976 年 8 月 22 日前后三天（可能在 22—25 日）也在西南地区（可能在川、滇、藏交界处）发生 8 级左右大地震。"

以上这些预报意见将在 8 月 7 日举行的京津地区的会商会上进一步研究。

在这三天里，张铁铮仍然坚持预报：1976 年 8 月 12 日 ±2 天在华北可能发生 6.5~7 级或更大一些的地震；丁鉴海预报：1976 年 8 月 13 日 ±3 天最大可能在后三天在唐山老震区发生 6~7 级地震。最后由我代表三个人的综合意见于 8 月 7 日由国家地震局在北京科学会堂召开的地震会商会上发言并作出预报：1976 年 8 月 9—16 日在唐山老震区可能发生一次 6~7 级的强余震，结果 8 月 9 日果然在唐山老震区发生了一次 6.2 级强余震（速报震级），预报获得成功。在这个大会上我同时还预报了 8 月 29 日 ±2 天的地震，结果后来 8 月 31 日在唐山老震区发生了两次 6 级强余震（速报震级）。预报了 9 月 23 日 ±3 天的地震，后来于 9 月 23 日在内蒙古的磴口（属大华北地区）发生了一次 6.3 级地震（速报震级）。我预报的这三次地震都获得了成功。

我过去在预报大华北地区的地震时，除了用北京台和红山台的磁偏角资料外，还经常用到山西省临汾台的资料。我觉得这次有必要到临汾台去收集和复核有关异常日期的资料，我于 8 月 14 日由国家地震局派车去了临汾，受到临汾市地办同志的热烈欢迎。我首先去了临汾地震台，把我需要的日期资料复核了一次。

在参观学习过程中，给我印象最深的是临汾地震台的地倾斜南北向资料，资料显示在唐山大地震前走完了一个大 "8" 字形后断丝，并立即发生了唐山大地震。地倾斜的南北向异常是从 1976 年 6 月 27 日开始的，到 7 月 28 日唐山大地震发生，有整整一个月的时间，我个人认为这是一个很明显的前兆异常。

在临汾市地震办的安排下，8 月 15 日我来到侯马市地震办。参观学习的群测点有红卫机械厂、515 单位、省建工局一公司、风雷厂、38532 部队等。红卫机械厂的群测点上曾用"磁暴二倍法"预报了龙陵和唐山大地震的时间和大致方向，误差为 ±1 天，而且在地震前向地震办作了预报。8 月 16 日在他们的安排下我又回到了临汾，参观了冶金局物探队、213 地质队、动力机械厂、市邮电局等群测点。

在参观学习过程中，我感触最深的是临汾动力机械厂，他们于 1975 年 11 月 17 日开始建立了一个重锤悬挂式地倾斜，用直径 0.07 毫米、长 3.5 米的铁丝吊了一个 1 公两重的物体，固定在大梁上，四周封闭起来，东西开两个窗口，每天轮流值班目视观测。1976 年 7 月 1 日开始用数据画图。在这次唐山大地震前于 7 月 28 日 3 时 10 分开始发现南北向有 20 毫米的摆幅，以后就逐渐增大。到 3 时 56 分时南北向增大到 110 毫米，东西向增大到 100 毫米（注：唐山大地震是 7 月 28 日 3 时 42 分发生的）。7 月 28 日 17 时 45 分又开始摆动，南北向增大到 96 毫米，东西向增大到 83 毫米（注：7 月 28 日 18 时 45 分唐山又发生了一次 7.1 级强余震）。

经过两天的参观学习，临汾市地震办的领导要我介绍一下我的预报方法和经验，安排在 8 月 16 日晚上 8 点 30 分进行。在汇报过程中不断有人提问，我都一一作了解答。当我在向同志们汇报到我是怎样预报 1976 年 8 月 17 日 ±3 天，在我国西南地区（特别要注意西藏东部）可能发生一次 6.5 级以上地震时，吊在屋内的日光灯开始来回地摇晃起来，到会的同志们都异口同声地叫喊："有地震！有地震！"同时还听到外面有拉长的汽笛警报声和敲锣声，提示大家赶快跑出来，随即地震办同志与临汾地震台通了电话，回答的是在我国西部地区发生了强烈地震，但还不能马上知道震中在什么地方。过了 1 个小时后，我们才知道这次地震发生在四川省松潘、平武一带，震级是 7.2 级。临汾市地震办领导同志赞扬我预报得相当正确，并且说："还是人家庙里的菩萨灵啊！"

第二天我就回到了北京，国家地震局的领导和周围的同志们都赞扬我这次地震预报得相当成功。当时张铁铮提出张家口一带可能有些情况，要我和他一起去收集一下张家口地磁台的资料。我们二人于 8 月 19 日在国家地震局的安排下，乘一辆小吉普到了张家口地震台。

我们一起去参观了两个群测点：张家口市第二十二中学和第十中学，在参观中得知，这次唐山大地震之前他们的土应力和土地磁都有异常反应，而且都作了预报：7—8 月之间在天津、唐山、渤海周围地区可能有 6.5 级以上地震。第二十二中学的土地磁曾经用单台的"磁偏角二倍法"在 1975 年 1 月份向张家口市地震办预报：1975 年 2 月 4 日可能有大地震发生，结果在辽宁省海城发生了一次 7.3 级破坏性地震。这次唐山大地震用 1976 年 5 月 31 日与 6 月 29 日的异常日期二倍也能倍到 7 月 28 日，说明在唐山大地震前群众测报点上的一些手段和方法也或多或少地都有异常反应，有些还作出了较好的预报。8 月 21 日我们经过河北省沙城地震台回到了北京。

1976 年 8 月 22 日下午由国家地震局分析预报中心副主任马宗晋主持召开了一个在京单位参加的地震趋势会商会，因为国家地震局收集到我国东部的一些省局报来的宏观异常，牵涉到 19 个省，其中有 15 个省局向国家地震局提出了不同震级的预报，而且大部分地区的老百姓都搬了出来。

为了缩小范围，请大家提个意见出来。参加这次会议的同志都认为：今年我国到目前为止已经发生了五次 7 级以上的大地震（即龙陵两次，唐山两次，松潘一次），如果再发生 7 级以上的大地震，必须还要等上三个月的时间，因为地震能量必须有足够的时间来积聚，因此可以断定目前我国不再可能有 7 级以上大地震了。如果的确没有 7 级以上大地震发生的话，即是大家所欢迎的事。但是地震的发生是不以人们的意志为转移的。

在这个会上我说："大华北地区我预报的两个地震日期还没有来到（即 8 月 29 日 ±2 天和 9 月 23 日 ±3 天可能有 6~7 级地震），我国西部地区（包括四川省松潘老震区）8 月 22—25 日我还是坚持有可能发生一次 7~8 级的大地震。"

当我正在向大会作预报的时候，四川省地震局来电话，指名要我去接电话，并询问一下是否还有大地震发生。在座的丁鉴海说："让我给你去接电话，你继续把这个预报意见讲下去。"我对丁鉴海说："你可以回答他们，我国西部地区包括你们的松潘老地震区，8 月 22 日—25 日还有 7~8 级大震可能会发生。"结果确实于 8 月 23 日四川省松潘一带在离原震区 10 公里的地方又发生了一次 7.2 级强余震。

来北京参加地震会战的工作已基本结束，8 月底我就要回佘山地震台了。在我回佘山台之前，于 8 月 23 日和 8 月 24 日分别走访了在北京居住的两个亲戚，一位是我的表姐，居住在新街口三不老胡同的四合院内，他们的卧室紧靠在东西方向的马路边，大床就紧埃在这大墙旁，大地震来时幸亏大墙往外倒塌，如果往里倒的话非砸死不可。我表姐说："这是我有生以来遇到的一次最大最强烈的地震，这真是不幸中的有幸，大难不死必有后福。"我表姐夫说："我们在这里居住的一排排房子的墙都往外倒塌，救了不少人。"另一位是我的表哥，家在东郊八里庄，住在三层楼上，我表嫂说："8 月 27 日晚上天气特别特别闷热，我们从来没有睡过地板，这天晚上没有办法我和小孩儿只好睡在地板上，而且无法入睡。到将要睡着时，大地震就发生了。"我表哥说："首先是听到隆隆的地声，随即大地就上下颠，抬头一看东北方向一大片蓝光照得像白天一样，接着大楼就摇晃起来，站都站不住。我们都来不及穿外衣，光着脚往下冲，真正体会到这个大地震的可怕滋味。北京这几天非常非常炎热，是不是与这次大地震有关系？"

1976 年 8 月 25 日，根据我的要求，国家地震局派了一辆吉普车把我送到了唐山极震区，沿途可以看到墙塌壁倒的破坏惨景，有的地区的危房破坏状况像波浪一样的起伏。我在唐山机场住了三个晚上，在那里收集到了许多有价值的震害资料，看到的是一片废墟，很粗很粗的钢筋混凝土柱子扭曲成脆麻花似的，一条笔直的公路断成两截，并且移位约 1.5 米，这个能量的巨大就可想而知了。好多高大的烟囱都拦腰折成几段倒在地上，唐山火车站的火车都出轨倒翻在地，铁路的铁轨呈扭曲状态。根据统计死亡 24.2 万人，重伤 16.2 万人，轻伤就无法统计了，如同 400 颗广岛原子弹在离地面 16 公里处的地壳中猛烈爆炸，直接经济损失超过 100 亿元。这个百万人口的城市顷刻之间夷为平地，整个华北受到影响，唐山大地震是迄今为止 400 多年来地震史上最悲惨的一次。

1976 年 12 月华东地区六省一市，一年一度的地震预报会议在安徽省合肥市召开，我根据磁偏角二倍法和地震迁移的方法，认为 1976 年 6 月 29 日云南省龙陵 7.6 级往西北迁移是 1976 年 8 月 16 日四川省松潘 7.2 级，如果再往西北迁移的话我就预测了 1977 年 1 月 21 日 ±3 天，在我国西部地区（特别要注意新疆北部）可能发生一次 7~8 级的大地震。据说新疆地震局也派了一位同志来参加了这次会议，他回去后马上把我的预测意见向新疆地震局领导作了汇报，特别是新疆阿勒泰地震部门相当重视我的预测意见，1977 年 1 月份阿勒泰政府部门就向当地发出了地震警报，结果弄得人心惶惶，造成了相当大的损失。其实新疆的北部地区并没有发生 7~8 级大地震，而是 1977 年 1 月 19 日我国西部地区的青海省大柴旦发生了一次 6.5 级（速报震级）的强烈地震，预测的地区和震级偏大了，而预测的日期基本正确。

1976 年 8 月 16 日和 8 月 23 日在我国西部地区的四川省松潘、平武一带发生两次 7.2 级破坏性地震，证明磁偏角的异常在地震前确实有所反应，而且作出了正确的预报。当这两次地震平静后不久于 1976 年 9、10 月间，我清楚地记得四川省地震局罗灼礼同志从成都直接打电话给我，祝贺我成功地预报了这两次地震，以此表示感谢。

从 1970 年起，我应用"磁偏角二倍法"对国内的大华北地区较好预报过多次 4~5 级地震和 6 级左右地震以及 1972 年 1 月 25 日台湾省 8 级大地震，对西南地区较好预报过 1976 年 8 月 16 日和 8 月 23 日四川省松潘、平武两次 7.2 级大地震等。对国外环太平洋地震带上较好预报过 1973 年 9 月 29 日日本海 8 级深震，1974 年 11 月 9 日秘鲁 7.5 级大地震，1975 年 3 月 13 日智利中部 6.8 级强震，11 月 8 日智利南部 7.8 级大地震。1976 年底国家地震局《地震战线》编辑部约稿，我于 1977 年初写了一篇文章《谈谈磁偏角二倍法》，发表在 1977 年《地震战线》第三期，第 30~32 页。

根据"磁偏角二倍法"和 8 级左右大地震的迁移方向，我于 1977 年 8 月

10 日向国家地震局分析预报中心预报：1977 年 8 月 20 日 ±3 天在南太平洋地震带内可能发生一次 8 级左右的大地震。果然于 1977 年 8 月 19 日 14 时 9 分在印度尼西亚南部发生了一次 8.0 级大地震，1977 年 8 月 20 日国家地震局《震情》第 25 期中对此地震的成功预报向中央作了报道。我由于在地震预报方面有一定的成绩，1977 年荣获上海市科技系统先进工作者称号。

1978 年 6 月国家地震局在广州召开了一次地震预报方法交流会，这个会议上争论相当激烈，大部分人认为地震是地底下的岩石破裂造成的，地震发生的原因应该从地球内部去寻找，而不是到外部去寻找，一切外部的原因都是次要的，也是微乎其微的，它不能促使大地震的发生，地磁预报地震只有通过地球本身的基本磁场方可进行，只有通过流动磁测的方法，才可以预报地震。在这个会议上对于利用变化磁场进行预报的手段和方法一概予以否定，如"磁暴二倍法""磁偏角二倍法"等。因此国家地震局在清理地震预报方法和清理台站中，我一贯利用到的磁偏角二倍法和利用到的西部台站（如甘肃省河西堡地磁台和云南省易门地磁台）都成为清理的对象，从那时起我的"磁偏角二倍法"预报地震宣告结束。

我认真贯彻执行了我国的地震工作方针和抗震救灾的方针，以强烈的责任感和使命感，严谨求实的科学态度，不畏艰险，知难而进的拼搏精神，精心观测，潜心研究，多路探索，大胆实践。1976 年 8 月初，四川省地震局通过发出的《地震简报》明确指出 8 月 13 日、17 日、22 日可能是发震的时间。

1976 年 8 月 16 日和 8 月 23 日四川省松潘、平武两次 7.2 级地震的成功预测预报，分别获得了全国科学大会奖、四川省科学大会奖、四川省科技成果一等奖、国家地震局科技成果一等奖和国家地震局科技进步一等奖等，受到党中央、国务院的表彰和联合国教科文组织的赞誉。这是我国继海城地震后又一次成功预报的实例。由于决策果断，部署到位，及时动员组织群众，各级地方政府采取了有效的预防和应急措施，大大减轻了地震灾害造成的人员伤亡和财产损失，取得了显著的社会效益和经济效益。

我由于参加了 1976 年四川省松潘、平武 7.2 级地震的中短期预报工作，于 1987 年补获了国家地震局科学技术进步一等奖的批准书，奖金 20 元（据说当时获奖的人包括两弹一星的有功人员，如科学家邓稼先，他们也都是 20 元奖金）。1992 年我被破格晋升为高级工程师，一直用到退休，但是非常遗憾的是等到我退休的时侯还没有享受到国务院政府特殊津贴。

周恩来 1966 年三次到达邢台地震现场时就说过："地震是有前兆的，是可以预测预报的。希望在你们这一代解决这个问题。国外没有解决的问题，难道我们不可以提前解决吗？"我们是否可以通过天文、气象、热红外、地震、地磁、地倾斜、地电阻率、重力波、次声波、动物异常、井水变化等前兆手段和方法，再加上群众测报的丰富经验，由政府部门组织起来，经过综合分析和研究后最后作出正确的预测，如 1975 年辽宁海城，1976 年云南龙陵、四川松潘，尤其是 1976 年河北省青龙县"奇迹"等等都是执行了一个中国特色的地震工作方针："在党的一元化领导下，以预防为主，专群结合，土洋结合，依靠广大人民群众，做好预测预报工作。"有了这一工作方针，我们完全可以相信地震预测这一世界性科学难题，一定会在我们中国人手中，而且也只有在中国人的手中才能够得到解决。

# 沈宗丕获得的荣誉与奖励

1. 1977 年获上海市科技系统先进工作者称号

2. 1987 年补获国家地震局科学技术进步一等奖

   （对 1976 年四川省松、平二次 7.2 级地震作出较好的短临预测）

3. 1988 年获国家地震局科学技术进步三等奖

   （佘山地磁台 1981—1985 年全国台站评比前三名）

4. 1990 年获国家地震局授予的全国地震监测工作先进工作者称号

5. 1994 年获国际大地测量和地球物理联合会中国全国委员会颁发的荣誉证书

6. 2001 年在地震短临预测中取得一定成绩，获中国地震局表扬

   （在 2001 年 11 月 14 日我国青海西 8.1 级巨震前作出了较好的短临预测）

7. 2003 年在地震短临预测中取得一定成绩，获中国地震局奖励（奖金）

   （在 2003 年 2 月 24 日我国新疆伽师 6.8 级地震前作出了较好的短临预测）

8. 2003 年在地震短临预测中取得一定成绩，获国家 863 地震预测项目的奖励（奖金）

   （在 2001 年 11 月 14 日我国青海西 8.1 级巨震和 2003 年 3 月 31 日台湾 7.5 级大震前作出了较好的短临预测）

9. 2006 年获中国老科技工作者协会地震分会首届优秀老科技工作者称号